浙江省重点教材建设项目

全国普通高等院校电子信息规划教材

数字电子技术

李光辉 周素茵 章云 胡海根 编著

清华大学出版社
北京

内 容 简 介

本书系统地介绍了数字电子技术基础知识。全书共分为8章，内容包括数字逻辑基础、组合逻辑电路、时序逻辑基础与触发器、时序逻辑电路分析与设计、可编程逻辑器件、数/模和模/数转换电路、数字系统设计、电子设计自动化技术基础。为便于教学，每章都配备了大量实例和习题。

本书可作为高等院校计算机、电子、自动化等专业的教材也可供从事数字电子技术工作的技术人员参考。

图书在版编目(CIP)数据

数字电子技术/李光辉等编著. —北京：清华大学出版社，2012.7(2017.8重印)
(全国普通高等院校电子信息规划教材)
ISBN 978-7-302-28238-9

Ⅰ.①数…　Ⅱ.①李…　Ⅲ.①数字电路—电子技术—高等学校—教材　Ⅳ.①TN79

中国版本图书馆CIP数据核字(2012)第038916号

责任编辑：焦　虹　顾　冰
封面设计：常雪影
责任校对：李建庄
责任印制：王静怡

出版发行：清华大学出版社
网　　址：http://www.tup.com.cn，http://www.wqbook.com
地　　址：北京清华大学学研大厦A座　　**邮　　编**：100084
社 总 机：010-62770175　　**邮　　购**：010-62786544
投稿与读者服务：010-62776969，c-service@tup.tsinghua.edu.cn
质量反馈：010-62772015，zhiliang@tup.tsinghua.edu.cn
课件下载：http://www.tup.com.cn，010-62795954
印 装 者：北京九州迅驰传媒文化有限公司
经　　销：全国新华书店
开　　本：185mm×260mm　　**印　　张**：16.75　　**字　　数**：415千字
版　　次：2012年7月第1版　　**印　　次**：2017年8月第2次印刷
印　　数：3001～3200
定　　价：39.00元

产品编号：045623-02

前言 Foreword

本书是根据高等学校电气信息类专业数字电子技术基础课程教学的基本要求，结合应用型人才的培养目标，以培养学生的实际动手能力为出发点，并考虑数字技术和微电子技术的快速发展，结合编者多年的教学实践经验而编写的。

本书既注重基础知识，又重视对学生应用能力的培养。重点介绍数字电子技术的基本理论与方法及其具体应用。考虑到数字集成电路是复杂数字系统设计的基础，本书还介绍了电子设计自动化的基本方法、工具和流程。为了让读者了解数字电子技术的最新发展前沿，介绍了有关的数字电子系统设计的验证与测试领域的基础知识。书中每章都配了大量的实例和习题，以加深对基础理论的理解，巩固所学知识。

全书共分8章。第1章介绍数字逻辑的基础知识，包括数制、逻辑门电路与逻辑代数。第2章讨论组合逻辑电路的逻辑门、常用的组合逻辑模块、组合逻辑电路的分析和设计方法以及组合逻辑电路的竞争与冒险。第3章为时序逻辑电路基础，包括时序逻辑电路的特点与分类和各种触发器。第4章为时序逻辑电路的分析与设计，着重介绍了同步时序电路的分析与设计以及计数器、寄存器和存储器等功能部件。第5章介绍了不同类型的可编程逻辑器件及其编程与测试方法。第6章讲述了数字与模拟信号的相互转换的基本概念、原理、电路和应用。第7章介绍了数字电子系统设计的过程、方法与工具。第8章介绍了EDA工具、方法、逻辑模拟与逻辑综合，以及数字系统的可测试性设计方法。

本书由李光辉任主编，周素茵、章云、胡海根等参与编写。其中，李光辉负责本书的编写提纲和修改定稿，以及第8章的编写。周素茵编写了第1、2、5章，章云编写了第3、4、6章，第7章由胡海根编写。

在本书的编写过程中，参考和借鉴了国内外大量同行专家的著作和研究成果。在此，向他们表示衷心的感谢。由于作者水平有限，书中难免有疏漏或不足之处，恳请读者指正。

编　者

2012年4月

目录 Contents

第1章 chapter 1

数字逻辑基础

本章介绍数字逻辑的基本概念和数学工具，主要内容包括计算机等数字设备中常用的数制与编码、逻辑代数基础、逻辑函数的描述方法以及逻辑函数的卡诺图化简法。这些内容是分析和设计数字电路的基础，贯穿全书的始终。

1.1 数字电路的基本概念

1.1.1 什么是数字电路

1. 模拟量和数字量

在自然界中，存在着各种各样的物理量，这些物理量就共性特征而言，可以归纳为两类，一类称为模拟量，一类称为数字量。模拟量的典型特征是其变化是连续的，在变化过程中的任何一点都具有实际的物理意义，如温度、压力、交流电压等就是典型的模拟量。数字量的变化是不连续的（即离散的），如学生人数、货架上商品的个数等就是典型的数字量。

1）模拟信号与数字信号

在电子设备中，常常将表示模拟量的电信号叫做模拟信号（Analog Signal），将表示数字量的电信号叫做数字信号（Digital Signal）。正弦波信号和方波信号分别是典型的模拟信号和数字信号。

数字信号有两种传输波形，一种称为电平型，另一种称为脉冲型。电平型数字信号是以一个时间节拍内信号是高电平还是低电平来表示 1 或 0，而脉冲型数字信号是以一个时间节拍内有无脉冲来表示 1 或 0，如图 1.1 所示。从图 1.1 中可见，二者在波形上的显著差别是，电平型信号波形在一个节拍内不会归零，而脉冲型信号波形在一个节拍内会归零。

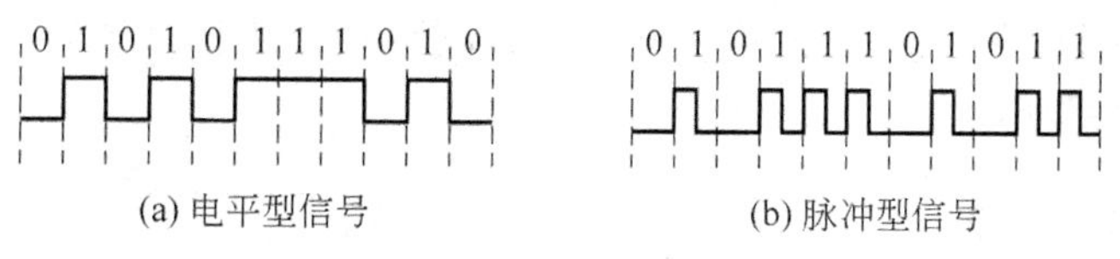

(a) 电平型信号　　(b) 脉冲型信号

图 1.1　数字信号

2）模拟电路与数字电路

根据电路所采用的信号形式，把传送、变换、处理模拟信号的电子电路称为模拟电路(analog circuit)，把传送、变换、处理数字信号的电子电路称为数字电路(digital circuit)。各种放大电路就是典型的模拟电路，而数字表、数字钟的定时电路就是典型的数字电路。

与模拟电路相比，数字电路具有抗干扰能力强、可靠性高、精确性和稳定性好、通用性广、便于集成、便于故障诊断和系统维护等突出优点。

1.1.2 数字电路的应用

数字电路在日常生活中的应用有很多，尤其是数字电路和计算机技术的发展，使数字电路的应用越来越普遍，它已经被广泛应用于工业、农业、通信、医疗、家用电子等各个领域，如工农业生产中用到的数控机床、温度控制、气体检测、家用冰箱、空调的温度控制、通信用的数字手机以及正在发展中的网络通信、数字化电视等。随着数字电路的发展，其应用将会越来越广泛，它将会深入到生活的每一个角落。

1.2 数制与编码

1.2.1 数制

数制即进位计数制。日常生活中最常用的是十进制，而在数字系统中多采用二进制，为了便于书写和记忆，数字计算机当中常采用八进制或十六进制，这 4 种进制之间可进行相互转换。

1. 十进制(Decimal)

数制包含两个基本要素：基数与位权。基数是指一种数制中所包含的基本数字的个数，基数为 R 的数制(简称 R 进制)的进位规则是“逢 R 进一”。在十进制数中，每一位有 0～9 十个数字，因此十进制数的计数基数是 10，进位规则为“逢十进一”。位权是指基数的幂，与数字在数中的位置有关。例如：

$$(168.45)_{10} = 1\times10^2 + 6\times10^1 + 8\times10^0 + 4\times10^{-1} + 5\times10^{-2}$$

上式中的下标 10 表示括号里的数是十进制数，因此，任意一个十进制数 N 可展开为如下的形式

$$N = \sum k_i \times 10^j \tag{1.1}$$

式中：k_i 是十进制数 N 中第 i 位的系数；10^j 是第 i 位的权；对于 N 中的整数部分，$j=i-1$；对于 N 中的小数部分，$j=i$，$i\in[-1,-\infty]$。

2. 二进制(Binary)

由于二进制数中只有 0 和 1 两个数字，因此二进制数的计数基数是 2，进位规则为

“逢二进一”。因此，任意一个二进制数均可展开为如下的形式

$$N = \sum k_i \times 2^j \tag{1.2}$$

例如：

$$\begin{aligned}(1011.011)_2 &= 1\times2^3+0\times2^2+1\times2^1+1\times2^0+0\times2^{-1}+1\times2^{-2}+1\times2^{-3}\\ &= (11.375)_{10}\end{aligned}$$

式(1.2)表明，任何一个二进制数按权展开后的各项相加得到的数值是一个十进制数，即二进制数可转换为十进制数。

3. 八进制(Octal)

八进制数中有0～7共八个数字，因此其基数是8，进位规则是“逢八进一”。任意一个八进制数可展开为如下的形式

$$N = \sum k_i \times 8^j \tag{1.3}$$

例如：

$$(127.14)_8 = 1\times8^2+2\times8^1+7\times8^0+1\times8^{-1}+4\times8^{-2} = (87.1875)_{10}$$

式(1.3)表明，任意一个八进制数按权展开后相加得到的和也是一个十进制数，即八进制数也可转换为十进制数。

4. 十六进制(Hexadecimal)

十六进制数有0～9和A～F共16个数字，其中A～F代表的数值是10～15。同样，任意一个十六进制数也可按权展开后相加得到一个十进制数，其展开式为

$$N = \sum k_i \times 16^j \tag{1.4}$$

例如：

$$(3B.8)_{16} = 3\times16^1+B\times16^0+8\times16^{-1} = (59.5)_{10}$$

以上4种进制数的表示也可采用加字母下标的方式，如$(1011.01)_B$、$(123.45)_D$、$(27.1)_O$和$(2C.8)_H$分别表示二进制数、十进制数、八进制数和十六进制数，其中字母B、D、O和H分别是4种进制英文单词的首字母。

1.2.2 数制转换

1. 二、八、十六进制数转换为十进制数

根据式(1.2)～式(1.4)，将二进制数、八进制数和十六进制数按权展开求和即为对应的十进制数，1.2.1节中已有举例，此处不再赘述。

2. 十进制数转换为二、八、十六进制数

十进制数转换成二、八、十六进制数时，整数和小数部分需分别转换。

1) 整数部分

除新基数(2、8、16)倒序取余法。具体步骤如下：

(1) 用新基数除十进制数,第一次得到的余数为新基数制的最低位数字。

(2) 用新基数除步骤(1)中得到的商,第二次得到的余数为新基数制的次低位数字。

(3) 重复步骤(2),直到商等于零。商为零时的余数为新基数制的最高位数字。

2) 小数部分

乘新基数顺序取整法。具体步骤如下:

(1) 用新基数乘十进制小数,第一次得到的乘积的整数部分的数字是新基数小数的最高位数字。

(2) 用新基数乘前一次乘积的小数部分,第二次得到的乘积的整数部分是新基数小数的次高位数字。

(3) 重复步骤(2),直到乘积的小数部分为零,或者"四舍五入"后,达到其误差要求的小数转换精度为止。

例 1.1 将$(25.125)_{10}$转换成二进制数。

解:按照整数与小数分别转换的总体原则,可分成两步。

(1) 整数部分的转换:

除法	余数	
2 | 25	……… 1 ………	(最低位)
2 | 12	……… 0 ………	↑
2 | 6	……… 0 ………	(读数方向)
2 | 3	……… 1 ………	↑
2 | 1	……… 1 ………	(最高位)
0		

故$(25)_{10}=(11001)_2$

(2) 小数部分的转换:

乘法	整数	
$0.125\times2=0.25$	……… 0 ………	(最高位)
$0.25\times2=0.5$	……… 0	↓(读数方向)
$0.5\times2=1.0$	……… 1 ………	(最低位)

故$(0.125)_{10}=(0.001)_2$

由(1)和(2)可得最终的转换结果:

$$(25.125)_{10}=(11001)_2+(0.001)_2=(11001.001)_2$$

例 1.2 将$(543.65625)_{10}$转换成十六进制数。

解:按照整数与小数分别转换的总体原则,将转换分成整数部分转换和小数部分的转换。

(1) 整数部分的转换:

除法	余数	
16 | 543	……… F ………	(最低位)
16 | 33	……… 1 ………	↑(读数方向)
16 | 2	……… 2 ………	(最高位)
0		

故$(543)_{10}=(21F)_{16}$

(2) 小数部分的转换：

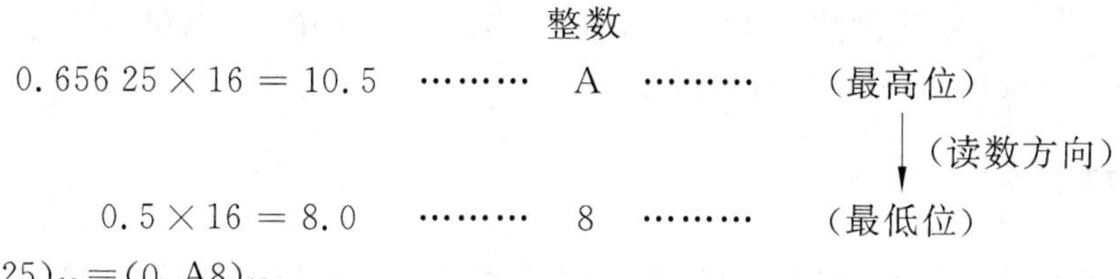

故$(0.65625)_{10}=(0.A8)_{16}$

经过上述转换，可得最终的转换结果：

$$(543.65625)_{10}=(21F)_{16}+(0.A8)_{16}=(21F.A8)_{16}$$

3. 二进制数转换成八进制数、十六进制数

由于3位二进制数恰好有8个状态，因此二进制数转换成八进制数可采用“三位聚一位”的方法，即从二进制数的小数点开始，整数部分自右往左每三位一组，最高位不够三位数的左边补零；小数部分自左往右每三位一组，最低位不够三位数的右边补零，然后顺序写出对应的八进制数即可。

同样的道理，二进制转换成十六进制数可采用“四位聚一位”法，分组规则与八进制数相同。

例1.3 将$(10110101.01110101)_2$转换为八进制数。

解：按照“三位聚一位”法，有

二进制数	010,	110,	101	.	011,	101,	010
	↓	↓	↓		↓	↓	↓
八进制数	2	6	5	.	3	5	2

故$(10110101.01110101)_2=(265.352)_8$

例1.4 将$(1011111.1001011)_2$转换为十六进制数。

解：按照“四位聚一位”法，有

二进制数	0101,	1111	.	1001,	0110
	↓	↓		↓	↓
十六进制数	5	F	.	9	6

故$(1011111.1001011)_2=(5F.96)_{16}$

4. 八进制数、十六进制数转换成二进制数

八进制数转换成二进制数时，采用“**一位拆三位**”法。即将每位八进制数字用相应的三位二进制数来表示，去掉整数部分最高位和小数部分最低位的零。

十六进制数转换成二进制数时，采用“**一位拆四位**”法。即将每位十六进制数字用相应的四位二进制数来表示，去掉整数部分最高位和小数部分最低位的零。

例1.5 将$(3AD.5C)_{16}$转换为二进制数。

解：按照“一位拆四位”法，有

十六进制数	3	A	D	.	5	C
	↓	↓	↓		↓	↓
二进制数	0011	1010	1101	.	0101	1100

故$(3AD.5C)_{16}=(1110101101.010111)_2$

1.2.3 编码

在数字系统中，常用0和1的有规律的各种组合来表示不同的数字、符号、动作或事物，这一过程称为编码，这些组合称为代码(Code)。代码可以分为数字型的和字符型的，有权的和无权的。数字型代码用来表示数字的大小，字符型代码用来表示不同的符号、动作或事物。有权代码的每一位数字都定义了相应的位权，无权代码中的数字没有定义相应的位权。下面介绍几种最常用的二进制编码。

1. 常用的BCD码

十进制数共有0～9十个数码，而四位二进制数有16种不同的组合，用4位二进制数中的任意10种组合来表示10个十进制数码，这种编码方式称为二-十进制编码，简称BCD(Binary Coded Decimal)码。几种常用的BCD码如表1.1所示。

表1.1 常用的BCD码

编码种类 十进制数	8421码	余3码	5211码	5421码	2421码	余3循环码
0	0000	0011	0000	0000	0000	0010
1	0001	0100	0001	0001	0001	0110
2	0010	0101	0100	0010	0010	0111
3	0011	0110	0101	0011	0011	0101
4	0100	0111	0111	0100	0100	0100
5	0101	1000	1000	1000	0101	1100
6	0110	1001	1001	1001	0110	1101
7	0111	1010	1100	1010	0111	1111
8	1000	1011	1101	1011	1110	1110
9	1001	1100	1111	1100	1111	1010
权	8421		5211	5421	2421	

8421码是BCD代码中最常用的一种，它是利用4位二进制数0000～1001来分别表示10个十进制数码0～9，由于将代码中的每一位从左到右按权8、4、2、1展开后相加，所得的结果就是其所表示的十进制数，所以称为8421码。8421码是有权代码，且该代码中每一位的权又是恒定不变的，故属于恒权代码。

除8421码以外，2421码、5211码和5421码也是恒权代码，这些代码中的每一位从左到右的权分别是2、4、2、1，5、2、1、1和5、4、2、1，将这些代码分别按相应的权展开后相加，得到的结果就是它所表示的十进制数。

余3码也是一种被广泛采用的二-十进制编码。对应于同样的十进制数，余3码比相应的 8421BCD 码多出 0011，所以称为余 3 码。它是一种无权码。

余 3 码有两大特点：一是该码当中的 0 和 9、1 和 8、2 和 7、3 和 6、4 和 5 互为反码。二是利用第一个特点，当两个用余 3 码表示的数相减时，可以将原码的减法改为反码的加法，这样有利于简化 BCD 码的减法运算。

余 3 循环码也是一种无权码，由于它是将 4 位二进制循环码去除首尾各 3 组代码而得到的，且保留了循环码的特性，因而称为余 3 循环码。它的主要特点是相邻两个代码之间有且仅有一位不同。

2. 格雷(Gray)码

多位二进制代码在形成和传输的过程中，由于各位的变化速度不同而可能产生错误。为了减小这种错误发生的可能性，出现了一种常用的可靠性编码的方法，即格雷码(属循环码)。格雷码也是一种无权码。在格雷码当中，任意两个相邻代码中的数码只有一位不同，其余各位均相同。而且首尾(0 和 15)两个代码也仅有一位不同，构成“循环”。根据这个特点，在数码变化时采用格雷码可大大减少错码的可能性。

表 1.2 中列出了十进制数 0～15 的 4 位格雷码。由表 1.2 可以看出，用格雷码也可以表示十进制数的 0～9，因此该表中的 0000～1101 共 10 组二进制代码也属于 BCD 码。它是一种无权码。

表 1.2　4 位格雷码

十进制数	格雷码	十进制数	格雷码	十进制数	格雷码
0	0000	6	0101	12	1010
1	0001	7	0100	13	1011
2	0011	8	1100	14	1001
3	0010	9	1101	15	1000
4	0110	10	1111		
5	0111	11	1110		

格雷码也是一种易于校正的编码，它与二进制数之间的转换关系如下：

(1) 已知二进制数，求对应的格雷码。

设二进制数为 $B=B_nB_{n-1}\cdots B_1B_0$，其对应的格雷码为 $G=G_nG_{n-1}\cdots G_1G_0$，则有

$$\begin{cases} G_n = B_n \\ G_i = B_{i+1} \oplus B_i, \quad i = 0,1,2,\cdots,n-1 \end{cases}$$

式中，$\oplus$是异或逻辑运算。参与异或运算的两个逻辑变量取值相同时，结果为 0；不同时结果为 1，简记为“同为 0，异为 1”。

例 1.6　将二进制数 1011 转换为格雷码。

解：根据二进制数到格雷码的转换公式，有

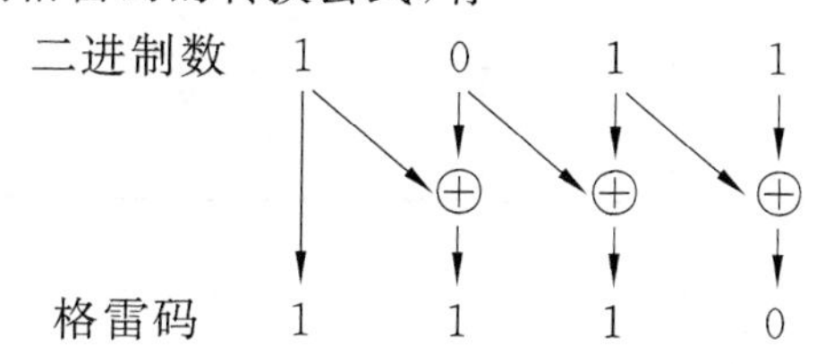

(2) 已知格雷码，求对应的二进制数。

由格雷码到二进制数的求解公式为

$$\begin{cases} B_n = G_n \\ B_i = B_{i+1} \oplus G_i, \quad i = 0,1,2,\cdots,n-1 \end{cases}$$

例 1.7 将格雷码 1101 转换为二进制数。

解：根据格雷码到二进制数的转换公式有

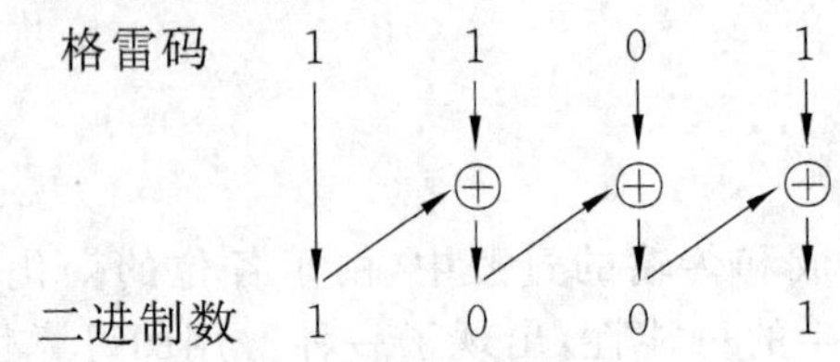

3. ASCII 码

通常人们通过键盘上的字母、符号和数码向计算机或其他数字系统传送数据和指令，所以这些字母和符号也需要用特定的二进制代码来表示。美国信息交换标准代码(American Standard for Information Interchange，ASCII 码)就可以满足这种需要。ASCII 码是国际上广泛采用的一种字符码，它用七位二进制代码来表示 128 个不同的字符和符号。这些字符和符号包括十进制数、英文字母(大小写)和专用符号，如表 1.3 所示。

表 1.3 ASCII 码

$b_7b_6b_5$ / $b_4b_3b_2b_1$	000	001	010	011	100	101	110	111
0000	NUL	DLE	SP	0	@	P	、	p
0001	SOH	DC1	!	1	A	Q	a	q
0010	STX	DC2	”	2	B	R	b	r
0011	ETX	DC3	#	3	C	S	c	s
0100	EOT	DC4	$	4	D	T	d	t
0101	ENQ	NAK	%	5	E	U	e	u
0110	ACK	SYN	&	6	F	V	f	v
0111	BEL	ETB	'	7	G	W	g	w
1000	BS	CAN	(	8	H	X	h	x
1001	HT	EM	)	9	I	Y	i	y
1010	LF	SUB	*	:	J	Z	j	z
1011	VT	ESC	+	;	K	[	k	{
1100	FF	FS	,	<	L	\	l	|
1101	CR	GS	—	=	M	]	m	}
1110	SO	RS	.	>	N	^	n	～
1111	SI	US	/	?	O	—	o	DEL

1.3 逻辑代数基础

逻辑代数是由英国数学家乔治·布尔于1849年首先提出来的，因此也称为布尔代数。由于逻辑代数广泛地应用于开关电路和数字逻辑电路的分析与设计上，所以也叫做开关代数。逻辑代数用来研究逻辑变量间的相互关系，是分析和设计逻辑电路不可缺少的数学工具。逻辑代数中的变量称为逻辑变量，可用字母A、B等表示。逻辑变量与一般代数变量不同，其取值只有0和1。这里的0和1不表示数量的大小，而仅仅表示两种不同的对立状态。

1.3.1 逻辑代数的基本运算

逻辑代数的基本运算有逻辑与、逻辑或、逻辑非三种。

1. 逻辑与

只有当决定某事件的全部条件同时具备时，该事件才会发生，这样的逻辑关系称为逻辑与。

在图1.2电路中，只有当开关A和B同时闭合时，电灯Y才会亮。若以A和B表示两个开关的状态，Y表示电灯的状态，开关闭合和灯亮用逻辑1表示，开关断开和灯灭用逻辑0表示，则只有当A和B同时为1时，Y才为1，根据与逻辑的定义，可知Y与A和B之间是一种与的逻辑关系。与运算可写为$Y=A\cdot B$或$Y=AB$。

逻辑变量之间的运算可用表格来表示，这种表格称为逻辑真值表，简称真值表。与逻辑运算的真值表如表1.4所示。

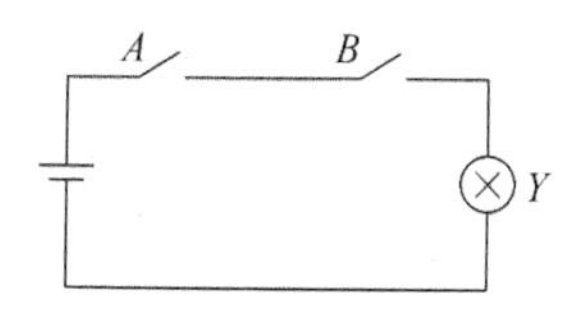

图1.2 与逻辑电路

表1.4 与逻辑运算的真值表

A	B	Y
0	0	0
0	1	0
1	0	0
1	1	1

2. 逻辑或

在决定某事件的多个条件中，当有一个或一个以上具备时，该事件都会发生，这样的逻辑关系称为逻辑或。

在图1.3电路中，当开关A和B中有一个闭合($A=1$或$B=1$)或两个都闭合($A=1$，且$B=1$)时，灯Y都会亮($Y=1$)，根据或逻辑的定义，可知Y与A、B之间是一种或的逻辑关系，或运算可写为$Y=A+B$。或逻辑关系的真值表如表1.5所示。

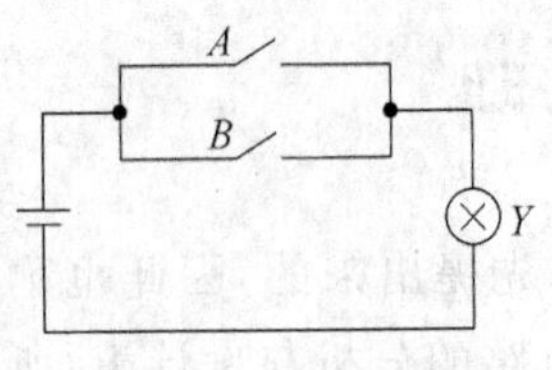

图 1.3 或逻辑电路

表 1.5 或逻辑运算的真值表

A	B	Y
0	0	0
0	1	1
1	0	1
1	1	1

3. 逻辑非

在只有一个条件决定某事件的情况下，如果当条件具备时，该事件不发生；而当条件不具备时，该事件反而发生，这样的逻辑关系称为逻辑非。

在图 1.4 电路中，当开关 A 闭合($A=1$)时，灯 Y 不亮($Y=0$)；而当开关 A 断开($A=0$)时，灯 Y 亮($Y=1$)。根据非逻辑的定义，可知 Y 与 A 之间是一种非的逻辑关系，写成 $Y=\overline{A}$。非逻辑关系的真值表如表 1.6 所示。

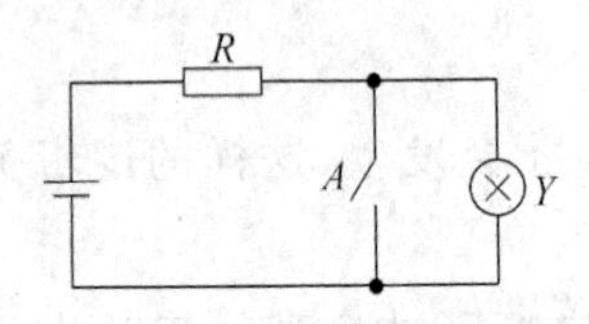

图 1.4 非逻辑电路

表 1.6 非逻辑运算的真值表

A	Y
0	1
1	0

1.3.2 复合逻辑运算与常用逻辑门

在逻辑代数中，除了与、或、非三种基本逻辑运算外，还有几种常见的复合逻辑运算：与非、或非、与或非、同或、异或等。

在复合逻辑运算中要特别注意运算的优先顺序：括号优先级最高，其次是非运算，再次是与运算，最后是或运算。

这几种复合逻辑运算的逻辑表达式如下

(1) 与非表达式：$Y=\overline{A\cdot B}$

(2) 或非表达式：$Y=\overline{A+B}$

(3) 与或非表达式：$Y=\overline{A\cdot B+C\cdot D}$

(4) 异或表达式：$Y=A\oplus B=\overline{A}B+A\overline{B}$

(5) 同或表达式：$Y=\overline{A\oplus B}=AB+\overline{A}\,\overline{B}$

真值表见表 1.7～表 1.11。

由同或和异或的表达式或真值表，可知异或和同或互为反运算。

通常，把实现逻辑运算的单元电路叫做门电路。因此常用的门电路有与门、或门、非门、与非门、或非门、与或非门、同或门、异或门等。这些逻辑门可用表示逻辑运算的图形符号来表示(如图 1.5 所示)。

表 1.7 与或非逻辑运算的真值表

A	B	C	D	Y	A	B	C	D	Y
0	0	0	0	1	1	0	0	0	1
0	0	0	1	1	1	0	0	1	1
0	0	1	0	1	1	0	1	0	1
0	0	1	1	0	1	0	1	1	0
0	1	0	0	1	1	1	0	0	0
0	1	0	1	1	1	1	0	1	0
0	1	1	0	1	1	1	1	0	0
0	1	1	1	0	1	1	1	1	0

表 1.8 与非逻辑运算的真值表

A	B	Y
0	0	1
0	1	1
1	0	1
1	1	0

表 1.9 或非逻辑运算的真值表

A	B	Y
0	0	1
0	1	0
1	0	0
1	1	0

表 1.10 异或逻辑运算的真值表

A	B	Y
0	0	0
0	1	1
1	0	1
1	1	0

表 1.11 同或逻辑运算的真值表

A	B	Y
0	0	1
0	1	0
1	0	0
1	1	1

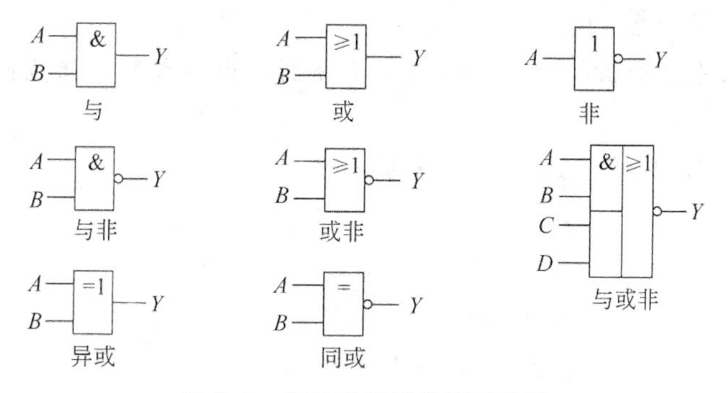

图 1.5 各种逻辑门的图形符号

1.3.3 逻辑代数的基本公式和运算规则

1. 基本公式

1）基本运算

（1）与运算：

$$0 \cdot A = 0;\quad 1 \cdot A = A;\quad A \cdot A = A$$

(2) 或运算：

$$1+A=1;\quad 0+A=A;\quad A+A=A$$

(3) 非运算：

$$\overline{0}=1;\quad \overline{1}=0;\quad \overline{\overline{A}}=A$$

2) 互补运算

$$A\cdot\overline{A}=0;\quad A+\overline{A}=1$$

3) 交换律

$$A\cdot B=B\cdot A;\quad A+B=B+A$$

4) 结合律

$$A\cdot(B\cdot C)=(A\cdot B)\cdot C;\quad A+(B+C)=(A+B)+C$$

5) 分配律

$$A\cdot(B+C)=A\cdot B+A\cdot C;\quad A+B\cdot C=(A+B)\cdot(A+C)$$

6) 反演律(摩根定律或摩根定理)

$$\overline{A\cdot B}=\overline{A}+\overline{B};\quad \overline{A+B}=\overline{A}\cdot\overline{B}$$

注意：以上公式可采用真值表法证明成立。

例 1.8 证明反演律$\overline{A+B}=\overline{A}\cdot\overline{B}$成立。

证明：令 $X=A+B,Y=\overline{A}\cdot\overline{B}$,则有

$$X\cdot Y=(A+B)\overline{A}\cdot\overline{B}=A\cdot\overline{A}\cdot\overline{B}+B\cdot\overline{A}\cdot\overline{B}$$
$$=0+0=0$$
$$X+Y=(A+B)+\overline{A}\cdot\overline{B}=(A+B+\overline{A})\cdot(A+B+\overline{B})$$
$$=(1+B)(1+A)=1$$

所以,$\overline{X}=Y$,即$\overline{A+B}=\overline{A}\cdot\overline{B}$。

注意：用真值表证明该公式成立的方法是分别列出公式等号两边函数的真值表,真值表相同即得证。

除了基本公式外,以下公式也经常用到：

$$A+AB=A$$
$$AB+A\overline{B}=A$$
$$A+\overline{A}B=A+B$$
$$AB+\overline{A}C+BC=AB+\overline{A}C$$
$$AB+\overline{A}C+BCD=AB+\overline{A}C$$

$A+\overline{A}B=A+B$ 的证明过程如下：

$$A+\overline{A}B=(A+\overline{A})\cdot(A+B)=1\cdot(A+B)=A+B$$

$AB+\overline{A}C+BC=AB+\overline{A}C$ 的证明过程如下：

$$AB+\overline{A}C+BC=AB+\overline{A}C+(A+\overline{A})\cdot BC=AB+\overline{A}C+ABC+\overline{A}BC$$
$$=AB(1+C)+\overline{A}C(1+B)=AB+\overline{A}C$$

$AB+\overline{A}C+BCD=AB+\overline{A}C$ 的证明方法与 $AB+\overline{A}C+BC=AB+\overline{A}C$ 相同,请读者自行证明。

2. 运算规则

逻辑代数中有三条基本运算规则，即代入规则、反演规则和对偶规则。这些规则在逻辑运算及证明中经常用到。

1）代入规则

在任何一个包含变量 x 的逻辑等式中，若以另外一个逻辑式代入等式中所有 x 的位置，则等式仍然成立。该规则称为代入规则，亦称置换规则。

利用代入规则很容易将一些基本公式推广为多变量的形式。

2）反演规则

对于任意一个逻辑式 Y，若将其中所有的“与”换成“或”，“或”换成“与”，0 换成 1，1 换成 0，原变量换成反变量，反变量换成原变量，则得到新的逻辑式 $\overline{Y}$，$\overline{Y}$ 是 Y 的反逻辑式。该规则即称为反演规则。

在使用反演规则时，应注意：

(1) 遵守“先括号、然后与、最后或”的运算优先次序。

(2) 不属于单个变量上的反号应保留不变。

例 1.9　已知 $Y=A(B+C)+\overline{C}D+0$，求 $\overline{Y}$。

解：根据反演规则得

$$\overline{Y}=(\overline{A}+\overline{B}\cdot\overline{C})\cdot(C+\overline{D})\cdot 1=\overline{A}C+\overline{A}\,\overline{D}+\overline{B}\,\overline{C}\,\overline{D}$$

例 1.10　已知 $Y=AB+\overline{\overline{\overline{A}+BC}+D}$，求 $\overline{Y}$。

解：根据反演规则得

$$\overline{Y}=(\overline{A}+\overline{B})\cdot\overline{\overline{A\cdot(\overline{B}+\overline{C})}\cdot\overline{D}}$$

3）对偶规则

对偶式：对于任何一个逻辑式 Y，若将其中所有的“与”换成“或”，“或”换成“与”，0 换成 1，1 换成 0，则得到一个新的逻辑式 Y'，Y'称为 Y 的对偶式。

若两逻辑式相等，则它们的对偶式也相等。该规则即为对偶规则。

例 1.11　证明等式 $A+\overline{A}B=A+B$ 成立。

解：令 $X=A+\overline{A}B$，$Y=A+B$，由对偶式的定义分别求得 X 和 Y 对偶式为

$$X'=A\cdot(\overline{A}+B)=AB,\ Y'=A\cdot B$$

所以，根据对偶规则得，原等式成立。

1.4 逻辑函数的描述方法

在讲描述方法之前，我们先来看一下什么是逻辑函数。所谓逻辑函数，就是指逻辑代数中输入变量与输出变量之间的逻辑关系，它是一种二值函数，即其输入和输出变量的取值均只有 0 和 1 两种情况。逻辑函数式可写作

$$Y=F(A,B,C,\cdots)$$

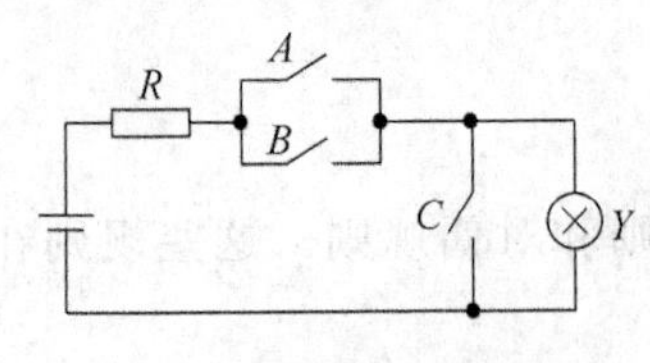

图 1.6 简单开关电路

任何一个具体的因果关系都可以用一个逻辑函数来描述。如图 1.6 所示是一个简单的开关电路，在该电路中，三个开关的状态作为输入变量，灯的状态作为出输出变量，Y 和 A、B、C 之间的关系可以用逻辑函数描述如下：

$$Y = F(A,B,C)$$

逻辑函数常用的描述方法共有 5 种：真值表、逻辑代数式（简称逻辑式）、逻辑图、波形图和卡诺图。

1.4.1 真值表描述法

真值表是指将一个逻辑函数中输入变量的所有取值及与输入相对应的输出值找出来，列成的表格。

如图 1.6 所描述的逻辑函数有 3 个输入变量和 1 个输出变量，若开关闭合用逻辑 1 表示，开关断开用逻辑 0 表示，灯亮用逻辑 1 表示，灯灭用逻辑 0 表示，则根据图 1.6 中电路的工作原理可列出表 1.12 所示的真值表。

表 1.12 图 1.5 电路的真值表

输入			输出	输入			输出
A	**B**	**C**	**Y**	**A**	**B**	**C**	**Y**
0	0	0	0	1	0	0	1
0	0	1	0	1	0	1	0
0	1	0	1	1	1	0	1
0	1	1	0	1	1	1	0

1.4.2 代数式描述法

代数式描述法，即逻辑式描述法，就是将一个具体问题中输入变量与输出变量之间的逻辑关系用与、或、非等逻辑运算的运算式表示出来。

例如在图 1.6 电路中，要想让灯亮，则开关 A 和 B 中至少有一个闭合，则 A 和 B 之间是逻辑或的关系，可表示为 $(A+B)$，同时开关 C 必须断开，所以 C 与 $(A+B)$ 之间是逻辑与的关系，应写作 $(A+B)\cdot\overline{C}$。因此输出的代数式（或逻辑式）为

$$Y = (A + B)\cdot\overline{C} \tag{1.5}$$

1.4.3 逻辑图描述法

将逻辑函数中各变量之间的与、或、非、与非、或非、与或非等逻辑关系用图形符号表示出来，就得到了逻辑图。

例如为了画出表示图 1.6 电路功能的逻辑图，只需要用相应的图形符号代替式(1.5)中的与、或、非运算符号即可得到图 1.7 所示的逻辑图。

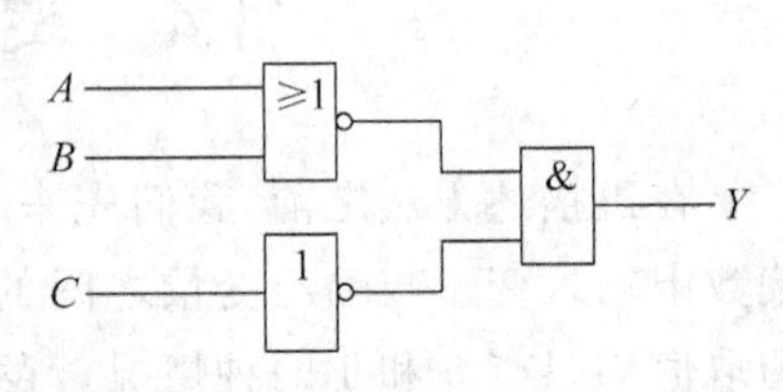

图 1.7 图 1.6 电路的逻辑图

1.4.4 波形图描述法

若将逻辑函数中所有输入变量的取值和对应的输出值按照时间顺序依次排列起来，就得到了表示该逻辑函数的波形图。如若用波形图法表示图 1.6 中电路的逻辑功能，则其波形如图 1.8 所示。

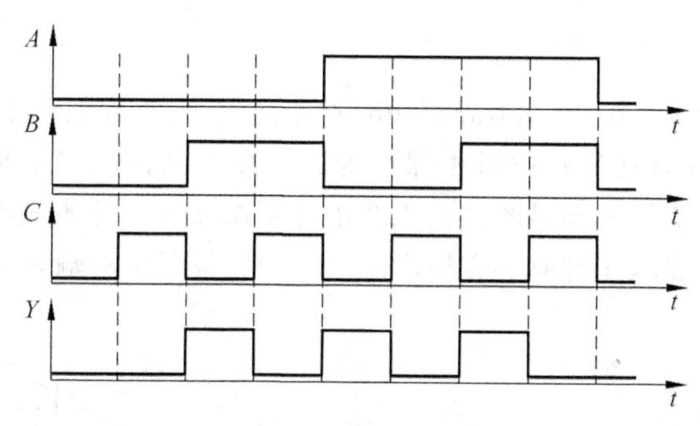

图 1.8 描述图 1.6 所示电路逻辑功能的波形图

1.4.5 卡诺图描述法

1. 最小项及其性质

在 n 变量的逻辑函数中，若 m 为包含 n 个因子的乘积项，且这 n 个因子均以原变量或反变量的形式在 m 中只出现一次，则称 m 为 n 变量的一个最小项。

根据最小项的概念，一个三输入（A、B、C）的逻辑函数，其对应的全部最小项应该有：$\overline{A}\,\overline{B}\,\overline{C}$、$\overline{A}\,\overline{B}\,C$、$\overline{A}B\,\overline{C}$、$\overline{A}BC$、$A\,\overline{B}\,\overline{C}$、$A\,\overline{B}C$、$AB\,\overline{C}$、$ABC$ 共 8 个。显然，n 个输入变量的逻辑函数共有 2^n 个最小项。对这些最小项可进行编号，相应的编号范围是 $m_0 \sim m_7$，三变量逻辑函数的最小项编号表如表 1.13 所示。

表 1.13 三变量逻辑函数的最小项编号表

最 小 项	使最小项为 1 的输入变量取值			对应的十进制数	编 号
	A	**B**	**C**		
$\overline{A}\,\overline{B}\,\overline{C}$	0	0	0	0	m_0
$\overline{A}\,\overline{B}\,C$	0	0	1	1	m_1
$\overline{A}\,B\,\overline{C}$	0	1	0	2	m_2
$\overline{A}\,BC$	0	1	1	3	m_3
$A\,\overline{B}\,\overline{C}$	1	0	0	4	m_4
$A\,\overline{B}C$	1	0	1	5	m_5
$AB\,\overline{C}$	1	1	0	6	m_6
ABC	1	1	1	7	m_7

最小项具有以下 4 条重要性质：

（1）对于任意一组输入变量取值，有且仅有一个最小项的值为 1。

(2) 任意两个最小项的乘积为 0。

(3) 全体最小项之和为 1。

(4) 具有逻辑相邻性的两个最小项相加,可合并成一项,并消去一对因子。

若两个最小项有且只有一个因子不同,则称这两个最小项具有逻辑相邻性。如 $AB\overline{C}$ 和 ABC 就具有逻辑相邻性。

2. 卡诺图

卡诺图是由美国工程师卡诺(Karnaugh)首先提出的,它分别用 2^n 个小方块来表示 n 变量的全部最小项,并且使具有逻辑相邻性的最小项在几何位置上也相邻地排列起来,所得到的图形称为 n 变量的卡诺图。图 1.9 中分别画出了二至五变量最小项的卡诺图。卡诺图两侧的 0 和 1 表示使对应小方格内的最小项值等于 1 的输入变量的取值。

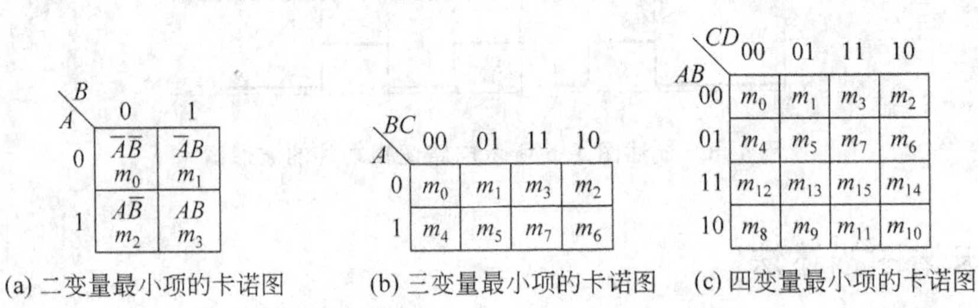

(a) 二变量最小项的卡诺图　(b) 三变量最小项的卡诺图　(c) 四变量最小项的卡诺图

AB \ CDE	000	001	011	010	110	111	101	100
00	m_0	m_1	m_3	m_2	m_6	m_7	m_5	m_4
01	m_8	m_9	m_{11}	m_{10}	m_{14}	m_{15}	m_{13}	m_{12}
11	m_{24}	m_{25}	m_{27}	m_{26}	m_{30}	m_{31}	m_{29}	m_{28}
10	m_{16}	m_{17}	m_{19}	m_{18}	m_{22}	m_{23}	m_{21}	m_{20}

(d) 五变量最小项的卡诺图

图 1.9　二至五变量最小项的卡诺图

为了保证具有逻辑相邻性的最小项在几何位置上也相邻地排列起来,这些二进制数码不能按从小到大的顺序排列,而必须按图中的方式排列。

从图 1.9 中还可以看出,处在任何一行或一列两端的最小项也具有逻辑相邻性,因此,可以把卡诺图看做一个上下、左右闭合的图形,这为下面的卡诺图化简创造了条件。

1.4.6 逻辑函数的表示方法之间的相互转换

描述逻辑函数的以上五种方法之间可进行相互转换。下面用几个例题来说明它们之间的相互转换过程。

1. 由真值表写逻辑式

例 1.12　已知一个 3 人表决电路所对应逻辑函数的真值表如表 1.14 所示,试写出与该表对应的逻辑式。

表 1.14　例 1.12 的函数真值表

A	B	C	Y	A	B	C	Y
0	0	0	0	1	0	0	0
0	0	1	0	1	0	1	1
0	1	0	0	1	1	0	1
0	1	1	1	1	1	1	1

解：由表 1.14 可知，使得函数值为 1 的输入变量的取值共有四组：

- $A=0,B=1,C=1$ 对应的乘积项为 $\overline{A}BC$
- $A=1,B=0,C=1$ 对应的乘积项为 $A\overline{B}C$
- $A=1,B=1,C=0$ 对应的乘积项为 $AB\overline{C}$
- $A=1,B=1,C=1$ 对应的乘积项为 ABC

由于这四组取值中的任意一组都能使得 $Y=1$，因此以上四个乘积项之间是或的逻辑关系，所以由该表写出的逻辑式为

$$Y=\overline{A}BC+A\overline{B}C+AB\overline{C}+ABC$$

注意：由该例题可知，在写乘积项时，取值为 1 的写成原变量，为 0 的写成反变量。

2. 由逻辑式画真值表

将逻辑式中输入变量取值的所有组合逐一代入逻辑式，列成表格，即可得到真值表。输入变量个数为 n 的逻辑函数，所有输入变量取值的组合共有 2^n 个。

例 1.13　已知逻辑函数 $Y=A\oplus B+\overline{A}C$，求它对应的真值表。

解：该函数中共有 A、B、C 三个输入变量，所以输入变量所有取值的组合共有 8 组，分别将这 8 组取值代入函数式，求出 Y，列成表格，即可得到真值表，如表 1.15 所示。

表 1.15　例 1.13 的真值表

A	B	C	Y	A	B	C	Y
0	0	0	0	1	0	0	1
0	0	1	1	1	0	1	1
0	1	0	1	1	1	0	0
0	1	1	1	1	1	1	0

3. 由逻辑式画逻辑图

用图形符号代替逻辑式中的运算符号，即可得到逻辑图。

例 1.14　已知逻辑函数为 $Y=\overline{\overline{(A+\overline{B})(\overline{A}+C)}+BC}$，试画出对应的逻辑图。

解：对应的逻辑图如图 1.10 所示。

4. 由逻辑图写逻辑式

从输入端到输出端逐级写出每个图形符号对应的逻辑式，即可得到整个逻辑图对应的逻辑式。

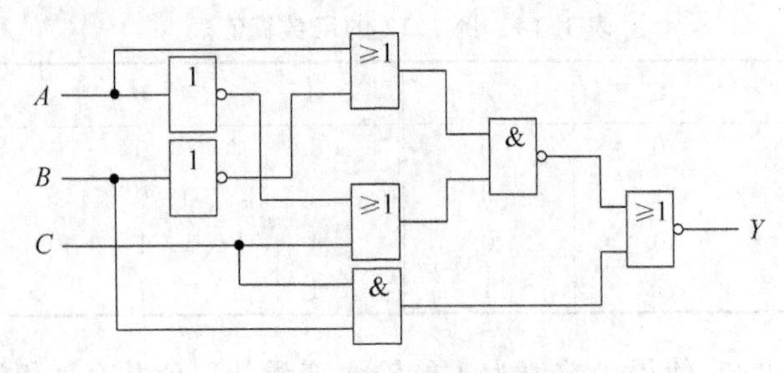

图 1.10 例 1.14 的逻辑图

例 1.15 已知某逻辑函数的逻辑图如图 1.11 所示,试求它的逻辑函数式。

解:由图 1.11 可得逻辑式

$$Y=\overline{AB+\overline{\overline{B}+\overline{C}}}=\overline{AB+BC}=\overline{AB}\cdot\overline{BC}=(\overline{A}+\overline{B})\cdot(\overline{B}+\overline{C})=\overline{A}\,\overline{C}+\overline{B}$$

5. 由卡诺图写逻辑式

由卡诺图写逻辑式的方法是:将卡诺图中所有的 1 用对应的最小项表示,然后将这些最小项相加,就得到了逻辑表达式。

例 1.16 已知某逻辑函数的卡诺图如图 1.12 所示,试写出该函数的逻辑式。

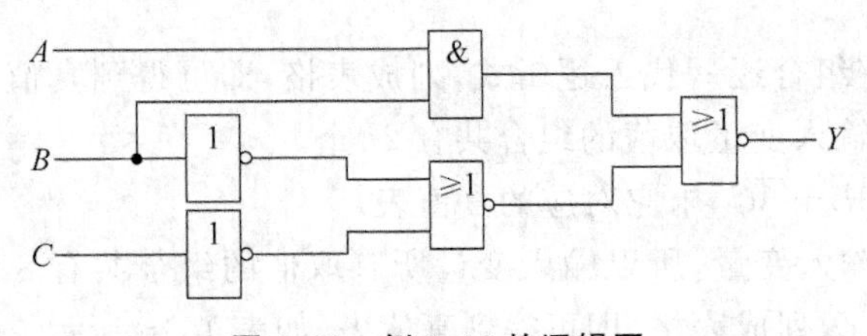

图 1.11 例 1.15 的逻辑图

AB \ CD	00	01	11	10
00	1	0	0	1
01	0	1	0	1
11	0	0	1	0
10	0	1	0	1

图 1.12 例 1.16 的卡诺图

解:根据卡诺图转换成逻辑函数的方法得

$$Y=\overline{A}\,\overline{B}\,\overline{C}\,\overline{D}+\overline{A}\,\overline{B}\,C\overline{D}+\overline{A}\,B\overline{C}\,D+\overline{A}\,BC\overline{D}+ABCD+A\overline{B}\,\overline{C}D+A\overline{B}C\overline{D}$$

1.5 逻辑函数的化简

任何一个逻辑函数都可以用逻辑电路来实现,逻辑函数的形式越简单,表示的逻辑关系也就越明显,同时在硬件实现时所用的电子器件也就越少,从而简化电路,降低成本。因此,对逻辑函数进行化简是十分必要的。

在逻辑函数化简时,若化简的目的不同,则对最简的要求也不同。同一逻辑函数可以写成各种不同形式的逻辑表达式。逻辑表达式的常见形式有

- 与-或式:

$$Y=AB+\overline{A}C+B\overline{D}$$

- 与非-与非式:

$$Y=\overline{\overline{AB}\cdot\overline{BC}}$$

• 或非-或非式：

$$Y=\overline{\overline{A+\overline{B}}+\overline{\overline{C}+D}}$$

• 与或非式：

$$Y=\overline{AB+CD}$$

以上 4 种形式中，与一或式是最基本的，对于该形式的表达式，最简的原则是表达式中乘积项的数目最少，且每个乘积项中变量的数目也最少。其他形式的表达式往往通过与-或式变换后得到。

逻辑函数常用的化简方法有两种：代数化简法（又叫公式化简法）和卡诺图化简法。在化简时，具体选用哪一种方法，视情况与要求而定。若要化简的函数符合基本公式或常用公式的形式，则常采用代数法；对于变量较多且无规律的函数常采用卡诺图法。

例 1.17 将逻辑函数 $Y=A\overline{C}+ABC+AC\overline{D}+CD$ 化为最简与或式。

解：$Y=A\overline{C}+ABC+AC\overline{D}+CD=A\cdot(\overline{C}+BC)+C\cdot(A\overline{D}+D)$

$=A\cdot(\overline{C}+B)+C\cdot(A+D)=A\overline{C}+AB+AC+CD$

$=A\cdot(\overline{C}+B+C)+CD=A+CD$

例 1.18 将逻辑函数 $Y=AB+BC+AC$ 化为与非-与非式。

解：$Y=AB+BC+AC=\overline{\overline{AB+BC+AC}}=\overline{\overline{AB}\cdot\overline{BC}\cdot\overline{AC}}$

由该题可推出求与非-与非式的一般方法为：先将给定的函数化为与-或式（不一定最简），然后再利用还原律和反演律求得其与非-与非式。

1.5.1 逻辑函数的标准形式

逻辑函数的标准形式有两种：最小项之和形式（或称为标准与-或式）和最大项之积形式（或称为标准或-与式）。

1. 最小项之和形式

利用基本公式 $A+\overline{A}=1$，任何一个逻辑函数都可以化为最小项之和的标准形式。其具体方法是：对于一个给定的 n 变量逻辑函数，当其任何一个乘积项不是最小项时，缺少哪一个变量，就用该乘积项乘以 $(x+\overline{x})$，其中 x 为缺少的变量，然后展开相加即可。对所有的最小项进行求和后，便可得到逻辑函数的最小项之和形式。

例 1.19 将逻辑函数 $Y=A\overline{B}\,\overline{C}D+BCD+\overline{A}D$ 化为最小项之和的形式。

解：$Y=A\overline{B}\,\overline{C}D+BCD+\overline{A}D=A\overline{B}\,\overline{C}D+(A+\overline{A})BCD+\overline{A}(B+\overline{B})(C+\overline{C})D$

$=A\overline{B}\,\overline{C}D+ABCD+\overline{A}BCD+\overline{A}B\overline{C}D+\overline{A}\,\overline{B}CD+\overline{A}\,\overline{B}\,\overline{C}D$

$=m_9+m_{15}+m_7+m_5+m_3+m_1$

$=\sum(m_1,m_3,m_5,m_7,m_9,m_{15})$

注意：最小项之和也可记作 $\sum m()$ 的形式，如例 1.19 的结果也可记作 $\sum m(1,3,5,7,9,15)$。

2. 最大项之积形式

在 n 变量的逻辑函数中，若 M 为包含 n 个因子的和，且这 n 个因子以原变量或反变量的形式在 M 中只出现一次，则称 M 为 n 变量的一个最大项。

与最小项相似，n 变量的逻辑函数共有 2^n 个最大项。最大项的编号规则是，使最大项值为 0 的输入变量取值所对应的十进制数即是该最大项的编号，记作 M_i。例如，使最大项 $A+\overline{B}+\overline{C}$ 值为 0 的输入变量 A、B、C 的取值是 011，011 所对应的十进制数是 3，所以最大项 $A+\overline{B}+\overline{C}$ 的编号为 M_3。

根据最大项的概念同样可得出四条重要性质：

(1) 对于任意一组输入变量取值，有且仅有一个最大项的值为 0。

(2) 任意两个最大项之和为 1。

(3) 全体最大项之积为 0。

(4) 只有一个变量不同的两个最大项的乘积等于各相同变量之和。

任何一个逻辑函数都可以化为最大项之积的标准形式。最大项之积形式为

$$Y = \prod_k M_k \tag{1.6}$$

式中，k 的值为逻辑函数中使得输出 Y 为 0 的所有最小项的编号。

例 1.20 将逻辑函数 $Y=A\overline{B}\,\overline{C}+BC+\overline{A}B$ 化为最大项之积的形式。

解： Y 的最小项之和形式为

$$\begin{aligned} Y &= A\overline{B}\,\overline{C} + BC + \overline{A}B = A\overline{B}\,\overline{C} + (A+\overline{A})BC + \overline{A}B(C+\overline{C}) \\ &= A\overline{B}\,\overline{C} + \overline{A}BC + \overline{A}B\overline{C} + ABC = \sum m(2,3,4,7) \end{aligned}$$

由 Y 的最小项之和形式可以看出，让 $Y=0$ 的输入变量的取值组合有 0、1、5、6 四种，即 $\overline{A}\,\overline{B}\,\overline{C}$、$\overline{A}\,\overline{B}C$、$A\overline{B}C$、$AB\overline{C}$。因此，$\overline{Y}=\overline{A}\,\overline{B}\,\overline{C}+\overline{A}\,\overline{B}C+A\overline{B}C+AB\overline{C}$，由该式可得 Y 的最大项之积形式为

$$\begin{aligned} Y &= \overline{\overline{A}\,\overline{B}\,\overline{C} + \overline{A}\,\overline{B}C + A\overline{B}C + AB\overline{C}} = \overline{\overline{A}\,\overline{B}\,\overline{C}} \cdot \overline{\overline{A}\,\overline{B}C} \cdot \overline{A\overline{B}C} \cdot \overline{AB\overline{C}} \\ &= (A+B+C)(A+B+\overline{C})(\overline{A}+B+\overline{C})(\overline{A}+\overline{B}+C) \\ &= M_0 \cdot M_1 \cdot M_5 \cdot M_6 \end{aligned}$$

由例 1.20 可以看出，任意一个最小项和最大项之间存在如下的逻辑关系：

$$m_i = \overline{M_i} \quad 或 \quad \overline{m_i} = M_i$$

1.5.2 代数法化简逻辑函数

代数法化简逻辑函数，主要是指利用基本公式和常用公式消去函数中多余的乘积项和多余的因子，以求得到最简逻辑函数。代数法化简也称公式法化简，该方法没有固定的步骤可循，只要能熟练应用基本公式和常用公式即可。现介绍几种较常用的方法。

1. 并项法

利用常用公式 $AB+A\overline{B}=A$ 可以将两项合并为一项，并消去一对因子 B 和 $\overline{B}$。其中

A 和 B 可以是任何一个逻辑式。例如：

$$Y_1 = A\bar{B}C + A\bar{C} + AB = A\bar{B}C + A(\bar{C} + B) = A\bar{B}C + A\overline{\bar{B}C} = A$$

$$Y_2 = A\bar{B}C + \bar{A}BC + \bar{A}\,\bar{B}C + ABC = C(A \oplus B) + C\,\overline{(A \oplus B)} = C$$

2. 吸收法

利用常用公式 $A+AB=A$，可将 AB 项消去。其中 A 和 B 同样可以是任何一个逻辑式。例如：

$$Y_1 = BD + \bar{A}BCD(\overline{\bar{C} + \overline{BE}}) = BD + BD \cdot (\bar{A}C(\overline{\bar{C} + \overline{BE}})) = BD$$

$$\begin{aligned} Y_2 &= A + \overline{\bar{A} \cdot \overline{BC}}(\overline{\bar{B} + \bar{C} + \bar{D}}) + BC = (A + BC) + (A + BC)(\overline{\bar{B} + \bar{C} + \bar{D}}) \\ &= A + BC \end{aligned}$$

3. 消因子法

利用常用公式 $A+\bar{A}B=A+B$，将 $\bar{A}B$ 项中的 $\bar{A}$ 消去。其中 A 和 B 同样可以是任何一个逻辑式。例如：

$$Y_1 = \bar{A}B + \overline{\bar{A}BC} + \overline{AB}\,\bar{D}E = \bar{A}B + \overline{AB}(C + \bar{D}E) = \bar{A}B + C + \bar{D}E$$

$$Y_2 = B\bar{D} + \bar{B}C + CD = B\bar{D} + (\bar{B} + D) \cdot C = B\bar{D} + \overline{B\bar{D}}C = B\bar{D} + C$$

4. 消项法

利用常用公式 $AB+\bar{A}C+BC=AB+\bar{A}C$ 或 $AB+\bar{A}C+BCD=AB+\bar{A}C$ 将乘积项 BC 或 BCD 消去。其中 A、B、C 和 D 同样可以是任何一个逻辑式。例如：

$$Y_1 = AB + A\bar{C} + \overline{B + C} = AB + A\bar{C} + \bar{B}\,\bar{C} = AB + \bar{B}\,\bar{C}$$

$$\begin{aligned} Y_2 &= \bar{A}BC + A\bar{B}C + \bar{A}\,\bar{B}\,\bar{D} + AB\bar{D} + ABC\bar{D} + C\bar{D}E\bar{F} \\ &= (A \oplus B) \cdot C + \overline{(A \oplus B)} \cdot \bar{D} + C\bar{D}(AB + E\bar{F}) \\ &= (A \oplus B) \cdot C + \overline{(A \oplus B)} \cdot \bar{D} \end{aligned}$$

5. 配项法

利用基本公式 $A+\bar{A}=1$ 或 $A+A=A$ 进行配项。其中 A 同样可以是任何一个逻辑式。若利用 $A+\bar{A}=1$ 进行配项，则可以将函数中一个乘积项拆成两项；若利用 $A+A=A$ 进行配项，则可以在函数中重复写入某一项。例如：

$$\begin{aligned} Y_1 &= A\bar{B} + \bar{A}B + B\bar{C} + \bar{B}C \\ &= A\bar{B}(C + \bar{C}) + \bar{A}B + (A + \bar{A})B\bar{C} + \bar{B}C \\ &= A\bar{B}C + A\bar{B}\,\bar{C} + \bar{A}B + AB\bar{C} + \bar{A}B\bar{C} + \bar{B}C \\ &= (A\bar{B}C + \bar{B}C) + (A\bar{B}\,\bar{C} + AB\bar{C}) + (\bar{A}B + \bar{A}B\bar{C}) \\ &= \bar{B}C + A\bar{C} + \bar{A}B \end{aligned}$$

$$\begin{aligned} Y_2 &= \bar{A}BC + A\bar{B}C + AB\bar{C} + ABC \\ &= \bar{A}BC + A\bar{B}C + AB\bar{C} + ABC + ABC + ABC \end{aligned}$$

$$=(\overline{A}BC+ABC)+(A\overline{B}C+ABC)+(AB\overline{C}+ABC)$$
$$=BC+AC+AB$$

例 1.21 用代数法化简逻辑函数

$$Y=A+\overline{AB+\overline{B}+C+D}+\overline{B\,\overline{AD}}+BC+B\overline{D}E$$

解：
$$\begin{aligned}Y&=A+\overline{AB+\overline{B}+C+D}+\overline{B\,\overline{AD}}+BC+B\overline{D}E\\&=A+\overline{\underline{\underline{AB+\overline{B}}}+C+D}+\overline{B}+AD+BC+B\overline{D}E\\&=\underline{\underline{(A+AD)}}+\overline{(A+\overline{B})}\cdot\overline{C}\,\overline{D}+\overline{B}+BC+B\overline{D}E\\&=\underline{\underline{A+\overline{(A+\overline{B})}\cdot\overline{C}\,\overline{D}+\overline{B}}}+BC+B\overline{D}E\\&=A+\overline{B}+\underline{\underline{\overline{C}\,\overline{D}+BC+B\overline{D}E}}\\&=A+\underline{\underline{\overline{B}}}+\overline{C}\,\overline{D}+\underline{\underline{BC}}\\&=A+\overline{B}+\underline{\underline{\overline{C}\,\overline{D}+C}}\\&=A+\overline{B}+C+\overline{D}\end{aligned}$$

1.5.3 逻辑函数的卡诺图化简法

1. 用卡诺图表示逻辑函数

用卡诺图表示逻辑函数的方法通常有两种：

(1) 最小项法，即首先将给定逻辑函数化为最小项之和形式，然后在卡诺图上与这些最小项对应的位置上填上 1，其余位置填上 0 或不填。

(2) 观察法，即根据逻辑函数中每个乘积项的特征直接在卡诺图相应的位置上填上 1，如乘积项 $A\overline{B}\,\overline{D}$ 可以理解为是两个最小项 $A\overline{B}C\overline{D}$ 和 $A\overline{B}\,\overline{C}\,\overline{D}$ 合并的结果，因此，在填写卡诺图时，可以直接在卡诺图上所有对应 $A=1$、$B=0$、$D=0$ 的空格里填入 1，这样就省去了求最小项之和的步骤了。

例 1.22 用卡诺图表示逻辑函数

$$Y=\overline{A}B+\overline{B}C\overline{D}+ABCD+A\overline{C}D$$

解：将 Y 化为最小项之和形式为

$$\begin{aligned}Y&=\overline{A}B+\overline{B}C\overline{D}+ABCD+A\overline{C}D\\&=\overline{A}B(C+\overline{C})(D+\overline{D})+(A+\overline{A})\overline{B}C\overline{D}+ABCD+A(B+\overline{B})\overline{C}D\\&=\overline{A}BCD+\overline{A}BC\overline{D}+\overline{A}\,B\overline{C}D+\overline{A}B\overline{C}\,\overline{D}+A\overline{B}C\overline{D}+\\&\quad\ \overline{A}\,\overline{B}C\overline{D}+ABCD+AB\overline{C}\,D+A\overline{B}\,\overline{C}D\\&=m_7+m_6+m_5+m_4+m_{10}+m_2+m_{15}+m_{13}+m_9\\&=\sum m(2,4,5,6,7,9,10,13,15)\end{aligned}$$

AB \ CD	00	01	11	10
00	0	0	0	1
01	1	1	1	1
11	0	1	1	0
10	0	1	0	1

图 1.13 例 1.22 的卡诺图

根据卡诺图表示逻辑函数的方法，可得到如图 1.13 所示的卡诺图。

例 1.22 若采用观察法可得到同样的结果，且相对于最小项法，观察法更不易出错。

2. 用卡诺图化简逻辑函数

利用卡诺图来化简逻辑函数的方法称为卡诺图化简法。卡诺图化简法的本质就是利用具有逻辑相邻性的最小项可以合并，且消去不同的因子。由于卡诺图中的最小项几何位置相邻(左右相邻或上下相邻)与逻辑相邻是一致的，因此从卡诺图上能非常直观地找出那些逻辑上相邻地最小项，从而将这些最小项进行合并化简。

1) 最小项的合并规律

(1) 若 2 个最小项相邻，则可以合并为一项并消去 1 对因子，合并后的结果中只包含公共因子。两个相邻最小项合并有两种情形：

① 相接(上下、左右)：如图 1.14(a)所示，$m_1(\overline{A}\,\overline{B}C)$和 $m_3(\overline{A}BC)$相邻，所以可以合并为$\overline{A}\,\overline{B}C+\overline{A}BC=\overline{A}C(B+\overline{B})=\overline{A}C$，合并后的结果中只剩下了公共因子$\overline{A}$和$C$，消去了$B$和$\overline{B}$这一对因子。同理，图 1.14(a)中 $m_2(\overline{A}B\overline{C})$和 $m_6(AB\overline{C})$相邻，它们可以合并为$B\overline{C}$，消去了A和$\overline{A}$这一对因子。

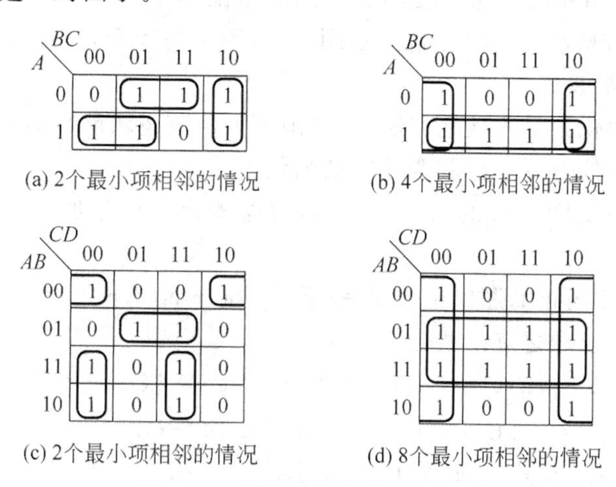

(a) 2个最小项相邻的情况　(b) 4个最小项相邻的情况

(c) 2个最小项相邻的情况　(d) 8个最小项相邻的情况

图 1.14　最小项相邻的几种情况

② 处于同一行或同一列的两端：如图 1.14(c)所示，$m_0(\overline{A}\,\overline{B}\,\overline{C})$和 $m_2(\overline{A}B\overline{C})$可以合并为$\overline{A}\,\overline{B}\,\overline{C}+\overline{A}B\overline{C}=\overline{A}\,\overline{C}(\overline{B}+B)=\overline{A}\,\overline{C}$，合并后的结果中只剩下了公共因子$\overline{A}$和$\overline{C}$，消去了$B$和$\overline{B}$这一对因子。

(2) 若 4 个最小项相邻且排列成一个矩形组，则可以合并为一项并消去 2 对因子，合并后的结果中只包含公共因子。

如图 1.14(b)所示，$m_0(\overline{A}\,\overline{B}\,\overline{C})$、$m_2(\overline{A}B\overline{C})$、$m_4(A\overline{B}\,\overline{C})$、$m_6(AB\overline{C})$最小项相邻且排列成一个矩形组，这 4 项可合并为

$$\begin{aligned}\overline{A}\,\overline{B}\,\overline{C}+\overline{A}B\overline{C}+A\overline{B}\,\overline{C}+AB\overline{C}&=\overline{A}\,\overline{C}(\overline{B}+B)+A\overline{C}(\overline{B}+B)\\&=\overline{A}\,\overline{C}+A\overline{C}=\overline{C}(\overline{A}+A)=\overline{C}\end{aligned}$$

由四项合并后的结果可知，合并后只剩下了公共因子$\overline{C}$，消去了A和$\overline{A}$、B和$\overline{B}$两对因子。

(3) 若 8 个最小项相邻且排列成一个矩形组，则可以合并为一项并消去 3 对因子，合并后的结果中只包含公共因子。

如图 1.14(d)所示，中间 8 个最小项是相邻的，这 8 项可合并为一项 B，其他三对因子全部被消掉了。

(4) 若卡诺图中所有的方格都为 1，将它们圈在一起，则结果为 1。

2) 最小项的合并原则

用卡诺图化简逻辑函数，就是在卡诺图中找相邻的最小项，即画包围圈。为了保证将逻辑函数画到最简，画圈时必须遵循以下原则：

(1) 包围圈要尽可能大，但每个圈内只能含有 $2^n(n=0,1,2,\cdots)$ 个相邻项。要特别注意对边相邻性和四角相邻性。

(2) 包围圈的个数要尽量少，因为一个包围圈对应一个乘积项，圈越少，化简后的逻辑函数中乘积项就越少。

(3) 卡诺图中所有取值为 1 的方格均要被圈过，即不能漏下一个取值为 1 的最小项，否则最后得到的表达式就会与所给函数不等。

(4) 取值为 1 的方格可以被重复圈在不同的包围圈中多次使用，但在新画的包围圈中至少要有一个 1 方格没有被其他包围圈圈过，否则该包围圈是多余的。

3) 卡诺图法化简步骤

(1) 将逻辑函数化为最小项之和形式，并画出表示该逻辑函数的卡诺图。

(2) 根据最小项的合并规律和合并原则画包围圈。

(3) 写出每个包围圈对应的乘积项，然后将这些乘积项相加，即得到化简后的逻辑函数。

例 1.23 用卡诺图化简逻辑函数 $Y=AB\overline{C}+\overline{B}C+\overline{A}BC+AC$。

解：该函数的最小项之和形式为

$$Y=AB\overline{C}+(A+\overline{A})\overline{B}C+\overline{A}BC+A(B+\overline{B})C$$
$$=AB\overline{C}+A\overline{B}C+\overline{A}\,\overline{B}C+\overline{A}BC+ABC$$

根据该表达式画出卡诺图，如图 1.15 所示。

由图 1.15 可得，两个包围圈对应的乘积项分别为 C 和 AB，因此该逻辑函数的化简结果为

$$Y=AB+C$$

例 1.24 用卡诺图将逻辑函数 $Y=\overline{A}\,\overline{B}\,\overline{C}\,\overline{D}+\overline{A}\,\overline{B}C\overline{D}+A\overline{B}\,\overline{D}+AD$ 化为最简与-或式。

解：该函数对应的卡诺图如图 1.16 所示。由图 1.16 可得该函数化简后的与-或式为

$$Y=AD+\overline{B}\,\overline{D}$$

例 1.25 已知某逻辑函数的卡诺图如图 1.17 所示，试分别用“圈 1 法”和“圈 0 法”写出该函数的最简与-或式。

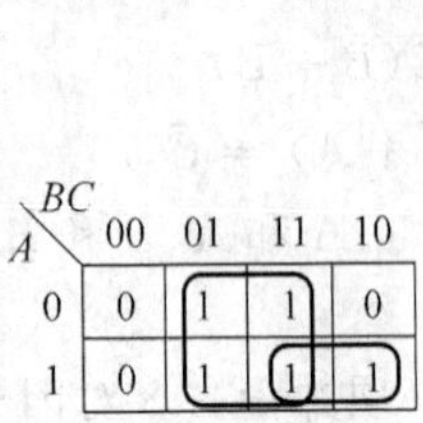

A \ BC	00	01	11	10
0	0	1	1	0
1	0	1	1	1

图 1.15 例 1.23 的卡诺图

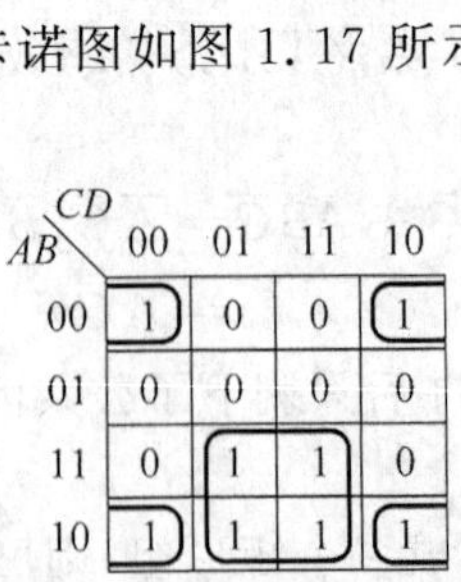

AB \ CD	00	01	11	10
00	1	0	0	1
01	0	0	0	0
11	0	1	1	0
10	1	1	1	1

图 1.16 例 1.24 的卡诺图

AB \ CD	00	01	11	10
00	1	1	1	1
01	1	1	0	0
11	1	1	0	0
10	1	1	1	1

图 1.17 例 1.25 的卡诺图

解：由图 1.18(a) 可见，用圈 1 法，得该函数的最简与-或式：

$$Y=\overline{B}+\overline{C}$$

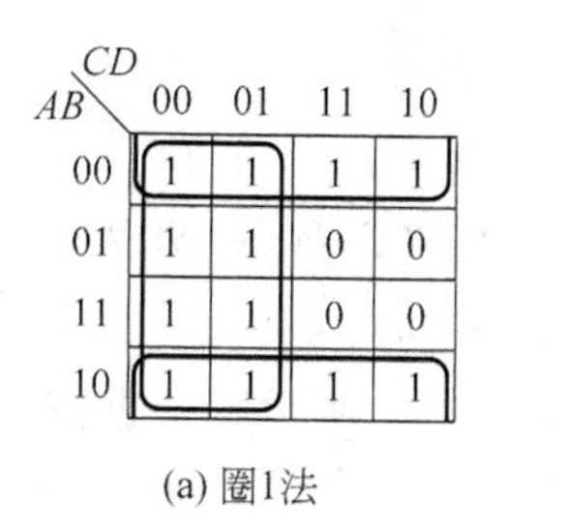

(a) 圈1法

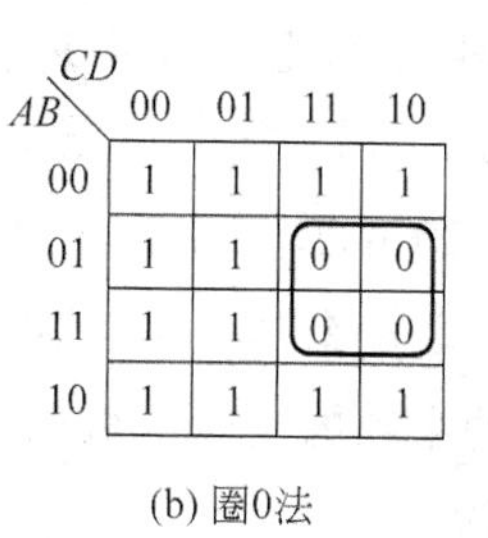

(b) 圈0法

图 1.18　例 1.25 的卡诺图(2)

由图 1.18(b) 可见，用圈 0 法，得 $\overline{Y}=BC$，对 Y 取非，得：

$$Y=\overline{BC}=\overline{B}+\overline{C}$$

1.5.4　含有无关项的逻辑函数的化简

1. 约束项、任意项和无关项的概念

当将一个实际问题抽象成逻辑函数之后，有时受实际情况的限制，逻辑函数的某些输入变量取值组合根本不可能出现或不允许出现，这些取值所对应的最小项称为约束项。例如开关的状态有两种：打开和闭合。若用 $A=1$ 表示打开，用 $B=1$ 表示闭合，根据开关的特点，则 A、B 只能有 2 种取值组合：10 和 01，而 A、B 的另外 2 种取值：00 和 11 是不允许出现的，因此，这两种取值对应的最小项 $\overline{A}\,\overline{B}$、$AB$ 即为约束项。约束项可用最小项等于 0 来表示，所以任何一个具有约束的逻辑函数的约束条件，可用全部约束项之和等于 0 来表示。如上例中的约束条件可写为 $\overline{A}\,\overline{B}+AB=0$。

除约束项之外，在实际问题中还存在这样一种情况：一个 n 变量的逻辑函数，其中 N 个最小项对应的输出有确定的函数值，而另外 2^n-N 个最小项所对应的输出却没有确定的值，它们既可为 1，也可为 0。即该函数的取值仅仅取决于 N 个最小项，而与另外 2^n-N 个最小项无关。则这 2^n-N 个最小项称为任意项。例如用 4 位二进制数组成 8421BCD 码时，4 位二进制数共有 16 种组合，但 8421BCD 码只取其中的 0000～1001 共 10 种组合来表示 0～9 十个数字，其余 6 种组合 1010～1111 是不使用的，这 6 种组合对应的最小项即为任意项。

由于约束项用最小项等于 0 来表示，所以将其写入逻辑函数时，并不影响函数值；而任意项的取值又不影响函数值，因此约束项和任意项通称为无关项。无关项在卡诺图中通常用×来表示，带有无关项的逻辑函数可表示为

$$Y=\sum m()+\sum d()$$

2. 含有无关项的逻辑函数的化简

在化简具有无关项的逻辑函数时，根据无关项的使用特点，若能充分合理地利用无

关项，则能得到更加简单的化简结果。

在使用无关项化简逻辑函数时，×既可视为1，也可视为0，若×和卡诺图中的1能组成最大的矩形组，且矩形组数目最少，则视为1，否则视为0。

例 1.26 试用卡诺图法化简逻辑函数

$$Y(A,B,C,D)=\sum(m_3,m_5,m_6,m_7,m_{10},m_{13},m_{15})$$

$$\text{约束条件：}m_0+m_1+m_2+m_4+m_8=0$$

解：该具有约束项的逻辑函数的卡诺图如图 1.19 所示。根据图中的包围圈可得该函数的化简结果为

$$Y=\overline{A}+BD+\overline{B}\,\overline{D}$$

例 1.27 已知某逻辑函数的输入是余3码，其逻辑表达式为

$$Y=\sum m(4,5,8,9,10,11,12)+\sum d(0,1,2,13,14,15)$$

试用卡诺图法将该函数化为最简与-或式。

解：该函数的卡诺图如图 1.20 所示。根据图中的包围圈可得该函数的化简结果为

$$Y=A+\overline{C}$$

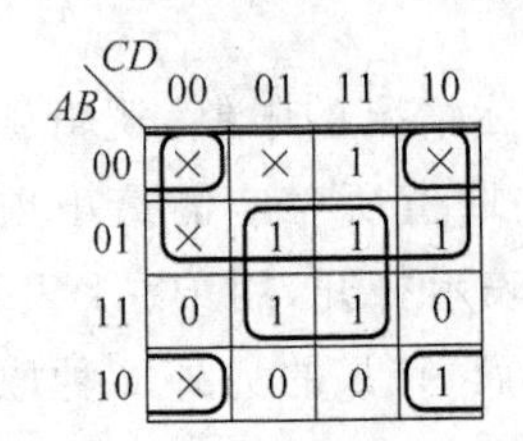

图 1.19 例 1.26 的卡诺图

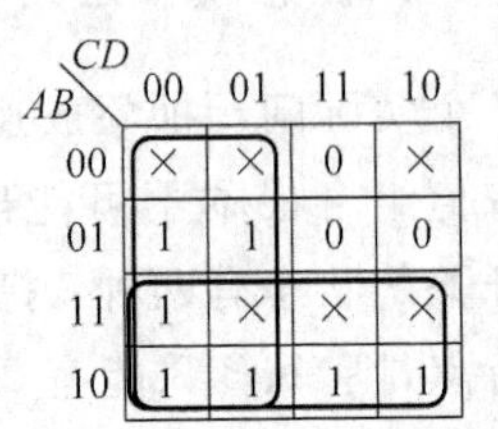

图 1.20 例 1.27 的卡诺图

本章小结

本章主要介绍了3种基本的逻辑运算及5种复合逻辑运算、逻辑代数的基本公式和常用公式及3个规则、逻辑函数的表示方法和逻辑函数的化简共四部分内容。

逻辑代数中的3种基本运算是与、或、非，5种复合运算是与非、或非、与或非、同或和异或。逻辑代数中的基本公式和常用公式在代数化简法中要广泛用到，因此要熟练掌握；逻辑代数中有3个规则，其中代入规则和对偶规则可用于逻辑式的证明，而反演规则可用来求反函数(又称反逻辑式)。

逻辑函数的表示方法共介绍了5种，分别是真值表、逻辑式、逻辑图、波形图和卡诺图。这5种表示方法之间可以进行相互转换。

逻辑函数的化简方法有两种，即代数化简法(又称公式化简法)和卡诺图化简法。代数化简法主要是反复利用逻辑代数中的基本公式和常用公式进行逻辑函数的化简。该方法不受任何条件的限制，在化简时无固定的步骤可循，用该方法化简一些复杂的逻辑函数时，不仅需要熟练掌握各种公式和规则，而且需要一定的技巧和经验。卡诺图化简

法较为简单、直观，且有固定的化简步骤，该方法对于一些较为复杂的三变量或四变量逻辑函数的化简，比较理想。

习 题

1.1 将下列二进制数分别转换为八进制数、十进制数和十六进制数。

(1) $(10011101)_2$　　(2) $(10101011.011)_2$

(3) $(0.011011)_2$　　(4) $(111001011)_2$

1.2 将下列十进制数转换为二进制数，小数点后保留 3 位有效数字。

(1) $(45)_{10}$　　(2) $(127)_{10}$　　(3) $(18.125)_{10}$　　(4) $(33.45)_{10}$

1.3 将下列十六进制数分别转换为二进制数、八进制数和十进制数。

(1) $(3EB)_{16}$　　(2) $(1FC.85)_{16}$　　(3) $(7A2.4B)_{16}$　　(4) $(458)_{16}$

1.4 写出如图 1.21 所示各个电路输出信号的逻辑表达式，并对应 A、B 的给定波形画出各个输出信号的波形。

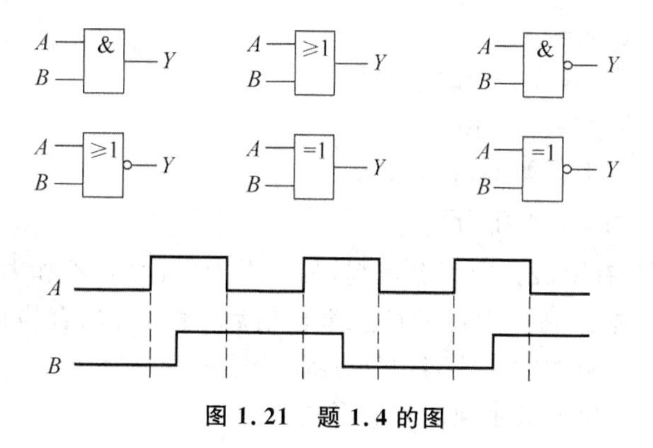

图 1.21 题 1.4 的图

1.5 BCD 码共有几种类型，在所有 BCD 码中，哪几种属于恒权代码？哪几种属于变权代码？当 0101 为 8421BCD 码、余 3 码和 5211 码时，其对应的十进制数分别是多少？

1.6 已知某逻辑函数的真值表如表 1.16 所示，试写出其逻辑表达式。

表 1.16 题 1.6 的真值表

A	B	C	Y	A	B	C	Y
0	0	0	1	1	0	0	1
0	0	1	0	1	0	1	0
0	1	0	1	1	1	0	0
0	1	1	0	1	1	1	1

1.7 根据下列文字描述建立真值表，然后写出逻辑表达式。

(1) 设有 3 个变量的逻辑函数 $Y=F(A,B,C)$，当 A、B、C 中有奇数个 1 时，$Y=1$；否则 $Y=0$。

(2) 设有3个变量的逻辑函数$Y=F(A,B,C)$，当$C=0$时，$Y=AB$；当$C=1$时，$Y=A+B$。

(3) 设有两个二进制数$X=AB$和$Y=CD$，若$X>Y$，则$F_1=1$；若$X=Y$，则$F_2=1$；若$X<Y$，则$F_3=1$。

1.8 某逻辑函数的逻辑图如图1.22所示，试用其他3种方法表示该逻辑函数。

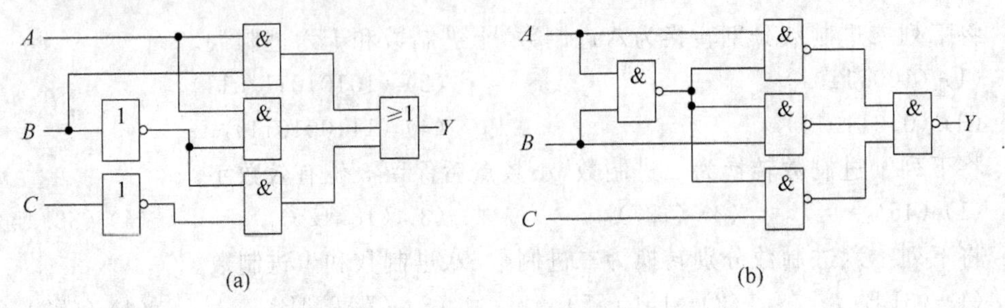

图1.22 题1.8的图

1.9 利用真值表证明下列等式成立。

(1) $A\oplus 1=\overline{A}$；$A\oplus 0=A$

(2) $A\overline{B}+B\overline{C}+\overline{A}C=\overline{A}B+\overline{B}C+A\overline{C}$

(3) $(A+B)(A+C)=A+BC$

(4) $A\oplus B\oplus C=\overline{A}\,\overline{B}\,C+A\overline{B}\,\overline{C}+ABC$

(5) $A+\overline{\overline{A}(B+C)}=A+\overline{B+C}$

1.10 在举重比赛中，有甲、乙、丙三名裁判，其中甲为主裁判，乙和丙为副裁判。当主裁判和至少一名副裁判认为运动员上举合格后，才可发出合格信号，否则不能。试画出表示该逻辑函数的真值表，写出逻辑表达式。

1.11 试将下列函数式化成最小项之和的形式。

(1) $Y=A+B\overline{C}$

(2) $Y=A\overline{B}+\overline{B}C+AC$

(3) $Y=A\overline{B}D+\overline{C}D+\overline{A}BC\overline{D}$

(4) $Y=AB+\overline{\overline{BC}(\overline{C}+\overline{D})}$

1.12 试将下列函数式化成最大项之积的形式。

(1) $Y=\overline{A}\,\overline{B}\,\overline{C}+B\overline{C}+ABC$

(2) $Y=A+\overline{B}$

(3) $Y=AC+\overline{C}D+\overline{A}BC\overline{D}+\overline{A}BCD+A\overline{B}\,\overline{C}\,\overline{D}$

(4) $Y=\overline{A}D+C+BC\overline{D}$

1.13 用代数化简法将下列逻辑函数化为最简与-或形式。

(1) $Y=A\overline{B}+\overline{A}B+A$

(2) $Y=\overline{A}+\overline{B}+\overline{C}+\overline{D}+ABCD$

(3) $Y=AB+\overline{A}C+\overline{B}C+A+\overline{C}$

(4) $Y=\overline{A}\,\overline{B}+B\overline{C}+\overline{A}+\overline{B}+ABC$

(5) $Y=A\bar{B}(\bar{A}CD+\overline{AD+\bar{B}\bar{C}})(\bar{A}+B)$

(6) $Y=AC(\bar{A}B+\bar{C}D)+BC(\overline{\overline{\bar{B}+AD}+CE})$

(7) $Y=A\bar{C}+ABC+AC\bar{D}+CD$

(8) $Y=\bar{A}(C\oplus D)+B\bar{C}D+AC\bar{D}+A\bar{B}\bar{C}D$

(9) $Y=AC+\bar{B}C+B\bar{D}+C\bar{D}+A(B+\bar{C})+\bar{A}BC\bar{D}+A\bar{B}DE$

(10) $Y=AC+A\bar{C}D+A\bar{B}\bar{E}F+B(D\oplus E)+B\bar{C}D\bar{E}+B\bar{C}\bar{D}E+AB\bar{E}F$

1.14 求下列逻辑函数的反函数 $\bar{Y}$ 和对偶式 Y'。

(1) $Y=B(AB+C)+\bar{D}$

(2) $Y=\overline{A\bar{B}+\bar{B}C}+AC$

(3) $Y=\overline{(\overline{A\bar{B}}C+\bar{C}D)}\cdot(AC+BD)$

(4) $Y=\overline{A+B+\overline{\bar{C}+\overline{DF}}}$

1.15 用与-非门实现下列逻辑函数。

(1) $Y=AB+\bar{A}C$

(2) $Y=\overline{A(B+\bar{C})}$

(3) $Y=\overline{\bar{A}BC+A\bar{B}C+AB\bar{C}}$

(4) $Y=A\overline{BC}+\overline{\overline{A\bar{B}}+\bar{A}\bar{B}+BC}$

(5) $Y=\overline{(A+\bar{B})(\bar{A}+C)}AC+BC$

1.16 试用卡诺图法将下列逻辑函数化为最简与-或式。

(1) $Y=AB+AC+\bar{A}\bar{B}+\bar{B}C$

(2) $Y=A\bar{B}+\bar{A}C+BC+\bar{C}D$

(3) $Y=\bar{A}\bar{B}+AC+\bar{A}BC+A\bar{B}\bar{C}$

(4) $Y=\bar{A}B\bar{D}+A\bar{B}\bar{D}+\bar{A}\bar{C}\bar{D}+\bar{A}\bar{B}C\bar{D}$

(5) $Y=\overline{ABC+BD(\bar{A}+C)+(B+D)AC}$

(6) $Y(A,B,C)=\sum m(0,2,3,4,5,6)$

(7) $Y(A,B,C,D)=\sum m(0,1,2,3,4,6,8,9,10,11,12,14)$

(8) $Y(A,B,C,D)=\sum m(0,1,2,3,5,6,7,10,14,15)$

1.17 试用或-非门实现题 1.16 中的逻辑函数。

1.18 试用与或非门实现题 1.16 中的逻辑函数。

1.19 证明下列等式成立(方法不限)。

(1) $ABC+A\bar{B}C+AB\bar{C}=AB+AC$

(2) $A+A\bar{B}\bar{C}+\bar{A}CD+(\bar{C}+\bar{D})E=A+E+CD$

(3) $A\oplus B\oplus C\oplus D=A\oplus\bar{B}\oplus C\oplus\bar{D}$

(4) $\bar{A}\bar{B}\bar{C}\bar{D}+AB\bar{C}D+\bar{A}\bar{B}\bar{C}\bar{D}+A\bar{B}CD=\overline{A\bar{C}+\bar{A}C+B\bar{D}+\bar{B}D}$

(5) $ABCD+\bar{A}\bar{B}\bar{C}\bar{D}=\overline{A\bar{B}+B\bar{C}+C\bar{D}+\bar{A}D}$

1.20 用卡诺图法化简下列具有约束条件的逻辑函数,写出最简与-或表达式。

(1) $Y=\bar{A}BD+\bar{A}\bar{B}\bar{D}+\bar{B}\bar{C}\bar{D}$,约束条件:$AB+AC=0$。

(2) $Y=\overline{A}\,\overline{C}+B\overline{D}+\overline{C}D+A\overline{B}C$，约束条件：$A\overline{B}\,\overline{C}\,\overline{D}+\overline{A}\,\overline{B}C\overline{D}=0$。

(3) $Y=C\overline{D}(A\oplus B)+\overline{A}\,B\overline{C}+\overline{A}\,\overline{C}\,D$，约束条件：$AB+CD=0$。

(4) $Y=(A\overline{B}+B)C\overline{D}+\overline{(A+B)(\overline{B}+C)}$，约束条件：$\overline{A}BCD+A\overline{B}CD+ABCD=0$。

(5) $Y(A,B,C,D)=\sum m(1,3,7,11,13)+\sum d(5,9,10,12,14,15)$。

(6) $Y(A,B,C,D)=\sum m(0,1,5,7,8,11,14)+\sum d(3,9,15)$。

(7) $Y(A,B,C,D)=\sum m(2,3,7,8,11,14)+\sum d(0,5,10,15)$。

(8) $Y(A,B,C,D)=\sum m(0,1,3,4,6,9,13)+\sum d(5,8,12,14)$。

1.21 用卡诺图判断逻辑函数 Y 与 F 之间的关系。

(1) $Y=BD+\overline{B}\,\overline{D}+\overline{A}\,\overline{C}\,D$，$F=B\overline{D}+\overline{B}CD+A\overline{B}D$。

(2) $Y=A\overline{B}+\overline{A}C+B\overline{C}$，$F=\overline{A}B+A\overline{C}+\overline{B}C$。

参考文献

[1] 阎石. 数字电子技术基础(第四版)[M]. 北京：高等教育出版社，2005.

[2] 范立南，等. 数字电子技术[M]. 北京：中国水利水电出版社，2005.

[3] 彭华林，凌敏. 数字电子技术[M]. 长沙：湖南大学出版社，2004.

[4] 徐晓光. 电子技术[M]. 北京：机械工业出版社，2004.

[5] 李哲英. 电子技术及其应用基础[M]. 北京：高等教育出版社，2003.

[6] 刘时进，等. 电子技术基础教程[M]. 武汉：湖北科学技术出版社，2001.

[7] 蔡良伟. 数字电路与逻辑设计[M]. 西安：西安电子科技大学出版社，2003.

[8] 李中发. 电子技术[M]. 北京：中国水利水电出版社，2005.

[9] 康华光. 电子技术基础[M]. 北京：高等教育出版社，1980.

[10] 邓元庆. 数字电路与逻辑设计[M]. 北京：电子工业出版社，2001.

第2章 chapter 2

组合逻辑电路

数字电路根据结构特点的不同，可以分为组合逻辑电路和时序逻辑电路，分别简称为组合电路和时序电路。本章首先讲解了集成逻辑门的基础知识，其次重点分析了几种典型的组合电路模块(如译码器、数据选择器等)的工作原理、真值表及应用，最后讲解了组合电路的分析与设计方法并简要介绍了组合电路中的竞争-冒险现象。

2.1 集成逻辑门

门电路是构成数字电路的基本单元。用来实现逻辑运算的单元电路通常称为门电路。因此，常用的门电路在逻辑功能上有与门、或门、非门、与非门、或非门、与或非门、异或门等。

逻辑门电路可以由分立元件构成，也可以是集成元件，目前广泛使用的是集成逻辑门电路。所谓集成电路，是指将分立元件和连线制作在同一个半导体硅片上。集成逻辑门电路具有体积小、重量轻、功耗低、可靠性高、价格低廉和便于微型化等诸多优点。

根据制造工艺的不同，数字集成电路可分为双极型和单极型两大类。如果按照集成度(即每一小片硅片中含有的元器件的数目)来分类，通常将集成电路分为小规模集成电路(Small Scale Integration Circuit，SSI)、中规模集成电路(Medium Scale Integration Circuit，MSI)、大规模集成电路(Large Scale Integration Circuit，LSI)和超大规模集成电路(Very Large Scale Integration Circuit，VLSI)。

在数字电路中，高电平和低电平分别用逻辑1和逻辑0来表示。高、低电平信号的获得可用图2.1来实现。当开关S断开时，输出电压 v_O 为高电平；当开关S闭合时，输出电压 v_O 为低电平。开关S通常用二极管、三极管或MOS管来实现，其中二极管做开关用是利用其单向导电性，即当其正向偏置导通时，体电阻很小，类似于一开关闭合；当其反相偏置截止时，体电阻很大，类似于一开关断开。三极管或MOS管的开关特性分别见2.1.1节和2.1.2节。

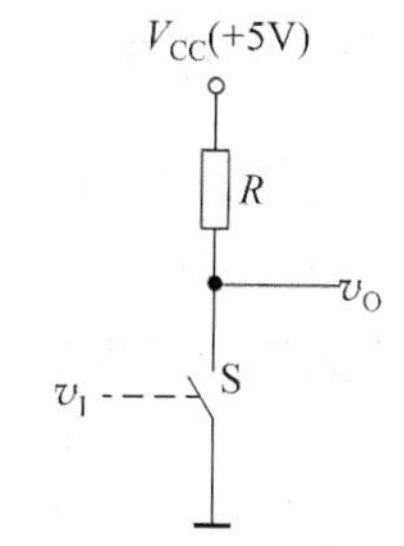

图2.1 高、低电平获得电路

上述将高电平定义为逻辑1，将低电平定义为逻辑0的逻辑体制称为正逻辑；反之，则称为负逻辑。在通常情况下，人们习惯于使用正逻辑。

在实际工作中，高、低电平都有一个允许的变化范围，如图 2.2 所示。

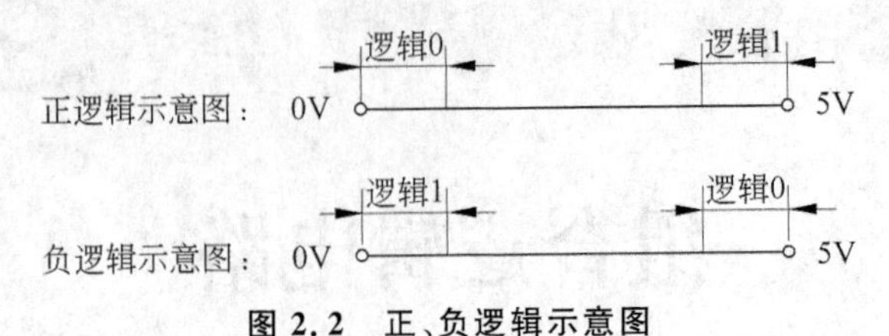

图 2.2　正、负逻辑示意图

2.1.1　双极型逻辑门电路

常见的双极型集成电路可分为以下几类：

(1) TTL(Transistor-Transistor Logic)电路。TTL 电路的输入端与输出端均采用三极管结构，故得名三极管-三极管逻辑电路，简称 TTL 电路。TTL 电路是双极型集成数字电路中应用非常广泛的一种。该类电路具有中等开关速度，每级门电路的传输延迟时间约为 3～7ns，集成度较低，功耗较大，驱动能力较强。

(2) ECL(Emitter Coupled Logic)电路。ECL 电路即射极耦合逻辑电路。该类电路是由三极管组成的发射极输出耦合电路。特点是可以使用较低的正负电源，驱动能力强，功耗大，速度快，抗干扰能力弱，常用于要求速度快、干扰小、不考虑功耗的场合。

(3) HTL(High Threshold Logic)电路。HTL 电路即高阈值逻辑电路。特点是阈值电压较高，抗干扰能力较强，工作速度较低，因此，HTL 电路多用在对工作速度要求不高，而对抗干扰能力要求较高的一些工业控制设备中。

(4) I^2L(Integration Injection Logic)电路。I^2L 电路即集成注入逻辑电路。特点是电路结构简单，有利于高度集成，但抗干扰能力差，开关速度较慢。

本节主要介绍几种常用的 TTL 门电路。

1. 三极管的开关特性

三极管由两个背靠背的 PN 结组成，如图 2.3 所示。根据结构的不同，三极管有 NPN 型和 PNP 型两种，由于工作时有自由电子和空穴两种载流子参与导电，因此这类三极管又称为双极型三极管。

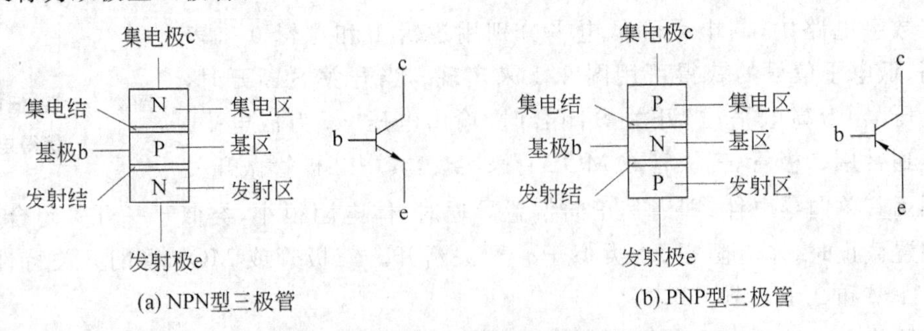

图 2.3　双极型三极管的结构和符号

图 2.4 是三极管共射基本放大电路及其输出特性曲线。从图 2.4 可以看出，三极管的输出特性曲线包括三个区域：截止区、放大区和饱和区。在数字电路中，主要是利用三极管的截止（相当于开关断开）和饱和（相当于开关闭合）两个状态。当输入电压 $V_I < V_{th}$（三极管的发射结开启电压，硅三极管的 V_{th} 约为 0.5V，锗三极管的 V_{th} 约为 0.1V）时，三极管处于截止区，有基极电流 $i_B \approx 0$，集电极电流 $i_C \approx 0$，输出 $v_O = V_{CE} = V_{CC} - i_C R_C \approx V_{CC}$，此时三极管的 c-e 之间相当于一开关断开。当 $V_I > V_{th}$ 时，有 i_B 产生，随着 V_I 的增大，i_B 增大，i_C 也增大，当 $\frac{\Delta i_C}{\Delta i_B} < \beta$（$\beta$ 是三极管的电流放大系数）时，三极管就进入了饱和状态，当 v_I 继续增大时，三极管就会进入深度饱和状态，由输出特性曲线可知，当三极管处于深度饱和状态时，$V_{CE} \approx 0$V，此时三极管的 c-e 之间相当于一开关闭合。

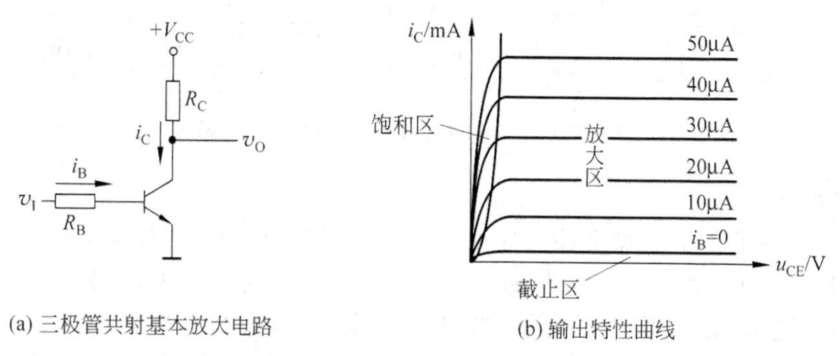

(a) 三极管共射基本放大电路 (b) 输出特性曲线

图 2.4 三极管共射基本放大电路及其输出特性曲线

总之，三极管的 c-e 之间相当于一个受 v_I 控制的开关。

2. 几种常用的 TTL 门电路

1）与非门

图 2.5 是 TTL 与非门的典型电路。该电路中的 T_1 管是多发射极三极管。多发射极三极管可以看做是发射极独立而基极和集电极分别并联在一起的三极管。

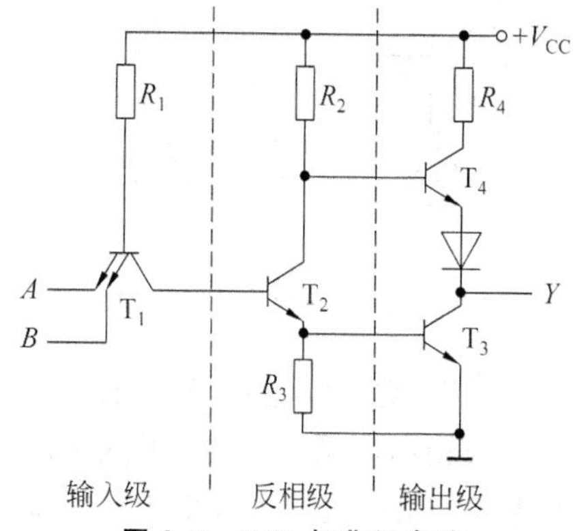

图 2.5 TTL 与非门电路

由图 2.5 可知，TTL 门电路一般分为 3 个部分：输入级、反相级和输出级。T_1 管和 R_1 组成输入级；T_2 管和 R_2、R_3 组成反相级，由于这一级中 T_2 管的集电极电位与发射极电位变化方向相反，所以称为反相级；T_3 管、T_4 管、二极管和 R_4 组成输出级，该级的特点是在稳定状态下 T_3 和 T_4 总是一个导通而另一个截止，这就有效地降低了输出级的静态功耗，并提高了驱动负载的能力。

TTL 与非门的工作原理：设电源电压 V_{CC} = 5V，输入信号的高、低电平分别为 V_{IH} = 3.5V，V_{IL} = 0.2V，V_{BE} = 0.7V。当输入端 A、B 中有一个接低电平时，T_1 管中对应的发射结就会导通，同时 T_1 管的基极电位被钳在

0.9V，此时T_2和T_3截止，由于T_2截止，所以T_2的集电极电位接近V_{CC}，从而T_4导通，输出为高电平；当A、B均接低电平时，分析结果与其中一个接低电平相同；当A、B均接高电平时，T_1的基极电位是4.2V，但4.2V瞬间会被3个PN结钳位在2.1V，此时T_2和T_3导通，T_4截止，输出为低电平。

由上面的分析可知，Y与A、B之间的逻辑关系为与非，即$Y=\overline{AB}$。

常用的几种TTL与非门芯片有2输入端4与非门74LS00，4输入端双与非门74LS20，它们的引脚图如图2.6所示。

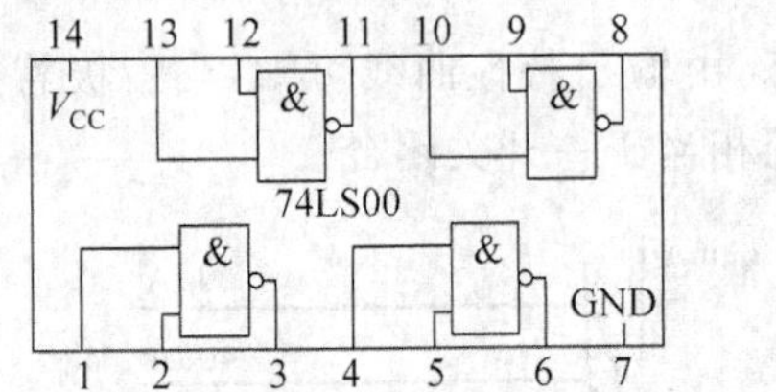

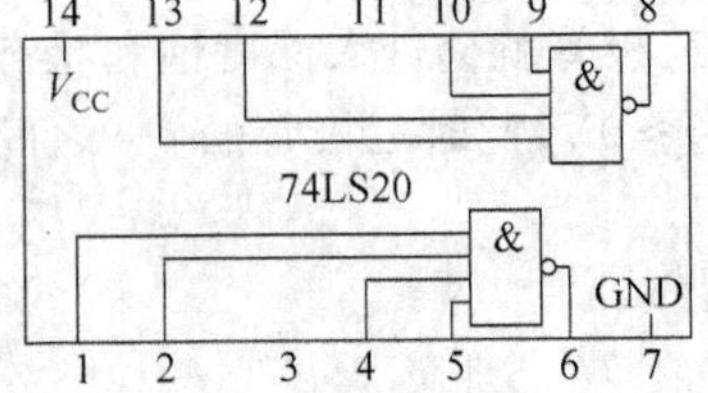

图2.6 TTL与非门74LS00和74LS20的引脚图

2）或非门

图2.7是或非门的典型电路。该电路的工作原理是：当A、B均为低电平时，T_1、T_2导通，T_3、T_4、T_6截止，T_5导通，输出为高电平；当A为高电平，B为低电平时，T_3、T_6导通，T_4、T_5截止，输出为低电平；当A为低电平，B为高电平时，T_4、T_6导通，T_3、T_5截止，输出为低电平；当A、B均为高电平时，T_3、T_4、T_6导通，T_5截止，输出为低电平。

由上面的分析可知，Y与A、B之间的逻辑关系为或非，即$Y=\overline{A+B}$。

2输入端4或非门74LS02是常用的TTL或非门，其引脚图如图2.8所示。

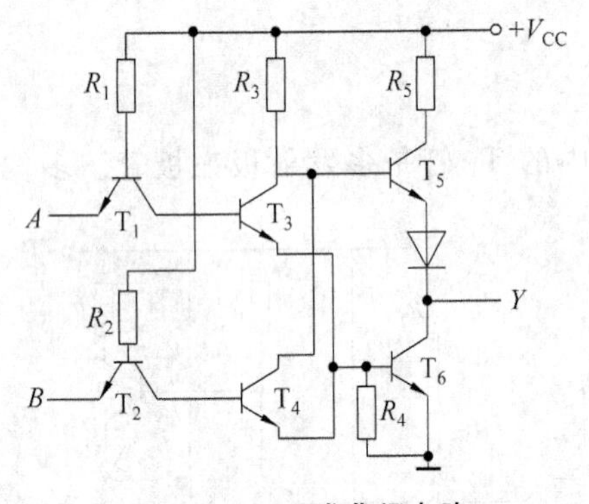

图2.7 TTL或非门电路

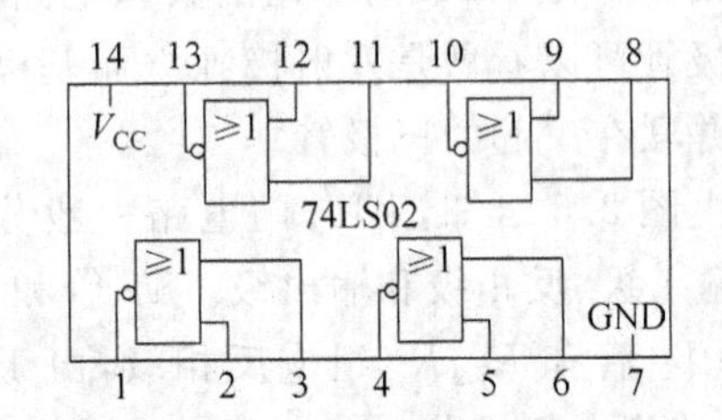

图2.8 TTL或非门74LS02的引脚图

3）三态输出门电路（TS门）

三态输出门是在普通门电路的基础上附加控制电路而构成的。普通门电路的输出只有两种状态：高电平和低电平。而三态门的输出除了高、低电平外，还有一种状态，称为高阻状态（又称禁止态或开路态），即门电路输出级的三极管全部处于截止状态（此时的输出既不是0，也不是1）。

图2.9(a)是高电平控制有效的三态非门电路。该电路是在普通非门的基础上增加

一个控制端 EN 而得到的。当 EN 为高电平(即控制端有效)时,二极管 D_1 截止,电路的输出取决于 A 的状态,此时电路是一个普通的非门,即 $Y=\overline{A}$。当 EN 为低电平时,D_1 导通,T_2、T_3 同时截止,假设 EN=0.2V,二极管导通压降为 0.7V,则 T_2 管的集电极电位为 0.9V,所以 T_4 截止。因此,当 EN 为低电平(即控制端无效)时,三态门的输出端处于高阻状态,用真值表可表示为表 2.1。

表 2.1 高电平有效的三态非门真值表

输入		输出
EN	A	Y
0	×	高阻态
1	0	1
1	1	0

图 2.9(b)是低电平控制有效的三态门电路,其分析方法与图 2.9(a)相同。

三态门在计算机当中有着较为广泛的应用,如可用三态门接成总线结构(见图 2.10),也可用三态非门实现数据的双向传输(见图 2.11)。

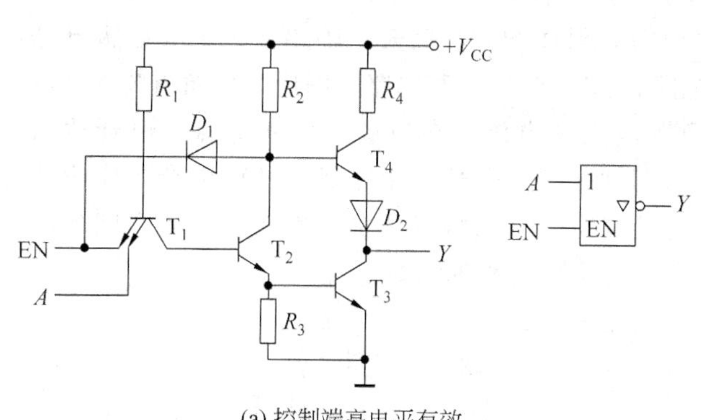

(a) 控制端高电平有效

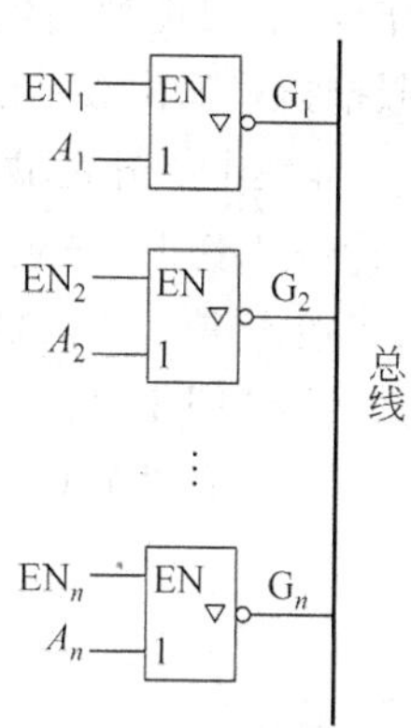

图 2.10 用三态非门实现总线结构

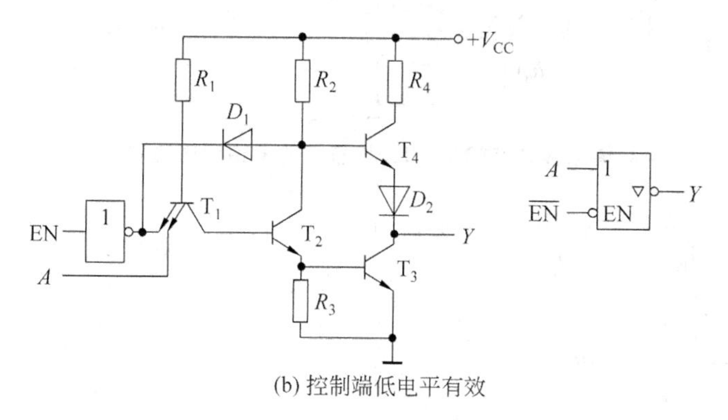

(b) 控制端低电平有效

图 2.9 三态非门电路及逻辑符号

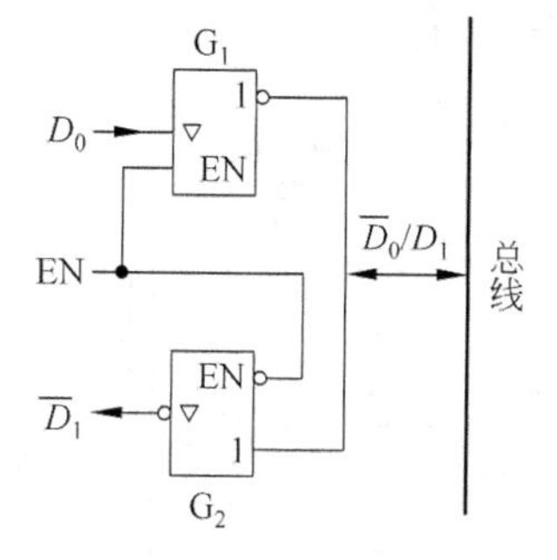

图 2.11 用三态非门实现数据的双向传输

常用的三态门芯片有:三态输出低电平有效 4 总线缓冲门 74LS125 和三态输出高电平有效 4 总线缓冲门 74LS126,如图 2.12 所示。

4) 集电极开路输出的门电路(OC 门)

由图 2.5、图 2.7、图 2.9 不难看出,这几个电路的输出端结构相同,称为推拉式输出结构,具有该结构的 TTL 门电路的输出端不能并联使用。图 2.13 是两个推拉式输出结构输出端并联的电路,该电路中若 G_1 门的输出为 $Y_1=1$,G_2 门的输出为 $Y_2=0$,则输出

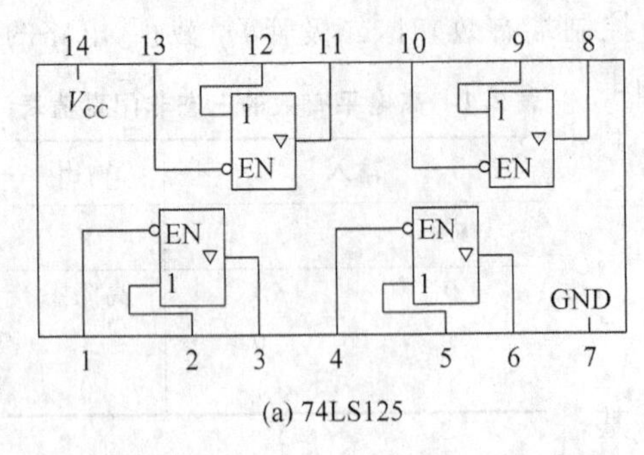

(a) 74LS125

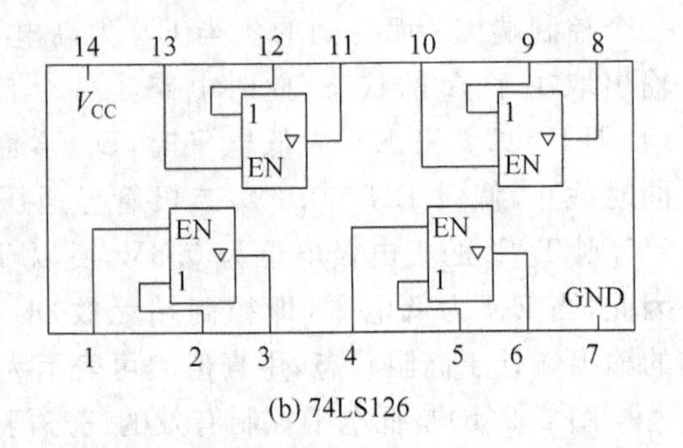

(b) 74LS126

图 2.12　三态门 74LS125 和 74LS126 的引脚图

端并联后必然有很大的负载电流同时流过两个门的输出级，这个电流的数值将远远超过正常工作电流，可能使门电路损坏。

克服推拉式输出级不能并联使用的局限性的方法就是将输出级改为集电极开路的晶体管结构，即集电极开路输出的门电路，简称 OC 门。其电路和图形符号如图 2.14 所示。

OC 门在工作时，一定要外接负载电阻和电源。在负载电阻和电源取值合适的情况下，既能在输出端上获得合适的高、低电平信号，同时又能保证流过输出端晶体管的电流不会过大。OC 门常见的应用就是能接成“线与”结构以及实现输出与输入之间的电平转换。图 2.15 中是两个 OC 门输出端并联的接法及逻辑图。

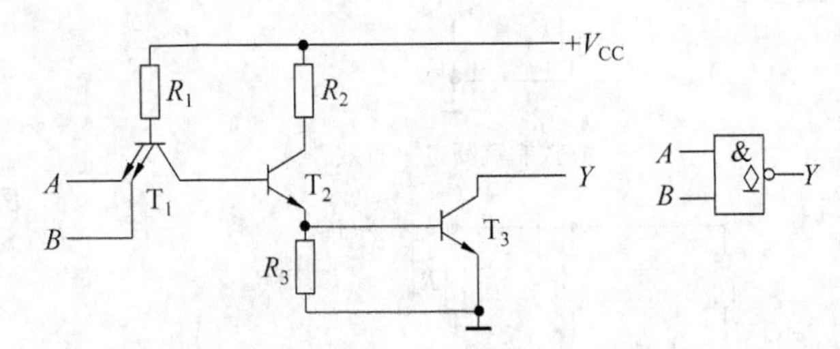

图 2.14　集电极开路输出 TTL 与非门的电路和图形符号

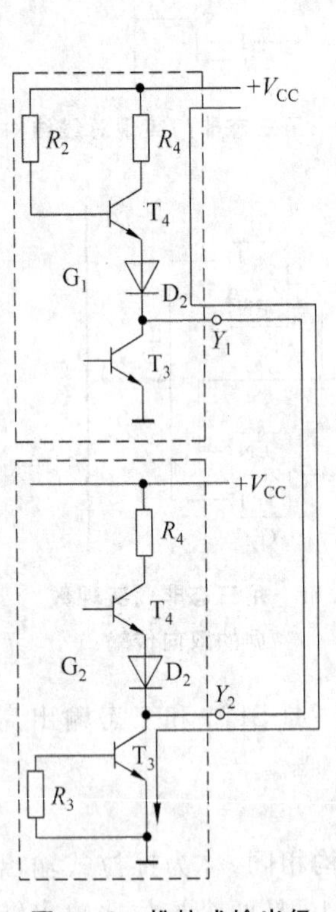

图 2.13　推拉式输出级并联的情况

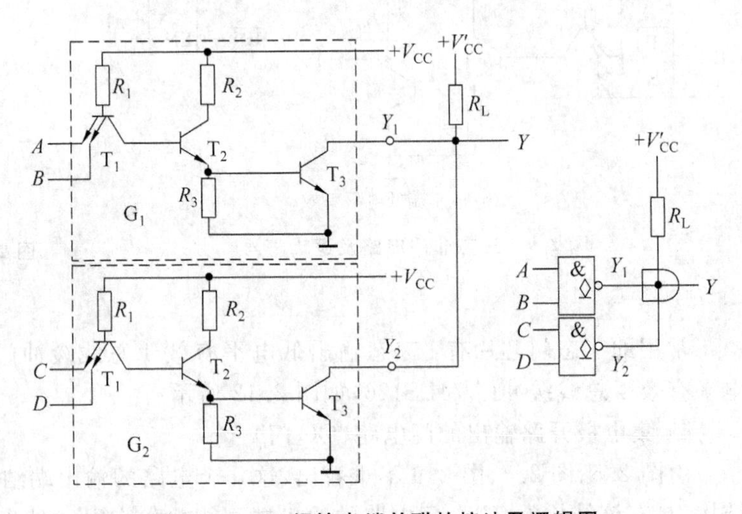

图 2.15　OC 门输出端并联的接法及逻辑图

图 2.15 中 Y_1、Y_2 直接相连组成“线与”结构，只要 Y_1、Y_2 中有一个为低电平，则输出 Y 就是低电平，只有当 Y_1、Y_2 同时为高电平时，输出 Y 才为高电平。因此，输出 Y 和输入 A、B、C、D 的关系为

$$Y = Y_1 \cdot Y_2 = \overline{AB} \cdot \overline{CD} = \overline{AB + CD}$$

2.1.2 CMOS 逻辑门电路

常见的 MOS 型数字集成电路可分为以下几类：

(1) PMOS 电路。特点是全部由 P 沟道 MOS 管组成，工作速度较低，使用负电源，因而使用不方便。

(2) NMOS 电路。特点是全部由 N 沟道 MOS 管组成，工作速度较高，功耗较大，输出阻抗高。

(3) CMOS 电路。由 N 沟道和 P 沟道 MOS 管共同组成。特点是输入阻抗高，输出阻抗低，功耗小，驱动能力强，集成度高，工作速度较低，应用较广泛。

(4) HCMOS 电路。高密度 CMOS 电路，是当今集成电路的主要生产工艺，电路的基本特性与 CMOS 电路基本相同。特点是集成度高，功耗低，速度快。

本节主要介绍几种常用的 CMOS 门电路。

1. MOS 管的开关特性

MOS 管是金属-氧化物-半导体场效应管(Metal-Oxide-Semiconductor-Field-Effect Transistor)的简称，即场效应管。图 2.16 是 MOS 管的结构示意图和符号。在 P 型半导体衬底(图中用 B 标示)上，制作两个高掺杂浓度的 N 型区，形成 MOS 管的源极 S (Source)和漏极 D(Drain)。第三个电极叫栅极 G(Gate)，通常用金属铝和多晶硅制作。栅极和衬底之间被二氧化硅绝缘层隔开，绝缘层的厚度极薄，在 0.1μm 以内。与三极管功能相似，也是一种具有电流放大功能的器件。与三极管不同的是，MOS 管是一种电压控制器件，栅源之间的电压控制了漏源之间的电流，使漏极与源极之间相当于一个受栅源电压控制的受控电流源。

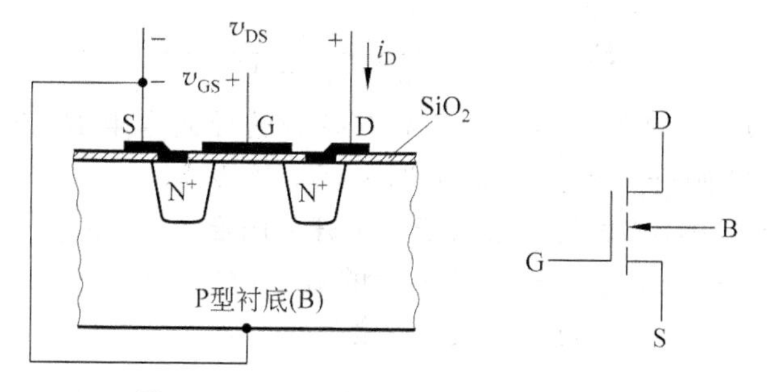

图 2.16 MOS 管的结构示意图和符号

如果在漏极和源极之间加上电压 v_{DS}，而令栅极和源极之间的电压 $v_{GS}=0$，则由于漏极与源极之间相当于两个 PN 结背向地串联，所以 D-S 间不导通，$i_D=0$。

当栅极和源极之间加有正电压 v_{GS}，而且 v_{GS} 大于某个电压值 $V_{GS(th)}$（即 MOS 管的开启电压）时，在栅极与衬底间电场的吸引下，衬底中的少数载流子（自由电子）聚集到栅极下面的衬底表面，这样在 D-S 之间便形成了一个 N 型的导电沟道，当 $V_{DS}>0$ 时，漏极电流 $i_D>0$。通常把导电沟道属于 N 型，而且在 $V_{GS}=0$ 时不存在导电沟道，必须加以足够高的栅源电压才有导电沟道形成的 MOS 管叫做 N 沟道增强型 MOS 管。

随着 v_{GS} 的升高导电沟道的截面积也将加大，i_D 增加。因此，可以通过改变 v_{GS} 控制 i_D 的大小。

图 2.17 是 MOS 管的基本开关电路和输出特性曲线。输出特性曲线也可叫做漏极特性曲线，它可分为三个区域。当 $v_I=v_{GS}<V_{GS(th)}$ 时，漏极和源极之间没有导电沟道，$i_D\approx 0$。这时D-S 间的内阻非常大，可达 $10^9\,\Omega$ 以上。因此，把曲线上 $v_{GS}<V_{GS(th)}$ 的区域称为截止区。当 MOS 管工作在截止区时，只要负载电阻 R_D 远远小于 MOS 管的截止内阻 R_{OFF}，在输出端即为高电平 V_{OH}，且 $V_{OH}\approx V_{DD}$。这时 MOS 管的 D-S 之间就相当于一个开关断开。

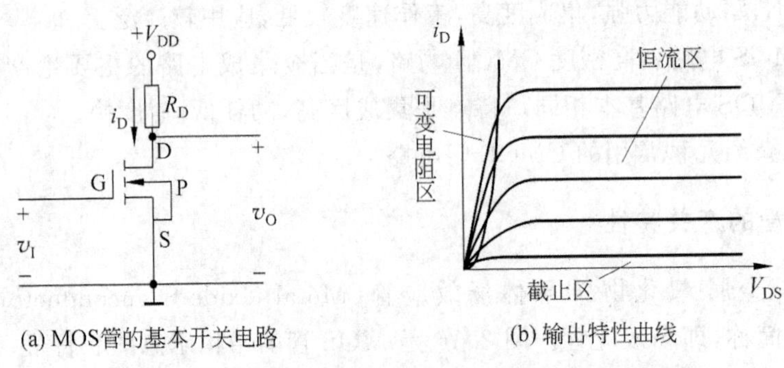

图 2.17 MOS 管的基本开关电路和输出特性曲线

当 $v_I=v_{GS}>V_{GS(th)}$ 且在 v_{DS} 较高的情况下，MOS 管工作在恒流区，在该区域漏极电流 i_D 的大小基本上由 v_{GS} 决定，v_{DS} 的变化对 i_D 的影响很小。

MOS 管的第三个区域是可变电阻区。在这个区域里，当 v_{GS} 一定时，i_D 与 v_{DS} 之比近似地等于一个常数，具有类似于线性电阻的性质。等效电阻的大小和 v_{GS} 的数值有关。在 $V_{DS}\approx 0$ 时，MOS 管导通电阻 R_{ON} 和 v_{GS} 的关系由下式给出

$$R_{ON}\Big|_{v_{DS}=0}=\frac{1}{2K(v_{GS}-V_{GS(th)})} \tag{2.1}$$

由式(2.1)可知，当 v_{GS} 继续升高以后，MOS 管的导通内阻 R_{ON} 变得很小（通常小于 $1\text{k}\Omega$），只要 $R_D\gg R_{ON}$，则开关电路的输出端为低电平 V_{OL}，且 $V_{OL}\approx 0$。**这时 MOS 管的D-S之间就相当于一个开关闭合。**

总之，MOS 管的开关特性正是利用了它的截止与可变电阻特性，D-S 之间相当于一个受栅源电压 v_{GS} 控制的开关。

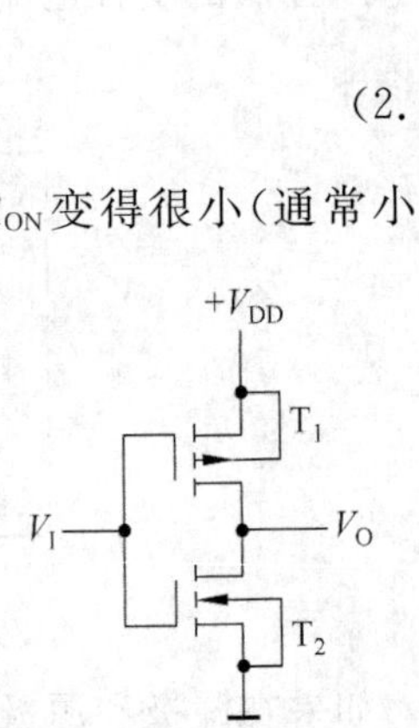

2. 几种常用的 CMOS 门电路

1) 非门（反相器）

图 2.18 是 CMOS 非门电路。图中 T_1 管为 P 沟道增强

图 2.18 CMOS 非门电路

型,T_2 管为 N 沟道增强型。P 沟道增强型的特点是:N 型衬底,P 导电沟道,$v_{GS}=0$ 时,无导电沟道,即 $i_D \approx 0$,开启电压 $V_{GS(th)}$ 为负值,工作电压为负值,只有当 $|v_{GS}|>|V_{GS(th)}|$ 时,才有导电沟道。

令 T_1 和 T_2 的开启电压分别为 $V_{GS(th)P}$ 和 $V_{GS(th)N}$,同时令 $V_{DD}>V_{GS(th)N}+|V_{GS(th)P}|$,则

(1) 当输入电压 V_I 为低电平,即 $V_I=V_{IL}=0$ 时,有

$$\begin{cases} |V_{GS1}|=|V_G-V_{S1}|=|V_I-V_{DD}|=|0-V_{DD}|=V_{DD}>|V_{GS(th)P}| \\ V_{GS2}=V_G-V_{S2}=V_I-V_{SS}=0-0=0<V_{GS(th)N} \end{cases}$$

即

$$\begin{cases} |V_{GS1}|>|V_{GS(th)P}| \\ V_{GS2}<V_{GS(th)N} \end{cases} \tag{2.2}$$

由式(2.2)知,T_1 导通,T_2 截止。由于 T_1 的导通内阻远小于 T_2 的截止内阻,所以输出 V_O 为高电平。

(2) 当输入电压 V_I 为高电平,即 $V_I=V_{IH}=V_{DD}$ 时,有

$$\begin{cases} |V_{GS1}|=|V_{DD}-V_{DD}|=0<|V_{GS(th)P}| \\ V_{GS2}=V_{DD}-0=V_{DD}>V_{GS(th)N} \end{cases} \tag{2.3}$$

由式(2.3)知,T_1 截止,T_2 导通,输出 V_O 为低电平。

由(1)(2)可知,输出 V_O 与输入 V_I 之间是逻辑非的关系。另外,该非门还有一个特点,即不管输入是高电平还是低电平,T_1 和 T_2 总是一个导通而另一个截止,因此这种电路结构称为互补对称式金属-氧化物-半导体电路(Complementary Metal Oxide Semiconductor Circuit,CMOS 电路)。

TC74HC04 是常用的 CMOS 非门,其引脚图如图 2.19 所示。

2) 与非门

图 2.20 是 CMOS 与非门电路,其原理分析如下:

(1) $A=B=0$ 时,T_1、T_3 导通,T_4 截止。故 $Y=1$。

(2) $A=0,B=1$ 时,T_1 导通,T_2 截止。故 $Y=1$。

(3) $A=1,B=0$ 时,T_3 导通,T_4 截止。故 $Y=1$。

(4) $A=B=1$ 时,T_1、T_3 截止,T_2、T_4 导通。故 $Y=0$。

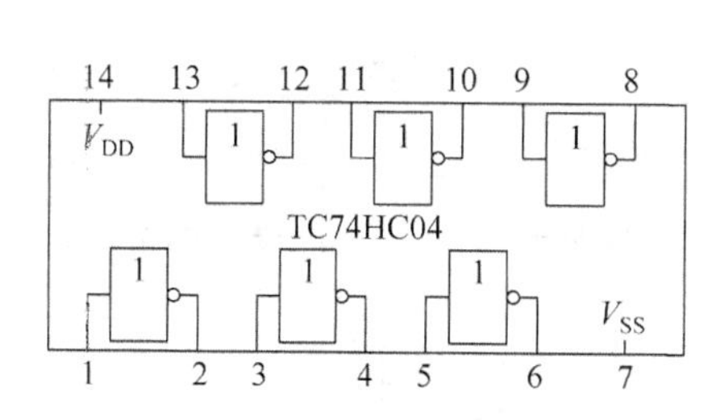

图 2.19 TC74HC04 的引脚图

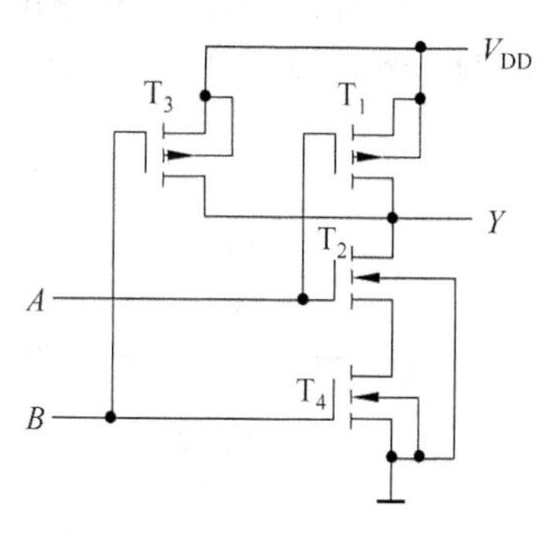

图 2.20 CMOS 与非门电路

由(1)～(4)可知，Y 与 A、B 之间是逻辑与非的关系，即 $Y=\overline{AB}$。

2 输入 4 与非门 CC4011 是常用的 CMOS 与非门芯片，图 2.21 是其引脚图。

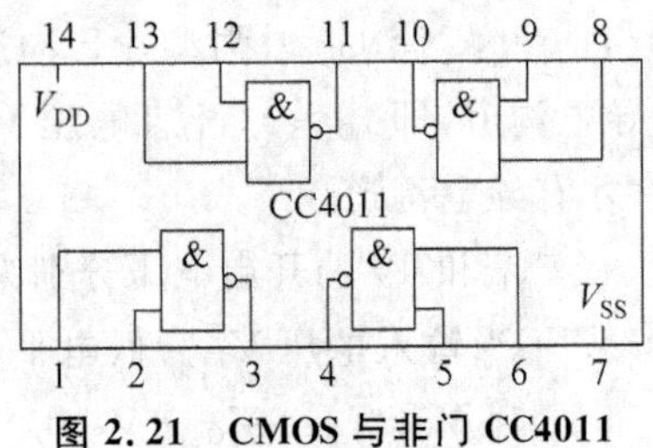

图 2.21 CMOS 与非门 CC4011 的引脚图

3）或非门

图 2.22 是 CMOS 或非门电路，其原理分析如下：

(1) $A=B=0$ 时，T_1、T_3 导通，T_2、T_4 截止。故 $Y=1$。

(2) $A=0$，$B=1$ 时，T_4 导通，T_2、T_3 截止。故 $Y=0$。

(3) $A=1$，$B=0$ 时，T_2、T_3 导通，T_1、T_4 截止。故 Y=0。

(4) $A=B=1$ 时，T_2、T_4 导通，T_3 截止。故 $Y=0$。

由(1)～(4)可知，Y 与 A、B 之间是逻辑或非的关系，即 $Y=\overline{A+B}$。

2 输入 4 或非门 CC4001 是常用的 CMOS 或非门芯片，图 2.23 是其引脚图，常用的双四输入或非门是 CC4002，其引脚图请读者自行查阅。

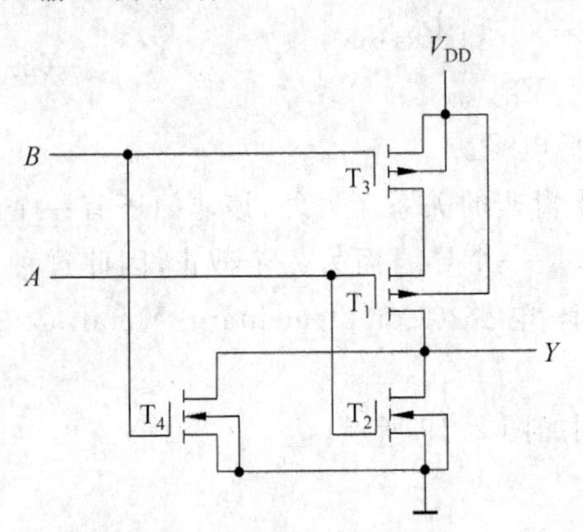

图 2.22 CMOS 与非门电路

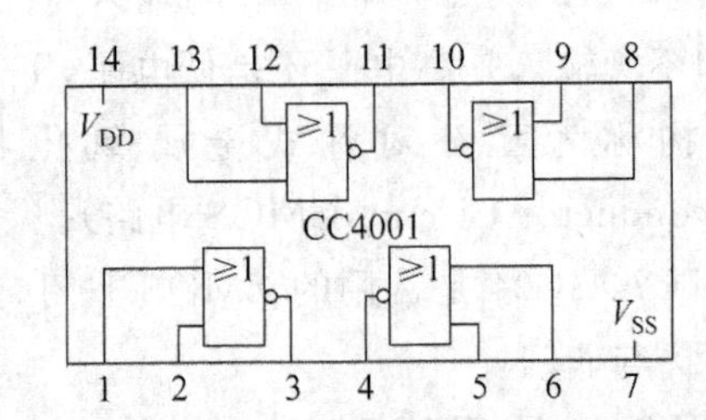

图 2.23 CMOS 与非门 CC4011 的引脚图

4）传输门

CMOS 传输门是一种传输信号的可控开关电路，其电路和逻辑符号如图 2.24 所示。它是利用结构上完全对称的 NMOS 管和 PMOS 管，按闭环互补形式连接而成的一种双向传输开关，传输门的输入端和输出端可以互换。CMOS 传输门的导通或截止取决于控制端所加的电平。当 $C=1$、$\overline{C}=0$ 时，传输门导通；而 $C=0$、$\overline{C}=1$ 时，传输门截止。

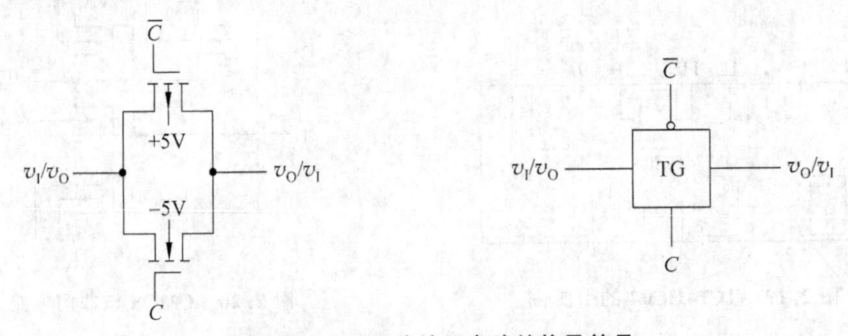

图 2.24 CMOS 传输门电路结构及符号

利用 CMOS 传输门和非门可构成模拟开关，用来传送模拟信号，如图 2.25 所示。当 $C=1$ 时，模拟开关导通，$v_O=v_I$；当 $C=0$ 时，模拟开关截止，输出和输入之间断开。

用传输门构成的集成模拟开关品种较多，如双四路模拟开关 CC4052、四双向模拟开关 CC4066 等。图 2.26 是 CC4066 的引脚图，如若 13 脚为高电平，则 1 脚与 2 脚接通，从而实现数据的双向传输。

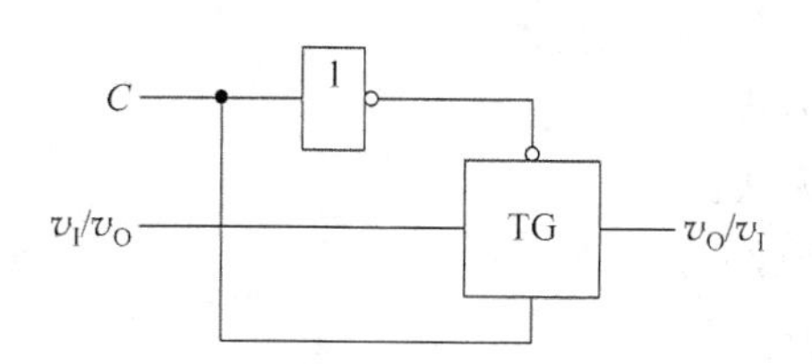

图 2.25 由 CMOS 传输门构成模拟开关

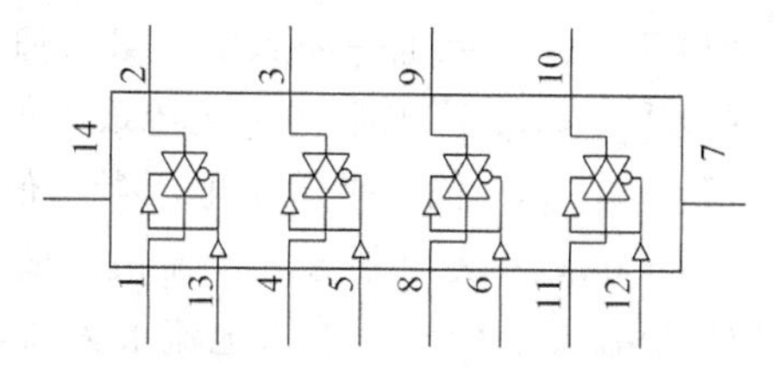

图 2.26 CC4066 的引脚图

CMOS 门电路除了以上 4 种以外，还有 OD 门和三态门等。OD 门即漏极开路输出的门电路，其逻辑符号与 OC 门相同，同样能实现线与结构和逻辑电平的转换。三态门的含义、逻辑符号和用途与 TTL 电路中的三态门完全相同。

2.1.3 各类逻辑门的性能比较

1. 各类逻辑门的分类

各类逻辑门的分类如图 2.27 所示。

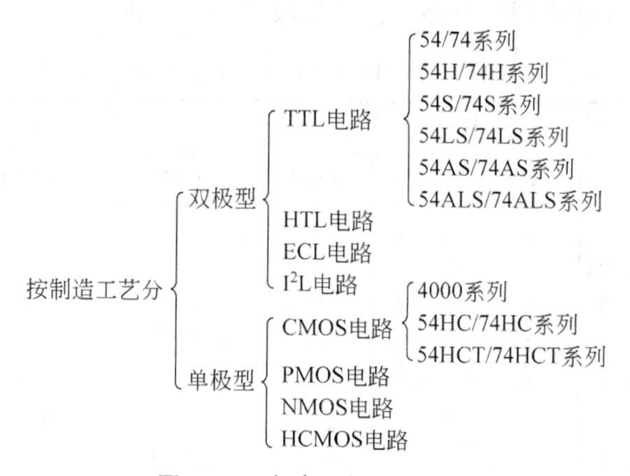

图 2.27 各类逻辑门的分类

在 TTL 电路中，54 系列与 74 系列具有完全相同的电路结构和电气性能参数。不同的是 54 系列比 74 系列的工作温度范围更宽，电源允许的工作范围也更大。74 系列的工作环境温度规定为 0～70℃，电源电压工作范围规定为 5V±5%；而 54 系列的工作环境温度规定为－55～125℃，电源电压工作范围规定为 5V±10%。

对于不同系列的 TTL 器件，只要器件的后几位数码一样，则它们的逻辑功能、外形尺寸以及引脚排列就完全相同。例如 7420、74S20、74LS20、74ALS20 都是双 4 输入与非门，都采用 14 引脚的双列直插式封装，而且输入端、输出端、电源、地线的引脚位置也都相同。

2. 各类逻辑门的主要参数

不论是双极型门电路还是单极型门电路,都包含以下几个主要参数。

(1) V_{CC}:工作电源电压,单位为伏。

(2) $V_{IH(min)}$:高电平输入电压最小值,单位为伏。

(3) $V_{IL(max)}$:低电平输入电压最大值,单位为伏。

(4) $V_{OH(min)}$:高电平输出电压最小值,单位为伏。

(5) $V_{OL(max)}$:低电平输出电压最大值,单位为伏。

(6) $I_{IH(max)}$:高电平输入电流最大值,单位为微安。

(7) $I_{IL(max)}$:低电平输入电流最大值,单位为毫安。

(8) $I_{OH(max)}$:高电平输出电流最大值,单位为毫安。

(9) $I_{OL(max)}$:低电平输出电流最大值,单位为毫安。

(10) t_{pd}:每级门电路的传输延迟时间,单位为纳秒。

(11) P_D:每个门电路的功耗,单位为毫瓦。

(12) V_{NH}:输入高电平噪声容限,其值为 $V_{OH(min)}-V_{IH(min)}$ 的差值,单位为伏。

(13) V_{NL}:输入低电平噪声容限,其值为 $V_{IL(max)}-V_{OL(max)}$ 的差值,单位为伏。

(14) N_O:扇出系数。

3. 各种系列门电路的性能比较

CMOS 与 TTL 各种系列门电路的性能比较如表 2.2 所示。

表 2.2 CMOS 与 TTL 各种系列门电路的性能比较

系列 参数	TTL				CMOS		
	74	74LS	74AS	74ALS	4000	74HC	74HCT
V_{CC}/V	5	5	5	5	5	5	5
$V_{IH(min)}$/V	2.0	2.0	2.0	2.0	3.5	3.5	2
$V_{IL(max)}$/V	0.8	0.8	0.8	0.8	1.5	1.0	0.8
$V_{OH(min)}$/V	2.4	2.7	2.7	2.7	4.6	4.4	4.4
$V_{OL(max)}$/V	0.4	0.5	0.5	0.5	0.05	0.1	0.1
$I_{IH(max)}$/μA	40	20	200	20	0.1	0.1	0.1
$I_{IL(max)}$/mA	−1.6	−0.4	−2.0	−0.2	-0.1×10^{-3}	-0.1×10^{-3}	-0.1×10^{-3}
$I_{OH(max)}$/mA	−0.4	−0.4	−2	−0.4	−0.51	−4	−4
$I_{OL(max)}$/mA	16	8	20	8	0.51	4	4
t_{pd}/ns	10	10	1.5	4	45	10	13
P_D/mw	10	2	20	1	5×10^{-3}	1×10^{-3}	1×10^{-3}

在设计一个复杂的数字系统时,往往需要用到大量的门电路。为了使系统达到经济、稳定、可靠且性能优良的目的,就要对门电路做出合适的选择。若优先考虑功耗,但对速度要求不高,则可选用 CMOS 电路;若对速度要求很高,则可以选用 ECL 电路;若无特殊要求,则可选用 TTL 电路,因为 TTL 电路速度较高,功耗适中且使用普遍。

在使用 TTL 门电路时，不用的输入端处理方法通常有三种(以与非门为例)：

(1) 接高电平。

(2) 与其他输入端并联。

(3) 悬空，相当于高电平输入。

在使用 CMOS 门电路时，仍以与非门为例，不用的输入端处理方法除了不能悬空外，其他方法与 TTL 电路相同。

2.2 常用的组合逻辑模块

组合逻辑电路的特点是：任意时刻的输出仅仅取决于该时刻的输入，而与该时刻之前的输出无关。因此，组合电路中不包含记忆元件。

本节主要介绍几种常用的模块化组合逻辑电路。如加法器、比较器、编码器、译码器、数据选择器等。

2.2.1 加法器

能实现二进制加法运算的电路称为加法器。加法器是构成数字计算机中算术运算器的基本单元。加法器包括一位加法器和多位加法器。其中一位加法器包括半加器和全加器；多位加法器包括串行加法器和超前进位加法器。

1. 一位加法器

1) 半加器

若两个多位二进制数中相对应的两位二进制数相加时，不考虑来自低位的进位，则称这种运算为半加。能实现半加运算的电路称为半加器。如有两个 n 位二进制数 A 和 B，$A=a_{n-1}\cdots a_i a_{i-1}\cdots a_1 a_0$，$B=b_{n-1}\cdots b_i b_{i-1}\cdots b_1 b_0$。若 A、B 中的第 i 位 a_i 和 b_i 相半加，则不考虑来自 $a_{i-1}+b_{i-1}$ 的进位输出。

表 2.3 是半加器的真值表。A、B 是两个加数，S 是两数相加的和，C 是进位。

由半加器的真值表，可得其逻辑式

$$\begin{cases} S=\overline{A}B+A\overline{B}=A\oplus B \\ C=AB \end{cases} \tag{2.4}$$

由逻辑式(2.4)可得半加器的逻辑图，如图 2.28(a)所示。

表 2.3 半加器的真值表

输入		输出	
A	B	S	C
0	0	0	0
0	1	1	0
1	0	1	0
1	1	0	1

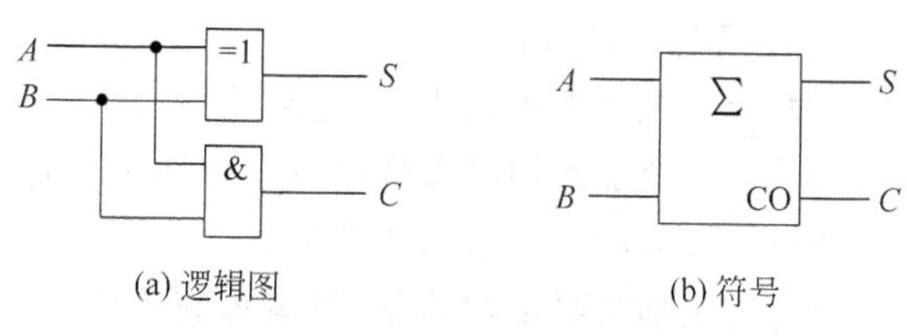

图 2.28 半加器的逻辑图和符号

2）全加器

当两个多位二进制数中的对应两位相加时，除最低位外，都要考虑来自低位的进位，则称这种运算为全加。能实现全加运算的电路称为全加器。如有两个 n 位二进制数 A 和 B，$A=a_{n-1}\cdots a_ia_{i-1}\cdots a_1a_0$，$B=b_{n-1}\cdots b_ib_{i-1}\cdots b_1b_0$。若 A、B 中的第 i 位 a_i 和 b_i 相全加，则必须考虑来自 $a_{i-1}+b_{i-1}$ 的进位输出 c_{i-1}。

表 2.4 是全加器的真值表。

表 2.4　全加器的真值表

输入			输出		输入			输出	
A_i	B_i	C_{i-1}	S_i	C_i	A_i	B_i	C_{i-1}	S_i	C_i
0	0	0	0	0	1	0	0	1	0
0	0	1	1	0	1	0	1	0	1
0	1	0	1	0	1	1	0	0	1
0	1	1	0	1	1	1	1	1	1

由全加器的真值表，可得其逻辑式

$$
\begin{aligned}
S_i &= \overline{A}_i\overline{B}_iC_{i-1}+\overline{A}_iB_i\overline{C}_{i-1}+A_i\overline{B}_i\overline{C}_{i-1}+A_iB_iC_{i-1}\\
&=\overline{A}_i(B_i\oplus C_{i-1})+A_i\,\overline{(B_i\oplus C_{i-1})}\\
&=A_i\oplus B_i\oplus C_{i-1}
\end{aligned}
\tag{2.5}
$$

$$
\begin{aligned}
C_i &= \overline{A}_iB_iC_{i-1}+A_i\overline{B}_iC_{i-1}+A_iB_i\overline{C}_{i-1}+A_iB_iC_{i-1}\\
&=(A_i\oplus B_i)C_{i-1}+A_iB_i
\end{aligned}
\tag{2.6}
$$

由逻辑式(2.5)可得全加器的逻辑图，如图 2.29(a)所示。

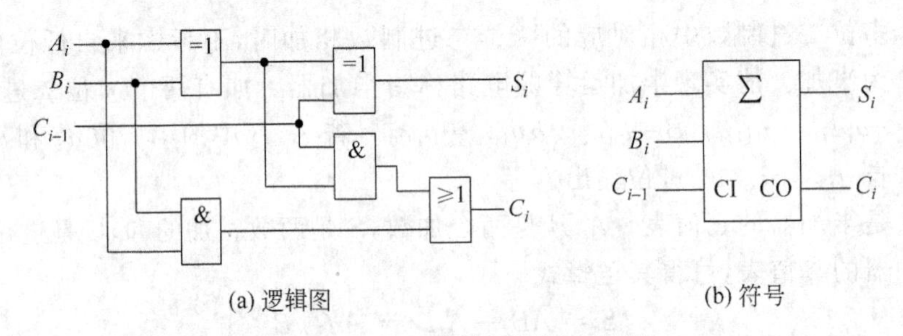

图 2.29　全加器的逻辑图和符号

2. 多位加法器

1）串行进位加法器

当两个多位二进制数相加时，必须使用全加器。n 位串行进位加法器需要由 n 个全加器构成。用全加器构成多位串行进位加法器时，只要依次将低位全加器的进位输出端接到高位全加器的进位输入端即可。图 2.30 是一个 4 位串行进位加法器。

串行进位加法器结构简单，但运算速度慢，一个 n 位串行进位加法器至少需要经过 n 个全加器的传输延迟时间，才能得到可靠的运算结果。

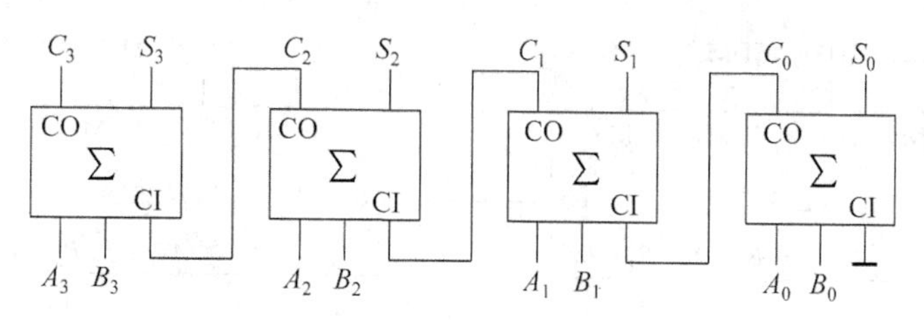

图 2.30　四位串行进位加法器

2）超前进位加法器

为了提高运算速度，将各级进位同时送到各个全加器的进位输入端，这种加法器称为超前进位加法器，又称并行进位加法器。其特点是运算速度快，但电路结构复杂。

如 $A=A_{n-1}\cdots A_iA_{i-1}\cdots A_1A_0$，$B=B_{n-1}\cdots B_iB_{i-1}\cdots B_1B_0$。$A$ 和 B 是两个 n 位二进制数。当 A、B 的第 i 位 A_i 和 B_i 相加时，要想产生进位输出 C_i，则只有两种情况：

(1) $A_i=B_i=1$ 时，$C_i=1$。

(2) $A_i+B_i=1$ 且 $C_{i-1}=1$ 时，$C_i=1$。

由上述两种情况得：

$$C_i = A_iB_i + (A_i + B_i)C_{i-1}, \quad i = 1,2,\cdots,n-1 \tag{2.7}$$

最低位相加时的进位表达式是：

$$C_0 = A_0B_0 \tag{2.8}$$

令 $G_i=A_iB_i$，$P_i=A_i+B_i$，则

$$\begin{aligned} C_i &= G_i + P_iC_{i-1} = G_i + P_i(G_{i-1} + P_{i-1}C_{i-2}) = G_i + P_iG_{i-1} + P_iP_{i-1}C_{i-2} \\ &= G_i + P_iG_{i-1} + P_iP_{i-1}G_{i-2} + \cdots + P_iP_{i-1}\cdots P_2G_1 + P_iP_{i-1}\cdots P_2P_1G_0 \end{aligned} \tag{2.9}$$

超前进位加法器就是利用式(2.6)同时计算出各位的进位，并同时加到各个全加器的进位输入端，从而大大提高加法器的运算速度。

根据全加器的真值表(见表 2.4)可知，两个多位二进制数的第 i 位相加的和 S_i 为

$$S_i = A_i \oplus B_i \oplus C_{i-1} \tag{2.10}$$

4 位超前进位加法器 74LS283 就是根据式(2.8)和式(2.9)的原理设计的。其引脚图如图 2.31 所示。

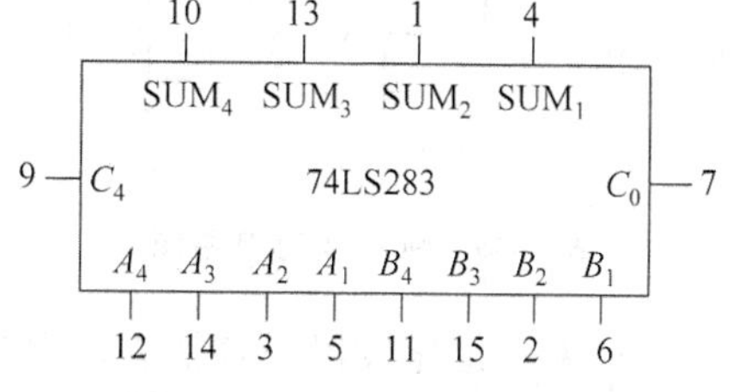

图 2.31　74LS283 的引脚图

3. 加法器的应用

例 2.1　试用 74LS283 构成一个 8 位二进制加法器。

解：一个 8 位二进制加法器需要 2 片 74LS283，将两个 8 位二进制数的低 4 位接到片①上，高 4 位接到片②上，最后将片①的进位输出端接到片②的进位输入端即可。其最后实现如图 2.32 所示。

例 2.2　试用 74LS283 将 8421 码转换为余 3 码。

解：由各种 BCD 码对照表(见表 1.1)可知，余 3 码和 8421 码对应同一个十进制数时，始终相差 3，即 0011，若以 $Y_3Y_2Y_1Y_0$ 和 $DCBA$ 分别表示和余 3 码和 8421 码，则有

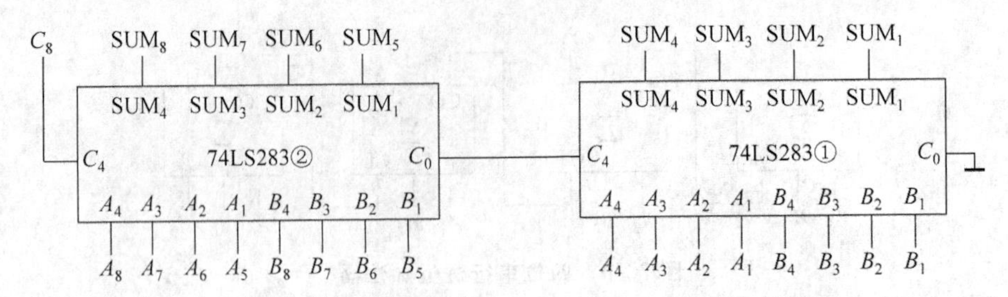

图 2.32　用 2 片 74LS283 构成一个 8 位二进制加法器

$$Y_3Y_2Y_1Y_0 = DCBA + 0011 \tag{2.11}$$

式(2.11)用 74LS283 实现的电路如图 2.33 所示。

2.2.2　比较器

能够比较两个二进制数大小的逻辑电路称为比较器(或数值比较器)。比较器包括一位比较器和多位比较器。

1. 一位比较器

两个一位二进制数进行比较时有三种情况,如表 2.5 所示。

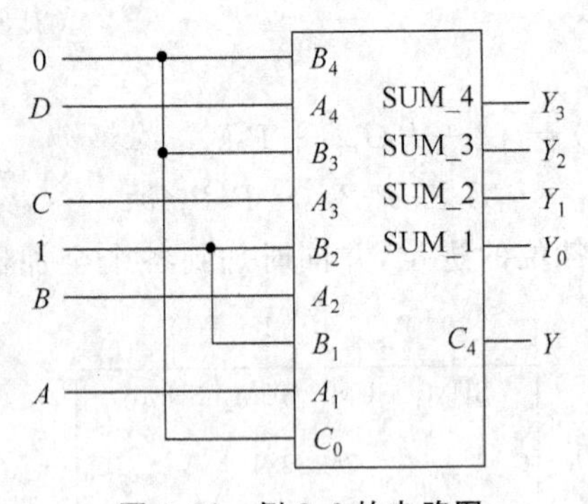

图 2.33　例 2.2 的电路图

表 2.5　1 位比较器的真值表

输入		输出		
A	B	$Y_{(A>B)}$	$Y_{(A=B)}$	$Y_{(A<B)}$
0	0	0	1	0
0	1	0	0	1
1	0	1	0	0
1	1	0	1	0

由一位比较器的真值表可得三个输出的逻辑式为

$$\begin{cases} Y_{(A>B)} = A\overline{B} \\ Y_{(A=B)} = \overline{A}\,\overline{B} + AB = \overline{\overline{A}B + A\overline{B}} \\ Y_{(A<B)} = \overline{A}B \end{cases} \tag{2.12}$$

由式(2.12)可得一位比较器的逻辑图,如图 2.34 所示。

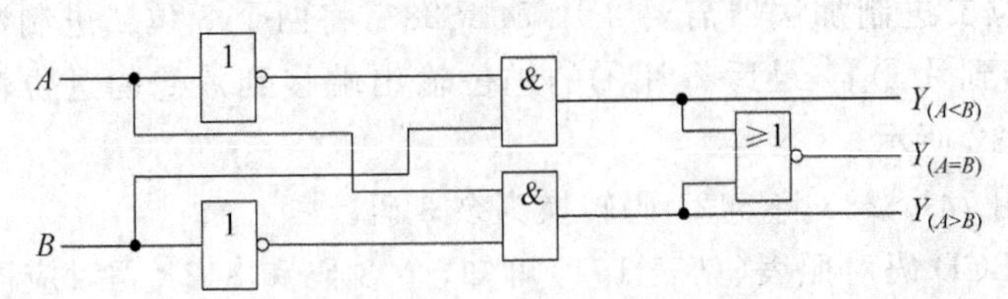

图 2.34　一位比较器的逻辑图

2. 多位比较器

当比较两个 n 位二进制数的大小时，应该从最高位开始比较直至最低位，而且只有在高位相等时，才需要比较低位。例如 A、B 是两个 4 位二进制数，已知 $A=A_3A_2A_1A_0$，$B=B_3B_2B_1B_0$，如果 $A_3>B_3$，不论其他几位数码为何值，则都有 $A>B$，反之，若 $A_3<B_3$，不论其他几位数码为何值，则都有 $A<B$。若 $A_3=B_3$，则需要通过比较下一位 A_2 和 B_2 来判断 A 和 B 的大小了。以此类推，定能比出结果。

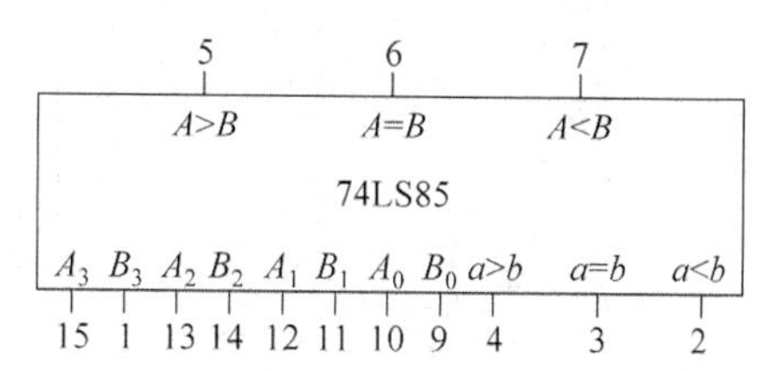

图 2.35 74LS85 的引脚图

图 2.35 是 4 位中规模集成比较器 74LS85 的引脚图。图中 $A_3A_2A_1A_0$ 和 $B_3B_2B_1B_0$ 是两个相比较的 4 位二进制数的输入端，5 脚、6 脚和 7 脚是 3 种比较结果的输出端，2 脚、3 脚和 4 脚是用于片间级联的扩展端。表 2.6 是 74LS85 的真值表。

表 2.6 比较器 74LS85 的真值表

数据输入				级联输入			输出		
A_3B_3	A_2B_2	A_1B_1	A_0B_0	$a>b$	$a=b$	$a<b$	$A>B$	$A=B$	$A<B$
$A_3>B_3$	×	×	×	×	×	×	1	0	0
$A_3<B_3$	×	×	×	×	×	×	0	0	1
$A_3=B_3$	$A_2>B_2$	×	×	×	×	×	1	0	0
$A_3=B_3$	$A_2<B_2$	×	×	×	×	×	0	0	1
$A_3=B_3$	$A_2=B_2$	$A_1>B_1$	×	×	×	×	1	0	0
$A_3=B_3$	$A_2=B_2$	$A_1<B_1$	×	×	×	×	0	0	1
$A_3=B_3$	$A_2=B_2$	$A_1=B_1$	$A_0>B_0$	×	×	×	1	0	0
$A_3=B_3$	$A_2=B_2$	$A_1=B_1$	$A_0<B_0$	×	×	×	0	0	1
$A_3=B_3$	$A_2=B_2$	$A_1=B_1$	$A_0=B_0$	1	0	0	1	0	0
$A_3=B_3$	$A_2=B_2$	$A_1=B_1$	$A_0=B_0$	0	1	0	0	1	0
$A_3=B_3$	$A_2=B_2$	$A_1=B_1$	$A_0=B_0$	0	0	1	0	0	1

由表 2.6 可知，74LS85 的使用方法是：当 74LS85 单片使用时，即对两个 4 位二进制数进行比较时，若两个数不相等，则 3 个扩展端的电平为任意值即可，这时在输出端会产生正确的比较结果，高电平有效。若两个数相等，则 3 个扩展端 2 脚、3 脚和 4 脚必须分别接 0、1、0 电平，否则输出端将产生错误的比较结果；当两片 74LS85 进行级联时，低 4 位比较器 74LS85 的 3 个扩展端的接法同单片使用时一样，高 4 位比较器 74LS85 的 3 个扩展端要分别与低 4 位比较器 74LS85 的 3 个输出端对应相连接，具体接法见例 2.3。

例 2.3 用两片 4 位数值比较器 74LS85 来构成一个 8 位数值比较器。

解：设两个 8 位二进制数分别为 $A=A_7A_6A_5A_4A_3A_2A_1A_0$ 和 $B=B_7B_6B_5B_4B_3B_2B_1B_0$。用第一个芯片(简称片①)实现低 4 位的比较，用第二个芯片(简称片②)实现高 4 位的比较。比较电路如图 2.36 所示。

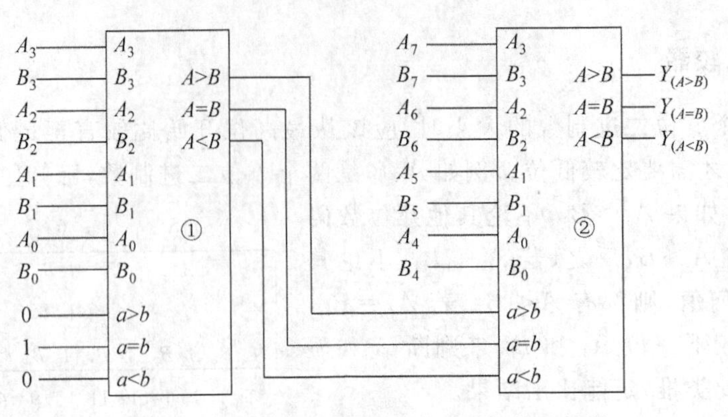

图 2.36 用两片 74LS85 构成 8 位数值比较器

2.2.3 编码器

为了区分一系列不同的事物,将其中的每个事物用二进制数码按一定的规律编排,称为编码。编码器的逻辑功能就是将输入的每一个高、低电平信号编成一组对应的二进制代码输出。按照编码方式的不同,编码器可分为二进制编码器和二-十进制编码器。按照输入信号是否相互排斥,可分为普通编码器和优先编码器。

1. 普通编码器

普通编码器工作时,任何时刻只允许输入一个编码信号,否则输出将发生混乱。现以 3 位二进制普通编码器为例,分析一下其工作原理。图 2.37 是 3 位二进制普通编码器的框图。图中 $I_0 \sim I_7$ 是 8 个输入信号,$Y_0 \sim Y_2$ 是 3 个输出信号。因此,该编码器又称为 8/3 线普通编码器,其功能如表 2.7 所示。

图 2.37 3 位二进制普通编码器的框图

表 2.7 8/3 线普通编码器的功能表

输入								输出		
I_0	I_1	I_2	I_3	I_4	I_5	I_6	I_7	Y_2	Y_1	Y_0
1	0	0	0	0	0	0	0	0	0	0
0	1	0	0	0	0	0	0	0	0	1
0	0	1	0	0	0	0	0	0	1	0
0	0	0	1	0	0	0	0	0	1	1
0	0	0	0	1	0	0	0	1	0	0
0	0	0	0	0	1	0	0	1	0	1
0	0	0	0	0	0	1	0	1	1	0
0	0	0	0	0	0	0	1	1	1	1

由表 2.7 可得输出的逻辑式为

$$\begin{cases} Y_2 = \overline{I}_0\overline{I}_1\overline{I}_2\overline{I}_3 I_4\overline{I}_5\overline{I}_6\overline{I}_7 + \overline{I}_0\overline{I}_1\overline{I}_2\overline{I}_3\overline{I}_4 I_5\overline{I}_6\overline{I}_7 + \overline{I}_0\overline{I}_1\overline{I}_2\overline{I}_3\overline{I}_4\overline{I}_5 I_6\overline{I}_7 + \overline{I}_0\overline{I}_1\overline{I}_2\overline{I}_3\overline{I}_4\overline{I}_5\overline{I}_6 I_7 \\ Y_1 = \overline{I}_0\overline{I}_1 I_2\overline{I}_3\overline{I}_4\overline{I}_5\overline{I}_6\overline{I}_7 + \overline{I}_0\overline{I}_1\overline{I}_2 I_3\overline{I}_4\overline{I}_5\overline{I}_6\overline{I}_7 + \overline{I}_0\overline{I}_1\overline{I}_2\overline{I}_3\overline{I}_4\overline{I}_5 I_6\overline{I}_7 + \overline{I}_0\overline{I}_1\overline{I}_2\overline{I}_3\overline{I}_4\overline{I}_5\overline{I}_6 I_7 \\ Y_0 = \overline{I}_0 I_1\overline{I}_2\overline{I}_3\overline{I}_4\overline{I}_5\overline{I}_6\overline{I}_7 + \overline{I}_0\overline{I}_1\overline{I}_2 I_3\overline{I}_4\overline{I}_5\overline{I}_6\overline{I}_7 + \overline{I}_0\overline{I}_1\overline{I}_2\overline{I}_3\overline{I}_4 I_5\overline{I}_6\overline{I}_7 + \overline{I}_0\overline{I}_1\overline{I}_2\overline{I}_3\overline{I}_4\overline{I}_5\overline{I}_6 I_7 \end{cases} \tag{2.13}$$

由于8个输入变量共有 $2^8=256$ 种组合，但对于普通编码器只能出现表2.6中的8种，而另外248种组合不允许出现，因此这248种组合对应的最小项为约束项，利用这些约束项可将式(2.13)化简为

$$\begin{cases} Y_2 = I_4 + I_5 + I_6 + I_7 \\ Y_1 = I_2 + I_3 + I_6 + I_7 \\ Y_0 = I_1 + I_3 + I_5 + I_7 \end{cases} \tag{2.14}$$

与式(2.14)对应的逻辑图如图2.38所示。

2. 优先编码器

与普通编码器不同，优先编码器工作时，允许有两个或两个以上的信号同时输入。因为优先编码器在设计时已经将所有的输入信号按优先顺序排了队，当多个信号同时输入时，只对优先级最高的一个进行编码。

图2.39是8/3线优先编码器74LS148的引脚图。图中 $\overline{I}_0 \sim \overline{I}_7$ 是8个编码信号输入端，低电平有效，其中 $\overline{I}_7$ 的优先级最高，$\overline{I}_0$ 的优先级最低。$\overline{Y}_0 \sim \overline{Y}_2$ 是编码输出端。$\overline{S}$ 为选通输入端，只有当 $\overline{S}=0$ 时，编码器才能正常工作。$\overline{Y}_S$ 和 $\overline{Y}_{EX}$ 是扩展输出端，用于两片74LS148级联时的扩展连接，如图2.39所示。

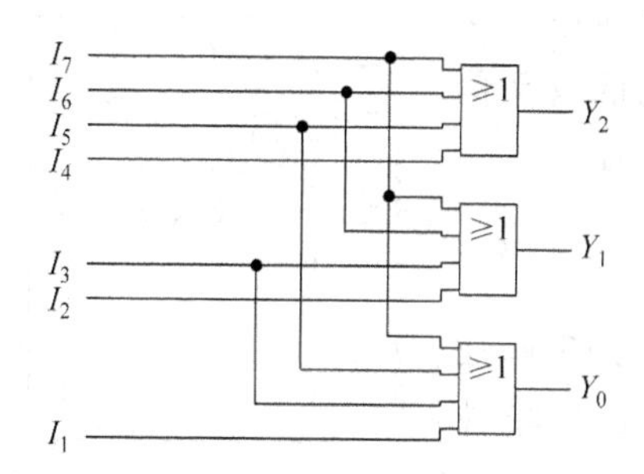

图2.38 8/3线普通编码器的逻辑图

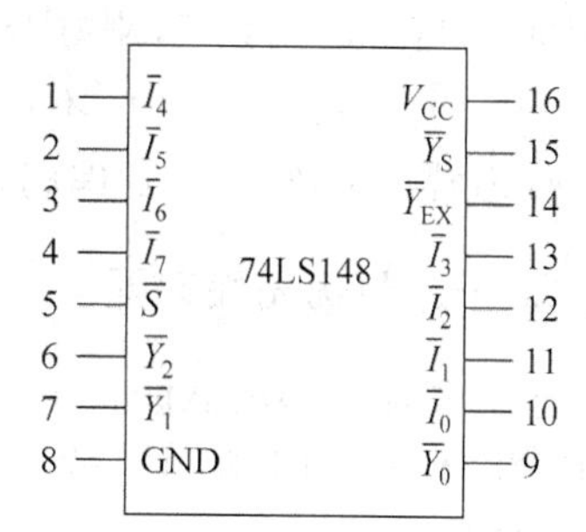

图2.39 74LS148的引脚图

74LS148输出端及扩展输出端的逻辑式为

$$\begin{cases} \overline{Y}_2 = \overline{(I_4 + I_5 + I_6 + I_7) \cdot S} \\ \overline{Y}_1 = \overline{(I_2\overline{I}_4\overline{I}_5 + I_3\overline{I}_4\overline{I}_5 + I_6 + I_7) \cdot S} \\ \overline{Y}_0 = \overline{(I_1\overline{I}_2\overline{I}_4\overline{I}_6 + I_3\overline{I}_4\overline{I}_6 + I_5\overline{I}_6 + I_7) \cdot S} \end{cases} \tag{2.15}$$

$$\overline{Y}_S = \overline{\overline{I}_0\overline{I}_1\overline{I}_2\overline{I}_3\overline{I}_4\overline{I}_5\overline{I}_6\overline{I}_7 S} \tag{2.16}$$

$$\overline{Y}_{EX} = \overline{(I_0 + I_1 + I_2 + I_3 + I_4 + I_5 + I_6 + I_7) \cdot S} \tag{2.17}$$

式(2.16)表明，当所有的输入都是高电平(即 $\overline{I}_0 \sim \overline{I}_7$ 都等于1)，且 $S=1$(即 $\overline{S}=0$)时，$\overline{Y}_S=0$。所以 $\overline{Y}_S$ 的低电平输出信号表示“电路工作，但无编码输入”。

式(2.17)表明，只要任何一个输入端有低电平信号，且 $S=1$，则 $\overline{Y}_{EX}=0$。所以 $\overline{Y}_{EX}$ 的低电平输出信号表示“电路工作，且有编码输入”。

由式(2.15)～式(2.17)可得74LS148的功能表，如表2.8所示。

表 2.8　74LS148 的功能表

输入									输出				
$\overline{S}$	$\overline{I}_0$	$\overline{I}_1$	$\overline{I}_2$	$\overline{I}_3$	$\overline{I}_4$	$\overline{I}_5$	$\overline{I}_6$	$\overline{I}_7$	$\overline{Y}_2$	$\overline{Y}_1$	$\overline{Y}_0$	$\overline{Y}_S$	$\overline{Y}_{EX}$
1	×	×	×	×	×	×	×	×	1	1	1	1	1
0	1	1	1	1	1	1	1	1	1	1	1	0	1
0	×	×	×	×	×	×	×	0	0	0	0	1	0
0	×	×	×	×	×	×	0	1	0	0	1	1	0
0	×	×	×	×	×	0	1	1	0	1	0	1	0
0	×	×	×	×	0	1	1	1	0	1	1	1	0
0	×	×	×	0	1	1	1	1	1	0	0	1	0
0	×	×	0	1	1	1	1	1	1	0	1	1	0
0	×	0	1	1	1	1	1	1	1	1	0	1	0
0	0	1	1	1	1	1	1	1	1	1	1	1	0

由表 2.8 可知，在 $\overline{S}=1$，即选通输入端无效的情况下，所有的输出均被封锁在高电平。当 $\overline{S}=0$，即选通输入端有效时，允许同时输入多个低电平信号。在所有输入信号中，$\overline{I}_7$ 的优先权最高，$\overline{I}_0$ 的优先权最低。

74LS148 的输出采用反码编码形式，如 $\overline{I}_7=0$ 时，不管其他输入是否有效(表中用"×"表示)，输出端只给出 $\overline{I}_7$ 的编码，即 $\overline{Y}_2\overline{Y}_1\overline{Y}_0=000$，将 $\overline{Y}_2\overline{Y}_1\overline{Y}_0$ 按位取反后，即 $Y_2Y_1Y_0=111$，111 在数值上是十进制数 7，刚好与 $\overline{I}_7$ 的下标相对应。又如当 $\overline{I}_7=\overline{I}_6=\overline{I}_5=1,\overline{I}_4=0$ 时，不论 $\overline{I}_0\sim\overline{I}_3$ 有无低电平信号输入，输出端都只给出 $\overline{I}_4$ 的编码，即 $\overline{Y}_2\overline{Y}_1\overline{Y}_0=011$。

3. 二-十进制优先编码器

二-十进制优先编码器能将 10 个输入信号分别编写成 10 个 BCD 代码。图 2.40 是二-十进制优先编码器 74LS147 的引脚图。

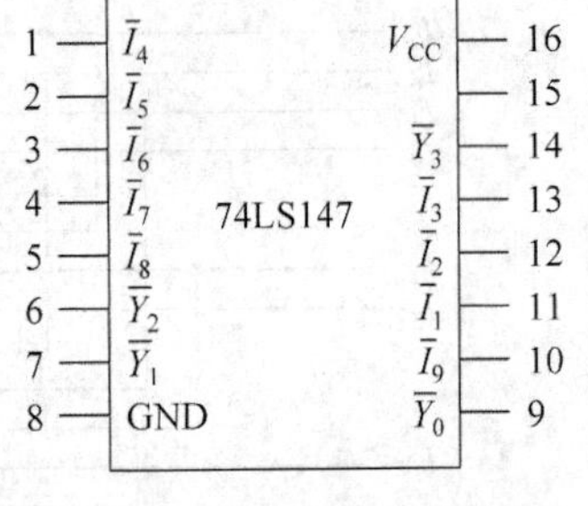

图 2.40　74LS147 的引脚图

74LS147 的功能表如表 2.9 所示。由功能表可知，74LS147 的输出是反码形式的 BCD 码，$\overline{I}_9$ 的优先权最高，$\overline{I}_0$ 的优先权最低。

表 2.9　74LS147 的功能表

输入									输出			
$\overline{I}_1$	$\overline{I}_2$	$\overline{I}_3$	$\overline{I}_4$	$\overline{I}_5$	$\overline{I}_6$	$\overline{I}_7$	$\overline{I}_8$	$\overline{I}_9$	$\overline{Y}_3$	$\overline{Y}_2$	$\overline{Y}_1$	$\overline{Y}_0$
1	1	1	1	1	1	1	1	1	1	1	1	1
×	×	×	×	×	×	×	×	0	0	1	1	0
×	×	×	×	×	×	×	0	1	0	1	1	1
×	×	×	×	×	×	0	1	1	1	0	0	0
×	×	×	×	×	0	1	1	1	1	0	0	1
×	×	×	×	0	1	1	1	1	1	0	1	0
×	×	×	0	1	1	1	1	1	1	0	1	1
×	×	0	1	1	1	1	1	1	1	1	0	0
×	0	1	1	1	1	1	1	1	1	1	0	1
0	1	1	1	1	1	1	1	1	1	1	1	0

2.2.4 译码器

译码是编码的逆过程。因此，译码器的逻辑功能是将输入的二进制代码“翻译”成对应的高、低电平信号。译码器的任何一个输出都与唯一的一组输入组合相对应。常用的译码器电路有二进制译码器、二-十进制译码器和显示译码器。

1. 二进制译码器

具有 n 个输入的二进制译码器能“翻译”出 2^n 个高、低电平输出信号。图 2.41 是 3 位二进制译码器的框图。它有 3 个输入，8 个输出，因此也称为 3/8 线译码器。3 位二进制译码器的真值表如表 2.10 所示。

表 2.10　3 位二进制译码器的真值表

输入			输出							
A_2	A_1	A_0	Y_7	Y_6	Y_5	Y_4	Y_3	Y_2	Y_1	Y_0
0	0	0	0	0	0	0	0	0	0	1
0	0	1	0	0	0	0	0	0	1	0
0	1	0	0	0	0	0	0	1	0	0
0	1	1	0	0	0	0	1	0	0	0
1	0	0	0	0	0	1	0	0	0	0
1	0	1	0	0	1	0	0	0	0	0
1	1	0	0	1	0	0	0	0	0	0
1	1	1	1	0	0	0	0	0	0	0

74LS138 是一个中规模的 3/8 线译码器，其引脚图如图 2.42 所示。

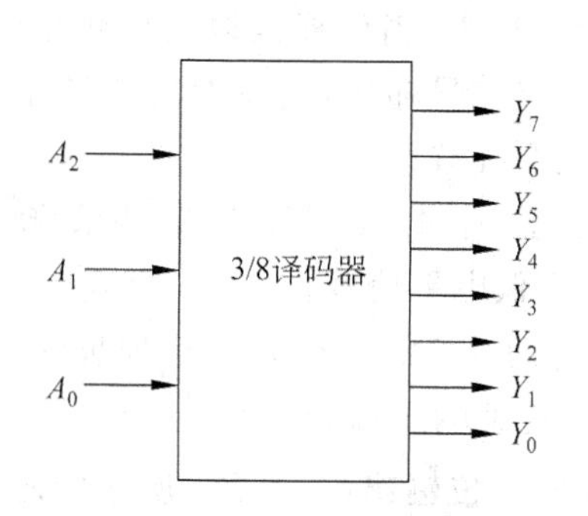

图 2.41　3 位二进制译码器的框图

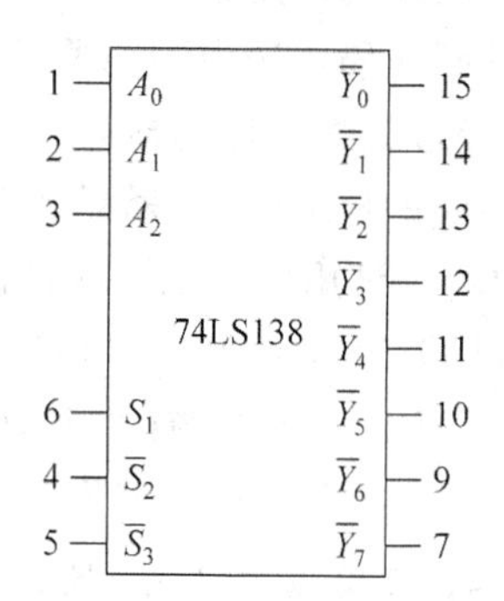

图 2.42　74LS138 的引脚图

74LS138 有 3 个地址输入端 A_2、A_1、A_0，8 个输出端 $\overline{Y}_0 \sim \overline{Y}_7$（低电平有效），有三个控制端（又称片选端，或选通输入端）S_1、$\overline{S}_2$ 和 $\overline{S}_3$，其中 S_1 为高电平有效，$\overline{S}_2$ 和 $\overline{S}_3$ 为低电平有效。74LS138 的功能表如表 2.11 所示。

当 $S_1=1$，$\overline{S}_2=\overline{S}_3=0$ 时，可由功能表写出逻辑式：

表 2.11　74LS138 的功能表

输入					输出							
S_1	$\overline{S}_2+\overline{S}_3$	A_2	A_1	A_0	$\overline{Y}_0$	$\overline{Y}_1$	$\overline{Y}_2$	$\overline{Y}_3$	$\overline{Y}_4$	$\overline{Y}_5$	$\overline{Y}_6$	$\overline{Y}_7$
0	×	×	×	×	1	1	1	1	1	1	1	1
×	1	×	×	×	1	1	1	1	1	1	1	1
1	0	0	0	0	0	1	1	1	1	1	1	1
1	0	0	0	1	1	0	1	1	1	1	1	1
1	0	0	1	0	1	1	0	1	1	1	1	1
1	0	0	1	1	1	1	1	0	1	1	1	1
1	0	1	0	0	1	1	1	1	0	1	1	1
1	0	1	0	1	1	1	1	1	1	0	1	1
1	0	1	1	0	1	1	1	1	1	1	0	1
1	0	1	1	1	1	1	1	1	1	1	1	0

$$\begin{cases}\overline{Y}_0=\overline{\overline{A}_2\overline{A}_1\overline{A}_0}=\overline{m}_0 & \overline{Y}_4=\overline{A_2\overline{A}_1\overline{A}_0}=\overline{m}_4\\ \overline{Y}_1=\overline{\overline{A}_2\overline{A}_1A_0}=\overline{m}_1 & \overline{Y}_5=\overline{A_2\overline{A}_1A_0}=\overline{m}_5\\ \overline{Y}_2=\overline{\overline{A}_2A_1\overline{A}_0}=\overline{m}_2 & \overline{Y}_6=\overline{A_2A_1\overline{A}_0}=\overline{m}_6\\ \overline{Y}_3=\overline{\overline{A}_2A_1A_0}=\overline{m}_3 & \overline{Y}_7=\overline{A_2A_1A_0}=\overline{m}_7\end{cases} \tag{2.18}$$

由式(2.18)可以看出，$\overline{Y}_0\sim\overline{Y}_7$ 刚好与 A_2、A_1、A_0 三个输入变量的 8 个最小项 $\overline{m}_0\sim\overline{m}_7$ 相对应。这为 74LS138 实现逻辑函数提供了方便。

由表 2.11 可以看出，当 S_1、$\overline{S}_2$ 和 $\overline{S}_3$ 中的任何一个无效时，74LS138 所有的输出都被封锁在高电平状态，即不进行译码。

常用的中规模二进制译码器有双 2/4 线译码器、3/8 线译码器、4/16 线译码器等。二进制译码器的应用很广，例如在微机控制系统中，一台微机同时控制多台对象时，就是通过二进制译码器选中不同通道的：在程序执行过程中，当计算机地址总线输出一组地址码时，经过二进制译码器译码，其中一条信号线有信号输出，控制对应通道工作，计算机给出不同的地址码，经译码后选中不同的通道对象工作。

例 2.4　试用两片 3/8 线译码器 74LS138 实现一个 4/16 线译码器，要求将 4 位二进制代码 $D_3D_2D_1D_0$(0000～1111)译成 $\overline{Z}_0\sim\overline{Z}_{15}$ 16 个低电平信号。

解：一片 74LS138 有 3 个地址输入端，分别将两片 74LS138 的 3 个地址输入端连在一起，作为 3 个地址输入信号 D_2、D_1、D_0。第四个地址输入端 D_3 由控制端得到。由于需使两片 74LS138 交替工作，所以可令 $D_3=0$ 时，低 8 位输出($\overline{Z}_0\sim\overline{Z}_7$)所在的芯片工作；$D_3=1$ 时，高 8 位输出($\overline{Z}_8\sim\overline{Z}_{15}$)所在的芯片工作。因此，用两片 74LS138 构成 4/16 线译码器的电路如图 2.43 所示。

由图 2.43 可以看出，当 $D_3=0$ 时，片①工作，片②被禁止，此时电路将 $D_3D_2D_1D_0$ 的 0000～0111 译成 $\overline{Z}_0\sim\overline{Z}_7$ 8 个低电平信号；当 $D_3=1$ 时，片②工作，片①被禁止，此时电路将 $D_3D_2D_1D_0$ 的 1000～1111 译成 $\overline{Z}_8\sim\overline{Z}_{15}$ 8 个低电平信号。

用两片 74LS138 构成 4/16 线译码器共有 4 种接法，该例题中的接法最为简单，其他

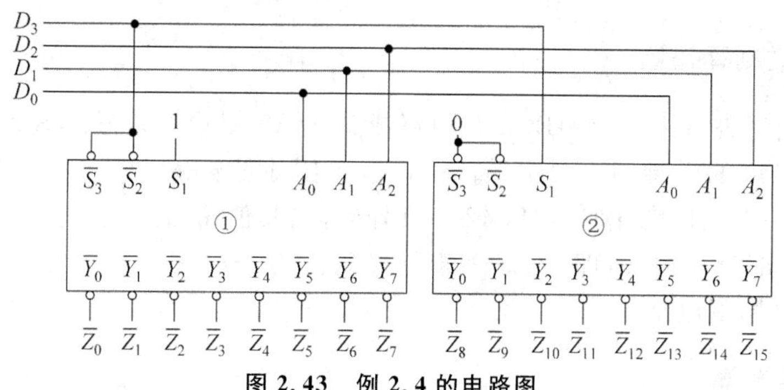

图 2.43　例 2.4 的电路图

3 种接法都要借助于非门(即反相器)实现,请读者自行设计。

例 2.5　试用 3/8 线译码器 74LS138 和与非门实现全加器。

解:因为二进制译码器可以译出输入信号的全部组合(即最小项)。而任一组合逻辑函数总能表示成最小项之和的形式,所以由二进制译码器加上或门或者与非门(用或门还是与非门,应视二进制译码器的输出是高电平还是低电平有效而定),即可实现任一组合逻辑函数。

全加器的逻辑式为

$$\begin{cases} S_i = \overline{A}_i\overline{B}_iC_{i-1} + \overline{A}_iB_i\overline{C}_{i-1} + A_i\overline{B}_i\overline{C}_{i-1} + A_iB_iC_{i-1} \\ C_i = \overline{A}_iB_iC_{i-1} + A_i\overline{B}_iC_{i-1} + A_iB_i\overline{C}_{i-1} + A_iB_iC_{i-1} \end{cases} \tag{2.19}$$

将式(2.19)中的 A_i、B_i 和 C_{i-1} 分别对应地接到 74LS138 的 3 个地址输入端 A_2、A_1 和 A_0,则 74LS138 的 8 个输出的表达式可写为

$$\begin{cases} \overline{Y}_0 = \overline{\overline{A}_i\overline{B}_i\overline{C}_{i-1}} & \overline{Y}_4 = \overline{A_i\overline{B}_i\overline{C}_{i-1}} \\ \overline{Y}_1 = \overline{\overline{A}_i\overline{B}_iC_{i-1}} & \overline{Y}_5 = \overline{A_i\overline{B}_iC_{i-1}} \\ \overline{Y}_2 = \overline{\overline{A}_iB_i\overline{C}_{i-1}} & \overline{Y}_6 = \overline{A_iB_i\overline{C}_{i-1}} \\ \overline{Y}_3 = \overline{\overline{A}_iB_iC_{i-1}} & \overline{Y}_7 = \overline{A_iB_iC_{i-1}} \end{cases} \tag{2.20}$$

根据式(2.19),式(2.18)可变换为

$$\begin{cases} S_i = Y_1 + Y_2 + Y_4 + Y_7 = \overline{\overline{Y}_1\overline{Y}_2\overline{Y}_4\overline{Y}_7} \\ C_i = Y_3 + Y_5 + Y_6 + Y_7 = \overline{\overline{Y}_3\overline{Y}_5\overline{Y}_6\overline{Y}_7} \end{cases} \tag{2.21}$$

式(2.21)可以用 74LS138 和与非门来实现,如图 2.44 所示。

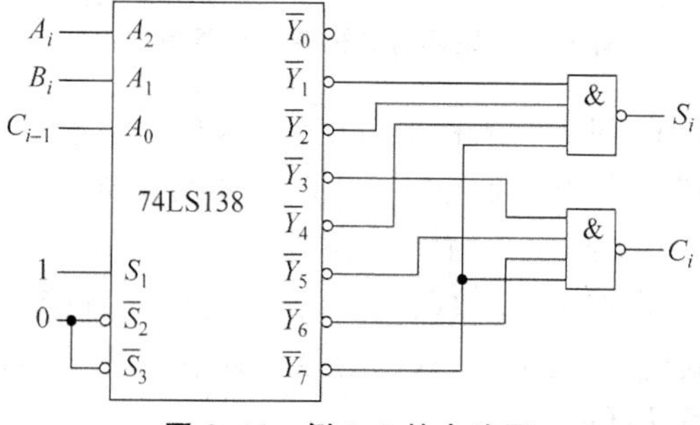

图 2.44　例 2.5 的电路图

2. 二-十进制译码器

二-十进制译码器能将 8421BCD 代码译成 10 个高、低电平信号。图 2.45 是二-十进制译码器 74LS42 的引脚图。图中 $A_3 \sim A_0$ 是 4 位地址输入端，当其值在 0～9 之间变化时，74LS42 正常译码，当其值超出 9 时，输出端全部为高电平，即 74LS42 拒绝译码。$\overline{Y}_0 \sim \overline{Y}_9$ 是 10 个译码输出端，低电平有效。

引脚	左侧	右侧	引脚
1	$\overline{Y}_0$	V_{CC}	16
2	$\overline{Y}_1$	A_0	15
3	$\overline{Y}_2$	A_1	14
4	$\overline{Y}_3$	74LS42 A_2	13
5	$\overline{Y}_4$	A_3	12
6	$\overline{Y}_5$	$\overline{Y}_9$	11
7	$\overline{Y}_6$	$\overline{Y}_8$	10
8	GND	$\overline{Y}_7$	9

图 2.45　74LS42 的引脚图

3. 显示译码器

1）七段字符显示器

在各种数字设备中，经常需要将数字、文字和符号直观地显示出来，供人们直接读取结果，或用以监视数字系统的工作情况，因此，显示电路是许多数字设备中必不可少的部分。用来驱动各种显示器件，从而将用二进制代码表示的数字、文字和符号翻译成人们习惯的形式，直观地显示出来的电路，称为显示译码器。

显示器件的种类很多，常见的七段字符显示器件有半导体数码管（简称 LED 数码管）和液晶显示器（LCD）。LED 数码管主要用于显示数字和字母，LCD 可以显示数字、字母、文字和图形等。

这里重点介绍一下七段 LED 数码管。七段 LED 数码管俗称数码管，其工作原理是将要显示的十进制数码分成七段，每段为一个发光二极管，利用不同发光段的组合来显示不同的数字。数码管中的 7 个发光二极管有共阴极和共阳极两种接法。数码管的外形及两种接法如图 2.46 所示。

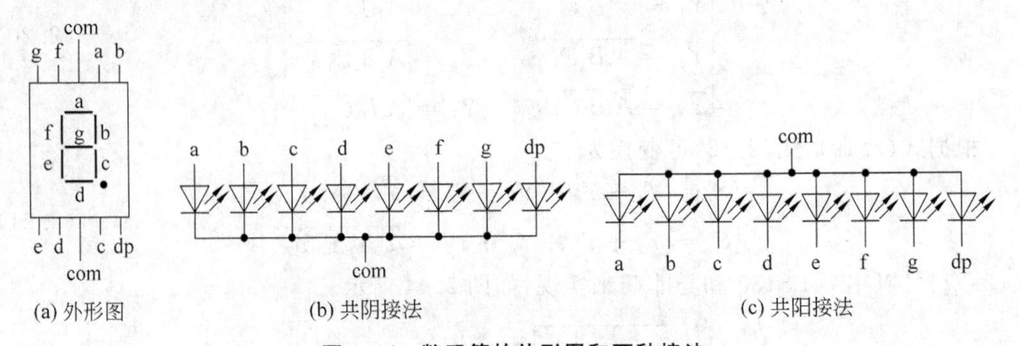

(a) 外形图　(b) 共阴接法　(c) 共阳接法

图 2.46　数码管的外形图和两种接法

从图 2.46 中可以看出，对于共阴极 LED，某一段的阳极接高电平时，该段才会发光；对于共阳极 LED，某一段的阴极接低电平时，该段才会发光。不论是哪种接法，在使用时，每个二极管都要串联一个约 500Ω 的限流电阻。

下面以共阴极为例来说明 LED 数码管如何显示数字。在图 2.46(a)中，若 b、c 两端接高电平，其余各段接低电平，则 LED 数码管显示数字 1；若要显示 4，则只需将 b、c、f、g 四段接高电平，其余各段接低电平。

LED数码管具有工作电压低(1.5～3V)、体积小、寿命长(大于1000h),可靠性高、响应速度快(一般不超过0.1μs)、亮度较高、颜色丰富(有红、绿、黄等)等优点。其缺点是工作电流较大,每一段的工作电流在10mA左右。

2) BCD-七段显示译码器

半导体数码管和液晶显示器都可以用TTL或CMOS集成电路直接驱动。为此,就需要使用显示译码器将BCD代码译成数码管所需要的驱动信号,以便使数码管用十进制数字显示出BCD代码所表示的数值。

现以$A_3A_2A_1A_0$表示显示译码器输入的BCD代码,以Y_a～Y_g表示输出的7位二进制代码,并规定用1表示数码管中各段的点亮状态,用0表示熄灭状态。则根据显示字型的要求便得到了如表2.12所示的真值表。

表2.12 七段显示译码器的真值表

输入				输出							显示数字
A_3	A_2	A_1	A_0	a	b	c	d	e	f	g	
0	0	0	0	1	1	1	1	1	1	0	0
0	0	0	1	0	1	1	0	0	0	0	1
0	0	1	0	1	1	0	1	1	0	1	2
0	0	1	1	1	1	1	1	0	0	1	3
0	1	0	0	0	1	1	0	0	1	1	4
0	1	0	1	1	0	1	1	0	1	1	5
0	1	1	0	0	0	1	1	1	1	1	6
0	1	1	1	1	1	1	0	0	0	0	7
1	0	0	0	1	1	1	1	1	1	1	8
1	0	0	1	1	1	1	0	0	1	1	9

由于数字显示电路的应用十分广泛,所以显示译码器也已作为标准器件,制成了中规模集成电路。常用的集成七段显示译码器属TTL型的有74LS47、74LS48等,属CMOS型的有CD4511等。图2.47是74LS48的引脚图。

引脚	74LS48		引脚
1	A_1	V_{CC}	16
2	A_2	f	15
3	$\overline{LT}$	g	14
4	$\overline{BI}/\overline{RBO}$	a	13
5	$\overline{RBI}$	b	12
6	A_3	c	11
7	A_0	d	10
8	GND	e	9

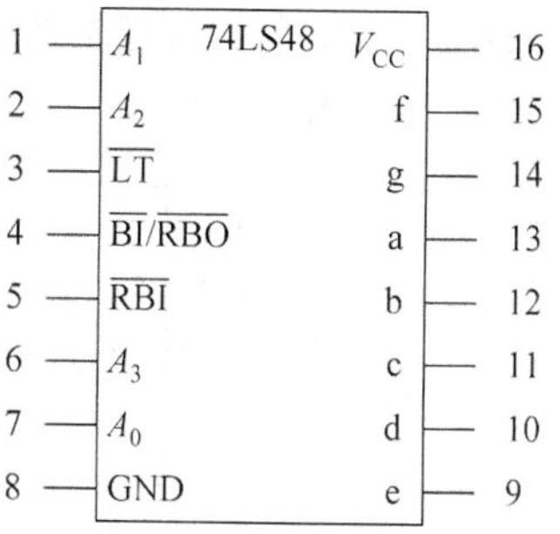

图2.47 74LS48的引脚图

74LS48各引脚的含义如下:

(1) $A_3A_2A_1A0$: BCD码输入端,A_3为最高位,A_0为最低位。

(2) a～f: 7个输出端,使用时与数码管的a～f对应相接。

(3) $\overline{LT}$: 灯测试端,低电平有效。当$\overline{LT}=0$时,a～f同时输出高电平,使被驱动LED数码管的七段同时点亮,以检查LED数码管的各段能否正常发光。平时应置$\overline{LT}=1$。

(4) $\overline{RBI}$: 动态灭零输入端,低电平有效。当$\overline{LT}=1$,$\overline{RBI}=0$,且$A_3A_2A_1A_0=0000$时,a～f输出低电平,从而将本应该显示的零熄灭;当$\overline{LT}=1$,$\overline{RBI}=0$,但$A_3A_2A_1A0\neq 0000$时,74LS48正常输出。

(5) $\overline{\mathrm{BI}}/\overline{\mathrm{RBO}}$：灭灯输入/灭零输出端。这是一个双功能的输入/输出端，当它作为输入端使用时，称为灭灯输入控制端。只要令$\overline{\mathrm{BI}}=0$，无论 $A_3A_2A_1A_0$ 是什么状态，输出 a～f 均为低电平，从而使被驱动数码管的各段同时熄灭。当$\overline{\mathrm{BI}}/\overline{\mathrm{RBO}}$做输出端使用时，称为灭零输出端。只有在 $A_3A_2A_1A_0=0000$，且$\overline{\mathrm{RBI}}=0$ 时，$\overline{\mathrm{RBO}}$才会给出低电平。

2.2.5 数据选择器

数据选择器又叫多路选择器或多路开关。其逻辑功能是按照给定的地址将某个数据从一组输入数据中选择出来，并送到输出端。常用的数据选择器有双 4 选 1 数据选择器 74LS153 和 8 选 1 数据选择器 74LS151。图 2.48 是 4 选 1 数据选择器的逻辑图。

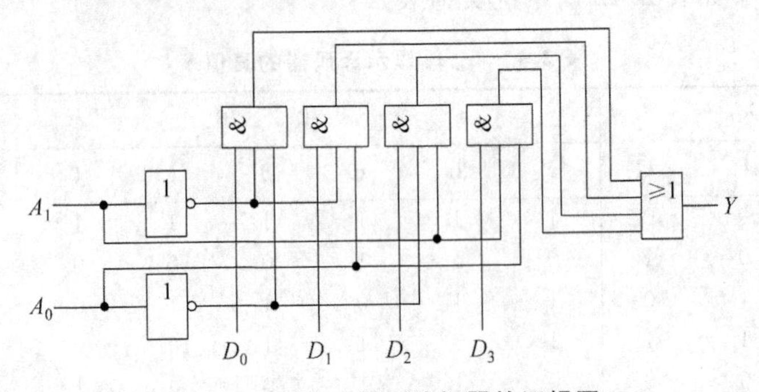

图 2.48　4 选 1 数据选择器的逻辑图

如图 2.48 所示，A_1、A_0 是两个地址控制端，随着 A_1、A_0 取值的不同，4 个输入数据 D_0～D_3 之中必将有一个数据被选择到输出端 Y。由图 2.48 可写出 4 选 1 数据选择器的逻辑式为

$$Y = D_0(\overline{A_1}\,\overline{A_0}) + D_1(\overline{A_1}A_0) + D_2(A_1\overline{A_0}) + D_3(A_1A_0)$$

表 2.13 和表 2.14 分别是双 4 选 1 数据选择器 74LS153 和 8 选 1 数据选择器 74LS151 的真值表。双 4 选 1 数据选择器 74LS153 和 8 选 1 数据选择器 74LS151 的引脚图如图 2.49 所示。

引脚	名称	名称	引脚
1	$1\overline{S}$	V_{CC}	16
2	A_1	$2\overline{S}$	15
3	$1D_3$	A_0	14
4	$1D_2$	$2D_3$	13
5	$1D_1$	$2D_2$	12
6	$1D_0$	$2D_1$	11
7	$1Y$	$2D_0$	10
8	GND	$2Y$	9

(a) 74LS153

引脚	名称	名称	引脚
1	D_3	V_{CC}	16
2	D_2	D_4	15
3	D_1	D_5	14
4	D_0	D_6	13
5	Y	D_7	12
6	$\overline{Y}$	A_0	11
7	$\overline{S}$	A_1	10
8	GND	A_2	9

(b) 74LS151

图 2.49　74LS153 和 74LS151 的引脚图

表 2.13 74LS153 的真值表

输入				输出	输入				输出
$1\overline{S}$	D	A_1	A_0	$1Y$	$2\overline{S}$	D	A_1	A_0	$2Y$
1	×	×	×	0	1	×	×	×	0
0	$1D_0$	0	0	$1D_0$	0	$2D_0$	0	0	$2D_0$
0	$1D_1$	0	1	$1D_1$	0	$2D_1$	0	1	$2D_1$
0	$1D_2$	1	0	$1D_2$	0	$2D_2$	1	0	$2D_2$
0	$1D_3$	1	1	$1D_3$	0	$2D_3$	1	1	$2D_3$

表 2.14 74LS151 的真值表

输入					输出	输入					输出
$\overline{S}$	D	A_2	A_1	A_0	Y	$\overline{S}$	D	A_2	A_1	A_0	Y
1	×	×	×	×	0	0	D_4	1	0	0	D_4
0	D_0	0	0	0	D_0	0	D_5	1	0	1	D_5
0	D_1	0	0	1	D_1	0	D_6	1	1	0	D_6
0	D_2	0	1	0	D_2	0	D_7	1	1	1	D_7
0	D_3	0	1	1	D_3						

由 74LS153 的真值表和引脚图可以看出，其芯片内部包含两个完全相同的 4 选 1 数据选择器。这两个数据选择器有公共的地址输入端 A_1 和 A_0，而数据输入端和输出端是各自独立的。$\overline{S}_1$ 和 $\overline{S}_2$ 是片选端或附加控制端，用于控制电路的状态(即是否工作)和扩展功能。其中 Y_1 的逻辑式

$$Y_1 = [D_{10}(\overline{A}_1\overline{A}_0) + D_{11}(\overline{A}_1 A_0) + D_{12}(A_1\overline{A}_0) + D_{13}(A_1 A_0)] \cdot S_1 \tag{2.22}$$

当 $S_1=1$(即 $\overline{S}_1=0$，控制端有效)时，由式(2.21)可知

$$Y_1 = D_{10}(\overline{A}_1\overline{A}_0) + D_{11}(\overline{A}_1 A_0) + D_{12}(A_1\overline{A}_0) + D_{13}(A_1 A_0) \tag{2.23}$$

式中，$A_1A_0=01$ 时，$Y_1=D_{11}$，也就是说数据 D_{11} 被选中，且送到输出端 Y_1，从而实现了数据的选择。

例 2.6 分别用 8 选 1 数据选择器 74LS151 和双 4 选 1 数据选择器 74LS153 实现三人表决电路。已知 74LS151 的输出逻辑式为

$$\begin{aligned} Y =& D_0(\overline{A}_2\overline{A}_1\overline{A}_0) + D_1(\overline{A}_2\overline{A}_1 A_0) + D_2(\overline{A}_2 A_1\overline{A}_0) + D_3(\overline{A}_2 A_1 A_0) + \\ & D_4(A_2\overline{A}_1\overline{A}_0) + D_5(A_2\overline{A}_1 A_0) + D_6(A_2 A_1\overline{A}_0) + D_7(A_2 A_1 A_0) \end{aligned} \tag{2.24}$$

解：三人表决电路的逻辑函数为

$$Y = \overline{A}BC + A\,\overline{B}C + AB\,\overline{C} + ABC \tag{2.25}$$

(1) 用双 4 选 1 数据选择器 74LS153 实现式(2.25)。

若令 $A_1=A, A_0=B$，则式(2.25)可变换为

$$Y = 0\cdot(\overline{A}_1\overline{A}_0) + C\cdot(\overline{A}_1 A_0) + C\cdot(A_1\overline{A}_0) + 1\cdot(A_1 A_0) \tag{2.26}$$

将式(2.26)与式(2.23)相对照，即可得到：

$$D_0 = 0,\quad D_1 = D_2 = C,\quad D_3 = 1$$

用 74LS153 实现三人表决电路如图 2.50 所示。

(2) 用 8 选 1 数据选择器 74LS151 实现式(2.25)。

若令 $A_2=A,A_1=B,A_0=C$,则式(2.25)可变换为

$$Y=0\cdot(\overline{A}_2\overline{A}_1\overline{A}_0)+0\cdot(\overline{A}_2\overline{A}_1A_0)+0\cdot(\overline{A}_2A_1\overline{A}_0)+1\cdot(\overline{A}_2A_1A_0)+$$
$$0\cdot(A_2\overline{A}_1\overline{A}_0)+1\cdot(A_2\overline{A}_1A_0)+1\cdot(A_2A_1\overline{A}_0)+1\cdot(A_2A_1A_0) \quad (2.27)$$

将式(2.27)与式(2.24)相对照,即可得到:

$$D_0=D_1=D_2=D_4=0;D_3=D_5=D_6=D_7=1$$

用 74LS151 实现三人表决电路如图 2.51 所示。

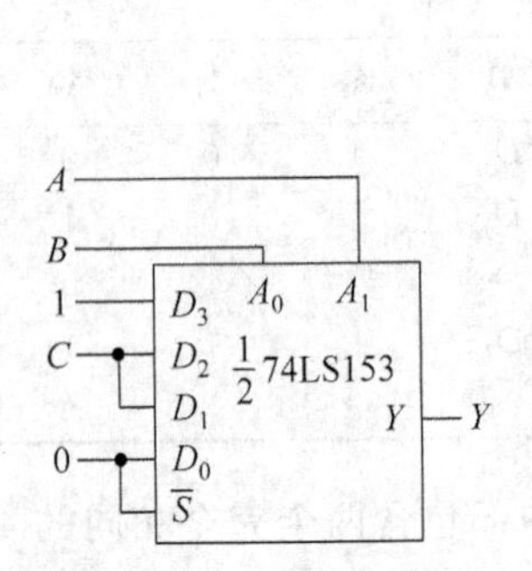

图 2.50 用 74LS153 实现三人表决电路

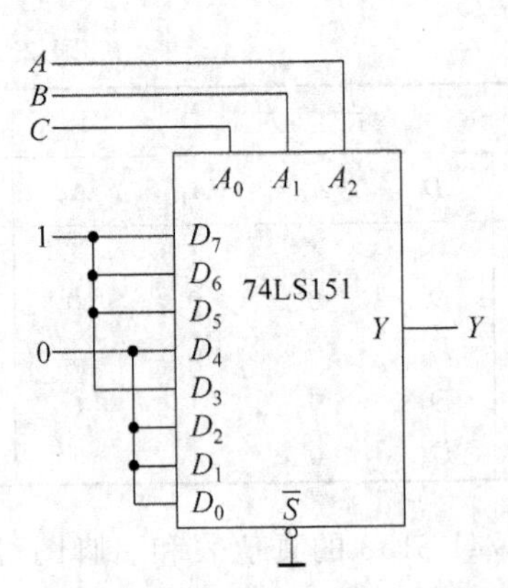

图 2.51 用 74LS151 实现三人表决电路

注意:当数据选择器的地址端选取不同的变量时,结果也不一样,因此该例题的答案并不是唯一的。

2.2.6 奇偶校验电路

在数字系统中,通常需要对数据传输过程中产生的错误进行检查,而把检查错误的方法称作奇偶校验,它是奇校验和偶校验的通称。所谓"奇偶校验",就是检测数据中包含奇数个 1,还是偶数个 1。校验电路的功能是检错和纠错。它广泛应用于计算机的内存储器以及诸如磁盘和磁带之类的外部设备中。此外,在通信中也经常用到奇偶校验电路。下面介绍几种常用的奇偶校验电路。

1. 奇校验电路

1) 用异或门构成的奇校验电路

最简单的奇校验电路是三变量奇校验电路,其真值表如表 2.15 所示。当输入变量 A、B、C 的取值组合中,出现奇数个 1 时,输出 Y 为 1;否则输出为 0。

由真值表可得输出函数的逻辑表达式为

$$Y=A\oplus B\oplus C \quad (2.28)$$

根据式(2.28)画出三变量奇校验电路的逻辑图如图 2.52 所示。它由两个异或门构成。

表 2.15 三变量奇校验电路真值表

输入			输出	输入			输出
A	B	C	Y	A	B	C	Y
0	0	0	0	1	0	0	1
0	0	1	1	1	0	1	0
0	1	0	1	1	1	0	0
0	1	1	0	1	1	1	1

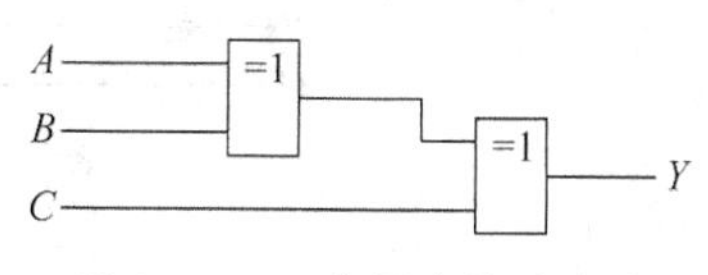

图 2.52 三变量奇校验电路

四输入奇校验电路的真值表如表 2.16 所示。当四个输入变量的每组取值中有奇数个 1 时，则输出 Y 为 1；否则输出 Y 为 0。

表 2.16 四变量奇校验电路真值表

输入				输出	输入				输出
A	B	C	D	Y	A	B	C	D	Y
0	0	0	0	0	1	0	0	0	1
0	0	0	1	1	1	0	0	1	0
0	0	1	0	1	1	0	1	0	0
0	0	1	1	0	1	0	1	1	1
0	1	0	0	1	1	1	0	0	0
0	1	0	1	0	1	1	0	1	1
0	1	1	0	0	1	1	1	0	1
0	1	1	1	1	1	1	1	1	0

由表 2.16 可得输出 Y 的逻辑式为

$$Y = A \oplus B \oplus C \oplus D \tag{2.29}$$

根据式(2.29)画出四输入的奇校验电路的逻辑图如图 2.53 所示，它是由三个异或门构成的。因此，对于有 n 个输入的奇校验电路，可由 $(n-1)$ 个异或门构成。这 $(n-1)$ 个异或门可采用塔状级联的方式，如图 2.54 所示。

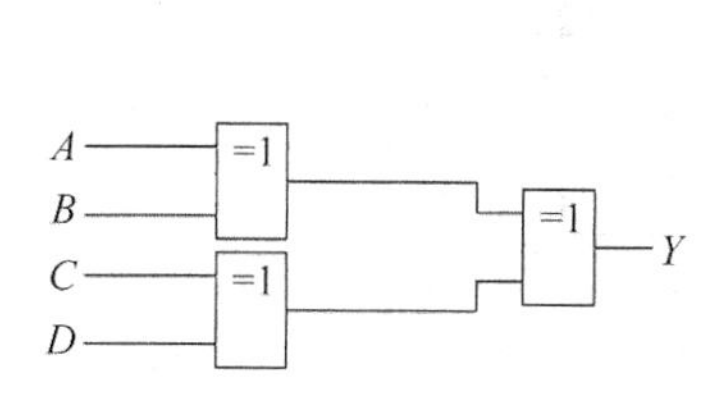

图 2.53 四变量奇校验电路

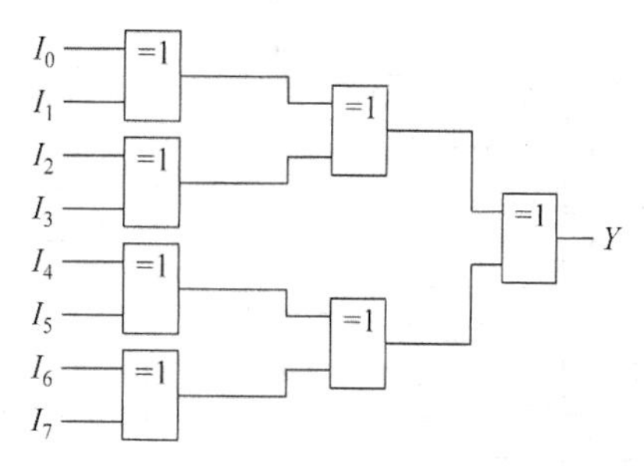

图 2.54 塔状级联的异或门

2) 用与非门构成的奇校验电路

奇校验电路除了可用异或门构成外，还可用与非门构成。例如 4 变量输入的奇校验电路的逻辑图如图 2.55 所示。

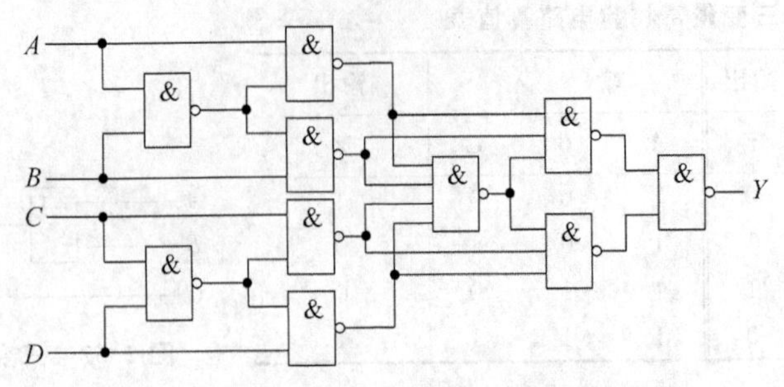

图 2.55 用与非门构成的 4 输入奇校验电路

2. 偶校验电路

一串二进制码中，1 的个数只有两种可能，要么是奇数，要么是偶数。因此，奇校验和偶校验的功能正好相反。一个逻辑电路，若在正逻辑下具有奇校验功能，则在负逻辑下必具有偶校验功能。

对同一个校验电路而言，因为不是奇校验则为偶校验，故存在下列关系：

$$G(\text{奇校验}) = \overline{P(\text{偶校验})}$$

因此，只要在任何奇校验电路的输出端加一级反相器，就构成了相应的偶校验电路，如图 2.56 所示。

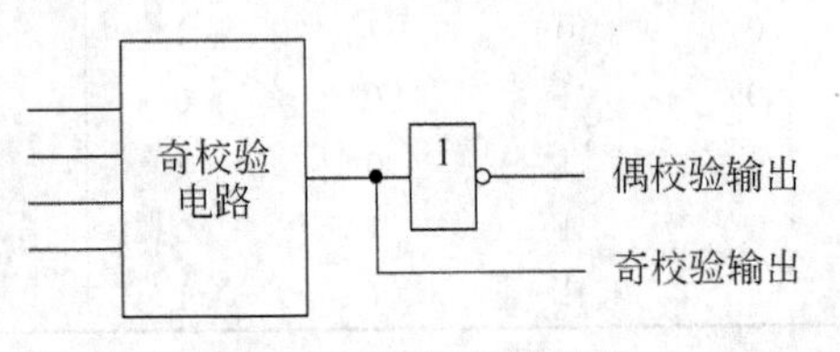

图 2.56 奇偶校验电路

图 2.57 是有"使能"端的九位奇偶检测电路的逻辑图，它是用"异或非"(即同或)门作基本检测元件的。为了便于使用，该电路设置了两个输出端：当输入包含奇数个 1 时，奇输出 G 为 1，偶输出 P 为 0；当输入包含偶数个 1 时，奇

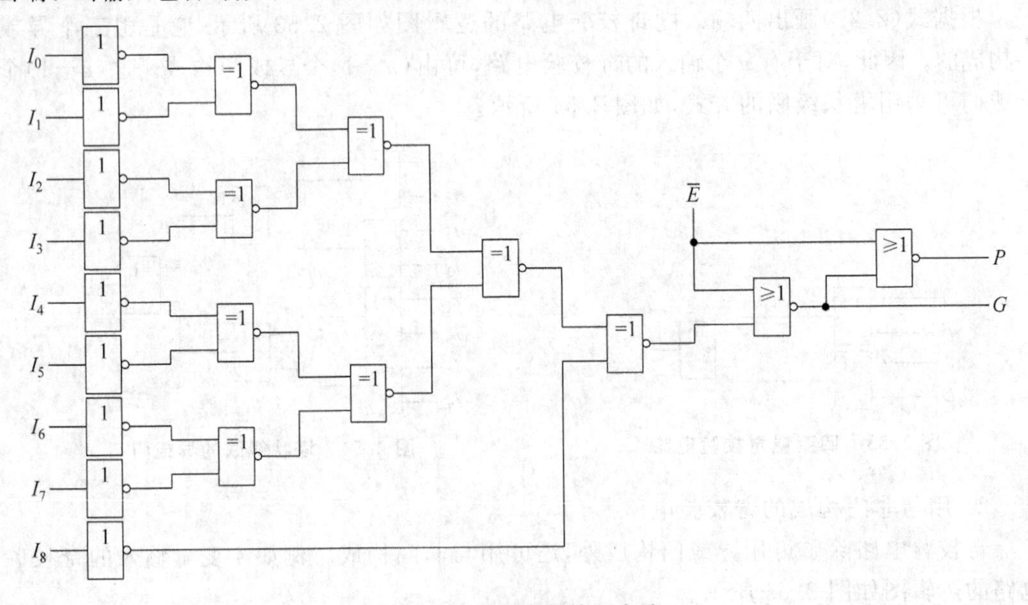

图 2.57 9 位奇偶检测电路

输出 G 为 0，偶输出 P 为 1。$\overline{E}$ 是“使能”控制端，当 $\overline{E}=0$ 时，奇偶检测才起作用；当 $\overline{E}=1$ 时，电路功能被禁止，两个输出均为 0。

2.3 组合逻辑电路的分析与设计

2.3.1 组合逻辑电路的分析

组合逻辑电路的分析是指对给定的组合逻辑电路，通过分析确定其输出与输入之间的逻辑关系，进而研究其逻辑功能。因此，组合逻辑电路的分析步骤通常如下：

- 根据给定逻辑图，写出逻辑式。
- 若写出的逻辑式不是最简，则要用代数法或卡诺图法进行化简。
- 由最简逻辑式列真值表。
- 由最简逻辑式或真值表确定电路的逻辑功能。

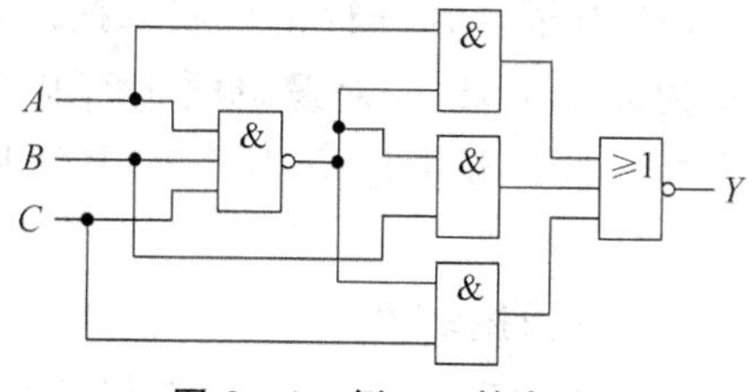

图 2.58 例 2.7 的电路

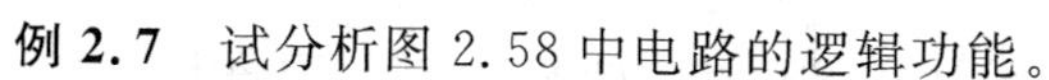

例 2.7 试分析图 2.58 中电路的逻辑功能。

解：(1) 根据逻辑图写出逻辑式

$$Y=\overline{A\cdot\overline{ABC}+B\cdot\overline{ABC}+C\cdot\overline{ABC}}$$

(2) 逻辑式化简或变换

$$Y=\overline{A\cdot\overline{ABC}+B\cdot\overline{ABC}+C\cdot\overline{ABC}}=\overline{(A+B+C)\cdot\overline{ABC}}$$

$$=\overline{A+B+C}+ABC=\overline{A}\,\overline{B}\,\overline{C}+ABC$$

(3) 根据逻辑式，列真值表，如表 2.17 所示。

表 2.17 例 2.7 的真值表

输入			输出	输入			输出
A	**B**	**C**	**Y**	**A**	**B**	**C**	**Y**
0	0	0	1	1	0	0	0
0	0	1	0	1	0	1	0
0	1	0	0	1	1	0	0
0	1	1	0	1	1	1	1

(4) 电路逻辑功能的描述。

由表 2.17 可知，当三个输入变量 A、B、C 取值一致时，输出 Y 为 1，否则，输出 Y 为 0。因此该电路可以判断 3 个输入变量是否一致，故称判一致电路。

2.3.2 组合逻辑电路的设计

组合逻辑电路的设计是分析的逆过程，它是根据给定的实际逻辑问题，求出实现这一逻辑功能的最简单的逻辑电路。“最简”是指设计出的电路所用的元器件数目最少，所用元器件的种类最少及元器件之间的连线也最少。

组合逻辑电路的设计步骤通常如下：

(1) 进行逻辑抽象：

① 根据给定的逻辑问题，确定输入变量和输出变量，并用相应的字母表示。

② 逻辑赋值，即用 0 和 1 分别表示输入变量和输出变量的两种对立状态。

③ 根据输入变量与输出变量之间的逻辑关系列出真值表。

(2) 根据真值表，写出逻辑式。

(3) 选定设计所用器件的类型。

为了产生所需要的逻辑函数，既可选用小规模逻辑门电路，也可选用中规模集成电路(如加法器、译码器、数据选择器等)或者 PLD 器件。具体选用哪一种电路，应视对电路的具体要求和器件的资源情况而定。

(4) 对逻辑式进行化简或变换。在使用小规模集成门电路进行设计时，为获得最简单的设计结果，应对逻辑式进行化简。若使用中规模集成电路，则需要对逻辑式进行变换。2.2 节中已有多个用中规模集成芯片实现逻辑函数的例子，如例 2.2 和例 2.6 等。

(5) 画出逻辑图。

以上是原理性设计步骤，要想将逻辑设计实现为具体的装置，还需要进行工艺设计、组装和调试等工作。

例 2.8 设计一个三输入单输出的组合逻辑电路。输入为二进制数，当输入的二进制数是 3 的整数倍时，输出为 1，否则输出为 0。

要求：分别用最简与-或式实现；用与非-与非式实现；用与或非式实现。

解：(1) 进行逻辑抽象。

该逻辑问题中有 3 个输入变量，分别用 A、B、C 表示，一个输出变量，用 Y 表示。根据逻辑功能的要求，可列出电路的真值表，如表 2.18 所示。

表 2.18 例 2.8 的真值表

输入			输出	输入			输出
A	**B**	**C**	**Y**	**A**	**B**	**C**	**Y**
0	0	0	1	1	0	0	0
0	0	1	0	1	0	1	0
0	1	0	0	1	1	0	1
0	1	1	1	1	1	1	0

(2) 由真值表写出逻辑式

$$Y = \overline{A}\,\overline{B}\,\overline{C} + \overline{A}BC + AB\,\overline{C}$$

(3) 选定器件为小规模逻辑门电路。

(4) 逻辑式的化简。由图 2.59 的卡诺图可知，(2)中的逻辑式已不能再化简。按照题目要求，该逻辑问题的三种实现形式分别为

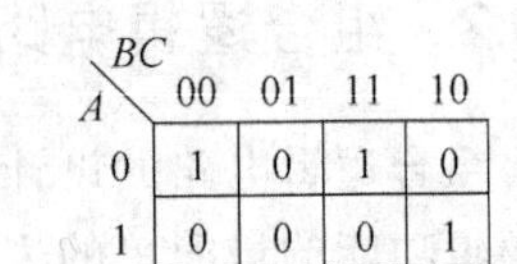

图 2.59 例 2.8 的卡诺图

① 与-或式：

$$Y=\bar{A}\,\bar{B}\,\bar{C}+\bar{A}BC+AB\,\bar{C} \tag{2.30}$$

② 与非-与非式：

$$Y=\overline{\overline{\bar{A}\,\bar{B}\,\bar{C}+\bar{A}BC+AB\,\bar{C}}}=\overline{\overline{\bar{A}\,\bar{B}\,\bar{C}}\cdot\overline{\bar{A}BC}\cdot\overline{AB\,\bar{C}}} \tag{2.31}$$

③ 与或非式：由图 2.59 可得：

$$\bar{Y}=A\,\bar{B}+AC+\bar{B}C+\bar{A}\,B\,\bar{C}$$

所以

$$Y=\overline{A\,\bar{B}+AC+\bar{B}C+\bar{A}\,B\,\bar{C}} \tag{2.32}$$

(5) 画出逻辑图。与式(2.30)～式(2.32)相对应的逻辑图如图 2.60 所示。

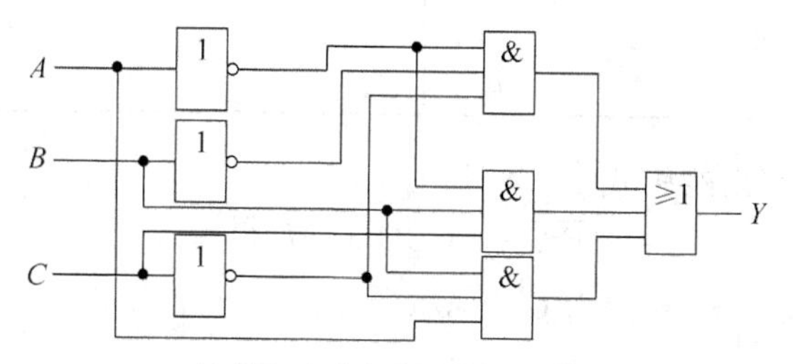

(a) 用与或式实现例2.8的逻辑电路

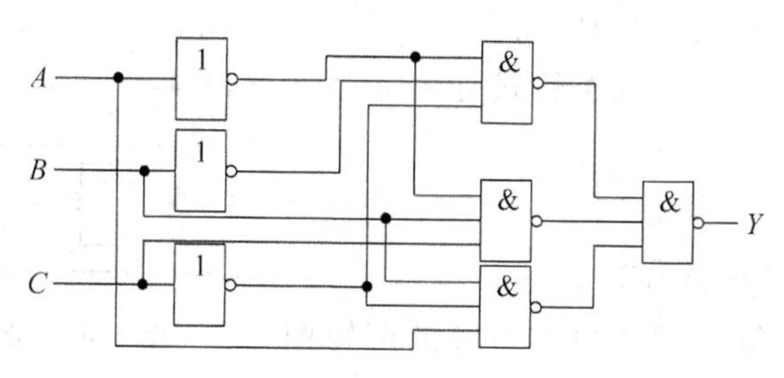

(b) 用与非-与非式实现例2.8的逻辑电路

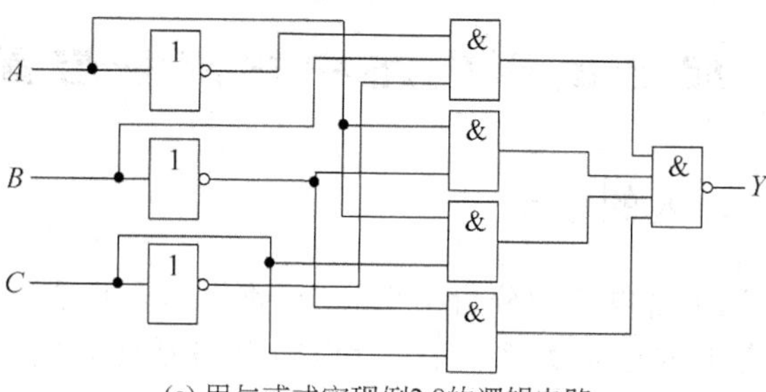

(c) 用与或式实现例2.8的逻辑电路

图 2.60 实现例 2.8 的逻辑电路

例 2.9 旅客列车按发车的级别依次分为特快、直快和普快。若有多列列车同时发出发车请求，则只允许优先级别最高的列车发车。试设计一个优先发车的排队逻辑电路。

解：(1) 进行逻辑抽象。

由题意可知，该逻辑问题中有三个输入变量，用 A、B、C 依次表示特快、直快和普快；

输出变量有三个，用 Y_1、Y_2、Y_3 依次表示特快、直快和普快的发车信号。当有发车请求时，A、B、C 的值为 1；无发车请求时，A、B、C 的值为 0。当 $Y_1=1$ 时，表示允许特快发车，当 $Y_2=1$ 时，表示允许直快发车，当 $Y_3=1$ 时，表示允许普快发车。根据 3 种列车发车的优先级别，可以列出该优先发车的排队逻辑电路的真值表，如表 2.19 所示。

表 2.19　例 2.9 的真值表

输入			输出			输入			输出		
A	**B**	**C**	**Y_1**	**Y_2**	**Y_3**	**A**	**B**	**C**	**Y_1**	**Y_2**	**Y_3**
0	0	0	0	0	0	1	0	0	1	0	0
0	0	1	0	0	1	1	0	1	1	0	0
0	1	0	0	1	0	1	1	0	1	0	0
0	1	1	0	1	0	1	1	1	1	0	0

(2) 根据表 2.19，写出逻辑式

$$\begin{cases} Y_1 = A\,\overline{B}\,\overline{C} + A\,\overline{B}C + AB\,\overline{C} + ABC \\ Y_2 = \overline{A}\,B\,\overline{C} + \overline{A}BC \\ Y_3 = \overline{A}\,\overline{B}C \end{cases}$$

(3) 选定器件为小规模逻辑门电路。

(4) 逻辑式的化简。(2)中的逻辑式可化简为

$$\begin{cases} Y_1 = A \\ Y_2 = \overline{A}B \\ Y_3 = \overline{A}\,\overline{B}C \end{cases} \tag{2.33}$$

(5) 画出逻辑图。与式(2.33)相对应的逻辑图如图 2.61 所示。

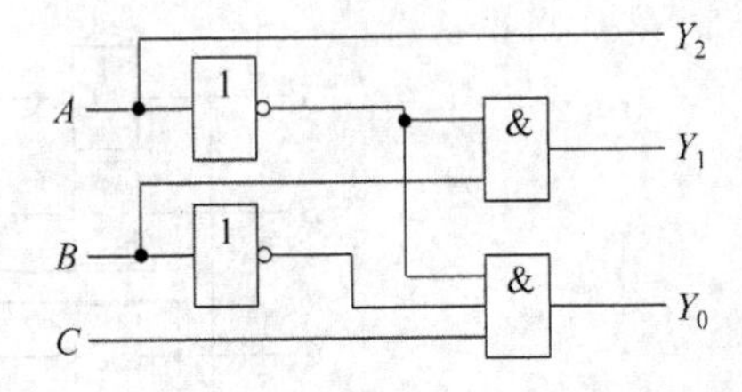

图 2.61　例 2.9 的逻辑图

2.4　组合逻辑电路中的竞争与冒险

2.4.1　逻辑竞争与冒险的概念

一般情况下，在讨论组合电路的分析与设计时，都默认是理想情况，也就是说只考虑输入和输出信号在稳态下的逻辑关系，而没考虑门电路延迟时间对电路的影响。实际上，由于晶体管存在开关时间，当门电路的输入信号发生变化(由 0 到 1，或由 1 到 0)时，输出信号不会同时发生变化，而是要滞后一定的时间。

下面以图 2.62 中的与门和或门的工作过程为例，讲述逻辑竞争与冒险的概念。

在图 2.62(a)的与门电路中，稳态下，只要 A、B 中有一个为 1，而另一个为 0，皆有输出 $Y=0$。但是当输入信号 A 发生负跳变时，如果 B 发生正跳变，而且在 B 上升到 $V_{IL(max)}$ 之后同时 A 尚未下降到 $V_{IL(max)}$，这样在极短的 Δt 时间内将出现 A、B 同时高于 $V_{IL(max)}$ 的状态，这时在门电路的输出端就会产生 $Y=1$ 的尖峰脉冲，如图 2.62(a)中所示。

同样，在图 2.62(b)中的或门电路中，稳态下，只要 A、B 中有一个为 1，皆有输出 $Y=$

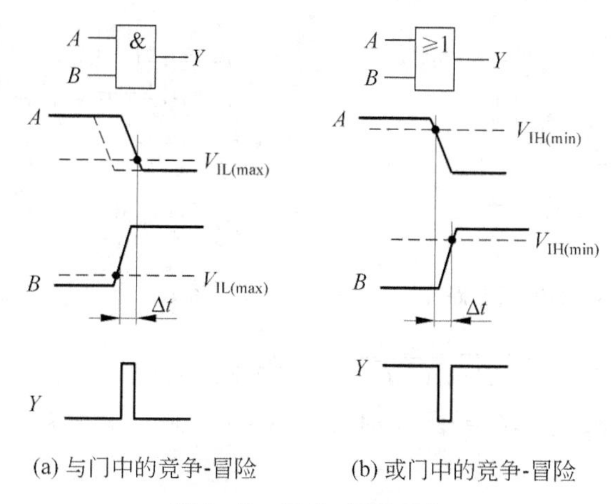

(a) 与门中的竞争-冒险　　(b) 或门中的竞争-冒险

图 2.62　竞争-冒险现象

1。但如果 A 在下降到 $V_{IH(min)}$ 之后，而 B 尚未上升到 $V_{IH(min)}$，这样在短暂的 Δt 时间内将出现 A、B 同时低于 $V_{IH(min)}$ 的状态，从而在输出端产生 $Y=0$ 的尖峰脉冲。

不论是哪一种尖峰脉冲都是违背稳态下逻辑关系的一种噪声，是应当避免的。

这种门电路的两个输入信号同时向相反的逻辑电平跳变的现象称为逻辑竞争。由于竞争而在电路输出端可能产生尖峰脉冲的现象叫做竞争冒险。

在如图 2.62(a)的与门电路中(虚线所示)，如果在 B 上升到 $V_{IL(max)}$ 之前，A 已经降到了 $V_{IL(max)}$ 以下，并不会产生尖峰脉冲。同理，在图 2.62(b)的或门电路中(虚线所示)，若在 A 下降到 $V_{IH(min)}$ 以前，B 已经上升到了 $V_{IH(min)}$ 以上，输出端也不会有尖峰脉冲。

根据干扰脉冲的极性不同，竞争冒险可分为 1 型和 0 型。产生 0 尖峰脉冲的称为 0 型冒险，产生 1 尖峰脉冲的称为 1 型冒险。

2.4.2　逻辑冒险的识别

判断一个组合逻辑电路是否存在竞争冒险，有两种常用的方法：代数法和卡诺图法。

1. 代数法

在一个组合逻辑电路中，如果某个门电路的输出表达式在一定条件下简化为 $Y=A+\overline{A}$ 或 $Y=A\cdot\overline{A}$ 的形式，而式中的 A 和 $\overline{A}$ 是变量 A 经过不同传输途径来的，则该电路存在竞争-冒险现象。

例 2.10　判断图 2.63 所示的电路是否存在冒险。

解：根据图 2.63 可写出该电路的输出逻辑表达式为

$$Y=\overline{\overline{A\overline{B}}\cdot\overline{\overline{A}C}}=A\overline{B}+\overline{A}C$$

由表达式可以看出，当 $B=0,C=1$ 时，$Y=A+\overline{A}$。所以该电路存在 0 型冒险。

例 2.11　判断图 2.64 所示的电路是否存在冒险。

解：根据图 2.64 可写出该电路的输出逻辑表达式为

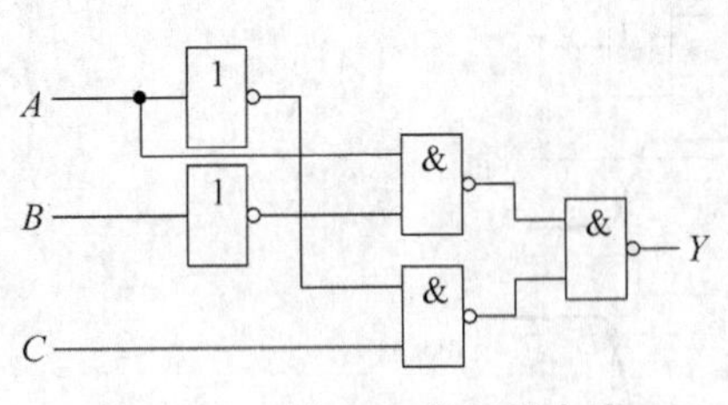

图 2.63 例 2.10 的逻辑电路

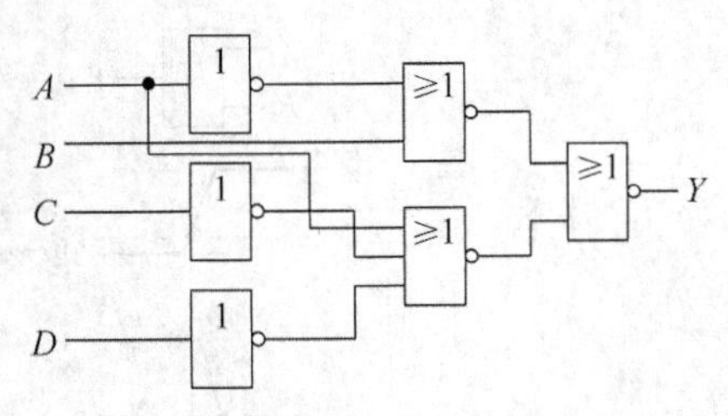

图 2.64 实现例 2.11 的逻辑电路

$$Y=\overline{\overline{\overline{A}+B}+\overline{A+\overline{C}+\overline{D}}}=(\overline{A}+B)(A+\overline{C}+\overline{D})$$

由表达式可以看出，当 $B=0,C=D=1$ 时，$Y=A\cdot\overline{A}$。所以该电路存在1型冒险。

2. 卡诺图法

如果逻辑函数对应的卡诺图中存在相切的圈，而相切的方格又没有同时被另一个圈包含，则当变量组合在相切方格之间变化时，存在竞争冒险现象。

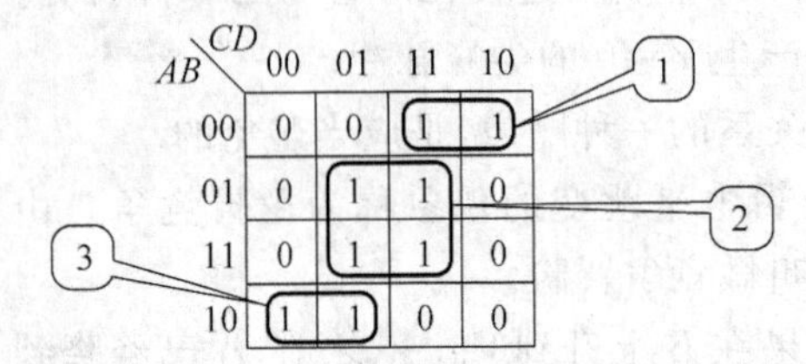

图 2.65 例 2.12 的卡诺图

例 2.12 判断实现逻辑表达式 $Y=BD+\overline{A}\,\overline{B}C+A\,\overline{B}\,\overline{C}$ 的电路是否存在冒险。

解：画出 Y 的卡诺图如图 2.65 所示。

从卡诺图 2.65 中可以看出，圈 1 中的 m_3 所在方格与圈 2 中的 m_7 所在方格相切，这两个方格又没有被另一个圈包含；同时圈 2 中的 m_{13} 所在方格与圈 3 中的 m_9 所在方格相切，这两个方格也没有被另一个圈包含。因此，当变量组合在 m_7 所在方格与 m_3 所在方格之间变化或在 m_{13} 所在方格与 m_9 所在方格之间变化时，存在冒险现象。

2.4.3 逻辑冒险的消除方法

消除竞争冒险现象的常用方法有：输出端并联滤波电容、引入选通脉冲和修改逻辑设计。

1. 输出端并联滤波电容

输出端并联滤波电容方法是在门电路的输出端接上一个滤波电容 C（如图 2.66 所示），由于竞争冒险产生的尖峰脉冲的宽度一般都很窄，所以通常接一个几十至几百皮法范围内的电容即可。该方法是利用电容两端电压不能突变的特性，使输出波形上升沿和下降沿变化比较缓慢，起到平波的作用，将尖峰脉冲的幅度消减至门电路的阈值电压以下，从而在输出端消除竞争冒险现象。该方法比较简单，但会使输出波形变坏。

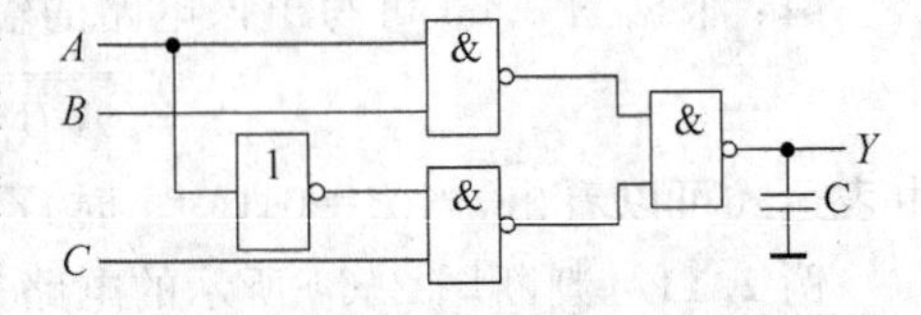

图 2.66 用滤波电容消除竞争-冒险现象

2. 引入选通脉冲

引入选通脉冲方法是在电路中引入一个选通脉冲 p(如图 2.67 所示),接到可能产生竞争冒险的门电路的输入端。当输入信号转换完成,进入稳态后,才引入选通脉冲,将门电路打开,否则就封锁电路输出。

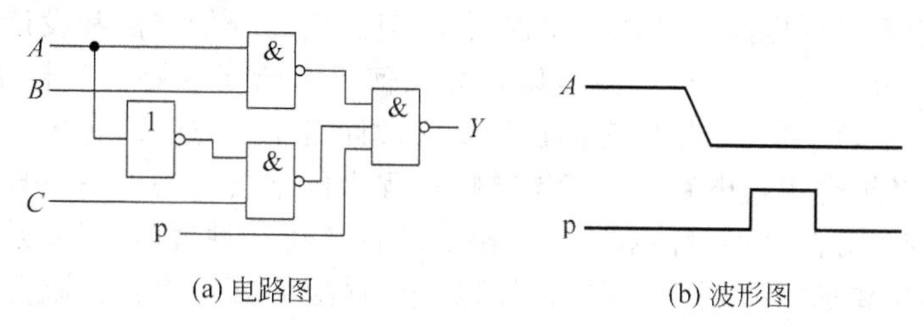

图 2.67 用引入选通脉冲法消除竞争-冒险现象

3. 修改逻辑设计

由前面的分析可知,只要在逻辑表达式中最后会出现 $A+\overline{A}$ 或 $A\cdot\overline{A}$ 的形式,就有可能产生竞争冒险。所以可利用修改逻辑设计的方法,变换逻辑表达式的形式,消去互补的变量 $A+\overline{A}$ 和 $A\cdot\overline{A}$。一般有两种方法:

1) 增加冗余项

在逻辑式 $Y=AB+\overline{A}C$ 中,当 $B=C=1$ 时,$Y=A+\overline{A}$,因此,与 $Y=AB+\overline{A}C$ 相对应的逻辑电路可能存在竞争冒险现象。如果在该逻辑式中增加一个乘积项 BC,使其变为 $Y=AB+\overline{A}C+BC$,则在原来可能产生冒险的条件 $B=C=1$ 时,$Y=1$,就不会有冒险了。该函数增加了乘积项 BC 后,已不是最简,故称这种乘积项为冗余项。

2) 变换逻辑式,消去互补变量

例如,逻辑式 $Y=(A+B)(\overline{B}+C)$,当 $A=C=0$ 时,$Y=B\cdot\overline{B}$,因此与原逻辑式相对应的逻辑电路可能存在冒险。若将其变换为 $Y=A\overline{B}+AC+BC$,此处已将 $B\cdot\overline{B}$ 消掉,则在原来可能产生冒险的条件 $A=C=0$ 时,$Y=0$,不会产生冒险。

本章小结

本章主要讲述了两种类型的集成逻辑门及它们之间的性能比较、几种常用的组合逻辑模块、组合逻辑电路的分析方法和设计方法、组合逻辑电路中的竞争-冒险现象等几部分内容。

根据制造工艺的不同,门电路可分为双极型和单极型两大类,每一类又包括多种类型。在双极型门电路中,TTL 电路应用较为普遍,在单极型门电路中,CMOS 电路应用比较广泛。

根据逻辑功能的不同特点,数字电路可分为组合逻辑电路和时序逻辑电路。组合逻辑电路的特点是任意时刻的输出仅仅取决于该时刻的输入,而与该时刻之前的输出无关。它在电路结构上只包含门电路,而没有存储(记忆)单元。

目前很多组合逻辑电路使用十分频繁，因此，为了便于使用，这些电路都已被制成了标准化的中规模集成器件，供用户直接选用。这些器件包括加法器、数值比较器、编码器、译码器、数据选择器、奇偶校验器等。在学习这些器件时，重点应放在应用上。为了增加使用的灵活性，也为了便于功能扩展，在多数中规模集成的组合逻辑电路上都设置了附加的控制端。合理地运用这些控制端能最大限度地发挥电路的潜力。

尽管各种组合逻辑电路在功能上差别很大，但它们的分析方法和设计方法都是相同的。只要掌握了分析的一般方法，就可以判断任何一个给定电路的逻辑功能；如果掌握了设计的一般方法，就可以根据给定的设计要求设计出相应的逻辑电路。

竞争-冒险是组合逻辑电路工作状态转换过程中经常会出现的一种现象。根据输出的脉冲类型不同可分为 0 型冒险和 1 型冒险。不论是哪一种冒险，只要是对电路的所接负载有影响的，均要加以限制。常用的消除竞争-冒险的方法有：在输出端接滤波电容法、引入选通脉冲法和修改逻辑设计法。

习　题

2.1　试说明能否将与非门、或非门、异或门当作反相器使用？若可以，则各输入端应如何连接？

2.2　指出图 2.68 中各门电路的输出是什么状态(高电平、低电平或高阻态)。已知这些电路都是 74 系列 TTL 电路。

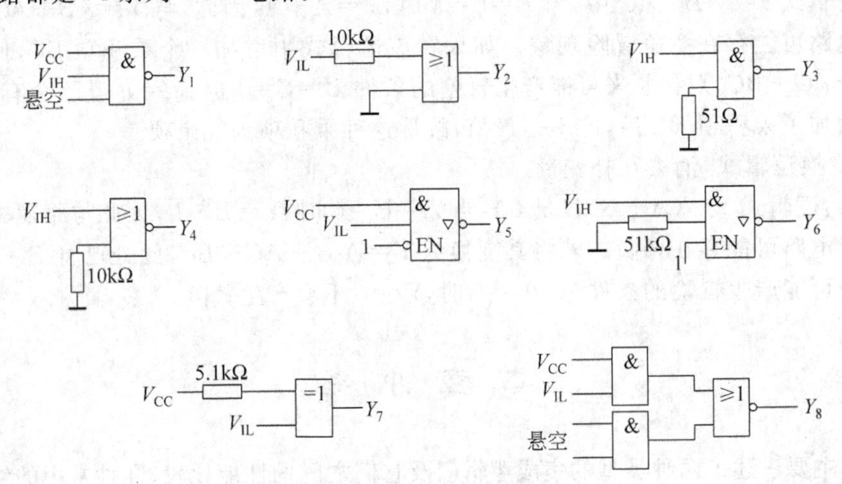

图 2.68　题 2.2 的图

2.3　说明图 2.69 中各门电路输出的状态。已知它们都是 CC4000 系列 CMOS 门电路。

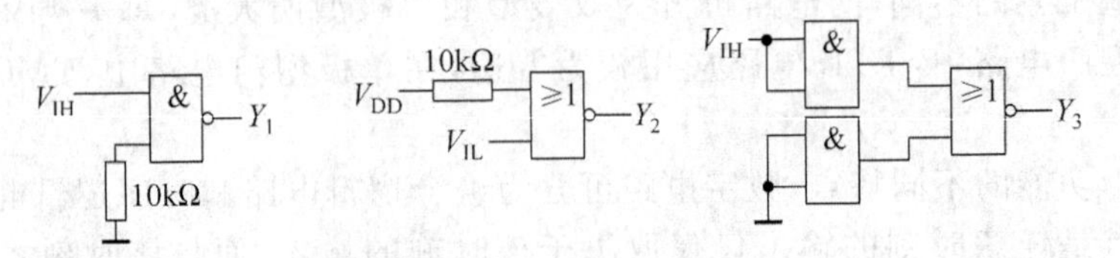

图 2.69　题 2.3 的图

2.4 双极型数字电路具有哪些类型，各有何特点？

2.5 CMOS门电路的产品有哪些类型，各有何特点？

2.6 分析图2.70所示逻辑电路，写出逻辑式、列出真值表，并指出其逻辑功能和用途。

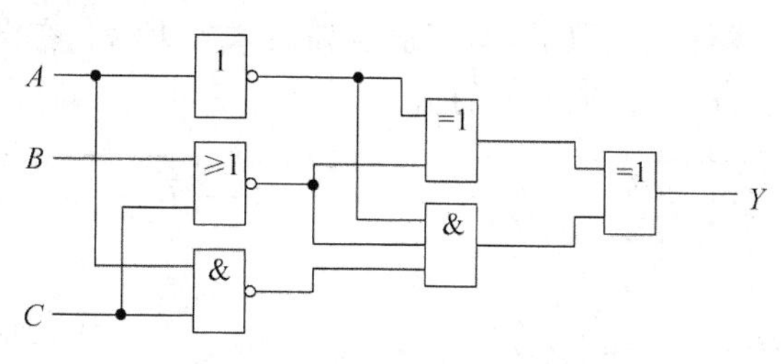

图2.70 题2.6的图

2.7 用与非门设计一个多功能的组合逻辑电路，其逻辑功能表如表2.20所示。

表2.20 题2.7的功能表

A	B	C	Y	A	B	C	Y
0	0	0	$\overline{A}\,\overline{B}$	1	0	0	$\overline{A}+\overline{B}$
0	0	1	$\overline{A}B$	1	0	1	$\overline{A}+B$
0	1	0	$A\,\overline{B}$	1	1	0	$A+\overline{B}$
0	1	1	AB	1	1	1	$A+B$

2.8 用与非门设计一个组合逻辑电路，其输入 A、B、C、D 和输出 F 的波形图如图2.71所示。

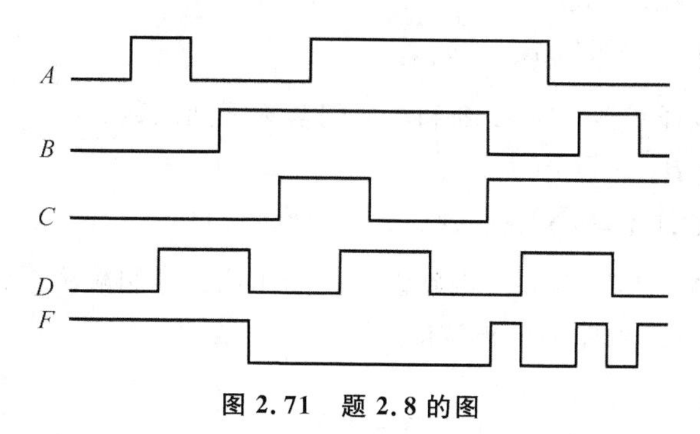

图2.71 题2.8的图

2.9 试用与非门分别设计实现下列功能的组合逻辑电路。输入为2位二进制数 $A=A_1A_0$ 和 $B=B_1B_0$。

(1) A 和 B 的对应位相同时输出为1，否则输出为0。

(2) A 和 B 的对应位相反时输出为1，否则输出为0。

(3) A 和 B 都为奇数时输出为1，否则输出为0。

(4) A 和 B 都为偶数时输出为1，否则输出为0。

(5) A 和 B 一个为奇数而另一个为偶数时输出为1，否则输出为0。

2.10 设计一个温度控制电路。其输入为4位二进制数 $T_3T_2T_1T_0$，代表检测到的温度。输出为 X 和 Y，分别用来控制暖风机和冷风机的工作。当温度低于5时，暖风机工作，冷风机不工作；当温度高于 10 时，冷风机工作，暖风机不工作；当温度介于 5 和 10 之间时，暖风机和冷风机都不工作。用 1 表示暖风机和冷风机工作，用 0 表示暖风机和冷风机不工作。用与非门实现电路。

2.11　74LS148 是 8/3 线优先编码器，其真值表如表 2.7 所示。在图 2.72 所示的各电路中，确定输出 $\overline{Y}_{EX}$、$\overline{Y}_S$、$\overline{Y}_2$、$\overline{Y}_1$、$\overline{Y}_0$ 的值。

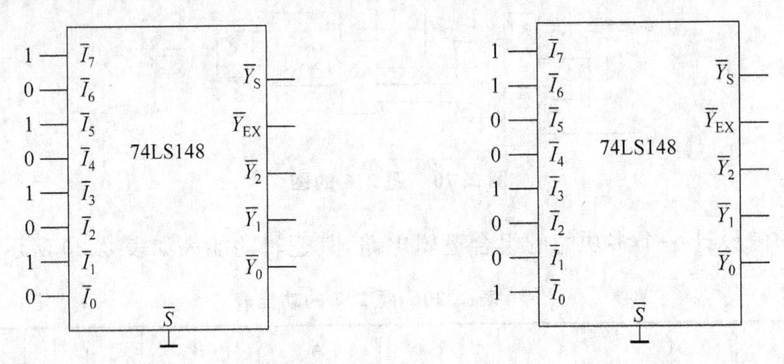

图 2.72　题 2.11 的图

2.12　用 74LS148 优先编码器和其他门电路构成一个 16 线-4 线优先编码器。要求将 $\overline{A}_0$～$\overline{A}_{15}$ 16 个低电平输入信号编为 0000～1111 共 16 个 4 位二进制代码。其中 $\overline{A}_{15}$ 的优先权最高，$\overline{A}_0$ 的优先权最低。

2.13　用 3/8 线译码器 74LS138 和与非门实现下列函数。

(1) $Y=A\overline{B}+\overline{A}C+B\overline{C}$

(2) $Y(A,B,C)=\sum m(0,1,3,5,7)$

2.14　用两个 3/8 线译码器 74LS138 和与非门实现下列函数。

(1) $Y=AD+\overline{B}\,\overline{C}\cdot\overline{D}+CD$

(2) $Y(A,B,C,D)=\sum m(1,4,5,6,8,10,11,15)$

2.15　用 4 位加法器 74LS283 和门电路设计一个 4 位二进制减法电路。

2.16　试分析图 2.73 中电路的逻辑功能。

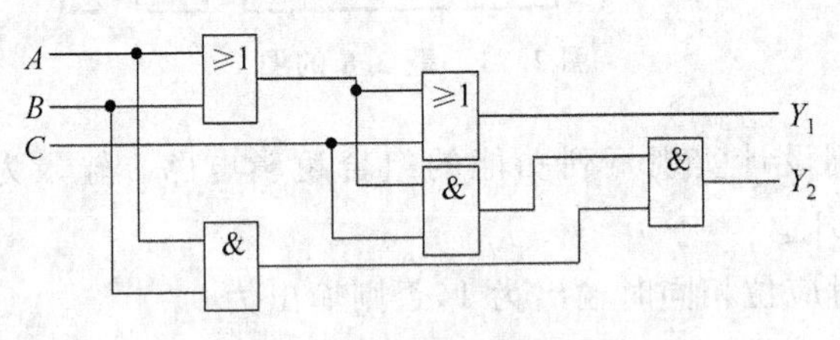

图 2.73　题 2.16 的图

2.17　电话室需对 4 种电话编码控制，按紧急次序由高到低排列：火警电话、急救电话、工作电话、生活电话。试用 74LS148 优先编码器和合适的逻辑门实现该编码电路。

2.18　试用 8 选 1 数据选择器 74LS151 实现逻辑函数 $Y=A\oplus B\oplus C$。

2.19 某实验室用两盏灯显示3台设备的故障情况，当一台设备有故障时，黄灯亮；当两台设备同时有故障时，红灯亮；当3台设备都有故障时，黄、红灯都亮。试设计该逻辑电路。

2.20 试用集成七段显示译码器74LS48和七段LED数码管构成一个7位数字的译码显示电路，要求将0018.690显示成18.69。各片的控制端应如何处理？画出外部连接图。

2.21 某高校毕业班有一个学生还需修满9个学分才能毕业，在所剩的4门课程中，A为5个学分，B为4个学分，C为3个学分，D为2个学分。试设计一个逻辑电路，其输出为1时表示该生能顺利毕业。

2.22 设计一个路灯的控制电路(一盏灯)，要求在四个不同的地方都能独立的控制灯的亮灭。

2.23 试用双4选1数据选择器74LS153设计逻辑函数$Y=\overline{A}B\,\overline{C}+A\,\overline{B}+BC$。

2.24 写出图2.74中Z_1、Z_2、Z_3的逻辑表达式，并化简为最简的与-或表达式。图中74LS42是二-十进制译码器。

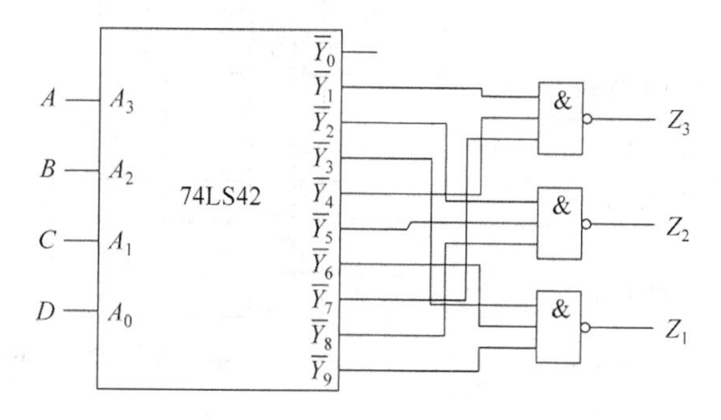

图2.74 题2.24的图

2.25 试用两片双4选1数据选择器74LS153和3-8译码器74LS138接成16选1的数据选择器。

2.26 图2.75是用两个4选1数据选择器组成的逻辑电路，试写出输出Z与输入A、B、C、D之间的逻辑函数式。已知数据选择器的逻辑函数式为

$$Y=[D_0\overline{A}_1\overline{A}_0+D_1\overline{A}_1A_0+D_2A_1\overline{A}_0+D_3A_1A_0]\cdot S$$

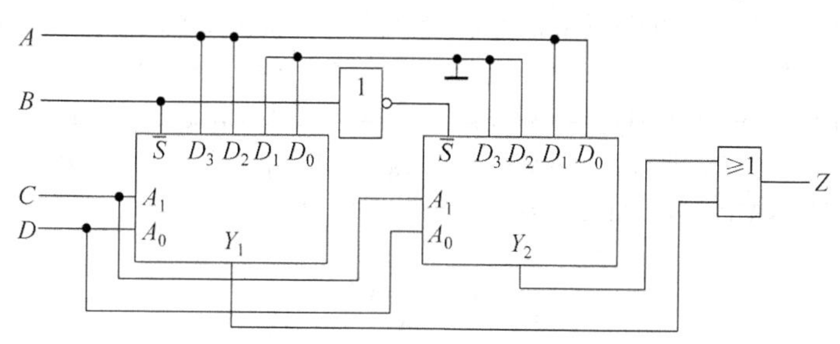

图2.75 题2.26的图

2.27 人的血型有 A、B、AB、O 四种。输血时输血者的血型与受血者血型必须符合图 2.76 中用箭头指示的授受关系。试用数据选择器设计一个逻辑电路，判断输血者与受血者的血型是否符合上述规定（提示：可以用两个逻辑变量的 4 种取值表示输血者的血型。用另外两个逻辑变量的四种取值表示受血者的血型。）

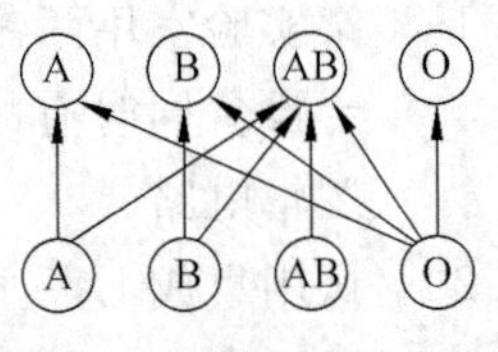

图 2.76 题 2.27 的图

2.28 试用四位并行加法器 74LS283 设计一个加/减运算电路。当控制信号 $M=0$ 时它将两个输入的 4 位二进制数相加，而 $M=1$ 时它将两个输入的 4 位二进制数相减。允许附加必要的门电路。

2.29 试用 8 选 1 数据选择器设计一个函数发生器电路，它的逻辑功能表如表 2.21 所示。

2.30 试分析图 2.77 电路中当 A、B、C、D 单独一个改变状态时是否存在竞争-冒险现象？如果存在竞争-冒险现象，都发生在其他变量取何值的情况下？

表 2.21 题 2.29 的功能表

S_1	S_0	Y
0	0	$A \cdot B$
0	1	$A+B$
1	0	$A \oplus B$
1	1	$\overline{A}$

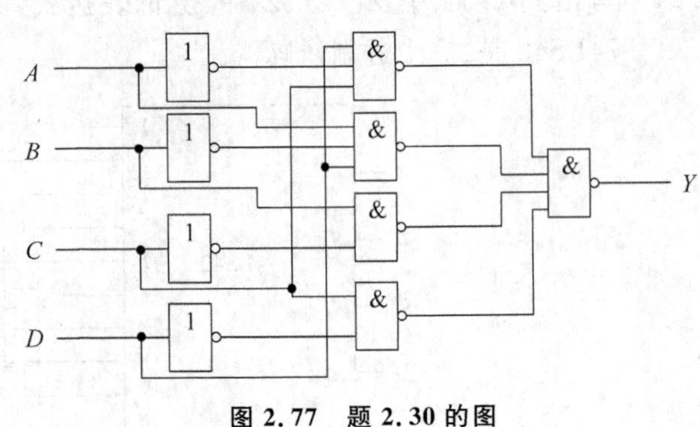

图 2.77 题 2.30 的图

参考文献

[1] 阎石. 数字电子技术基础(第四版)[M]. 北京：高等教育出版社，2005.
[2] 范立南，等. 数字电子技术[M]. 北京：中国水利水电出版社，2005.
[3] 彭华林，凌敏. 数字电子技术[M]. 长沙：湖南大学出版社，2004.
[4] 徐晓光. 电子技术[M]. 北京：机械工业出版社，2004.
[5] 李哲英. 电子技术及其应用基础[M]. 北京：高等教育出版社，2003.
[6] 刘时进，等著. 电子技术基础教程[M]. 武汉：湖北科学技术出版社，2001.
[7] 蔡良伟. 数字电路与逻辑设计[M]. 西安：西安电子科技大学出版社，2003.
[8] 李中发. 电子技术[M]. 北京：中国水利水电出版社，2005.
[9] 康华光. 电子技术基础[M]. 北京：高等教育出版社，1980.

第3章 chapter 3

时序逻辑基础与触发器

在数字系统中，除了能够进行逻辑运算和算术运算的组合逻辑电路外，还需要具有记忆功能的时序逻辑电路。构成时序逻辑电路的基本单元是触发器。

本章将首先讲述时序逻辑电路的基本概念，然后介绍触发器的种类、工作原理及分析方法。

3.1 时序逻辑基础

3.1.1 时序逻辑电路的结构与特点

1. 时序逻辑电路的结构与特点

由于时序逻辑电路(简称时序电路)在任一时刻的输出信号不仅与当时的输入信号有关，而且还与原来的状态有关，因此，时序逻辑电路中必须含有存储电路，由它将某一时刻之前的电路状态保存下来。存储电路可用延迟元件组成，也可用触发器构成。本章只讨论用触发器构成存储电路的时序电路，其基本结构框图如图3.1所示。

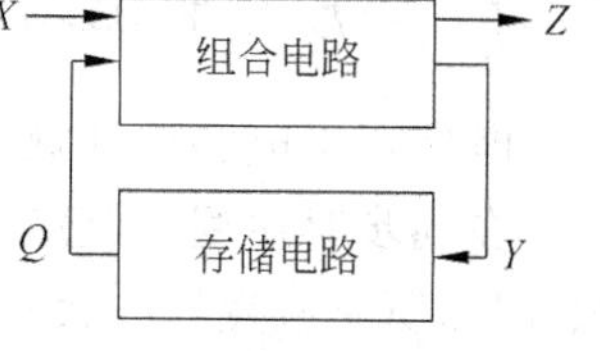

图3.1 时序电路的结构框图

从总体上看，它由组合电路和存储电路两部分组成，其中 $X(X_1,\cdots,X_i)$ 是时序逻辑电路的输入信号，$Q(Q_1,\cdots,Q_r)$ 是存储电路的输出信号，它被反馈到组合电路的输入端，与输入信号共同决定时序逻辑电路的输出状态。$Z(Z_1,\cdots,Z_j)$ 是时序逻辑电路的输出信号，$Y(Y_1,\cdots,Y_r)$ 是存储电路的输入信号。这些信号之间的逻辑关系可以表示为

$$Z = F_1(X,Q^n) \tag{3.1}$$

$$Y = F_2(X,Q^n) \tag{3.2}$$

$$Q^{n+1} = F_3(Y,Q^n) \tag{3.3}$$

其中式(3.1)是**输出方程**，式(3.2)是存储电路的**驱动方程**(或称激励方程)。由于本章所用存储电路由触发器构成，即 $Q_1,\cdots,Q_r$ 表示的是构成存储电路的各个触发状态，所以式(3.3)是存储电路的**状态方程**，也就是时序逻辑电路的状态方程，其中 Q^{n+1} 是**次态**，Q^n 是

现态。

由上所述可知，时序逻辑电路具有以下特点：

- 时序逻辑电路由组合电路和存储电路组成。
- 时序逻辑电路中存在反馈，因而电路的工作状态与时间因素相关，即时序电路的输出由电路的输入和电路原来的状态共同决定。

2. 时序电路逻辑功能的表示方法

时序电路的逻辑功能可用逻辑表达式、状态表、卡诺图、状态图、时序图和逻辑电路图 6 种方式表示，这些表示方法在本质上是相同的，可以互相转换。

其中逻辑表达式即包括前面所指出的驱动方程、输出方程和状态方程。

反映时序逻辑电路的输出 Z、次态 Q^{n+1} 和电路的输入 X、现态 Q^n 间对应取值关系的表格称为状态表，基本形式如表 3.1 所示。

反映时序逻辑电路状态转移规律及相应输入、输出取值关系的图形称为状态图。画法规范如图 3.2 所示。

表 3.1 时序逻辑电路的状态表

输入 X / 次态 Q^{n+1}/输出 Z / 现态 Q^n	0	1
0	/	/
1	/	/

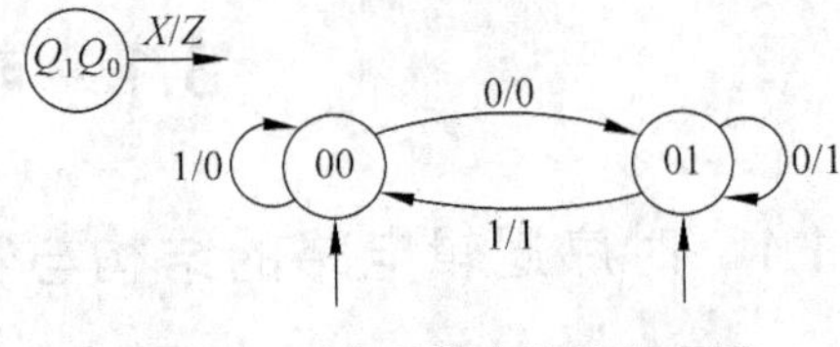

图 3.2 时序逻辑电路的状态图

时序图即时序电路的工作波形图，可直观地表示输入信号、输出信号、电路状态等的取值在时间上的对应关系。

3.1.2 时序逻辑电路的分类

时序逻辑电路按其触发方式可分为同步时序逻辑电路和异步时序逻辑电路两大类。

在同步时序逻辑电路中，存储电路内所有触发器的时钟输入端接于同一个时钟脉冲源，因而所有触发器的状态(即时序逻辑电路的状态)的变化都与所加的时钟脉冲信号同步。在异步时序逻辑电路中，没有统一的时钟脉冲，有些触发器的时钟输入端与时钟脉冲源相连，只有这些触发器的状态变化与时钟脉冲同步，而其他触发器状态的变化并不与时钟脉冲同步，即不同触发器的时钟脉冲不尽相同。由此可知，同步时序电路的速度高于异步时序电路，但电路结构一般较后者复杂。

3.2 触 发 器

触发器是能够存储 1 位二进制码的逻辑电路，也是构成时序逻辑电路的基本单元电路。根据逻辑功能的不同，触发器可以分为 RS 触发器、D 触发器、JK 触发器、T 和 T′触发器；按照结构形式的不同，又可分为基本 RS 触发器、同步触发器、主从触发器和边沿触发器。这里需提起说明的是：这两条线上的分类会有交叉，结构的不同带来的只是其触发方式的差异，而只要是同一逻辑功能的触发器，其逻辑表达式（特性方程）和功能表就是一样的。

3.2.1 基本 RS 触发器

基本 RS 触发器是各种触发器中结构形式最简单的一种，同时，它又是许多复杂结构触发器的一个组成部分。

1. 逻辑电路构成和逻辑符号

基本 RS 触发器由两个与非门交叉连接而成，图 3.3 是它的逻辑图和逻辑符号。其中 $\overline{S}$ 称为触发器的置 1 端或置位端，$\overline{R}$ 称为触发器的置 0 端或复位端，非号以及逻辑符号上的小圆圈均为低电平有效的表示（需注意的是：有些版本不采用非号，而只用逻辑符号上的小圆圈表示低电平有效）。Q 和 $\overline{Q}$ 是一对互补输出端，用它们表示触发器的输出状态：当 $Q=0$、$\overline{Q}=1$ 时称触发器为 0 态，当 $Q=1$、$\overline{Q}=0$ 时称触发器为 1 态。

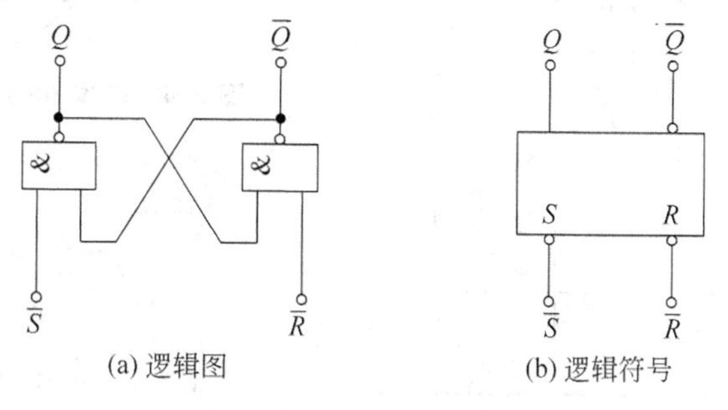

(a) 逻辑图　　(b) 逻辑符号

图 3.3　基本 RS 触发器

2. 工作原理

(1) $\overline{R}=0$、$\overline{S}=1$ 时：由于 $\overline{R}=0$，不论原来 Q 为 0 还是 1，都有 $\overline{Q}=1$；再由 $\overline{S}=1$、$\overline{Q}=1$ 可得 $Q=0$。即不论触发器原来处于什么状态都将变成 0 状态，这种情况称将触发器置 0 或复位。

(2) $\overline{R}=1$、$\overline{S}=0$ 时：由于 $\overline{S}=0$，不论原来 Q 为 0 还是 1，都有 $Q=1$；再由 $\overline{R}=1$、$Q=1$ 可得 $\overline{Q}=0$。即不论触发器原来处于什么状态都将变成 1 状态，这种情况称将触发器置 1 或置位。

(3) $\overline{R}=1$、$\overline{S}=1$ 时：根据与非门的逻辑功能不难推知，触发器会保持原有状态不变，即原来的状态被触发器存储起来，这体现了触发器具有记忆能力。

(4) $\overline{R}=0$、$\overline{S}=0$ 时：$Q=\overline{Q}=1$，不符合触发器的逻辑关系。并且由于与非门延迟时间不可能完全相等，在两输入端的 0 同时撤除（回到 1）后，将不能确定触发器是处于 1 状态还是 0 状态，所以称这种情况为不定状态。触发器不允许出现这种情况，这就是基本 RS 触发器的约束条件。

3. 逻辑功能描述

(1) 特性表(真值表、功能表)：基本 RS 触发器的特性如表 3.2 所示。

现态：输入信号作用之前触发器的状态，也就是触发器原来的状态，用 Q^n 表示。

次态：输入信号作用之后触发器所处的新的状态，用 Q^{n+1} 表示。

(2) 特性方程(特征方程)：就是触发器的次态 Q^{n+1} 与输入及现态 Q^n 之间的逻辑表达式。

据前可画出基本 RS 触发器的次态卡诺图如图 3.4 所示。

再对其进行化简可得基本 RS 触发器的特性方程：

$$\begin{cases} Q^{n+1} = \overline{\overline{S}} + \overline{R}Q^n = S + \overline{R}Q^n \\ \overline{R} + \overline{S} = 1 \quad (\text{约束条件}) \end{cases} \tag{3.4}$$

(3) 状态图(状态转移图)：基本 RS 触发器的状态图如图 3.5 所示。

表 3.2 基本 RS 触发器的特性表(低电平有效)

$\overline{R}$	$\overline{S}$	Q^n	Q^{n+1}	功能
0	0	0	不用	不允许
0	0	1	不用	
0	1	0	0	$Q^{n+1}=0$
0	1	1	0	置 0
1	0	0	1	$Q^{n+1}=1$
1	0	1	1	置 1
1	1	0	0	$Q^{n+1}=Q^n$
1	1	1	1	保持

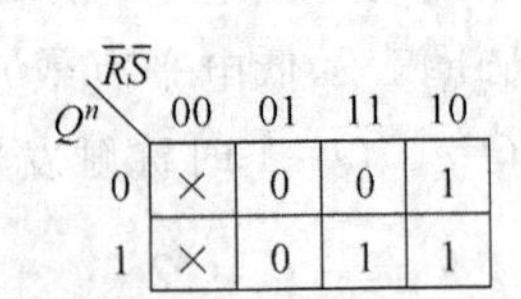

Q^n \ $\overline{R}\overline{S}$	00	01	11	10
0	×	0	0	1
1	×	0	1	1

图 3.4 基本 RS 触发器 Q^{n+1} 的卡诺图

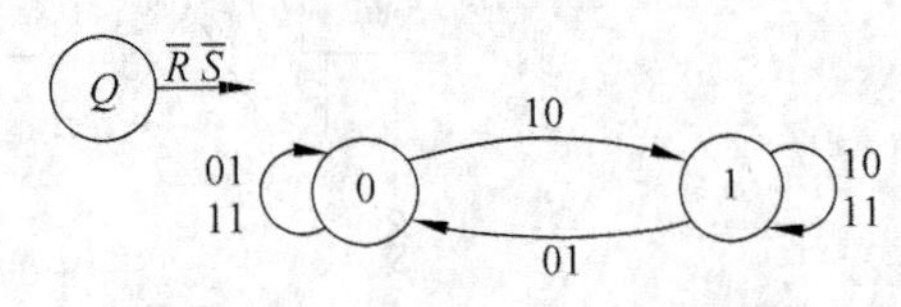

图 3.5 基本 RS 触发器的状态图

(4) 波形图：反映触发器输入信号取值和输出状态之间对应关系的图形。基本 RS 触发器的波形如图 3.6 所示。

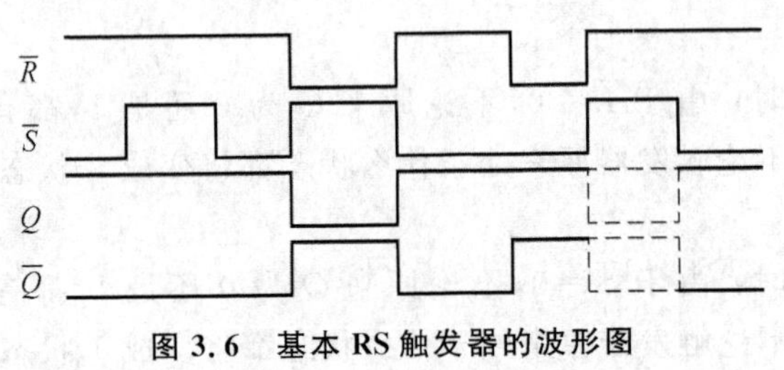

图 3.6 基本 RS 触发器的波形图

4. 基本 RS 触发器的特点

(1) 触发器的次态不仅与输入信号状态有关，而且与触发器的现态有关。

(2) 电路具有两个稳定状态，在无外来触发信号作用时，电路将保持原状态不变。

(3) 在外加触发信号有效时，电路可以触发翻转，实现置 0 或置 1。

(4) 在稳定状态下两个输出端的状态必须是互补关系，即有约束条件。

根据以上特点，在数字电路中，凡根据输入信号 R、S 情况的不同，具有置 0、置 1 和保持功能的电路，都称为 RS 触发器。其功能表及特性方程总结在表 3.3 和式(3.5)中。

表 3.3　低电平有效的 RS 触发器的功能表

$\overline{R}$	$\overline{S}$	Q^{n+1}	$\overline{R}$	$\overline{S}$	Q^{n+1}
0	0	禁止	1	0	置 1
0	1	置 0	1	1	保持

低电平有效的 RS 触发器的特性方程：

$$\begin{cases} Q^{n+1} = S + \overline{R}Q^n \\ \overline{R} + \overline{S} = 1 \quad \text{(约束条件)} \end{cases} \tag{3.5}$$

另：对于输入端为高电平有效(由两或非门交叉连接而成)的基本 RS 触发器，其功能与特点类似，请读者自行分析。

3.2.2　钟控触发器

前面的基本 RS 触发器具有直接置 0、置 1 的功能，当 $\overline{R}$ 和 $\overline{S}$ 上的输入信号发生变化时，触发器的状态就立即改变，而在实际应用中，为协调各部分的动作，常需要若干个触发器在同一时刻动作(称为同步)，或需要按一定的时间节拍来动作，这就要求触发器的翻转时刻能受时钟脉冲的控制(同步时钟脉冲简称时钟，用 CP 表示)，而翻转到何种状态仍由输入端信号决定(即只在同步信号到达时才按输入信号改变状态)。具备此特点的触发器就称为钟控触发器，也叫同步触发器。再按其逻辑功能，可分为同步 RS 触发器、同步 JK 触发器、同步 D 触发器和同步 T 触发器。

1. 同步 RS 触发器

在基本 RS 触发器的基础上，增加两个与非门和一个 CP 端，即可构成同步 RS 触发器，其逻辑图和逻辑符号如图 3.7 所示。

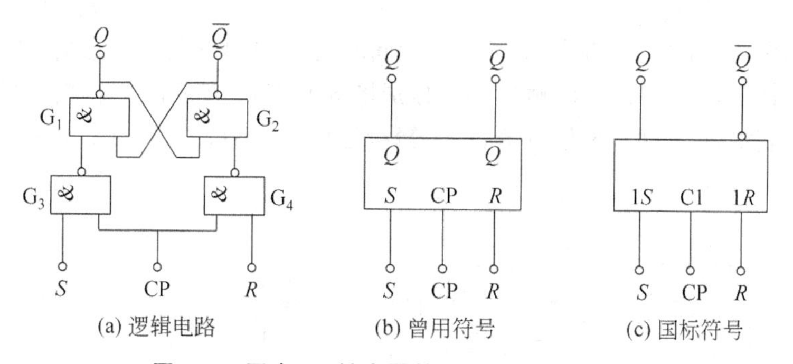

图 3.7　同步 RS 触发器的逻辑图和逻辑符号

分析可知其逻辑功能为：

CP=0 时，$\overline{R}=\overline{S}=1$，触发器保持原来状态不变。

CP=1 时，工作情况与基本 RS 触发器完全相同。由于此时相当于将触发器打开、允许外部输入信号进入决定触发器的次态，所以又称 CP=1 期间为有效期间(CP 高电平有效的表示是在逻辑符号 CP(C1)端不加“o”，否则若加“o”则表示低电平有效)。

特性如表 3.4 所示。

特性方程：

$$\begin{cases} Q^{n+1} = S + \overline{R}Q^n \\ RS = 0 \end{cases} \quad (\text{CP} = 1\ \text{期间有效}) \tag{3.6}$$

波形如图 3.8 所示。

表 3.4 同步 RS 触发器的特性表

CP	R	S	Q^n	Q^{n+1}	功能
0	×	×	×	Q^n	$Q^{n+1}=Q^n$ 保持
1	0	0	0	0	$Q^{n+1}=Q^n$ 保持
1	0	0	1	1	
1	0	1	0	1	$Q^{n+1}=1$ 置 1
1	0	1	1	1	
1	1	0	0	0	$Q^{n+1}=0$ 置 0
1	1	0	1	0	
1	1	1	0	不用	不允许
1	1	1	1	不用	

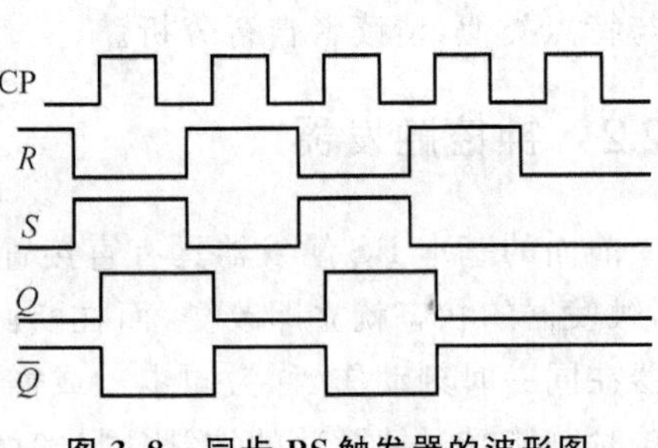

图 3.8 同步 RS 触发器的波形图

主要特点：

(1) 时钟电平控制。在 CP=1 期间接收输入信号，CP=0 时状态保持不变，与基本 RS 触发器相比，对触发器状态的转变增加了时间控制。

(2) R、S 之间有约束。不允许出现 R 和 S 同时为 1 的情况，否则会使触发器处于不确定的状态。

2. 同步 JK 触发器

在同步 RS 触发器中，存在着 R 与 S 不能同时为 1 的约束条件，这给使用带来了不便。为了消除这一情况，可将同步 RS 触发器改接成图 3.9(a)所示的形式，同时将输入端 S 改为 J，R 改为 K，就构成了同步 JK 触发器，其逻辑符号如图 3.9(b)和图 3.9(c)所示。

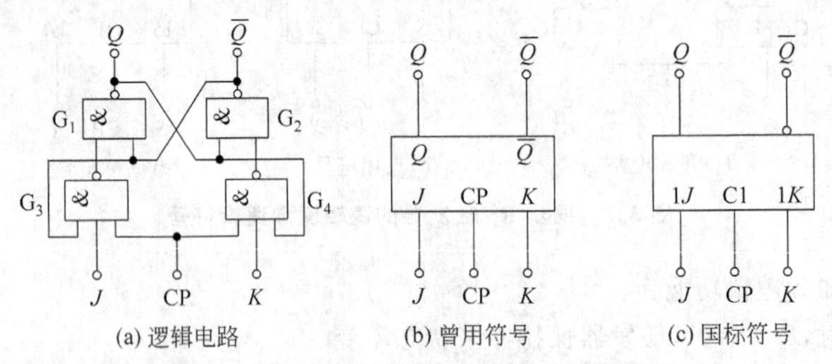

图 3.9 同步 JK 触发器的逻辑图和逻辑符号

将$S=J\overline{Q^n}$、$R=KQ^n$代入同步RS触发器的特性方程，即可得同步JK触发器的特性方程：

$$Q^{n+1}=S+\overline{R}Q^n=J\overline{Q^n}+\overline{KQ^n}Q^n=J\overline{Q^n}+\overline{K}Q^n \quad (\text{CP}=1\text{期间有效}) \tag{3.7}$$

特性表如表3.5所示。

状态图如图3.10所示。

波形图如图3.11所示。

表3.5 同步JK触发器的特性表

CP	J	K	Q^n	Q^{n+1}	功能
0	×	×	×	Q^n	$Q^{n+1}=Q^n$ 保持
1	0	0	0	0	$Q^{n+1}=Q^n$ 保持
1	0	0	1	1	
1	0	1	0	0	$Q^{n+1}=0$ 置0
1	0	1	1	0	
1	1	0	0	1	$Q^{n+1}=1$ 置1
1	1	0	1	1	
1	1	1	0	1	$Q^{n+1}=\overline{Q^n}$ 翻转
1	1	1	1	0	

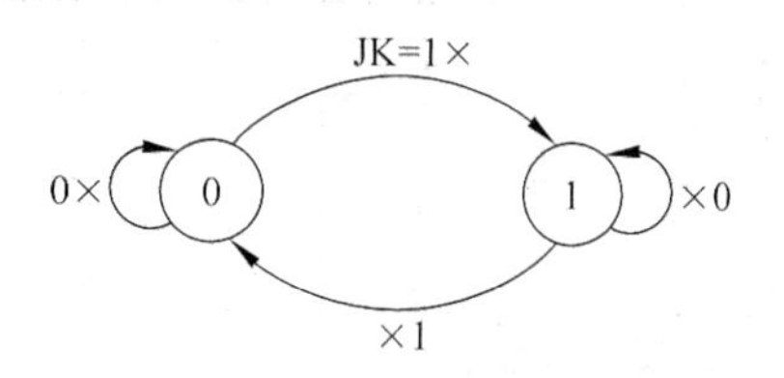

图3.10 同步JK触发器的状态图

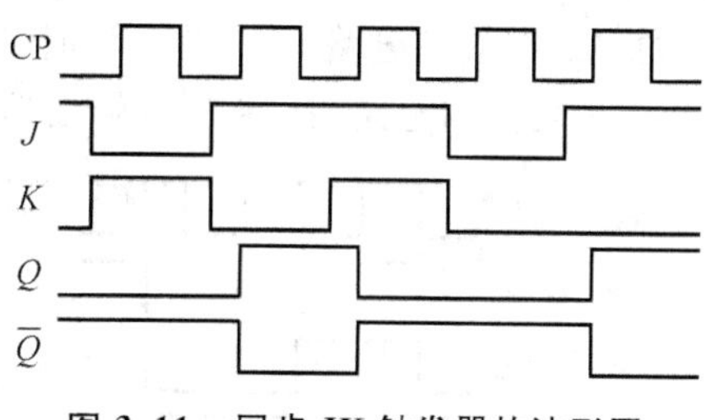

图3.11 同步JK触发器的波形图

总结：在数字电路中，凡在CP时钟脉冲控制下，根据输入信号J、K情况的不同，具有置0、置1、保持和翻转功能的电路，都称为JK触发器。JK触发器的功能见表3.6。

表3.6 JK触发器的功能表

J	K	Q^{n+1}
0	0	保持
0	1	置0
1	0	置1
1	1	翻转

JK触发器的特性方程：

$$Q^{n+1}=J\overline{Q^n}+\overline{K}Q^n \tag{3.8}$$

3. 同步D触发器(D锁存器)

RS触发器和JK触发器都有两个输入端，有时需要只有一个输入端的触发器，于是可将同步RS触发器改接成图3.12(a)或图3.12(b)的形式，就构成了只有单输入端的同步D触发器。其逻辑符号如图3.12(c)所示。

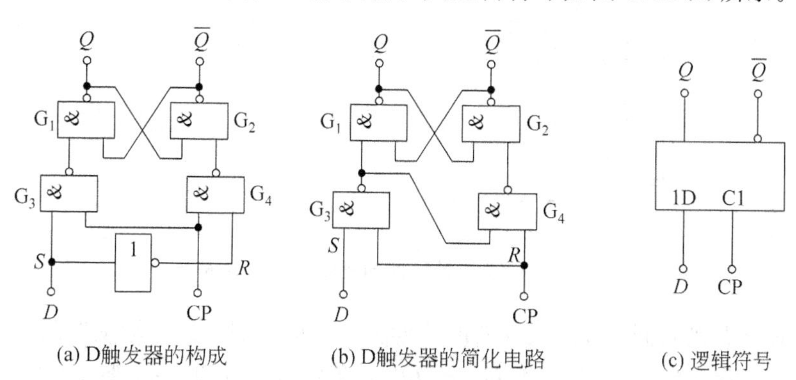

图3.12 同步D触发器的逻辑图和逻辑符号

将 $S=D$、$R=\overline{D}$ 代入同步 RS 触发器的特性方程，即可得同步 D 触发器的特性方程：

$$Q^{n+1}=S+\overline{R}Q^n=D+\overline{\overline{D}}Q^n=D \quad (\text{CP}=1\text{ 期间有效}) \tag{3.9}$$

特性表如表 3.7 所示。

状态图和波形图分别如图 3.13 和图 3.14 所示。

表 3.7 同步 D 触发器的特性表

CP	D	Q^n	Q^{n+1}	功能
0	×	×	Q^n	保持
1	0	0	0	置 0
1	0	1	0	
1	1	0	1	置 1
1	1	1	1	

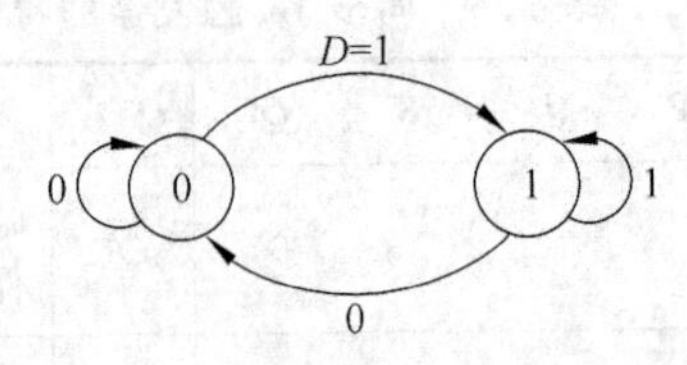

图 3.13 同步 D 触发器的状态图

总结：在数字电路中，凡在 CP 时钟脉冲控制下，根据输入信号 D 情况的不同，具有置 0、置 1 功能的电路，都称为 D 触发器，其功能如表 3.8 所示。

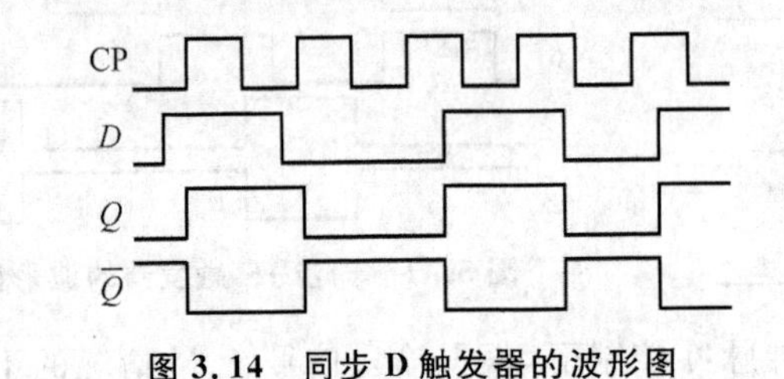

图 3.14 同步 D 触发器的波形图

表 3.8 D 触发器的功能表

D	Q^{n+1}
0	置 0
1	置 1

D 触发器的特性方程：

$$Q^{n+1}=D \tag{3.10}$$

4. 同步 T 触发器

如果将 JK 触发器的两个输入端 J 和 K 连在一起，引出成为一个输入端并用 T 表示，就构成了另一种单输入端的同步 T 触发器，其逻辑图和逻辑符号如图 3.15 所示。

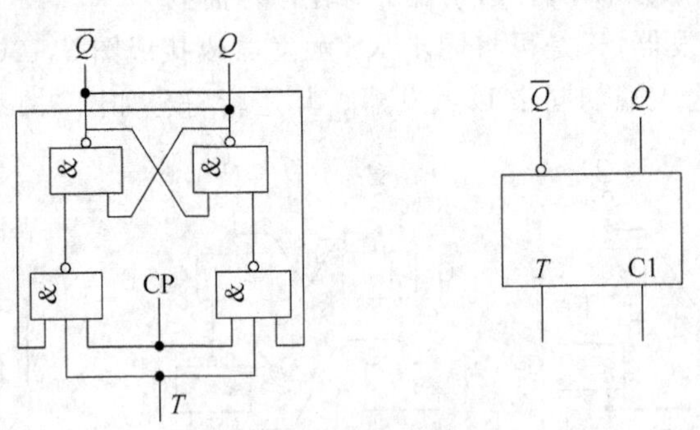

图 3.15 同步 T 触发器的逻辑图和逻辑符号

将 $J=K=T$ 代入同步 JK 触发器的特性方程，即可得同步 T 触发器的特性方程：

$$Q^{n+1}=J\overline{Q^n}+\overline{K}Q^n=T\overline{Q^n}+\overline{T}Q^n=T\oplus Q^n \quad (\text{CP}=1\text{ 期间有效}) \tag{3.11}$$

特性表如表 3.9 所示。

状态图如图 3.16 所示。

表 3.9 同步 T 触发器的特性表

CP	T	Q^n	Q^{n+1}	功 能
0	×	×	Q^n	保持
1 1	0 0	0 1	0 1	保持
1 1	1 1	0 1	1 0	翻转

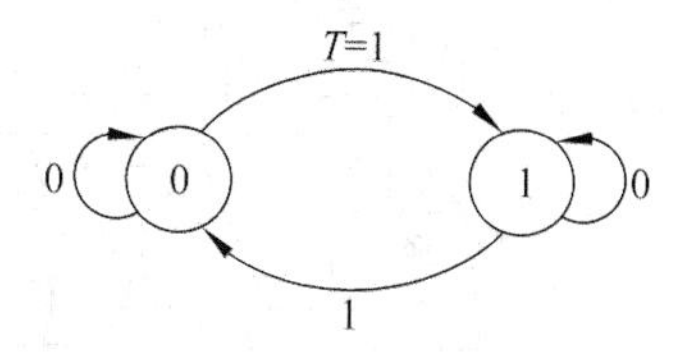

图 3.16 同步 T 触发器的状态图

总结：在有些应用场合下，需要这样一种逻辑功能的触发器：当控制信号 $T=1$ 时每来一个 CP 信号它的状态就翻转一次；而当 $T=0$ 时，触发器的状态保持不变。我们把具备这种逻辑功能的触发器叫做 T 触发器。其功能如表 3.10 所示。

表 3.10 T 触发器的功能表

T	Q^{n+1}
0	保持
1	翻转

T 触发器的特性方程：

$$Q^{n+1} = T \oplus Q^n \tag{3.12}$$

5. 同步触发器的空翻现象

以上介绍的几种钟控触发器，由于是在时钟的有效期间（某一有效电平上）允许接受信号（这种触发方式又称为电平触发），所以会出现在一个 CP 脉冲期间如果输入信号发生变化触发器的状态发生不止一次翻转的现象（这种情况称为空翻现象），即触发器将不停地翻转，而翻转的频率仅与门的延迟有关，这样就失去了它在应用上原有的同步功能，因此实际应用中多采用其他结构的触发器。

3.2.3 主从触发器

按照主从工作方式工作的触发器称为主从触发器。它只表示触发器的结构，不代表触发器的逻辑功能。主从触发器由两级触发器构成，其中一级接受输入信号，其状态直接由输入信号决定，称为主触发器，另一级的输入与主触发器的输出连接，其状态由主触发器的状态决定，称为从触发器。在主从触发器的结构中，由于采用了具有存储功能的触发导引电路，为脉冲触发方式，避免了空翻现象的出现。主从触发器逻辑符号中加“┐”，表示从触发器的翻转时刻比主触发器延迟。

1. 主从 RS 触发器

由两个同步 RS 触发器组成的主从 RS 触发器的逻辑图和逻辑符号如图 3.17 所示。下面介绍其工作原理。

1）接收输入信号过程

CP=1 期间：主触发器控制门 G_7、G_8 打开，接收输入信号 R、S，有：

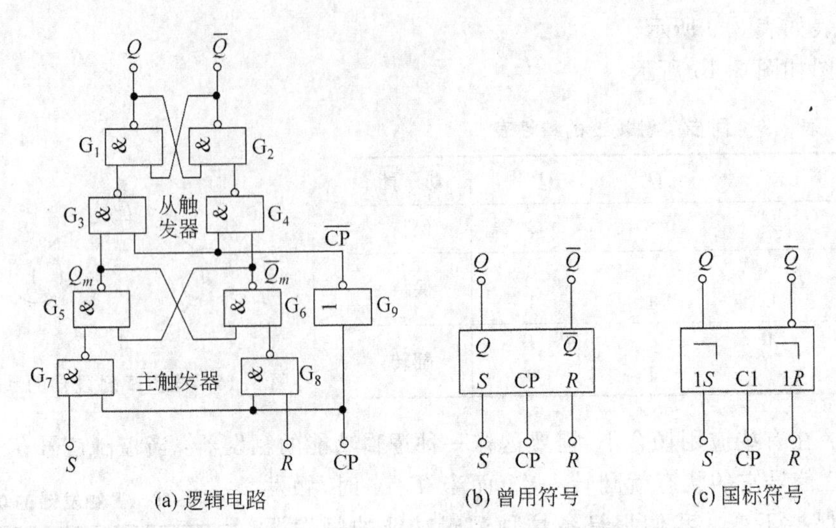

(a) 逻辑电路 (b) 曾用符号 (c) 国标符号

图 3.17 主从 RS 触发器的逻辑图和逻辑符号

$$\begin{cases} Q_m^{n+1} = S + \overline{R}Q_m^n \\ RS = 0 \end{cases} \tag{3.13}$$

而由于 G_9 门的反相使 $\overline{CP}=0$，于是从触发器控制门 G_3、G_4 封锁，其状态保持不变，也即整个触发器的输出保持不变。

2）输出信号过程

CP 由 1 变 0 后，即 CP 的下降沿到来时，主触发器控制门 G_7、G_8 封锁，在 CP=1 期间接收的内容被存储起来。同时，从触发器控制门 G_3、G_4 被打开，主触发器将其接收的内容送入从触发器，输出端随之改变状态。注意，在这一步中，由于 Q_m 与 $\overline{Q}_m$ 只可能取 0、1 或 1、0，所以根据 RS 触发器的功能可得 $Q=Q_m$。之后在 CP=0 期间，由于主触发器保持状态不变，因此受其控制的从触发器的状态也即 Q、Q 的值当然不可能改变。

易知主从 RS 触发器的特性方程为

$$\begin{cases} Q^{n+1} = Q_m + \overline{\overline{Q}}_m Q^n = Q_m = S + \overline{R}Q_m^n = S + \overline{R}Q^n \\ RS = 0 \end{cases} \tag{3.14}$$

CP 下降沿到来时有效，CP(C1)端不加“o”表示主触发器为高电平有效，再结合符号上表示延迟输出的“┐”，因此整个触发器的翻转时刻为从 1 到 0 的下降沿。

由此可见：

(1) 触发器翻转分两步：

① CP=1 期间，主触发器接收输入信号决定 Q_m 的状态(注意：在 CP=1 期间主触发器的输出状态 Q_m 仍会随 RS 状态的变化翻转多次)，而 Q^n 保持不变。

② CP 下降沿到来，$Q^{n+1}=Q_m$，而主触发器被封锁。

(2) 由于主从 RS 触发器在 CP=1 期间，输入信号的多次变化都会影响 Q_m，即 Q 的状态决定于 CP=1 期间的 R、S 信号的变化过程，因此要求 CP=1 期间输入信号应保持不变，否则不能完全按 CP 下降沿时刻的输入来决定 Q 的状态。

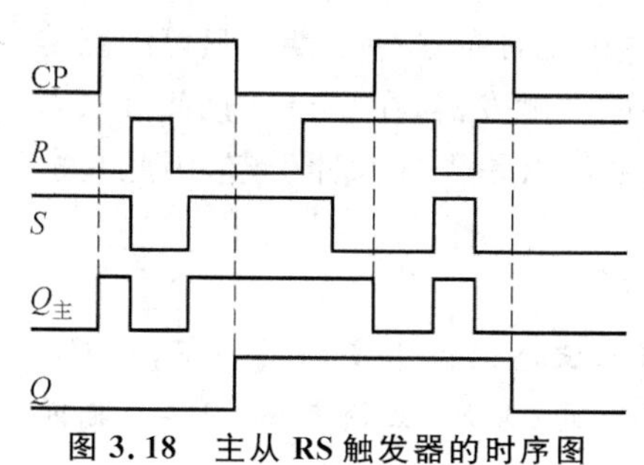

图 3.18 主从 RS 触发器的时序图

时序图如图 3.18 所示。

电路特点：主从 RS 触发器采用主从控制结构，从根本上解决了输入信号直接控制的问题，具有 CP=1 期间接收输入信号，CP 下降沿到来时触发翻转的特点。Q 只在 CP 下降沿时刻改变一次状态：$Q^{n+1}=Q_{主}^{n+1}=(S+\overline{R}Q^{n})\cdot \mathrm{CP}\downarrow$。这样克服了多次翻转现象，但其仍然存在着约束问题：在 CP=1 期间，输入信号 R 和 S 不能同时为 1，即主从 RS 触发器仍受 SR=0 的约束。

2. 主从 JK 触发器

利用主从 RS 触发器的主从结构作 JK 功能改造的主从 JK 触发器其逻辑图和逻辑符号如图 3.19 所示。

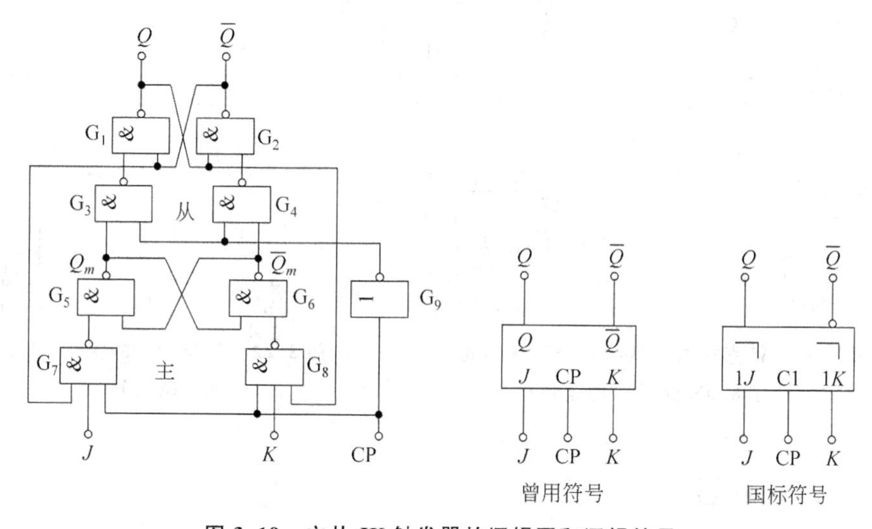

图 3.19 主从 JK 触发器的逻辑图和逻辑符号

将 $S=J\overline{Q}^{n}$、$R=KQ^{n}$ 代入主从 RS 触发器的特性方程，即可得主从 JK 触发器的特性方程：

$$
\begin{aligned}
Q^{n+1} &= S+\overline{R}Q^{n} = J\overline{Q}^{n}+\overline{KQ^{n}}Q^{n} \\
&= J\overline{Q}^{n}+\overline{K}Q^{n} \quad (\text{CP 下降沿到来时有效})
\end{aligned}
\tag{3.15}
$$

时序图如图 3.20 所示。

电路特点：

(1) 主从 JK 触发器采用主从控制结构，从根本上解决了输入信号直接控制的问题。具有 CP=1 期间接收输入信号，CP 下降沿到来时触发翻转的特点。

(2) 输入信号 J、K 之间没有约束。

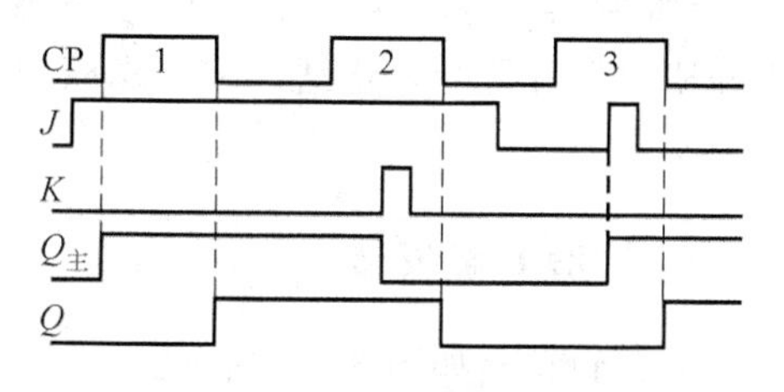

图 3.20 主从 JK 触发器的时序图

(3) 存在一次变化问题：由于 Q 和 $\overline{Q}$ 的反馈，主触发器在 CP=1 期间只可能翻转一次，一旦翻转就不会再翻回来。即主从 JK 触发器中的主触发器，在 CP=1 期间其状态能且只能变化一次。这种变化可以是 J、K 变化引起，也可以是干扰脉冲引起，因此其抗干扰能力尚需进一步提高。

注意：

(1) 主从触发器只有在 CP=1 的全部时间里输入状态始终未变的条件下，用 CP 下降沿到达时输入的状态决定触发器的次态才肯定是对的；否则，必须考虑 CP=1 期间输入状态的全部变化过程，才能确定触发器的次态。

(2) 对主从 JK 触发器，在 CP=1 期间，当分析到有使触发器翻转的情形后，就可停止分析了，因为主从 JK 触发器有一次性翻转的现象。

另有带直接清零端和直接预置端的主从 JK 触发器，其逻辑符号如图 3.21 所示，以及带与输入的主从 JK 触发器，其逻辑符号如图 3.22 所示。

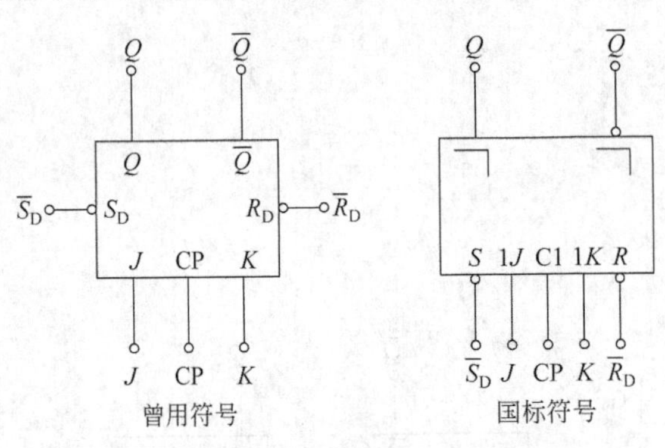

图 3.21 带直接清零端和直接预置端的主从 JK 触发器的逻辑符号

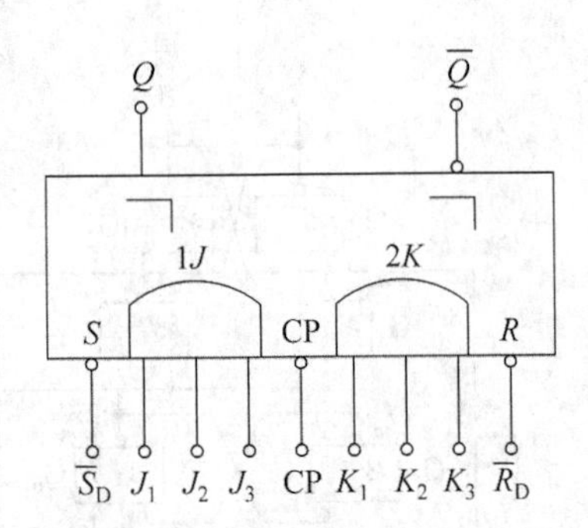

图 3.22 带与输入的主从 JK 触发器的逻辑符号

3.2.4 边沿触发器

负跳沿触发的主从触发器工作时，要求在正跳沿前加入输入信号。但如果在 CP 高电平期间输入端出现干扰信号，就有可能使触发器的状态出错。而边沿触发器允许在 CP 触发沿来到前一瞬间加入输入信号，这样，输入端可受干扰的时间大大缩短，受干扰的可能性也就降低了，能有效解决一次变化问题，工作的可靠性大大提高。

目前已用于数字集成电路产品中的边沿触发器电路有利用 CMOS 传输门的边沿触发器、维持-阻塞触发器、利用门电路传输延迟时间的边沿触发器等类型。这里就不再详细介绍它们各自的电路结构和工作原理，只对边沿触发器的符号及使用（在何时触发）做一说明。

1. 边沿 D 触发器

其逻辑符号如图 3.23 所示。

CP(C1)端加“>”表示为边沿触发，若同时还加有“o”，表示下降沿/负边沿触发，否则为上升沿/正边沿触发。波形如图 3.24 所示。

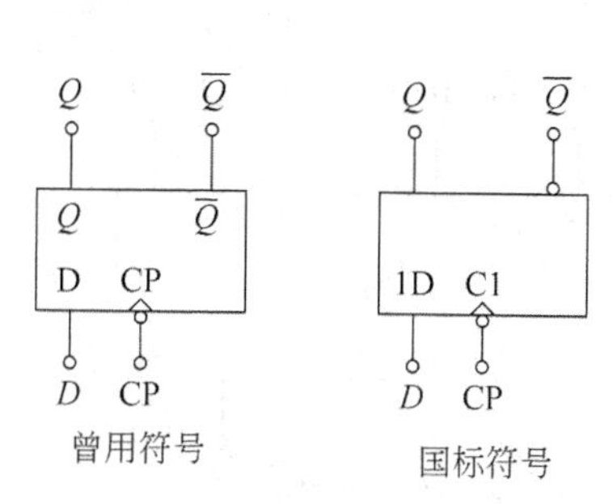

图 3.23 边沿 D 触发器的逻辑符号

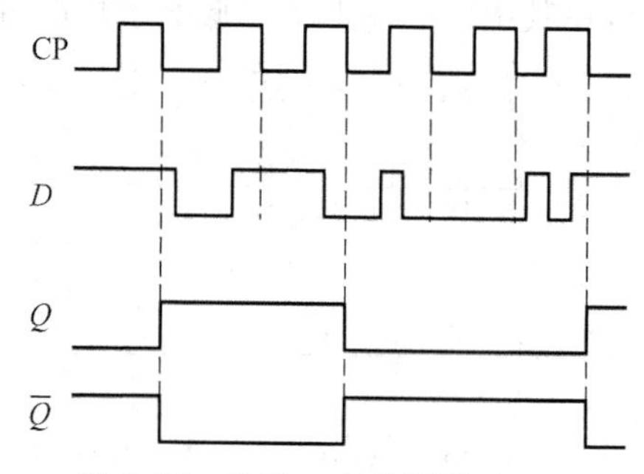

图 3.24 边沿 D 触发器的波形图

由图可见，该触发器的触发方式为：在 CP 脉冲触发沿到来之前接受 D 输入信号，当 CP 触发沿到来时，触发器的输出状态将由 CP 触发沿到来之前一瞬间 D 的状态决定。由于触发器接受输入信号及状态的翻转均是在 CP 脉冲触发沿前后完成的，故称为边沿触发器。

边沿 D 触发器的特点：

- 边沿触发，无空翻现象，也无一次变化问题。
- 抗干扰能力极强，工作速度很高。

2. 边沿 JK 触发器

边沿 JK 触发器的逻辑符号如图 3.25 所示。

波形如图 3.26 所示。

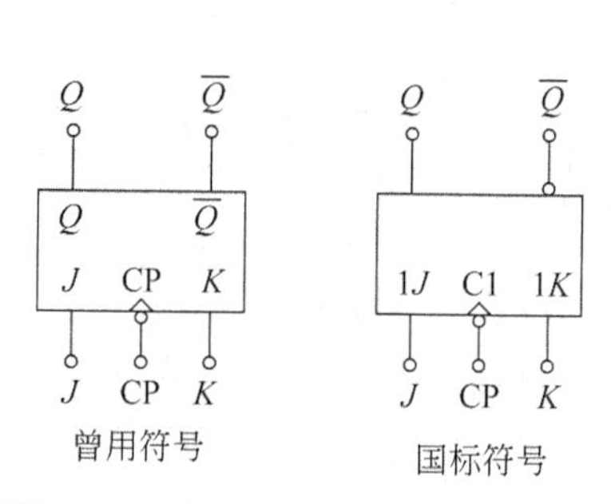

图 3.25 边沿 JK 触发器的逻辑符号

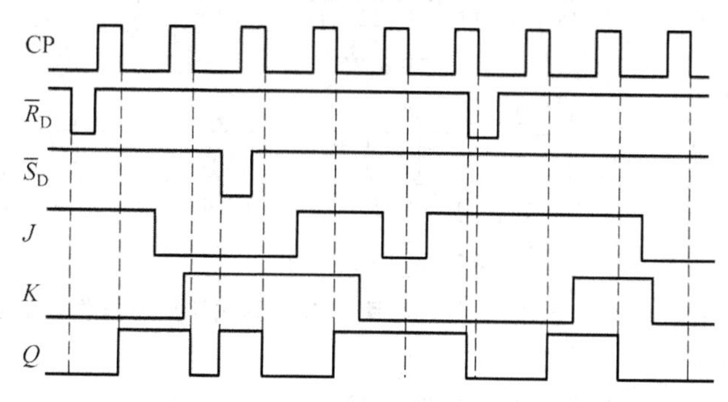

图 3.26 边沿 JK 触发器的波形图

边沿 JK 触发器的特点：

- 边沿触发，无空翻现象，也无一次变化问题。
- 功能齐全，使用方便灵活。
- 抗干扰能力极强，工作速度很高。

3.2.5 集成触发器

1. 集成基本 RS 触发器

以 TTL 集成触发器 74LS279 为例，其芯片引脚图如图 3.27(a)所示，每片中包含四个独立的由与非门构成的基本 RS 触发器。其中第一和第三个触发器各有两个 $\overline{S}$ 端（$\overline{S}_A$ 和 $\overline{S}_B$），在其中任一端上输入低电平均能将触发器置 1。

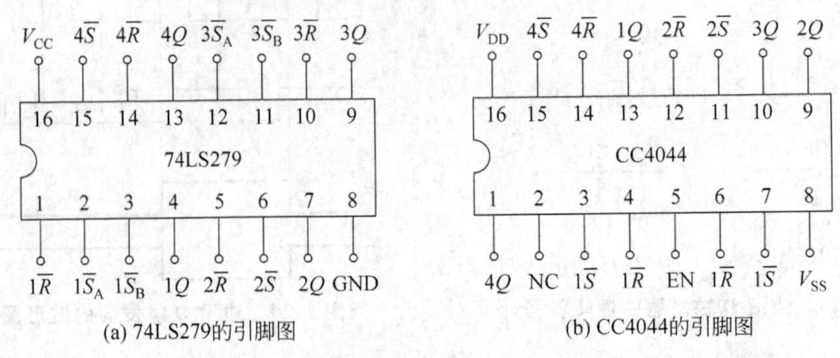

(a) 74LS279的引脚图　　(b) CC4044的引脚图

图 3.27　集成基本 RS 触发器的芯片引脚图

2. 集成同步 D 触发器（D 锁存器）

以 CMOS 集成 D 触发器 CC4042 为例，其芯片引脚图如图 3.28(b)所示，它内部集成了 4 个 D 触发器，由公共时钟选通，（POL＝1 时，CP＝1 有效，锁存的内容是 CP 下降沿时刻 D 的值；POL＝0 时，CP＝0 有效，锁存的内容是 CP 上升沿时刻 D 的值。）每个触发器有互补输出端 Q 和 $\overline{Q}$。

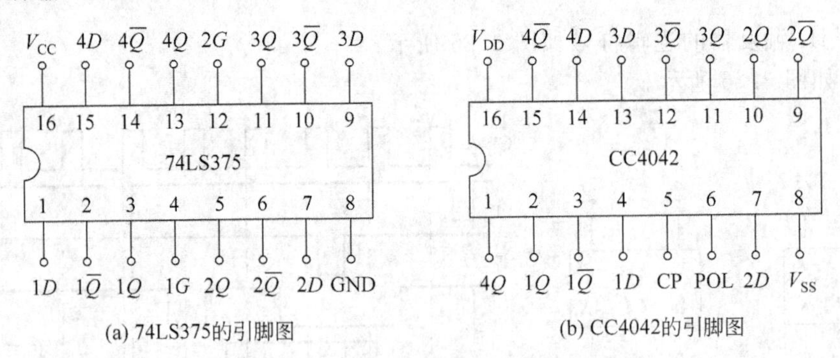

(a) 74LS375的引脚图　　(b) CC4042的引脚图

图 3.28　集成同步 D 触发器的芯片引脚图

3. 集成主从 JK 触发器

图 3.29(b)说明：$K=K_1K_2K_3$；$J=J_1J_2J_3$。

4. 集成边沿 D 触发器

图 3.30(b)说明：CC4013 集成了两个独立的上升沿触发的 D 触发器，其中 R_D 为直接置 0 端，S_D 为直接置 1 端，均为高电平有效。

5. 集成边沿 JK 触发器

说明：

(1) 74LS112 集成了两个独立的下降沿触发的 JK 触发器，如图 3.31 所示。

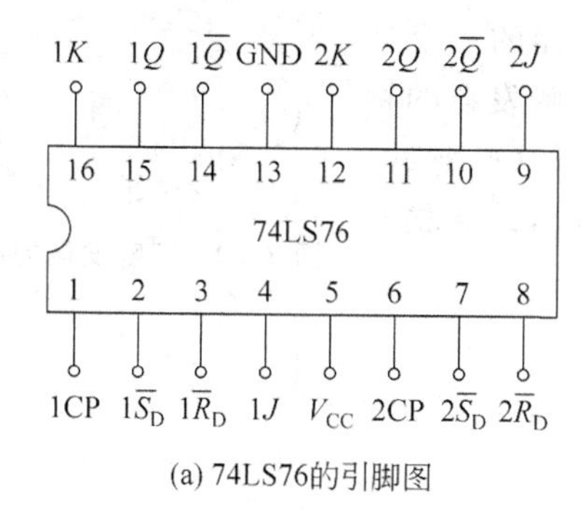

(a) 74LS76的引脚图

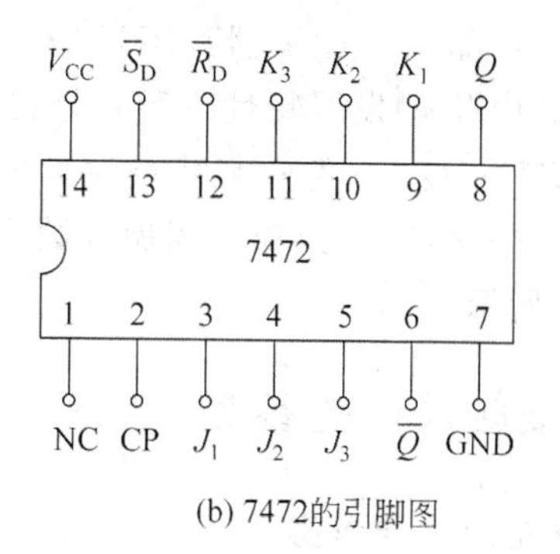

(b) 7472的引脚图

图 3.29 集成主从 JK 触发器的芯片引脚图

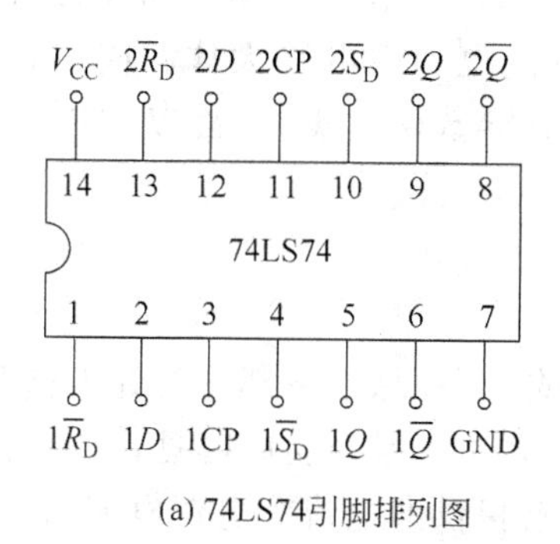

(a) 74LS74引脚排列图

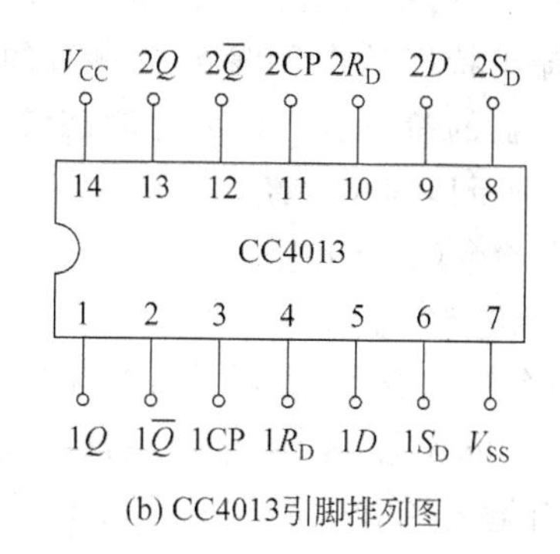

(b) CC4013引脚排列图

图 3.30 集成边沿 D 触发器的芯片引脚图

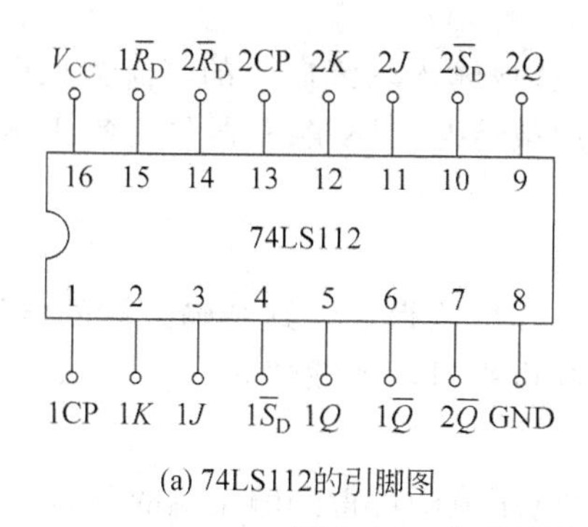

(a) 74LS112的引脚图

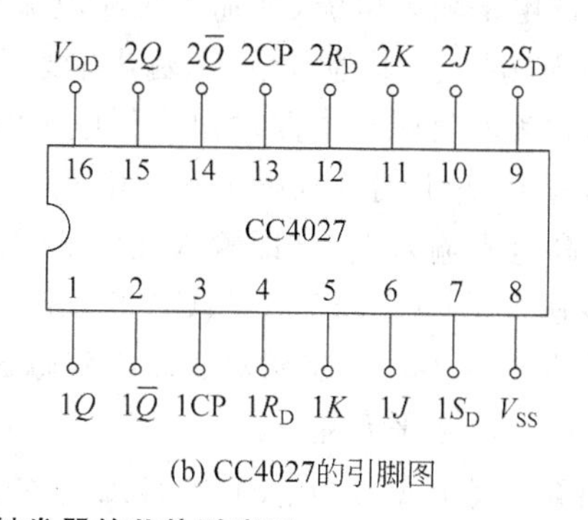

(b) CC4027的引脚图

图 3.31 集成边沿 JK 触发器的芯片引脚图

(2) CC4027 集成的两个 JK 触发器为 CP 上升沿触发,其直接置 0/1 端 R_D 和 S_D 为高电平有效。

6. T 触发器

只要将 JK 触发器的两个输入端 J 和 K 连在一起作为 T 端,就可得到 T 触发器。正因如此,在触发器的集成产品中极少生产专门的 T 触发器。

7. T′触发器

只需将 T 触发器的 T 端接至固定的高电平,即可得到一个 T′触发器,所以也没有专门生产的集成产品。T′触发器只不过是 T 触发器的一个特定状态而已。由 T 触发器特性方程容易推知 T′触发器的特性方程为：$Q^{n+1}=\overline{Q^n}$，则可知其特点为每接受一个 CP 脉冲，触发器就翻转一次，因此又把它叫做计数型触发器。其状态图如图 3.32 所示。

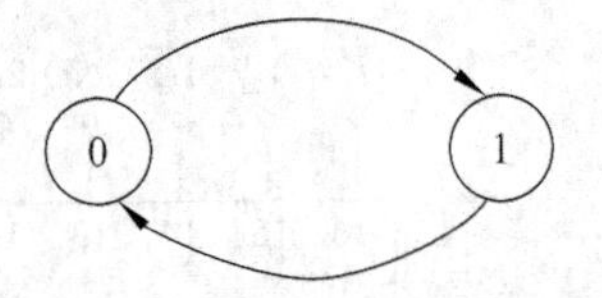

图 3.32 T′触发器的状态图

3.2.6 集成触发器的参数

1. 触发器的主要参数

触发器是由门电路组合而成的，从电气特性上讲，它和门电路极为相似，因此，用来描述输入、输出特性的主要参数及参数的测试方法也和门电路大体相同。和门电路一样，集成触发器的参数也可以分为静态参数和动态参数两大类，下面以 TTL 集成 JK 触发器为例分别予以简单介绍。

1) 静态参数(直流参数)

(1) 电源电流 $I_{CC}(I_E)$

由于一个触发器由许多门构成，无论在 0 态或 1 态，总是一部分门处于饱和状态，另一部分处于截止状态，因此，电源电流的差别是不大的。但为明确起见，目前有些制造厂家规定，所有输入端和输出端悬空时电源向触发器提供的电流为电源电流 I_{CC}，它表明该电路的空载功耗。

(2) 低电平输入电流(即输入短路电流)I_{IL}

某输入端接地，其他各输入、输出端悬空时，从该输入端流向地的电流为低电平输入电流 I_{IL}，它表明对驱动电路输出为低电平时的加载情况。JK 触发器包括各 J、K 端、CP 端和直接置 0、置 1 端的低电平输入电流。

(3) 高电平输入电流(即输入漏电流)I_{IH}

将各输入端(R_D、S_D、J、K、CP 等)分别接 V_{CC}时，测得流入这个输入端的电流，即其高电平输入电流 I_{IH}，它表明对驱动电路输出为高电平时的加载情况。

(4) 输出高电平 U_{OH}、低电平 U_{OL}

测出触发器在 0、1 状态下的 Q、$\overline{Q}$ 端的对地电压值即可得到输出端的 U_{OH}、U_{OL}。

2) 动态参数 (开关参数)其中主要有：

(1) 平均传输时间 t_{pd}

指从时钟信号的动作沿开始，到触发器输出状态稳定的一段时间。又可细分为：

① 对时钟信号的延迟时间(t_{CPLH} 和 t_{CPHL})：

从时钟脉冲的触发沿到触发器输出端由 0 态变到 1 态的延迟时间为 t_{CPLH}；从时钟脉冲的触发沿到触发器输出端由 1 态变到 0 态的延迟时间为 t_{CPHL}。一般 t_{CPHL} 比 t_{CPLH} 约大一级门的延迟时间。它们表明对时钟脉冲 CP 的要求。

② 对直接置 0(R_D)或置 1(S_D)端的延迟时间(t_{RLH}、t_{RHL}或 t_{SLH}、t_{SHL})：

从置 0 脉冲触发沿到输出端由 0 变为 1 为 t_{RLH}，到输出端由 1 变为 0 为 t_{RHL}；从置 1 脉冲触发沿到输出端由 0 变 1 为 t_{SLH}，到输出端由 1 变 0 为 t_{SHL}。

(2) 最高时钟频率 f_{max}

f_{max}就是触发器在计数状态下能正常工作的最高工作频率，是表明触发器工作速度的一个指标。在测试 f_{max}时，Q 和 $\overline{Q}$ 端应带上额定的电流负载和电容负载，这在制造厂家的产品手册中均有明确规定。

CMOS 触发器的参数定义与以上介绍的参数基本一致，不再另作介绍。

2. 多余输入端

在触发器的产品中，往往有多个信号输入端，如多个 J 端：$J_1, J_2, \cdots$；多个 K 端：$K_1, K_2, \cdots$；通常它们是与逻辑关系。即 $J=J_1 \cdot J_2 \cdots$，$K=K_1 \cdot K_2 \cdots$，使用中，应将不用的多余输入端接高电平，或与所用端子并联使用，切忌悬空，以免引入干扰。

3.2.7 各种触发器的转换

在数字装置中往往需要各种类型的触发器，而市场上常见的多为集成 D 触发器和 JK 触发器，这就需要掌握不同类型触发器之间的转换方法。转换的一般步骤为：

- 写出已有触发器和待求触发器的特性方程。
- 变换待求触发器的特性方程，使之形式与已有触发器的特性方程一致。
- 比较已有和待求触发器的特性方程，根据两个方程相等的原则求出转换逻辑。
- 根据转换逻辑画出逻辑电路图。

1. 将 JK 触发器转换为 RS、D、T 和 T′触发器

1) JK 触发器→RS 触发器

RS 触发器特性方程为

$$\begin{cases} Q^{n+1} = S + \overline{R}Q^n \\ RS = 0 \end{cases}$$

变换 RS 触发器的特性方程，使之形式与 JK 触发器的特性方程一致：

$$\begin{aligned} Q^{n+1} &= S + \overline{R}Q^n = S(\overline{Q}^n + Q^n) + \overline{R}Q^n \\ &= S\overline{Q}^n + SQ^n + \overline{R}Q^n \\ &= S\overline{Q}^n + \overline{R}Q^n + SQ^n(\overline{R} + R) \\ &= S\overline{Q}^n + \overline{R}Q^n + \overline{R}SQ^n + RSQ^n \\ &= S\overline{Q}^n + \overline{R}Q^n \end{aligned}$$

将它与 JK 触发器的特性方程 $Q^{n+1}=J\,\overline{Q}^n+\overline{K}Q^n$ 比较，可得：

$$J = S, K = R \tag{3.16}$$

由此得到的电路如图 3.33 所示。

2) JK 触发器→D 触发器

写出 D 触发器的特性方程，并进行变换，使之形式与 JK 触发器的特性方程一致：

$$Q^{n+1} = D = D(\overline{Q}^n + Q^n) = D\overline{Q}^n + DQ^n$$

与 JK 触发器的特性方程比较，得：

$$J = D, \quad K = \overline{D} \tag{3.17}$$

由此得到的电路如图 3.34 所示。

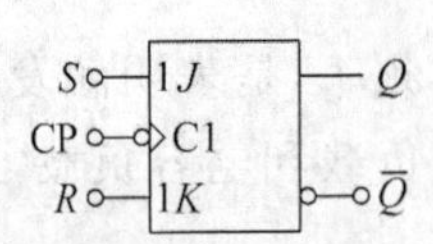

图 3.33 JK 触发器→RS 触发器的转换电路图

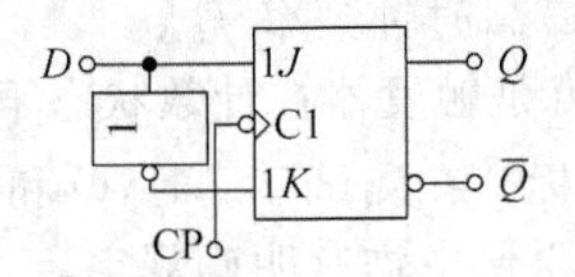

图 3.34 JK 触发器→D 触发器的转换电路图

3) JK 触发器→T 触发器

将 T 触发器的特性方程 $Q^{n+1}=T\overline{Q^n}+\overline{T}Q^n=T\oplus Q^n$ 与 JK 触发器的特性方程比较，可得：

$$J=T,\quad K=T \tag{3.18}$$

由此得到的电路图，如图 3.35 所示。

4) JK 触发器→T′触发器

写出 T′触发器的特性方程：$Q^{n+1}=\overline{Q^n}$

变换 T′触发器的特性方程：$Q^{n+1}=\overline{Q^n}=1\cdot\overline{Q^n}+\overline{1}\cdot Q^n$

与 JK 触发器的特性方程比较，得：

$$J=K=1 \tag{3.19}$$

于是画出电路图，如图 3.36 所示。

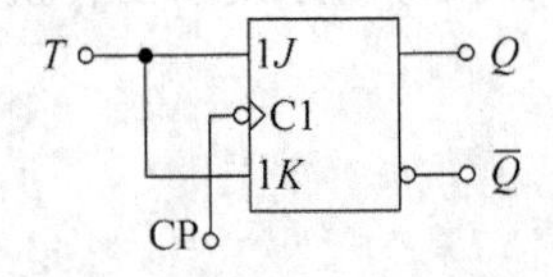

图 3.35 JK 触发器→T 触发器的转换电路图

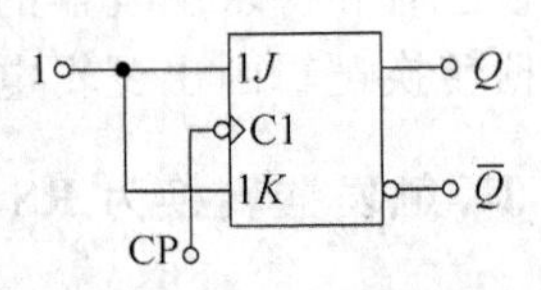

图 3.36 JK 触发器→T′触发器的转换电路图

2. 将 D 触发器转换为 JK、T 和 T′触发器

1) D 触发器→JK 触发器

令两者的特性方程相等：

$$Q^{n+1}=D=J\overline{Q^n}+\overline{K}Q^n \tag{3.20}$$

即可画出相应的转化电路图，如图 3.37 所示。

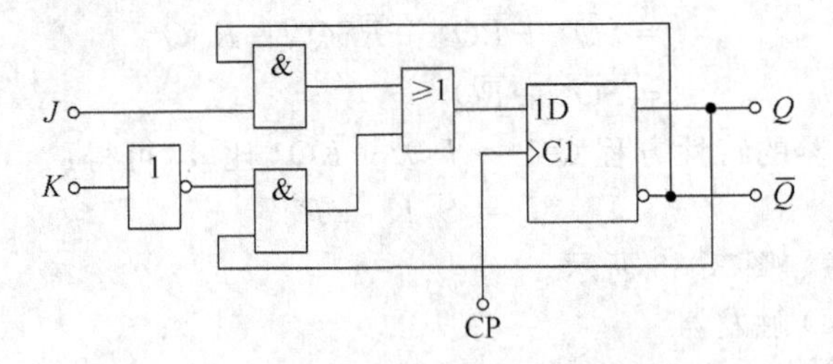

图 3.37 D 触发器→JK 触发器的转换电路图

2) D 触发器→T 触发器

令两者的特性方程相等：

$$Q^{n+1}=D=T\oplus Q^n \tag{3.21}$$

即可画出相应的转化电路图，如图 3.38 所示。

3）D 触发器→T′触发器

令两者的特性方程相等：

$$Q^{n+1} = D = \overline{Q}^n \tag{3.22}$$

即可画出相应的转化电路图，如图 3.39 所示。

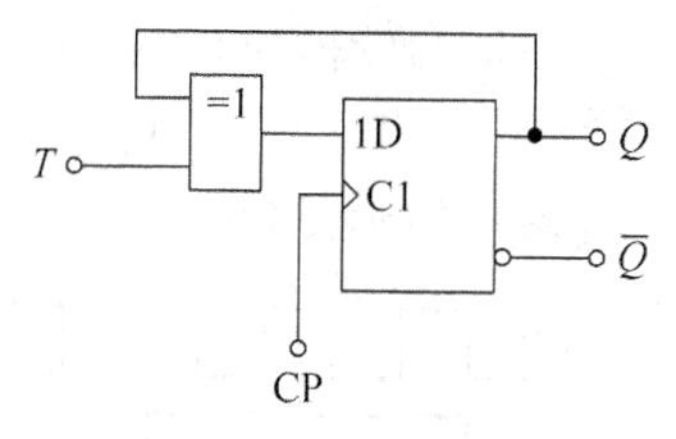

图 3.38　D 触发器→T 触发器的转换电路图

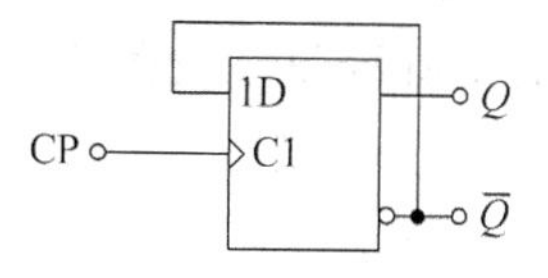

图 3.39　D 触发器→T′触发器的转换电路图

本章小结

时序电路的特点是：在任何时刻的稳定输出不仅与该时刻的输入有关，而且还决定于电路原来的状态。为了记忆电路的状态，时序电路必须包含有存储电路。存储电路通常以触发器为基本单元电路构成。

就工作方式而言，时序电路可分为同步时序电路和异步时序电路两类。它们的主要区别是，前者的所有触发器受同一时钟脉冲控制，而后者的各触发器则受不同的脉冲源控制。

时序电路的逻辑功能可用逻辑图、逻辑表达式（包含驱动方程、输出方程和状态方程）、状态表、卡诺图、状态图和时序图来描述，它们各具特色，各有所用，且可以互相转换。

触发器是数字电路的极其重要的基本单元。触发器有两个稳定状态，在外界信号作用下，可以从一个稳态转变为另一个稳态；无外界信号作用时状态保持不变。因此，触发器可以作为二进制存储单元使用。

触发器的逻辑功能是指触发器输出的次态与输出的现态及输入信号之间的逻辑关系。描述触发器逻辑功能的方法主要有功能表、特性方程、状态转移图和波形图。触发器的特性方程是表示其逻辑功能的重要逻辑函数，在分析和设计时序电路时常用来作为判断电路状态转换的依据。各种逻辑功能的触发器的特性方程为：

RS 触发器：$Q^{n+1}=S+\overline{R}Q^n$（其约束条件还与有效电平有关）。

JK 触发器：$Q^{n+1}=J\,\overline{Q}^n+\overline{K}Q^n$。

D 触发器：$Q^{n+1}=D$。

T 触发器：$Q^{n+1}=T\,\overline{Q}^n+\overline{T}Q^n=T\oplus Q^n$。

T′触发器：$Q^{n+1}=\overline{Q}^n$。

触发器的触发方式分为电平触发、脉冲触发和边沿触发三种。应能从逻辑符号上识别出触发器的触发方式，从而确定触发器的翻转时刻。触发器一般都有直接复位端 R_D 和直接置位端 S_D，当 R_D 或 S_D 端获得有效电平后，触发器立即被置 0 或置 1，不受 CP 控制。

同一逻辑功能的触发器，可以用不同的电路结构来实现；反过来，同一种电路结构形式，可以构成不同逻辑功能的触发器。即：电路结构和触发方式与功能没有必然的联系。

习　题

3.1　触发器逻辑功能的描述方法有哪几种？

3.2　图 3.40 是基本 RS 触发器。两个输入端 $\overline{R}=0$、$\overline{S}=1$ 时，触发器的状态是(　　)。

A. $Q=1,\overline{Q}=1$　　B. $Q=1,\overline{Q}=0$　　C. $Q=0,\overline{Q}=1$　　D. $Q=0,\overline{Q}=0$

3.3　图 3.41 所示 D 触发器的初态为 0，在 CP 作用下，Q 端的波形是(　　)。

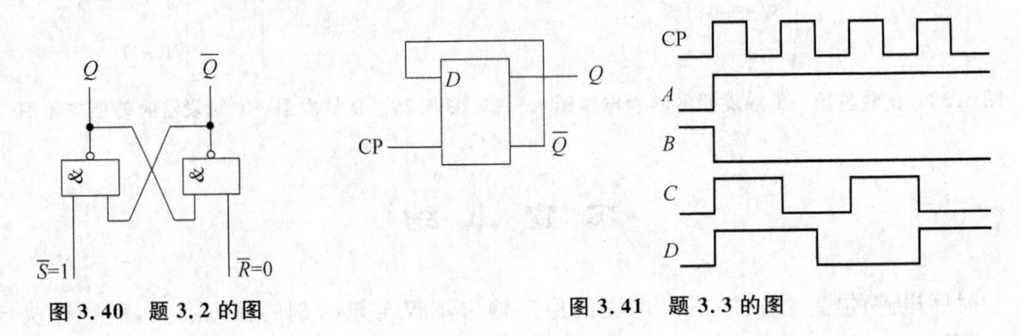

图 3.40　题 3.2 的图　　　　图 3.41　题 3.3 的图

3.4　与非门组成的基本 RS 触发器，当在 $\overline{R}_D$ 和 $\overline{S}_D$ 端加图 3.42(a)和图 3.42(b)所示波形时，试分别绘出 Q 的波形，设触发器的初态为 0。

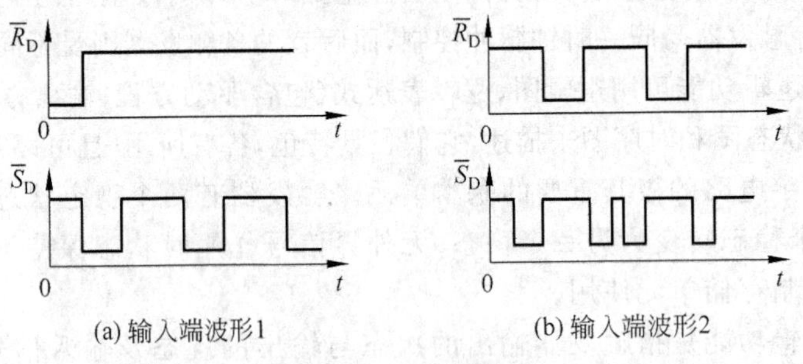

图 3.42　题 3.4 的图

3.5　电路如图 3.7，设初始状态为 Q=0。试根据图 3.43 所给的时钟脉冲波形及输入信号 R、S 的波形，画出同步 RS 触发器 Q 端的波形。

3.6　电路如图 3.19 所示，设触发器的初始状态为 Q=1。当 J、K 和 CP 端分别加入如图 3.44 所示的信号时，试画出输出端 Q 的波形。

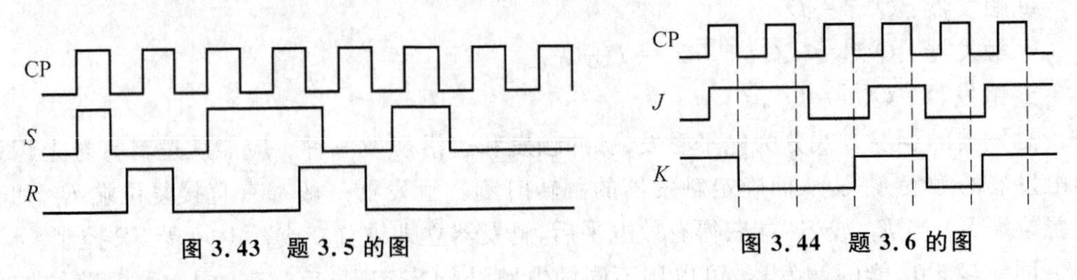

图 3.43　题 3.5 的图　　　　图 3.44　题 3.6 的图

3.7　JK 触发器及 CP、J、K、$\overline{R}_D$ 的波形如图 3.45 所示，试画出 Q 端的波形（设 Q 的初态为 0）。

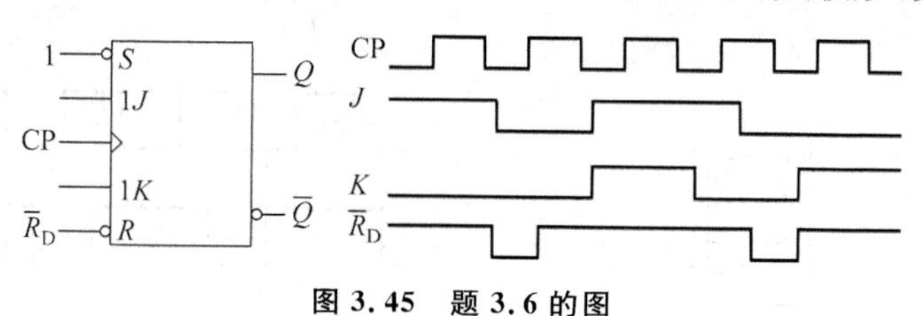

图 3.45　题 3.6 的图

3.8　D 触发器及输入信号 D、$\overline{R}_D$ 的波形如图 3.46 所示，试画出 Q 端的波形（设 Q 的初态为 0）。

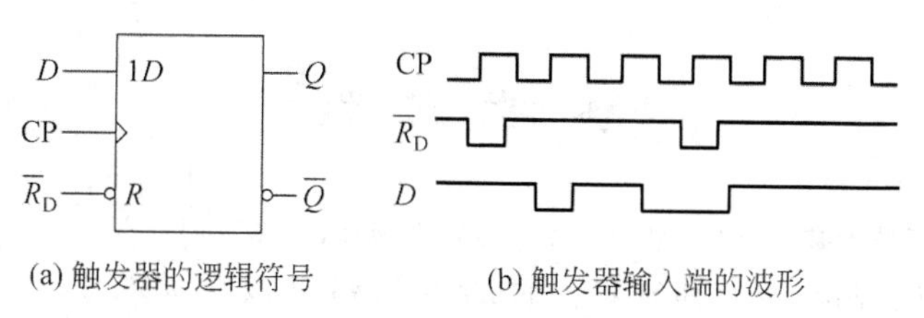

(a) 触发器的逻辑符号　　(b) 触发器输入端的波形

图 3.46　题 3.8 的图

3.9　设图 3.47 中各触发器的初始状态皆为 $Q=0$。试求出各触发器的次态方程，画出在 CP 信号连续作用下各触发器 Q 端的波形。

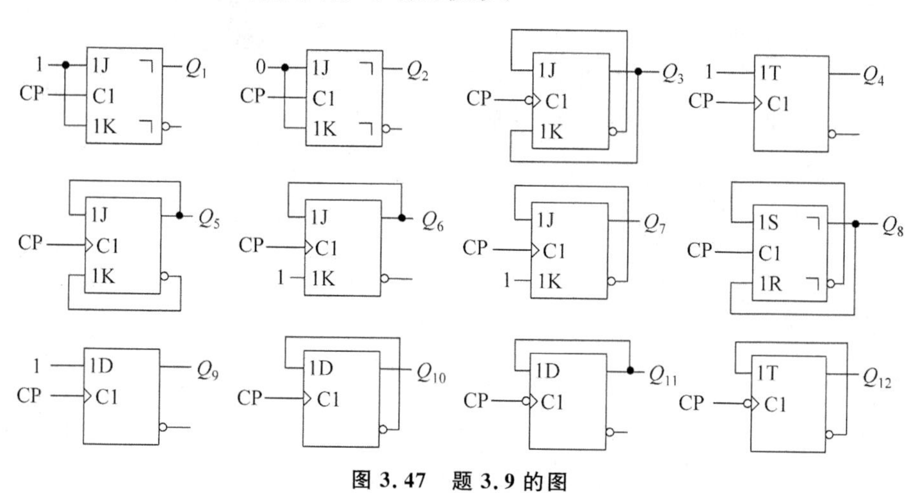

图 3.47　题 3.9 的图

3.10　由 2 个 D 触发器组成电路如图 3.48 所示，试画出 Q_1、Q_2 端的波形。

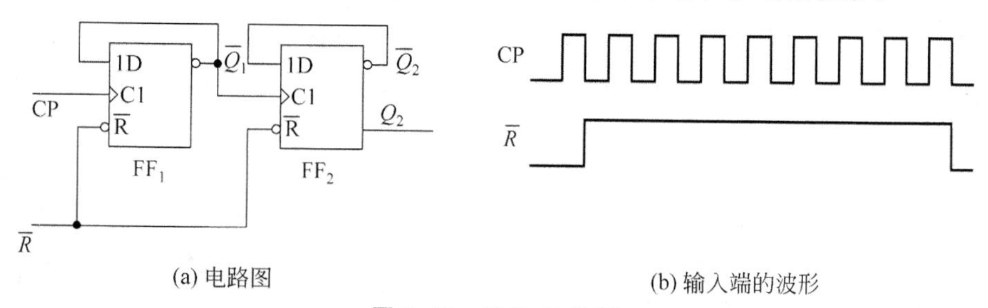

(a) 电路图　　(b) 输入端的波形

图 3.48　题 3.10 的图

3.11　试画出图 3.49 所示电路的 Q_1、Q_2 端的波形（设初态 $Q_1=Q_2=0$）。

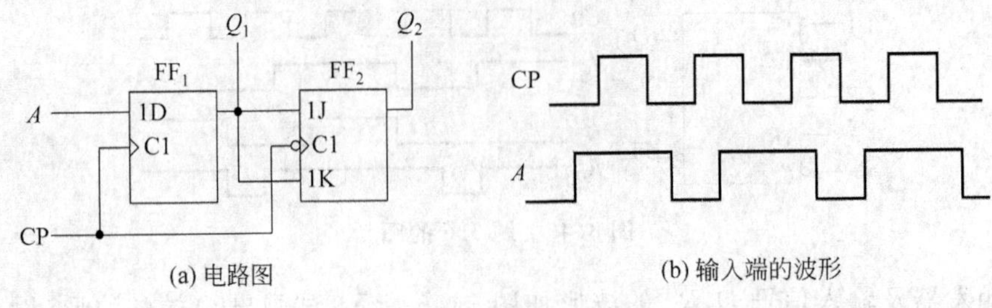

(a) 电路图　　(b) 输入端的波形

图 3.49　题 3.11 的图

参考文献

[1]　阎石. 数字电子技术基础[M]. 北京：高等教育出版社，1998.
[2]　康华光. 电子技术基础－数字部分[M]. 北京：高等教育出版社，2000.
[3]　施正一，张健伟. 数字电子技术学习方法与解题指导[M]. 上海：同济大学出版社，2005.

第4章 chapter 4

时序逻辑电路分析与设计

时序逻辑电路的分析就是根据给定的时序逻辑电路图，通过分析，求出它的输出 Z 的变化规律以及电路状态 Q 的转换规律，进而说明该时序电路的逻辑功能和工作特性。而时序逻辑电路的设计是时序电路分析的逆过程，即根据给定的逻辑功能要求，选择适当的逻辑器件，设计出符合要求的时序逻辑电路。基于难度考虑，本章只介绍其中同步时序逻辑电路的分析与设计。

根据时钟的连接关系可分为同步时序电路与异步时序电路。在同步时序电路中，各个触发器的时钟脉冲相同，即电路中有一个统一的时钟脉冲，每来一个时钟脉冲，电路的状态只改变一次。而在异步时序电路中，各个触发器的时钟脉冲不尽相同，即电路中没有统一的时钟脉冲来控制电路状态的变化，电路状态改变时，电路中要更新状态的触发器的翻转有先有后，是异步进行的。

根据输出分类可分为米利型与穆尔型时序电路。米利型时序电路的输出不仅与现态有关，而且还决定于电路当前的输入。穆尔型时序电路的其输出仅决定于电路的现态，与电路当前的输入无关；或者根本就不存在独立设置的输出，而以电路的状态直接作为输出。

本章首先介绍同步时序逻辑电路的分析和设计，接着介绍典型的时序逻辑电路计数器、寄存器的工作原理和应用，最后介绍由555定时器构成的脉冲波形的三种整形、产生电路的工作原理和简单应用。

4.1 同步时序逻辑电路分析

同步时序逻辑电路因各个触发器的CP端都接在同一时钟源，所以分析时不必考虑各触发器的CP条件，即省略书写各触发器的CP的逻辑表达式，这是与异步时序逻辑电路分析的不同之处。

4.1.1 同步时序逻辑电路的分析步骤

(1) 根据给定的时序逻辑电路图，写出各个触发器的驱动方程及电路的输出方程。

(2) 将驱动方程代入相应触发器的特性方程，求出各触发器的状态方程，也就是时序逻辑电路的状态方程。

(3) 根据电路的状态方程和输出方程，列出状态表，画出状态图或时序图。

(4) 用文字描述、说明该时序电路的逻辑功能。

需要说明的是，上述步骤不是必须执行的固定程序，实际运用中可视具体情况加以取舍。

4.1.2 时序逻辑电路的分析举例

例 4.1 已知同步时序逻辑电路的逻辑图如图 4.1 所示，试分析它的逻辑功能。

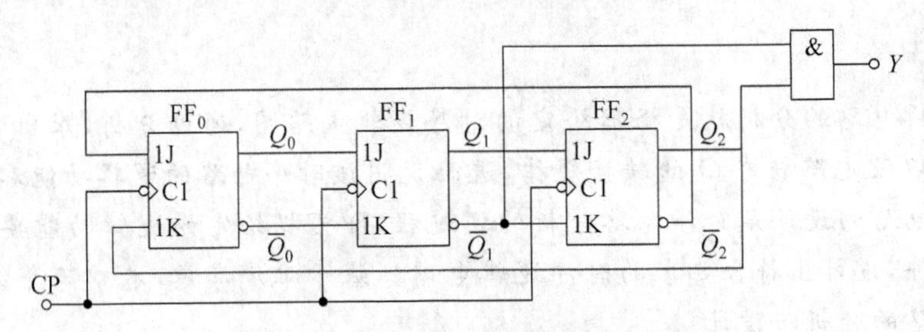

图 4.1 例 4.1 的同步时序逻辑电路

解：(1) 写方程式。

输出方程：

$$Y=\overline{Q}_1^n Q_2^n \tag{4.1}$$

驱动方程：

$$\begin{cases} J_2=Q_1^n, & K_2=\overline{Q}_1^n \\ J_1=Q_0^n, & K_1=\overline{Q}_0^n \\ J_0=\overline{Q}_2^n, & K_0=Q_2^n \end{cases} \tag{4.2}$$

(2) 求状态方程。

已知 JK 触发器的特性方程为 $Q^{n+1}=J\,\overline{Q}^n+\overline{K}Q^n$，将各触发器的驱动方程代入，即得电路的状态方程：

$$\begin{cases} Q_2^{n+1}=J_2\overline{Q}_2^n+\overline{K}_2Q_2^n=Q_1^n\overline{Q}_2^n+Q_1^nQ_2^n=Q_1^n \\ Q_1^{n+1}=J_1\overline{Q}_1^n+\overline{K}_1Q_1^n=Q_0^n\overline{Q}_1^n+Q_0^nQ_1^n=Q_0^n \\ Q_0^{n+1}=J_0\overline{Q}_0^n+\overline{K}_0Q_0^n=\overline{Q}_2^n\overline{Q}_0^n+\overline{Q}_2^nQ_0^n=\overline{Q}_2^n \end{cases} \tag{4.3}$$

(3) 计算、列状态表(如表 4.1 所示)。

表 4.1 图 4.1 电路的状态表

现态			次态			输出	现态			次态			输出
Q_2^n	Q_1^n	Q_0^n	Q_2^{n+1}	Q_1^{n+1}	Q_0^{n+1}	Y	Q_2^n	Q_1^n	Q_0^n	Q_2^{n+1}	Q_1^{n+1}	Q_0^{n+1}	Y
0	0	0	0	0	1	0	1	0	0	0	0	0	1
0	0	1	0	1	1	0	1	0	1	0	1	0	1
0	1	0	1	0	1	0	1	1	0	1	0	0	0
0	1	1	1	1	1	0	1	1	1	1	1	0	0

(4) 画状态图、时序图如图 4.2 和图 4.3 所示。

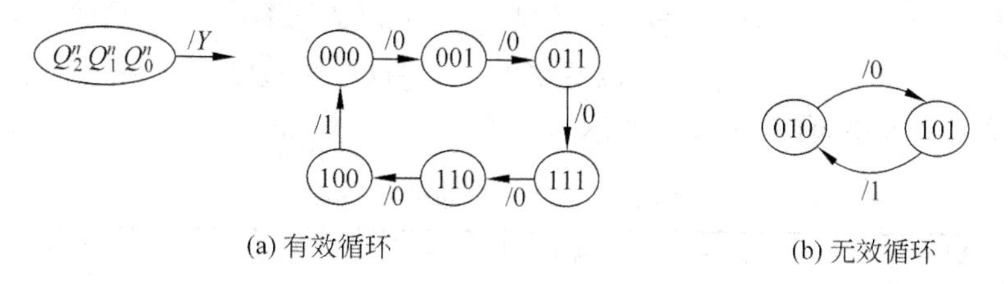

图 4.2　图 4.1 电路的状态图

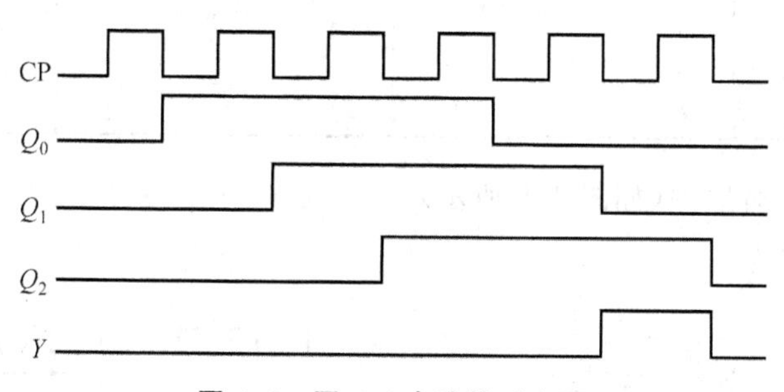

图 4.3　图 4.1 电路的时序图

(5) 说明电路功能。

有效循环的 6 个状态分别是 0～5 这 6 个十进制数字的格雷码，在时钟 CP 的作用下，这 6 个状态是按递增规律变化的，即：000→001→011→111→110→100→000→⋯，所以这是一个用格雷码表示的六进制同步加法计数器。当对第 6 个脉冲计数时，计数器又重新从 000 开始计数，并产生进位输出 $Y=1$。

例 4.2　已知同步时序逻辑电路的逻辑图如图 4.4 所示，试分析它的逻辑功能。

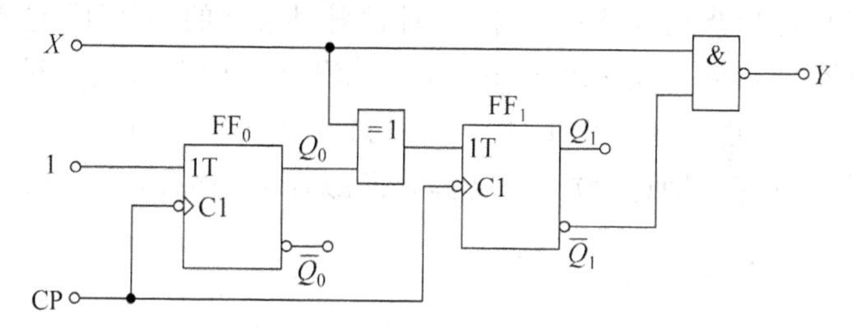

图 4.4　例 4.2 的同步时序逻辑电路

解：(1) 写方程式。

输出方程：

$$Y=\overline{X\overline{Q_1^n}}=\overline{X}+Q_1^n \tag{4.4}$$

驱动方程：

$$\begin{cases}T_1=X\oplus Q_0^n\\T_0=1\end{cases} \tag{4.5}$$

(2) 求状态方程。

已知 T 触发器的特性方程为 $Q^{n+1}=T\oplus Q^n$。

将各触发器的驱动方程代入，即得电路的状态方程：

$$\begin{cases} Q_1^{n+1} = T_1 \oplus Q_1^n = X \oplus Q_0^n \oplus Q_1^n \\ Q_0^{n+1} = T_0 \oplus Q_0^n = 1 \oplus Q_0^n = \overline{Q_0^n} \end{cases} \tag{4.6}$$

(3) 计算、列状态表(如表 4.2 所示)。

表 4.2 图 4.4 电路的状态表

输入	现态		次态		输出	输入	现态		次态		输出
X	Q_1^n	Q_0^n	Q_1^{n+1}	Q_0^{n+1}	Y	X	Q_1^n	Q_0^n	Q_1^{n+1}	Q_0^{n+1}	Y
0	0	0	0	1	1	1	0	0	1	1	0
0	0	1	1	0	1	1	0	1	0	0	0
0	1	0	1	1	1	1	1	0	0	1	1
0	1	1	0	0	1	1	1	1	1	0	1

(4) 画状态图、时序图(如图 4.5 所示)。

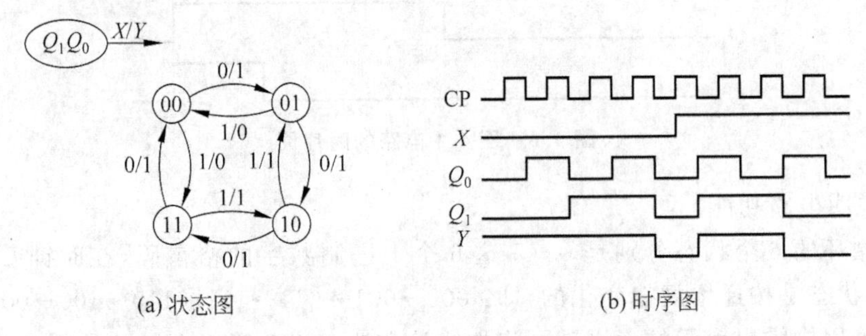

(a) 状态图　　(b) 时序图

图 4.5 图 4.4 电路的状态图和时序图

(5) 说明电路功能。

由状态图可以看出，当输入 $X=0$ 时，在时钟脉冲 CP 的作用下，电路的 4 个状态按递增规律循环变化，即：00→01→10→11→00→…当 $X=1$ 时，在时钟脉冲 CP 的作用下，电路的 4 个状态按递减规律循环变化，即：00→11→10→01→00→…。

可见，该电路既具有递增计数功能，又具有递减计数功能，是一个 2 位二进制同步可逆计数器。

4.2 同步时序逻辑电路的设计

同步时序逻辑电路的设计步骤如下：

(1) 根据设计要求，设定状态，导出原始状态图或状态表。

原始状态图和原始状态表是用图形和表格的形式将设计要求描述出来。这是时序电路的设计中最关键的一步，是以下各步骤的基础。保证这一步工作正确的关键在于要对实际的逻辑问题给予正确的理解(如有多少个输入和输出，有多少种输入信息需要“记忆”，各状态间的关系如何等)，要把各种可能情况尽可能没有遗漏地考虑到，而不要考虑状态数的多少。因为，即使有多余状态，在下一步的状态化简时也可消去。

(2) 状态化简。

原始状态图中,凡是在输入相同时,输出相同、要转换到的次态也相同的状态,称为等价状态。状态化简就是将多个等价状态合并成一个状态,把多余的状态都去掉,从而得到最简的状态图。这一步工作可以保证状态数目为最少,从而可以需用的触发器或门电路的个数。

(3) 状态分配。

状态分配是指对简化后状态图中的每一个状态指定1个二进制代码,代码的位数可根据编码原则来确定,因此这一步又叫做状态编码。根据不同的编码方案,最后设计出的电路有繁有简。具体分配的方法,在此介绍一般原则:

① 当两个以上状态具有相同的次态时,它们的代码尽可能安排为相邻代码。简称"次态相同,现态相邻"。所谓相邻代码是指两个代码中只有一个变量取值不同,其余变量均相同。

② 当两个以上状态属于同一状态的次态时,它们的代码尽可能安排为相邻代码,简称"同一现态,次态相邻"。

③ 为了使输出电路结构简单,尽可能使输出相同的状态代码相邻。

通常以原则①为主,统筹兼顾。

(4) 选触发器。

选定触发器的类型,并按下式选择触发器的个数 n:

$2^{n-1}<M\leqslant 2^n$ 其中 M 是电路的状态个数。

(5) 求电路的输出方程及各触发器的驱动方程。

根据编码后的状态表和所选定的触发器的驱动表,求出待设计电路的状态方程、输出方程和各触发器的驱动方程。

(6) 画电路图,并检查电路能否自启动。

根据输出方程和驱动方程画出电路图。然后将设计中的无效状态依次代入已画好的电路进行计算,看能否在输入CP信号的操作下回到有效状态。如果可以,则说明所设计的电路能够自启动,反之,说明不能够自启动,此时就需要对电路进行修改。常用的方法有:修改编码重新进行状态分配,也可利用触发器的异步输入端强行预置到有效状态等。

例4.3 设计一个按自然态序变化的七进制同步加法计数器,计数规则为逢七进一,产生一个进位输出。

解:(1) 建立原始状态图如图4.6所示。

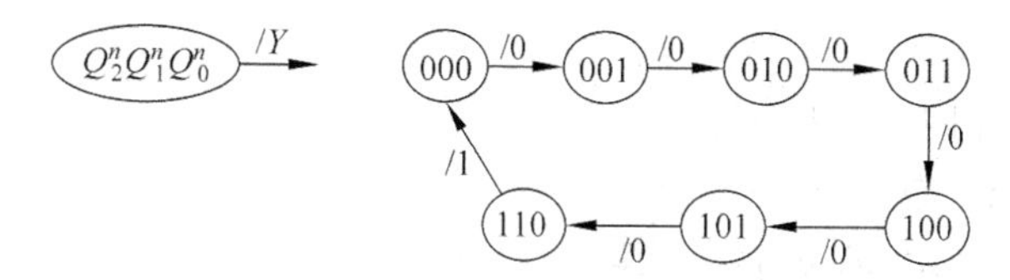

图4.6 例4.3的原始状态图

(2) 状态化简:已经最简。

(3) 状态分配:已是二进制状态。

(4) 选触发器：因需用3位二进制代码，选用3个CP下降沿触发的JK触发器，分别用FF_0、FF_1、FF_2表示。

(5) 求电路的输出方程及各触发器的时钟、驱动方程：

由于要求采用同步方案，故时钟方程为

$$CP_0 = CP_1 = CP_2 = CP$$

状态表，如表4.3所示。

表4.3　例4.3的状态表

现	态		次	态		输出	现	态		次	态		输出
Q_2^n	Q_1^n	Q_0^n	Q_2^{n+1}	Q_1^{n+1}	Q_0^{n+1}	Y	Q_2^n	Q_1^n	Q_0^n	Q_2^{n+1}	Q_1^{n+1}	Q_0^{n+1}	Y
0	0	0	0	0	1	0	1	0	0	1	0	1	0
0	0	1	0	1	0	0	1	0	1	1	1	0	0
0	1	0	0	1	1	0	1	1	0	0	0	0	1
0	1	1	1	0	0	0	1	1	1	×	×	×	×

根据图4.7可求出输出方程：

$$Y = Q_1^n Q_2^n \tag{4.7}$$

根据图4.8求出状态方程：

$$\begin{cases} Q_0^{n+1} = \overline{Q_2^n}\,\overline{Q_0^n} + \overline{Q_1^n}\,\overline{Q_0^n} = \overline{Q_2^n Q_1^n}\,\overline{Q_0^n} + \overline{1}Q_0^n \\ Q_1^{n+1} = Q_0^n\overline{Q_1^n} + \overline{\overline{Q_2^n}\,\overline{Q_0^n}}\,Q_1^n \\ Q_2^{n+1} = Q_1^n Q_0^n \overline{Q_2^n} + \overline{Q_1^n} Q_2^n \end{cases} \tag{4.8}$$

Q_0^n \ $Q_2^n Q_1^n$	00	01	11	10
0	0	0	1	0
1	0	0	×	0

图4.7　例4.3的进位输出端卡诺图

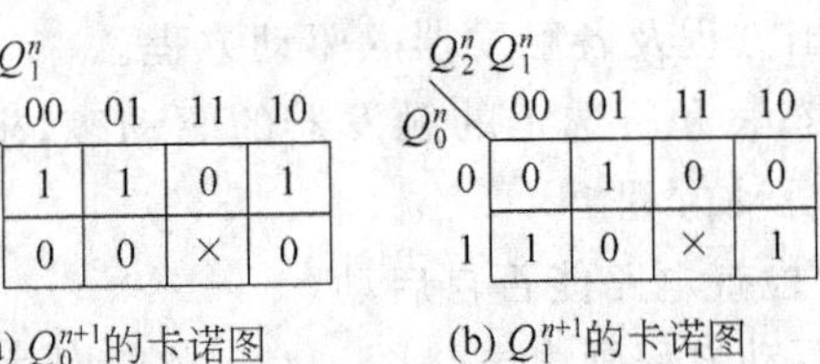

Q_0^n \ $Q_2^n Q_1^n$	00	01	11	10
0	0	0	0	1
1	0	1	×	1

(c) Q_2^{n+1}的卡诺图

图4.8　例4.3的次态卡诺图

不化简，以便使之与JK触发器的特性方程的形式一致。

与JK触发器的特性方程相比较，得驱动方程：

$$\begin{cases} J_0 = \overline{Q_1^n Q_2^n}, & K_0 = 1 \\ J_1 = Q_0^n, & K_1 = \overline{\overline{Q_2^n}\,\overline{Q_0^n}} \\ J_2 = Q_1^n Q_0^n, & K_2 = Q_1^n \end{cases} \tag{4.9}$$

(6) 画电路图，如图4.9所示。

(7) 检查电路能否自启动。

将无效状态111代入状态方程计算：

$$\begin{cases} Q_0^{n+1} = \overline{Q_2^n Q_1^n}\,\overline{Q_0^n} + \overline{1}Q_0^n = 0 \\ Q_1^{n+1} = Q_0^n\overline{Q_1^n} + \overline{Q_2^n}\,\overline{Q_0^n}\,Q_1^n = 0 \\ Q_2^{n+1} = Q_1^n Q_0^n\overline{Q_2^n} + \overline{Q_1^n}Q_2^n = 0 \end{cases} \tag{4.10}$$

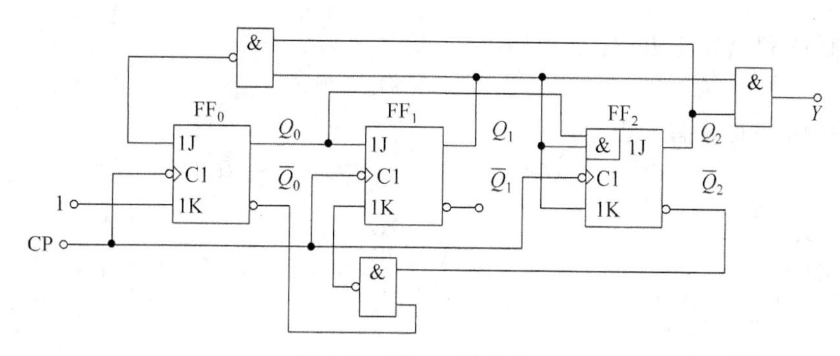

图 4.9 例 4.3 的电路图

可见 111 的次态为有效状态 000，电路能够自启动。

例 4.4 设计一个串行数据检测电路，当连续输入 3 个或 3 个以上 1 时，电路的输出为 1，其他情况下输出为 0。例如：

- 输入 X：101100111011110。
- 输出 Y：000000001000110。

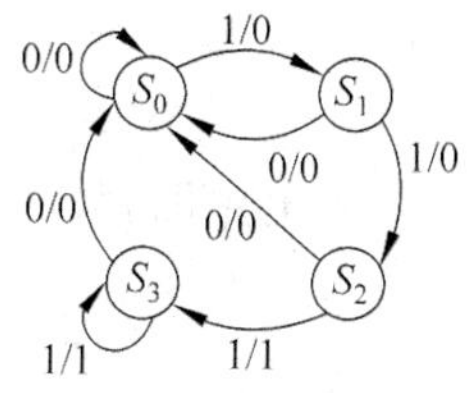

图 4.10 例 4.4 的原始状态图

解：(1) 建立原始状态图如图 4.10 所示。

设电路开始处于初始状态为 S_0。

第一次输入 1 时，由状态 S_0 转入状态 S_1，并输出 0；

若继续输入 1，由状态 S_1 转入状态 S_2，并输出 0；

如果仍接着输入 1，由状态 S_2 转入状态 S_3，并输出 1；

此后若继续输入 1，电路仍停留在状态 S_3，并输出 1。

电路无论处在什么状态，只要输入 0，都应回到初始状态，并输出 0，以便重新计数。

(2) 状态化简如图 4.11 所示。

所得原始状态图中，状态 S_2 和 S_3 等价。因为它们在输入为 1 时输出都为 1，且都转换到次态 S_3；在输入为 0 时输出都为 0，且都转换到次态 S_0。所以它们可以合并为一个状态，合并后的状态用 S_2 表示。

(3) 状态分配如图 4.12 所示。

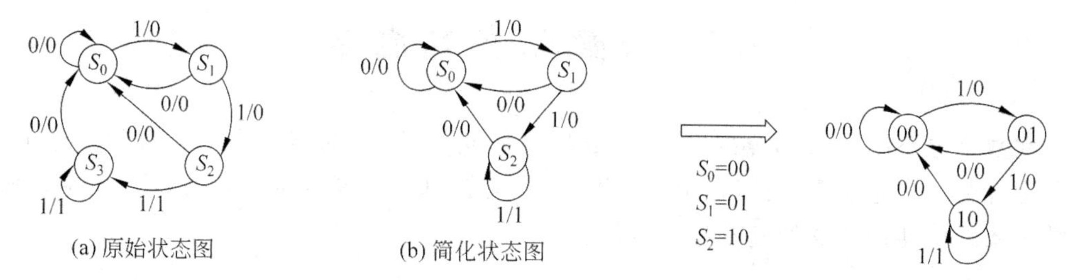

图 4.11 例 4.4 的状态图化简

图 4.12 例 4.4 的二进制状态图

(4) 选触发器。

选用 2 个 CP 下降沿触发的 JK 触发器，分别用 FF_0、FF_1 表示。

(5) 求电路的输出方程及各触发器的时钟、驱动方程。

采用同步方案，即取：$CP_0 = CP_1 = CP$

由图 4.13 可得输出方程：

$$Y = XQ_1^n \tag{4.11}$$

由图 4.14 可得状态方程：

$$Q_0^{n+1} = X\overline{Q}_1^n\overline{Q}_0^n \quad Q_1^{n+1} = X\overline{Q}_1^nQ_0^n + XQ_1^n \tag{4.12}$$

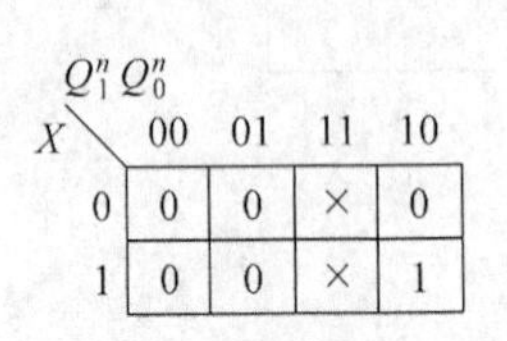

图 4.13 例 4.4 的输出端卡诺图

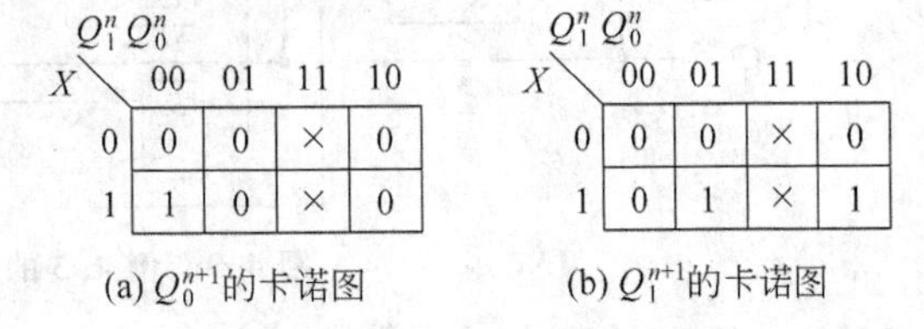

图 4.14 例 4.4 的次态卡诺图

与 JK 触发器的特性方程相比较，得驱动方程：

$$\begin{cases} J_0 = X\overline{Q}_1^n, \quad K_0 = 1 \\ J_1 = XQ_0^n, \quad K_1 = \overline{X} \end{cases} \tag{4.13}$$

(6) 画电路图，如图 4.15 所示。

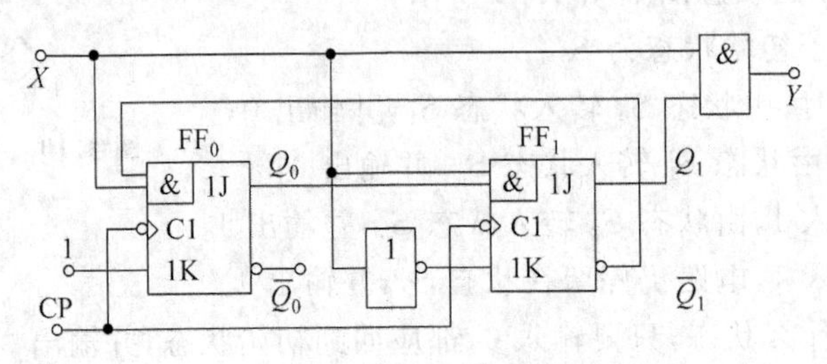

图 4.15 例 4.4 的电路图

(7) 检查电路能否自启动。

将无效状态 11 代入输出方程和状态方程计算可得：可知电路能够自启动，如图 4.16 所示。

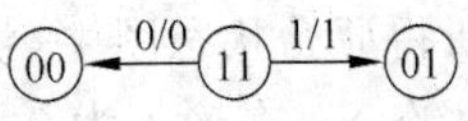

00 ← 0/0 — 11 — 1/1 → 01

图 4.16 例 4.4 的自启动验证

4.3 计数器及其应用

在数字电路中，把记忆输入脉冲个数的操作叫做计数，而能够实现计数的时序电路就称为计数器。它可用于计数、分频、定时、产生节拍脉冲等数字测量、运算、控制领域，是数字系统中使用广泛的基本逻辑器件。

4.3.1 计数器的分类

1. 按 CP 脉冲输入方式分类

按 CP 脉冲输入方式，计数器分为同步计数器和异步计数器两种。

(1) 同步计数器：计数脉冲引到所有触发器的时钟脉冲输入端，使应翻转的触发器在外接的 CP 脉冲作用下同时翻转。

(2) 异步计数器：计数脉冲并不接入所有触发器的时钟脉冲输入端，有的触发器的时钟脉冲输入端是其他触发器的输出，因此，触发器的动作并不同时发生。

2. 按计数增减趋势分类

按计数增减趋势，计数器分为加法计数器、减法计数器的可逆计数器3种。

(1) 加法计数器：计数器在 CP 脉冲作用下进行累加计数(每来一个 CP 脉冲，计数器加1)。

(2) 减法计数器：计数器在 CP 脉冲作用下进行累减计数(每来一个 CP 脉冲，计数器减1)。

(3) 可逆计数器：计数规律可按加法计数规律计数，也可按减法计数规律计数，由控制端决定。

3. 按计数进制分类

按计数进制分为二进制计数器和非二进制计数器两类。

(1) 二进制计数器：按二进制规律计数，计数长度(模值 M)等于 2^n。

(2) 非二进制计数器：模值 M(一次循环所包含的状态数)不等于 2^n，最常用的是 BCD 码十进制计数器(计数范围从 0000 到 1001)。

4.3.2 二进制计数器

1. 二进制异步计数器

将触发器接成计数状态($Q^{n+1}=\overline{Q^n}$)，再通过一级级的串接(将低位触发器的输出作为高位触发器的 CP 脉冲)，即可实现二进制计数。所以这种计数器的电路很容易理解。

1) 二进制异步加计数器

例 4.5 选用3个 CP 下降沿触发的 JK 触发器，分别用 FF_0、FF_1、FF_2 表示。其电路图，如图 4.17 所示，试分析其功能。

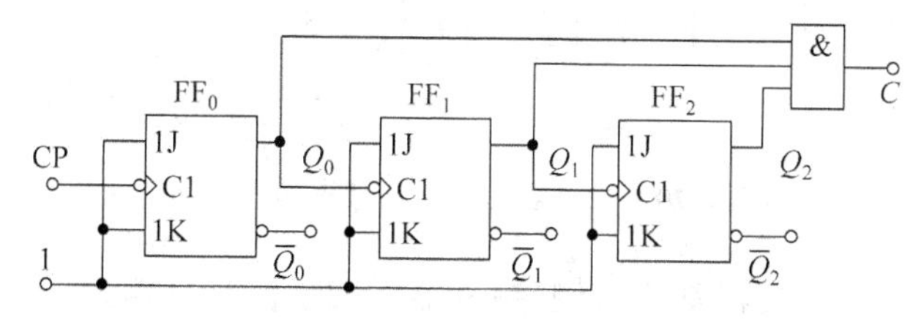

图 4.17 二进制异步加计数器的电路图

分析：3个 JK 触发器都是在需要翻转时就有下降沿，不需要翻转时没有下降沿，所以3个触发器都为 T′型触发器。

FF_0 每输入一个时钟脉冲翻转一次，FF_1 在 Q_0 由1变0时翻转，FF_2 在 Q_1 由1变0时翻转。

由于这种电路的连接很有规律性，无须用完整的分析步骤进行分析，只需作简单的观察与分析就可画出时序波形图或状态图，这种分析方法称为“观察法”。用观察法作出该电路的状态图及时序图如图 4.18 和图 4.19 所示。

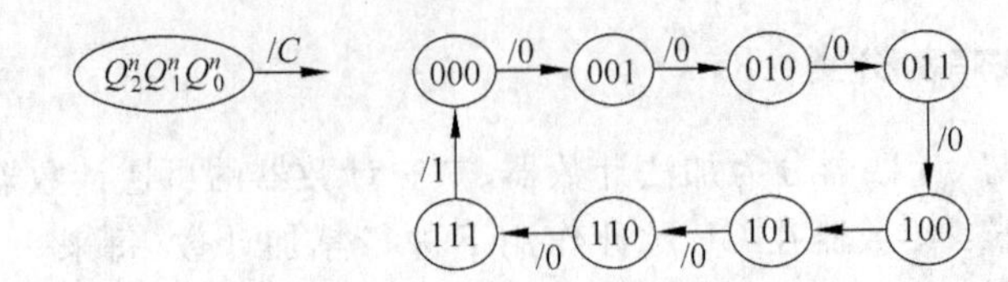

图 4.18 图 4.16 的状态图

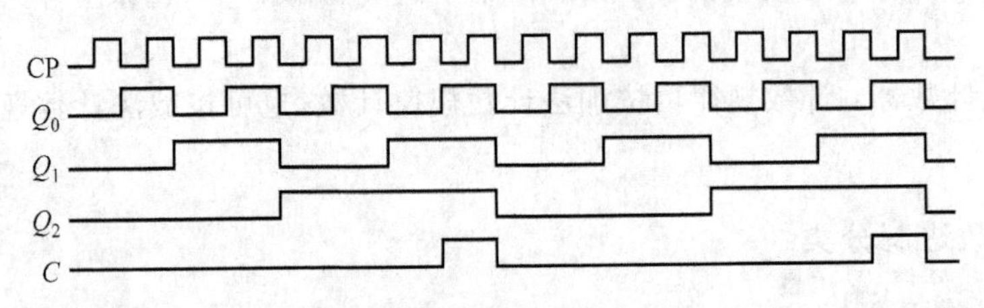

图 4.19 图 4.16 的时序图

从图 4.18 可以看出，从初态 000 开始，每输入一个计数脉冲，计数器的状态按二进制递增(加 1)，输入第 8 个计数脉冲后，计数器又回到 000 状态。因此它是 2^3 进制加计数器，也称模八($M=8$)加计数器。

从图 4.19 可以清楚地看到，Q_0、Q_1、Q_2 的周期分别是计数脉冲(CP)周期的 2 倍、4 倍、8 倍，也就是说，Q_0、Q_1、Q_2 分别对 CP 波形进行了二分频、四分频、八分频，因而计数器也可作为分频器。

2) 二进制异步减计数器

例 4.6 同样选用 3 个 CP 下降沿触发的 JK 触发器，分别用 FF_0、FF_1、FF_2 表示。其电路图，如图 4.20 所示，试分析其功能。

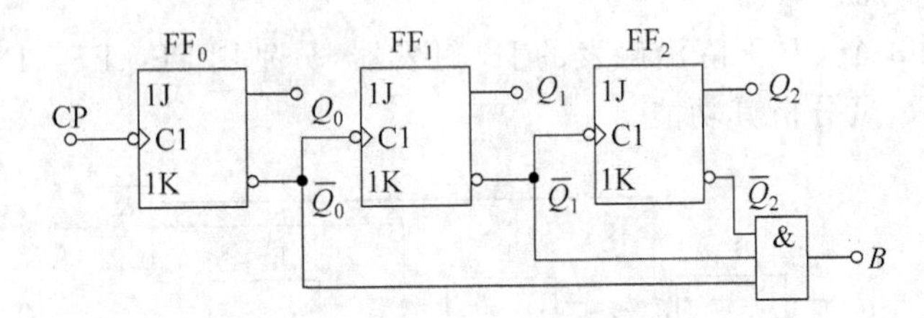

图 4.20 二进制异步减计数器的电路图

分析：同样这 3 个触发器都为 T′型触发器。FF_0 仍是每输入一个时钟脉冲翻转一次，只不过 FF_1 变成是在 Q_0 由 0 变 1 时翻转，FF_2 是在 Q_1 由 0 变 1 时翻转。

该电路的状态图及时序图分别如图 4.21 和图 4.22 所示。

从图 4.22 中可知从初态 000 开始，在第一个计数脉冲作用后，触发器 FF_0 由 0 翻转为 1(Q_0 的借位信号)，此上升沿使 FF_1 也由 0 翻转为 1(Q_1 的借位信号)，这个上升沿又使 FF_2 由 0 翻转为 1，即计数器由 000 变成了 111 状态。在这一过程中，Q_0 向 Q_1 进行了

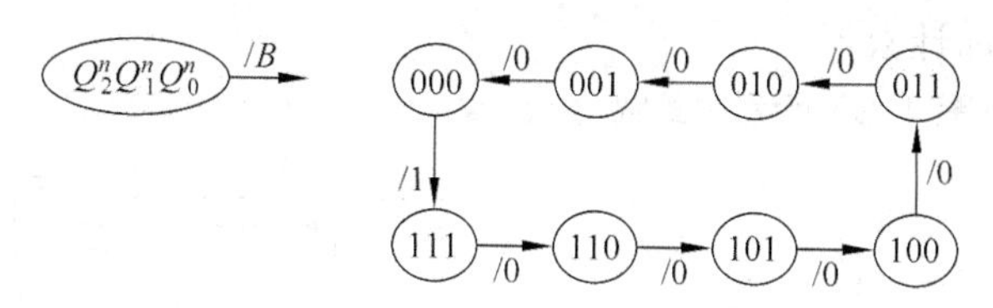

图 4.21 图 4.19 的状态图

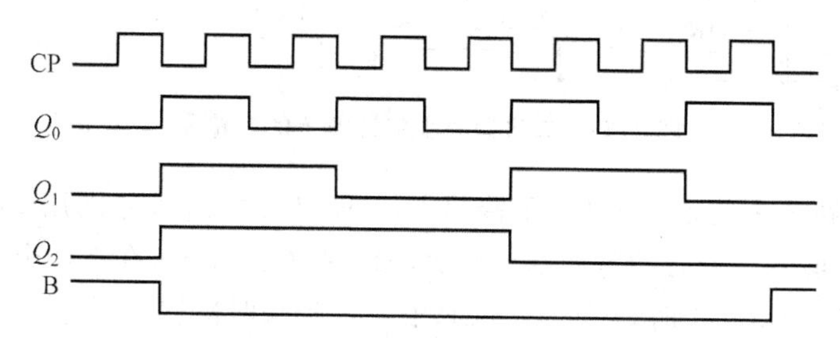

图 4.22 图 4.19 的时序图

借位，Q_1 向 Q_2 进行了借位。此后，每输入 1 个计数脉冲，计数器的状态按二进制递减(减 1)。输入第 8 个计数脉冲后，计数器又回到 000 状态，完成一次循环。因此，该计数器是 2^3 进制(模八)异步减计数器，它也同样具有分频作用。

综上所述，可对二进制异步计数器归纳出以下两点：

① n 位二进制异步计数器由 n 个处于计数工作状态(对于 D 触发器，使 $D_i=\overline{Q}_i$；对于 JK 触发器，使 $J_i=K_i=1$)的触发器组成。各触发器之间的连接方式由加、减计数方式及触发器的触发方式决定。对于加计数器，若用上升沿触发的触发器组成，则应将低位触发器的 $\overline{Q}$ 端与相邻高 1 位触发器的时钟脉冲输入端相连(即进位信号应从触发器的 $\overline{Q}$ 端引出)；若用下降沿触发的触发器组成，则应将低位触发器的 Q 端与相邻高 1 位触发器的时钟脉冲输入端连接。对于减计数器，各触发器间的连接方式则相反。

二进制异步计数器级间连接规律如表 4.4 所示。

表 4.4 二进制异步计数器级间连接规律

连接规则	T′触发器的触发沿		连接规则	T′触发器的触发沿	
	上升沿	下降沿		上升沿	下降沿
加法计数	$CP_i=\overline{Q}_{i-1}$	$CP_i=Q_{i-1}$	减法计数	$CP_i=Q_{i-1}$	$CP_i=\overline{Q}_{i-1}$

② 在二进制异步计数器中，高位触发器的状态翻转必须在低 1 位触发器产生进位信号(加计数)或借位信号(减计数)之后才能实现。故又称这种类型的计数器为串行计数器。也正因为如此，异步计数器的工作速度较低。

2. 二进制同步计数器

为了提高计数速度，可采用同步计数器，其特点是，计数脉冲同时接于各位触发器的时钟脉冲输入端，当计数脉冲到来时，应该翻转的触发器是同时翻转的，没有各级延迟时间的积累问题。同步计数器也可称为并行计数器。

1）二进制同步加计数器

例 4.7 电路如图 4.23 所示，试做分析。

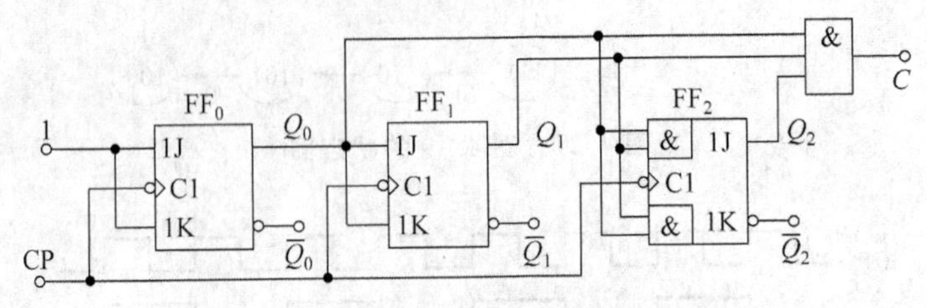

图 4.23 二进制同步加计数器的电路图

分析：该电路选用的是 3 个 CP 下降沿触发的 JK 触发器，分别用 FF_0、FF_1、FF_2 表示。其中 FF_0 每输入一个时钟脉冲翻转一次，FF_1 在 $Q_0=1$ 时，在下一个 CP 触发沿到来时翻转，FF_2 在 $Q_0=Q_1=1$ 时，在下一个 CP 触发沿到来时翻转。

其输出方程：

$$C = Q_2^n Q_1^n Q_0^n \tag{4.14}$$

驱动方程：

$$\begin{cases} J_0 = K_0 = 1 \\ J_1 = K_1 = Q_0^n \\ J_2 = K_2 = Q_1^n Q_0^n \end{cases} \tag{4.15}$$

根据同步时序逻辑电路的分析方法，可以得到该电路的状态图及时序图与图 4.18 和图 4.19 相同。因此，这是一个模为八的加计数器，也称八进制计数器。

进一步推广到 n 位二进制同步加计数器，有

驱动方程：

$$\begin{cases} J_0 = K_0 = 1 \\ J_1 = K_1 = Q_0^n \\ J_2 = K_2 = Q_1^n Q_0^n \\ \vdots \\ J_{n-1} = K_{n-1} = Q_{n-2}^n Q_{n-3}^n \cdots Q_1^n Q_0^n \end{cases} \tag{4.16}$$

输出方程：

$$C = Q_{n-1}^n Q_{n-2}^n \cdots Q_1^n Q_0^n \tag{4.17}$$

2）二进制同步减计数器

3 位二进制同步减计数器的状态图与图 4.21 相同。

分析其翻转规律并与 3 位二进制同步加计数器相比较，可以看出，只需将 3 位二进制同步加计数器中各触发器的驱动方程改为

$$\begin{cases} J_0 = K_0 = 1 \\ J_1 = K_1 = \overline{Q_0^n} \\ J_2 = K_2 = \overline{Q_1^n}\,\overline{Q_0^n} \end{cases}$$

输出方程改为 $B=\overline{Q_2^n}\,\overline{Q_1^n}\,\overline{Q_0^n}$，即可实现。照此做出电路，如图 4.24 所示。

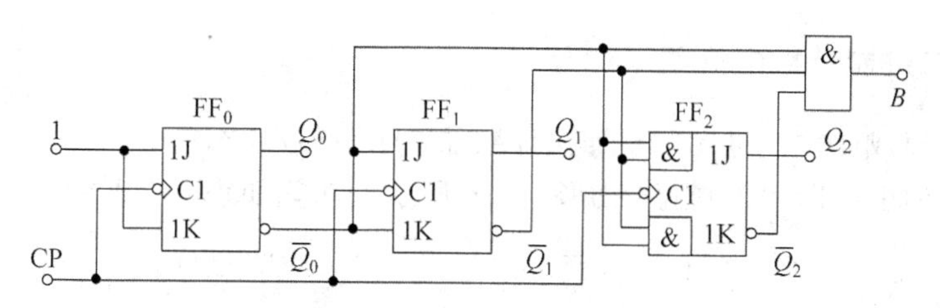

图 4.24　3 位二进制同步减计数器的电路图

进一步推广到 n 位二进制同步减计数器，有

驱动方程：

$$\begin{cases} J_0 = K_0 = 1 \\ J_1 = K_1 = \overline{Q}_0^n \\ J_2 = K_2 = \overline{Q}_1^n \overline{Q}_0^n \\ \vdots \\ J_{n-1} = K_{n-1} = \overline{Q}_{n-2}^n \overline{Q}_{n-3}^n \cdots \overline{Q}_1^n \overline{Q}_0^n \end{cases} \tag{4.18}$$

输出方程：

$$B = \overline{Q}_{n-1}^n \overline{Q}_{n-2}^n \cdots \overline{Q}_1^n \overline{Q}_0^n \tag{4.19}$$

3）二进制同步可逆计数器

设用 $\overline{U}/D$ 表示加减控制信号，且 $\overline{U}/D=0$ 时作加计数，$\overline{U}/D=1$ 时作减计数，则把二进制同步加法计数器的驱动方程和$\overline{\overline{U}/D}$相与，把减法计数器的驱动方程和 $\overline{U}/D$ 相与，再把二者相加，便可得到二进制同步可逆计数器的驱动方程：

$$\begin{cases} J_0 = K_0 = 1 \\ J_1 = K_1 = \overline{\overline{U}/D} \cdot Q_0^n + \overline{U}/D \cdot \overline{Q}_0^n \\ J_2 = K_2 = \overline{\overline{U}/D} \cdot Q_1^n Q_0^n + \overline{U}/D \cdot \overline{Q}_1^n \overline{Q}_0^n \end{cases} \tag{4.20}$$

输出方程：

$$C/B = \overline{\overline{U}/D} \cdot Q_2^n Q_1^n Q_0^n + \overline{U}/D \cdot \overline{Q}_2^n \overline{Q}_1^n \overline{Q}_0^n \tag{4.21}$$

电路如图 4.25 所示。

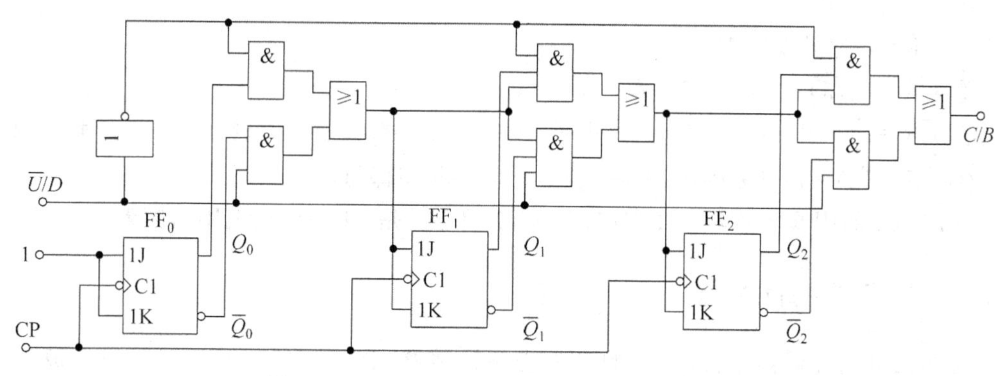

图 4.25　3 位二进制同步可逆计数器的电路图

3. 集成二进制计数器介绍

下面介绍集成 4 位二进制同步加法计数器 74LS161/163。

74LS161 的引脚图和逻辑符号如图 4.26 所示。功能如表 4.5 所示。

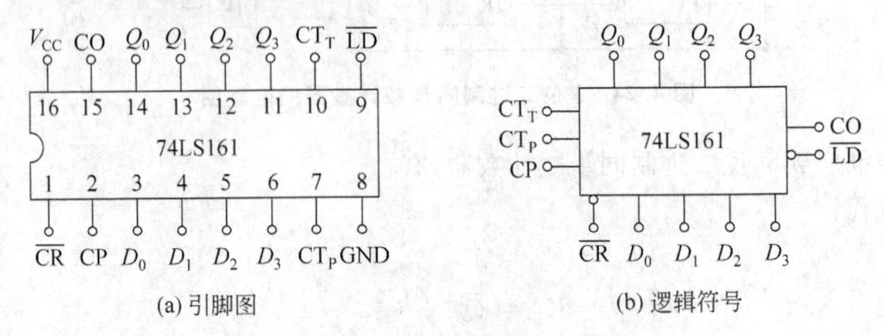

图 4.26 74LS161 的引脚图和逻辑符号

表 4.5 集成二进制计数器 74LS161 的功能表

CP	$\overline{CR}$	$\overline{LD}$	EP	ET	功能	CP	$\overline{CR}$	$\overline{LD}$	EP	ET	功能
×	0	×	×	×	清零	↑	1	1	×	0	保持
↑	1	0	×	×	置数	↑	1	1	1	1	计数
↑	1	1	0	×	保持						

说明：

- $\overline{CR}$：异步清零端，低电平有效。
- $\overline{LD}$：同步置数控制端，低电平有效。
- CP_T、CP_P：计数控制端。
- CP：计数脉冲输入端。
- $D_0 \sim D_3$：数据输入端。
- $Q_0 \sim Q_3$：数据输出端。
- CO：进位输出端。

由表 4.5 可知：

① $\overline{CR}=0$ 时异步清零。

② $\overline{CR}=1$、$\overline{LD}=0$ 时同步置数。

③ $\overline{CR}=\overline{LD}=1$，且 $CP_T=CP_P=1$ 时，按照 4 位自然二进制码进行同步二进制计数。

④ $\overline{CR}=\overline{LD}=1$，且 $CP_T \cdot CP_P=0$ 时，计数器状态保持不变。

74LS163 的引脚排列和 74LS161 相同，不同之处是 74LS163 采用同步清零。

4.3.3 非二进制计数器

在非二进制计数器中，最常用的是十进制计数器，其他进制的计数器习惯上被称为任意进制计数器。非二进制计数器也有同步和异步，加、减和可逆等各种类型。同步十进制加/减计数器因计数规则与二进制计数器不同，所以是在二进制计数器的基础上修改而成。在作十进制计数时，由于存在六个无效状态，因此电路需作自启动功能分析。此处仅以8421码十进制同步计数器为例，介绍非二进制同步计数器的设计问题。

例 4.8 试用JK触发器设计一个8421码十进制同步加计数器。

解：据题意画出状态图，如图4.27所示。

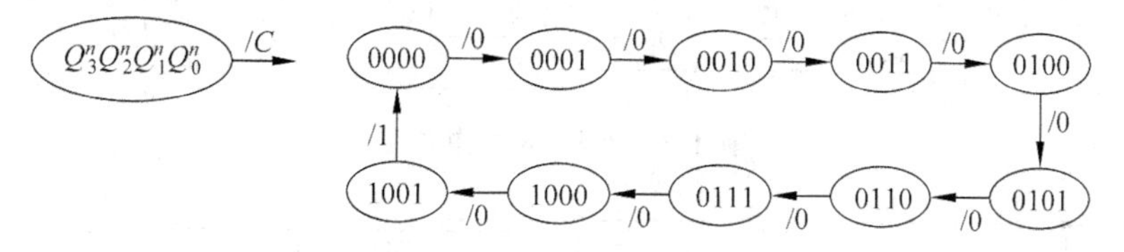

图 4.27 例 4.8 的状态图

选用4个CP下降沿触发的JK触发器，分别用 FF_0、FF_1、FF_2、FF_3 表示。

根据状态图画出进位输出端卡诺图和次态卡诺图如图4.28和图4.29，得出输出方程和状态方程。

$Q_1^nQ_0^n$ \ $Q_3^nQ_2^n$	00	01	11	10
00	0	0	×	0
01	0	0	×	1
11	0	0	×	×
10	0	0	×	×

图 4.28 例 4.8 的进位输出端卡诺图

$Q_1^nQ_0^n$ \ $Q_3^nQ_2^n$	00	01	11	10
00	0001	0101	××××	1001
01	0010	0110	××××	0000
11	0100	1000	××××	××××
10	0011	0111	××××	××××

图 4.29 例 4.8 的次态卡诺图

输出方程：

$$C=Q_3^nQ_0^n \tag{4.22}$$

状态方程：

$$\begin{aligned}
Q_0^{n+1}&=\overline{Q}_0^n=1\cdot\overline{Q}_0^n+\overline{1}\cdot Q_0^n\\
Q_1^{n+1}&=\overline{Q}_3^nQ_0^n\cdot\overline{Q}_1^n+\overline{Q}_0^n\cdot Q_1^n\\
Q_2^{n+1}&=\overline{Q}_2^nQ_1^nQ_0^n+Q_2^n\overline{Q}_1^n+Q_2^n\overline{Q}_0^n=Q_1^nQ_0^n\cdot\overline{Q}_2^n+\overline{Q_1^nQ_0^n}\cdot Q_2^n\\
Q_3^{n+1}&=Q_2^nQ_1^nQ_0^n\cdot\overline{Q}_3^n+\overline{Q}_0^n\cdot Q_3^n
\end{aligned} \tag{4.23}$$

将式(4.23)与JK触发器的特征方程 $Q^{n+1}=J\overline{Q}^n+\overline{K}Q^n$ 相比较，得驱动方程：

$$\begin{aligned}
J_0&=K_0=1\\
J_1&=\overline{Q}_3^nQ_0^n,\ K_1=Q_0^n\\
J_2&=K_2=Q_1^nQ_0^n\\
J_3&=Q_2^nQ_1^nQ_0^n,\ K_3=Q_0^n
\end{aligned} \tag{4.24}$$

据此作出电路如图4.30所示。

将无效状态1010～1111分别代入状态方程进行计算，可以验证在CP脉冲作用下都能回到有效状态，电路能够自启动。

十进制同步减法计数器的设计类似可得，设计过程不再赘述，电路如图4.31所示。

十进制同步可逆计数器：

把前面介绍的十进制加法计数器和十进制减法计数器用与或门组合起来，并用 $\overline{U}/D$

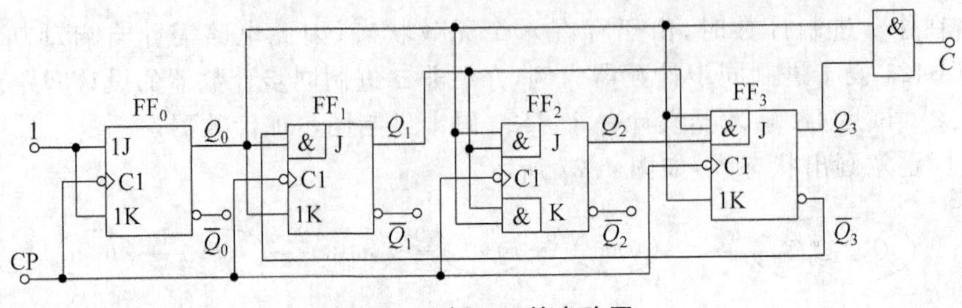

图 4.30 例 4.8 的电路图

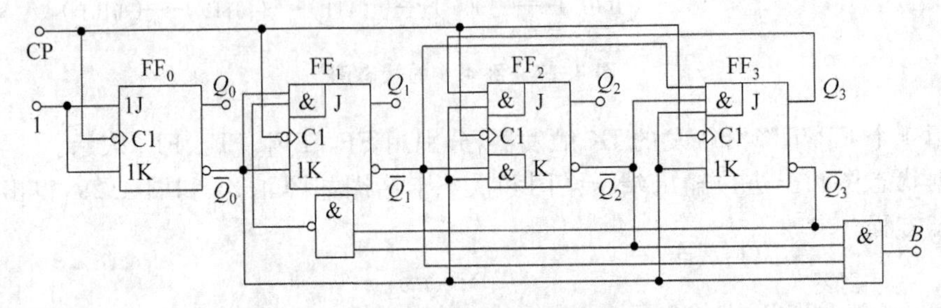

图 4.31 十进制同步减法计数器的电路图

作为加减控制信号,即可获得十进制同步可逆计数器。

由于异步计数器的设计比较复杂,这里不做介绍。

下面介绍集成非二进制计数器。

1. 集成十进制同步可逆计数器 74LS192(CC40192)

功能表如表 4.6 和表 4.7 所示。

表 4.6 集成十进制计数器 74LS192 的功能表

输入								输出			
CR	$\overline{LD}$	CP_V	CP_D	D_3	D_2	D_1	D_0	Q_3	Q_2	Q_1	Q_0
1	×	×	×	×	×	×	×	0	0	0	0
0	0	×	×	d3	d2	d1	d0	d3	d2	d1	d0
0	1	1	1	×	×	×	×	保持			
0	1	↑	1	×	×	×	×	加计数			
0	1	1	↑	×	×	×	×	减计数			

表 4.7 集成十进制计数器 CC40192 的功能表

输入								输出			
CR	$\overline{LD}$	CP+	CP−	D_3	D_2	D_1	D_0	Q_3	Q_2	Q_1	Q_0
1	×	×	×	×	×	×	×	0	0	0	0
0	0	×	×	d3	d2	d1	d0	d3	d2	d1	d0
0	1	1	1	×	×	×	×	保持			
0	1	↑	1	×	×	×	×	加计数			
0	1	0	1	×	×	×	×	1	0	0	1
0	1	1	↑	×	×	×	×	减计数			
0	1	1	0	×	×	×	×	0	0	0	0

2. 集成十进制同步加法计数器 74160

74160 功能如表 4.8 所示。

表 4.8 集成十进制计数器 74160 的功能表

CP	$\overline{R}_D$	$\overline{LD}$	EP	ET	工作状态	CP	$\overline{R}_D$	$\overline{LD}$	EP	ET	工作状态
×	0	×	×	×	置零	×	1	1	×	×	保持
↑	1	0	×	×	预置数	↑	1	1	1	1	计数

说明：集成十进制同步加法计数器 74160、74162 的引脚排列图、逻辑功能示意图与 74161、74163 相同，不同的是，74160 和 74162 是十进制同步加法计数器，而 74161 和 74163 是 4 位二进制（十六进制）同步加法计数器。此外，74160 和 74162 的区别是，74160 采用的是异步清零方式，而 74162 采用的是同步清零方式。

3. 集成二-五-十进制异步加法计数器 74LS90

74LS90 的引脚图和逻辑符号如图 4.32 所示。

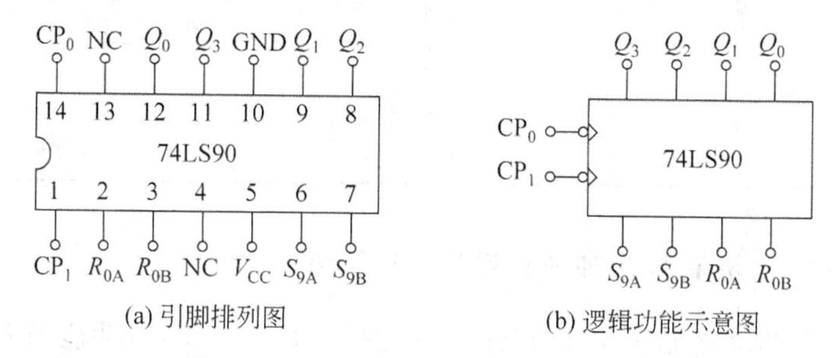

图 4.32 74LS90 的引脚图和逻辑符号

74LS90 功能如表 4.9 所示。

表 4.9 74LS90 的功能表

输入						输出			
R_{0A}	R_{0B}	S_{9A}	S_{9B}	CP_0	CP_1	Q_3^{n+1}	Q_2^{n+1}	Q_1^{n+1}	Q_0^{n+1}
1	1	0	×	×	×	0	0	0	0(清零)
1	1	×	0	×	×	0	0	0	0(清零)
×	×	1	1	×	×	1	0	0	1(置 9)
×	0	×	0	↓	0	二进制计数			
×	0	0	×	0	↓	五进制计数			
0	×	×	0	↓	Q_0	8421 码十进制计数			
0	×	0	×	Q_3	↓	5421 码十进制计数			

说明：74LS90 中包含两个独立的下降沿触发计数器。

R_{0A}、R_{0B}是异步置 0 端，高电平有效；S_{9A}、S_{9B}是异步置 9 端，高电平有效。

① CP_0 作用于内部的触发器 0，完成模 2 计数，所以当计数脉冲由 CP_0 输入，输出从 Q_0 取时，完成二进制计数。

② CP_1 作用于内部的触发器 1、2、3，完成模 5 计数，所以当计数脉冲由 CP_1 输入，输

出从 $Q_1 \sim Q_3$ 取时，完成五进制计数。

③ 计数脉冲由 CP_0 输入，Q_0 接 CP_1，则计数器先进行二进制计数，再进行五进制计数，从而完成 8421BCD 计数，如表 4.10 所示。

表 4.10 8421BCD 计数状态表

CP	Q_3	Q_2	Q_1	Q_0	CP	Q_3	Q_2	Q_1	Q_0
0	0	0	0	0	5	0	1	0	1*
1	0	0	0	1*	6	0	1	1	0
2	0	0	1	0	7	0	1	1	1*
3	0	0	1	1*	8	1	0	0	0
4	0	1	0	0	9	1	0	0	1*

④ 计数脉冲由 CP_1 输入，Q_3 接 CP_0，则计数器先进行五进制计数，再进行二进制计数，从而完成 5421BCD 计数，如表 4.11 所示。

表 4.11 5421BCD 计数状态表

CP	Q_0	Q_3	Q_2	Q_1	CP	Q_0	Q_3	Q_2	Q_1
0	0	0	0	0	5	1	0	0	0
1	0	0	0	1	6	1	0	0	1
2	0	0	1	0	7	1	0	1	0
3	0	0	1	1	8	1	0	1	1
4	0	1*	0	0	9	1	1*	0	0

4. 集成二-五-十进制异步加法计数器 74LS290

74LS290 的内部电路如图 4.33 所示，引脚图如图 4.34 所示，功能如表 4.12 所示。

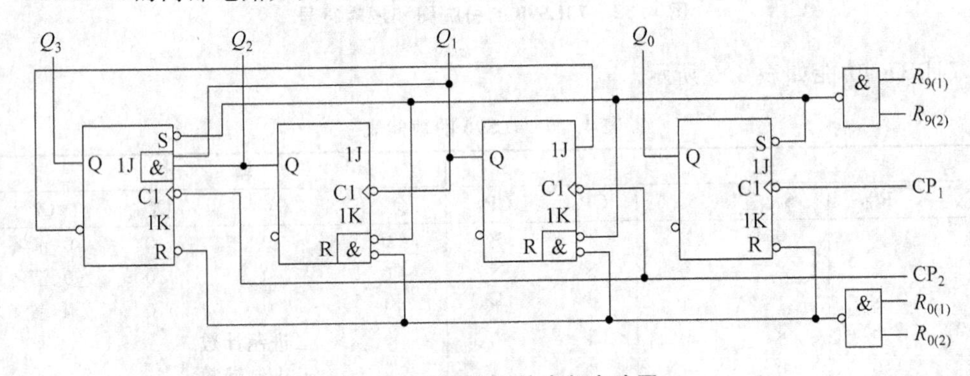

图 4.33 74LS290 的内部电路图

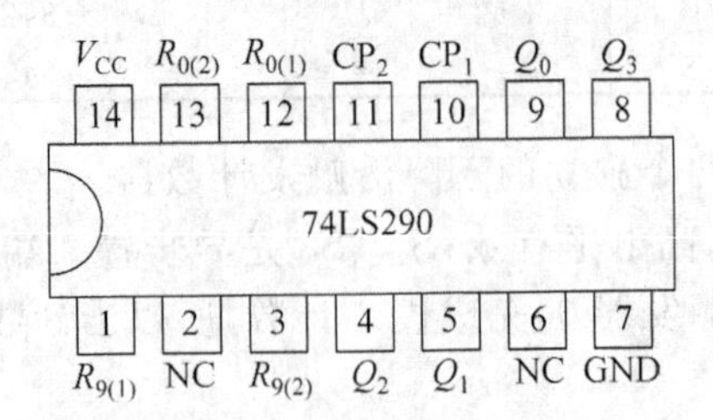

图 4.34 74LS290 的引脚图

表 4.12　74LS290 的功能表

输　入					输　出			
$R_{0(1)}$	$R_{0(2)}$	$S_{9(1)}$	$S_{9(2)}$	CP	Q_3^{n+1}	Q_2^{n+1}	Q_1^{n+1}	Q_0^{n+1}
1	1	0	×	×	0	0	0	0(清零)
1	1	×	0	×	0	0	0	0(清零)
×	×	1	1	×	1	0	0	1(置 9)
0	×	0	×	↓	加计数			
0	×	×	0	↓	加计数			
×	0	0	×	↓	加计数			
×	0	×	0	↓	加计数			

说明：

① 清零功能。当 $R_{0(1)} \cdot R_{0(2)}=1$、$S_{9(1)} \cdot S_{9(2)}=0$ 时，计数器异步清零。

② 置 9 功能。当 $R_{0(1)} \cdot R_{0(2)}=0$、$S_{9(1)} \cdot S_{9(2)}=1$ 时，计数器异步置 9，即计数器的输出状态为 1001。

③ 计数功能。74LS290 包含一个独立的 1 位二进制计数器和一个独立的异步五进制计数器：二进制计数器的时钟输入端为 CP_1，输出端为 Q_0；五进制计数器的时钟输入端为 CP_2，输出端为 Q_1、Q_2、Q_3。

当 $S_{9(1)}$ 和 $S_{9(2)}$ 不全为 1，并且 $R_{0(1)}$ 和 $R_{0(2)}$ 不全为 1，输入计数脉冲 CP 时，计数器开始计数：

若以 CP_1 为计数输入瑞、Q_0 为输出端，即得到二进制计数器(或二分频器)；

若以 CP_2 为输入端、$Q_3 \sim Q_1$ 为输出端，则得到五进制计数器(或五分频器)；

若如果将 Q_0 与 CP_2 相连，CP_1 作时钟脉冲输入端，$Q_3 \sim Q_0$ 作输出端，则得到十进制计数器。

4.3.4　计数器的应用

1. 用集成计数器构成任意 N 进制计数器

市场上能买到的集成计数器一般为二进制和 8421BCD 码十进制计数器，如果需要其他进制的计数器，可用现有的二进制或十进制计数器，外加适当的门电路连接而成。由于集成计数器是厂家生产的定型产品，其函数关系已被固化在芯片中了，状态分配即编码是不可能更改的，而且多为纯自然顺序编码，因此只能是利用集成计数器的清零端或者置数端控制，让电路跳过某些状态而获得 N 进制计数器。

用现有的 M 进制集成计数器构成 N 进制计数器时，又可分为两种情况：如果 $M>N$，则只需一片 M 进制计数器；如果 $M<N$，则需用多片 M 进制计数器。

1) $M>N$ 情况

(1) 方法 1：反馈清零法。

反馈清零法适用于有清零输入端的集成计数器。其原理是：当 M 进制集成计数器从起始状态 S_0 开始计数并接收了 N 个脉冲以后，电路进入 S_N 状态。如果这时利用 S_N

状态产生一个复位脉冲将计数器置成 S_0 状态，这样就可以跳越($M-N$)个状态，从而实现模值为 N 的计数器。此时需注意，集成计数器的清零输入端有同步清零和异步清零之分：有的集成计数器采用同步方式——清零输入端有了有效电平后还需等待下一个 CP 触发沿到来时才能完成清零操作，有的则采用异步方式——清零输入端一旦有效即可立即实现清零，与其他输入端的状态(包括 CP 信号)无关，两者在设计时会有一个状态的差别。

例如 74161 具有异步清零功能，在其计数过程中，不论输出是什么状态，只要在异步清零端加一低电平信号，使 $\overline{CR}=0$，74161 的输出会立即被置成 0000 状态，等清零信号($\overline{CR}=0$)消失后，74161 又从 0000 状态开始重新计数。因此若要用它构成一个 N 进制的计数器，需反馈的状态即为 N。而如果是具有同步清零功能的 74163，需反馈的状态则为 $N-1$。对此，比较直观的方法是画出状态转移图。异步清零用虚线箭头表示，同步清零则用实线表示，一个循环里实线箭头的个数即为计数器的模值。

(2) 方法 2：反馈置数法。

反馈置数法适用于具有置数功能的集成计数器。其原理是：在计数器计数过程中，可以将它输出的任何一个状态通过译码，产生一个置数控制信号反馈至置数控制端，从而给计数器重复置入某一固定二进制数值(由预置数数据输入端 A、B、C、D 提前设置好)，等置数控制信号消失后，计数器就从被置入的状态开始重新计数，于是使 M 进制计数器跳越($M-N$)个状态，实现模值为 N 的计数。置数操作可以在 S_0 状态时进行，也可以在其他状态时进行。采用置数法时，既可以在计到最大值时置入某个最小值，作为下一个计数循环的起始点，也可以在计到某个数值时给计数器置入最大值，中间跳过若干状态。这里同样需注意的是，集成计数器的置数端也有同步置数和异步置数之分，在设计时也会有一个状态的差别。

例 4.9 试用 74LS161 来构成一个十二进制计数器。

方法 1：反馈清零法(异步清零端)。

解：$S_N=S_{12}=1100$，画连线图如图 4.35(a)所示。

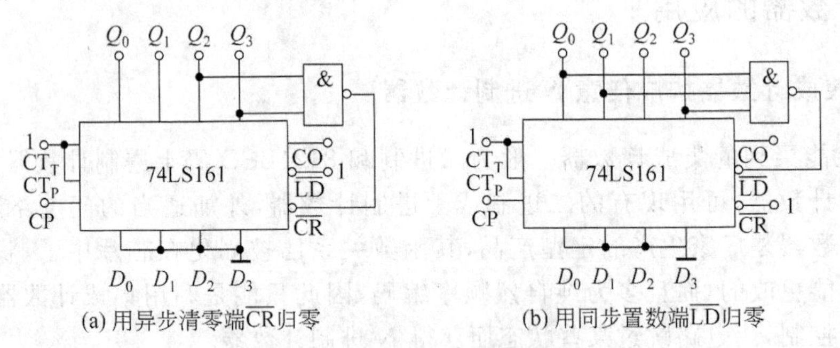

图 4.35 例 4.9 的连线图

说明：$D_0 \sim D_3$ 可随意处理。

方法 2：反馈置数法(同步置数端)。

解：$S_{N-1}=S_{11}=1011$，画连线图如图 4.35(b)所示。

说明：$D_0 \sim D_3$ 都必须接 0。

例 4.10 试用 74LS163 来构成一个十二进制计数器。

解：$S_{N-1}=S_{11}=1011$；画连线图如图 4.36 所示。

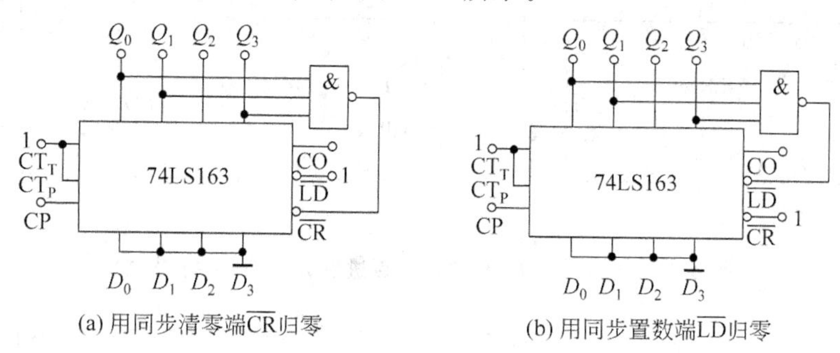

(a) 用同步清零端$\overline{CR}$归零　　(b) 用同步置数端$\overline{LD}$归零

图 4.36　例 4.10 的连线图

说明：

(1) 图中 $D_0\sim D_3$ 可随意处理。

(2) $D_0\sim D_3$ 都必须接 0。

2) $M<N$ 情况

先用 n 片级联构成模为 M^n 的计数器(保证 $M^n>N$)，再用整体反馈清零法或整体反馈置数法构成模为 N 的计数器。

其中，进行级连时有两种情况：①串行进位法：将 N_1(计数器进制)与 N_2 采用串行进位方式连接，用前一级计数器的输出作为后一级计数器的时钟信号，即低位 C(或 $\overline{C}$)作高位计数器的 CP，N_1、N_2 内部是同步工作的，但 N_1、N_2 之间是异步工作的，因此又称为异步级联。②并行进位法：将 N_1 与 N_2 采用并行进位方式连接，即低位 C 作高位计数器的使能端，外加时钟信号同时接到各片的时钟输入端，N_1、N_2 共用一个 CP，工作在同步方式，因此又称为同步级联。

整体反馈清零法：将两片或多片 N 进制计数器按最简单的方式接成一大于 M 进制的计数器，在计数器计到 M 时译出置 0 信号$\overline{CR}$，将所有计数器同时置 0。

整体反馈置数法：将两片或多片 N 进制计数器按最简单的方式接成一大于 M 进制的计数器，在选定某一状态下译出置数信号$\overline{LD}$，将所有计数器同时置入适当的数据，跳过多余状态，获得 M 进制计数器。

异步计数器一般没有专门的进位信号输出端，通常可以用本级的高位输出信号驱动下一级计数器计数，即采用串行进位方式来扩展容量。

同步计数器有进位或借位输出端，可以选择合适的进位或借位输出信号来驱动下一级计数器计数。同步计数器级联的方式有两种，一种级间采用串行进位方式，即异步方式，这种方式是将低位计数器的进位输出直接作为高位计数器的时钟脉冲，异步方式的速度较慢。另一种级间采用并行进位方式，即同步方式，这种方式一般是把各计数器的 CP 端连在一起接统一的时钟脉冲，而低位计数器的进位输出送高位计数器的计数控制端。

在此种接线方式中，只要片①的各位输出都为 1，片②立即可以接收进位信号进行计数，不会像基本接法中那样，需要经历片①的传输延迟，所以工作速度较高。这种接线方式的工作速度与计数器的位数无关。

图 4.37 至图 4.44 为不同方式的 $M<N$ 的计数器的构成电路。

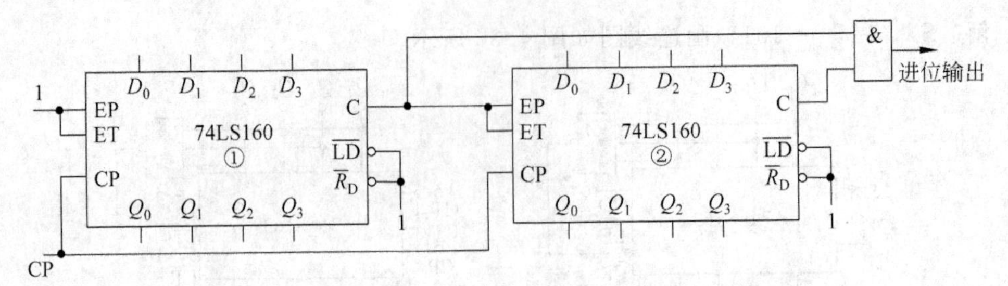

图 4.37 用两片 74160 实现一百进制计数器(并行进位)

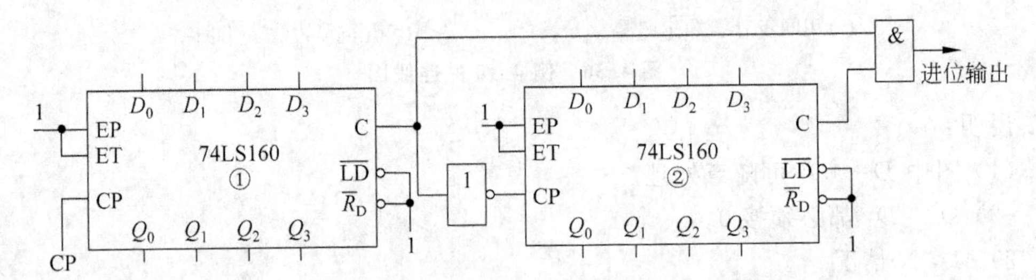

图 4.38 用两片 74160 实现一百进制计数器(串行进位)

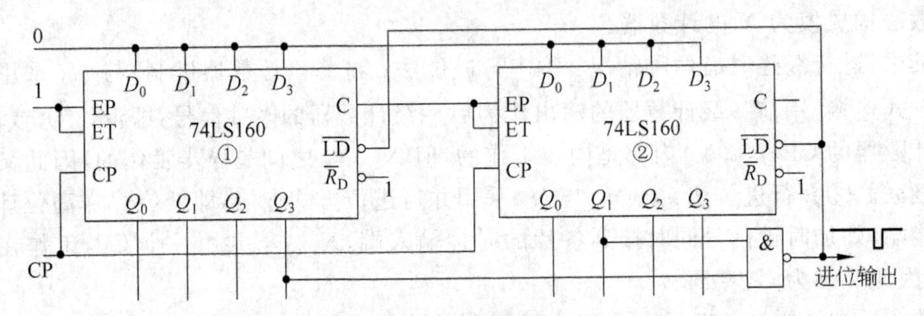

图 4.39 用两片 74160 实现二十九进制计数器(并行进位,整体反馈置数)

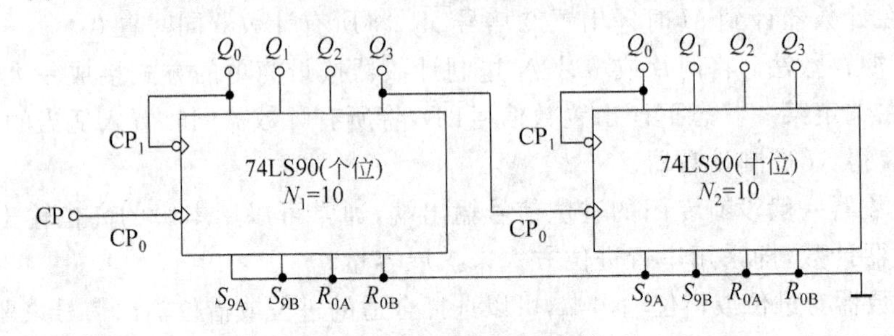

图 4.40 一百进制计数器

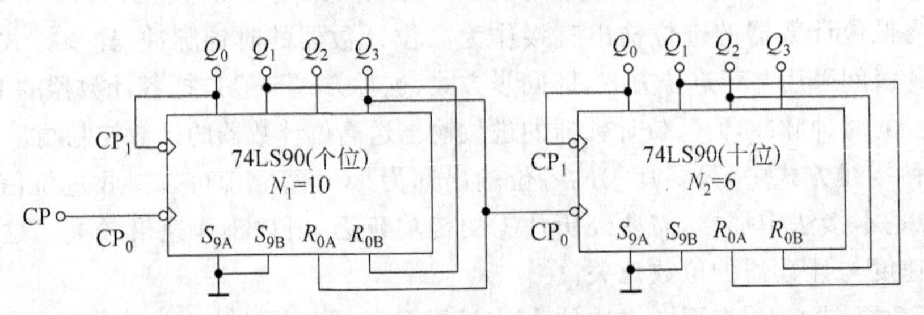

图 4.41 六十进制计数器

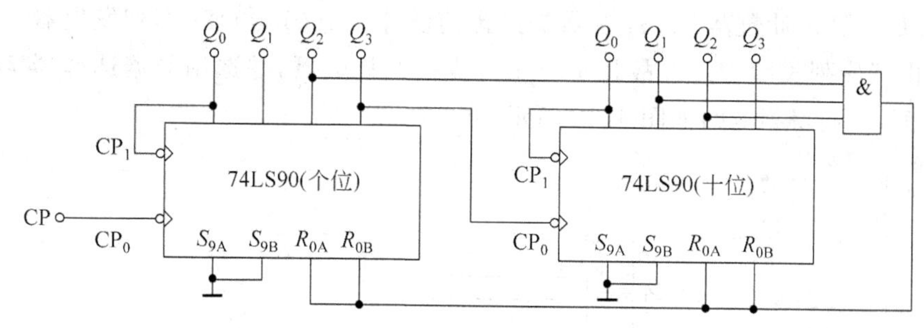

图 4.42 六十四进制计数器

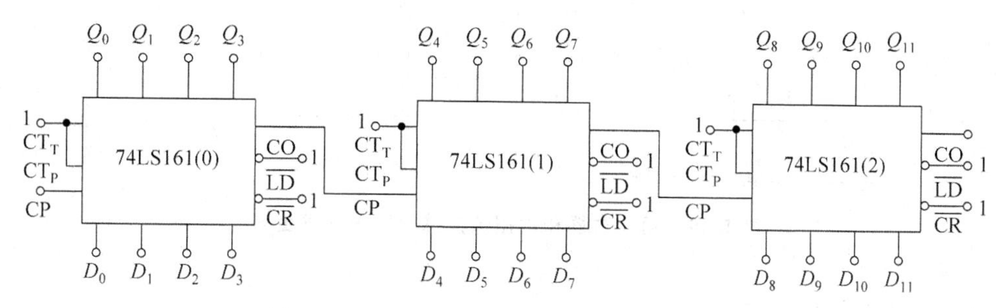

图 4.43 12 位二进制计数器(慢速计数方式)

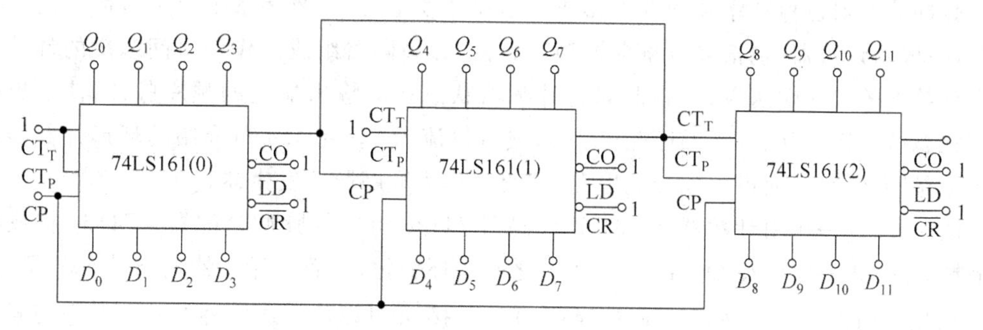

图 4.44 12 位二进制计数器(快速计数方式)

2. 组成分频器

前面提到过,模 N 计数器进位输出端输出脉冲的频率是输入脉冲频率的 $1/N$,因此可用模 N 计数器组成 N 分频器。

3. 组成序列信号发生器

序列信号是在时钟脉冲作用下产生的一串周期性的二进制信号。用计数器辅以数据选择器可以方便地构成各种序列发生器。构成的方法如下。

(1) 构成一个模 P 计数器。

(2) 选择适当的数据选择器,把欲产生的序列按规定的顺序加在数据选择器的数据输入端,把地址输入端与计数器的输出端适当地连接在一起。

例 4.11 试用计数器 74161 和数据选择器设计一个 01100011 序列发生器。

解：由于序列长度 $P=8$，故将 74161 构成模 8 计数器，并选用数据选择器 74151 产生所需序列，从而得到电路如图 4.45 所示。

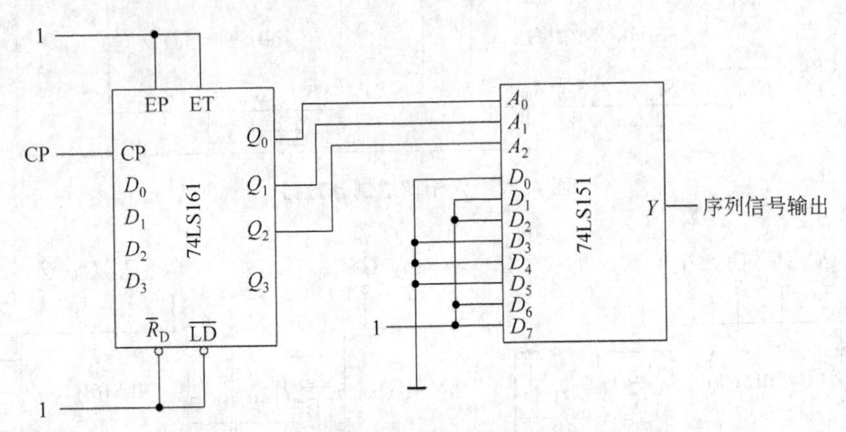

图 4.45 用计数器和数据选择器设计序列发生器

4. 组成脉冲分配器

脉冲分配器也称顺序脉冲发生器或节拍脉冲发生器，是数字系统中定时部件的组成部分，一般由计数器(包括移位寄存器型计数器)和译码器组成。作为时间基准的计数脉冲由计数器的输入端送入，译码器即将计数器状态译成输出端上的顺序脉冲，使输出端上的状态按一定时间、一定顺序轮流为 1，或者轮流为 0。在 4.4 节介绍的环形计数器的输出也是顺序脉冲，故可不加译码电路，即直接作为顺序脉冲发生器。

图 4.46 为一个由计数器 74161 和译码器 74138 组成的脉冲分配器。74161 构成模 8 计数器，输出状态 $Q_2Q_1Q_0$ 在 000～111 之间循环变化，从而在译码器输出端 Y_0～Y_7 分别得到顺序输出的脉冲序列。图中 74138 的 S_1 接$\overline{CP}$可以使选通脉冲的有效时间与触发器的翻转时间错开，从而消除竞争-冒险现象。

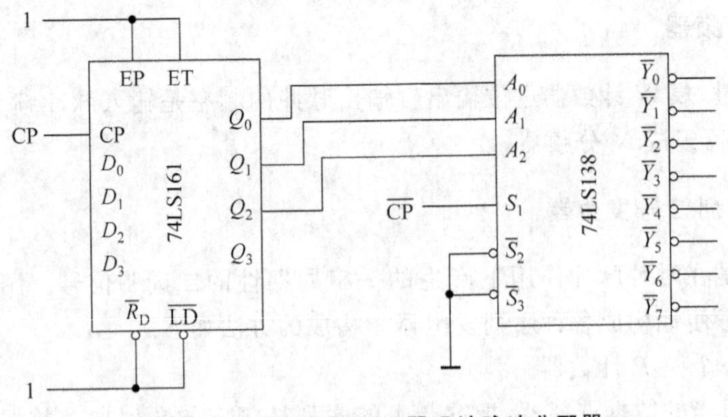

图 4.46 用计数器和译码器设计脉冲分配器

4.4 寄存器及其应用

任何现代数字系统都必须把需要处理的数据和代码先寄存起来，以便随时取用，寄存器就是具有接收和存储代码或数据的逻辑器件，又称为数码寄存器，用来存放二进制数码，广泛用于各类数字系统和数字计算机中。它的主要组成部分是具有存储功能的触发器。一个触发器可以存储1位二进制代码，因此存放 n 位二进制代码的寄存器需用 n 个触发器来构成。

按照功能的不同，可将寄存器分为基本寄存器和移位寄存器两大类。基本寄存器只能并行送入数据，需要时也只能并行输出。存储单元用基本触发器、同步触发器、主从触发器及边沿触发器均可。移位寄存器中的数据可以在移位脉冲作用下依次逐位右移或左移，数据既可以并行输入、并行输出，也可以串行输入、串行输出，还可以并行输入、串行输出，串行输入、并行输出，十分灵活，用途也很广。存储单元则只能用主从触发器或边沿触发器。

4.4.1 基本寄存器

D触发器是最简单的基本寄存器。在CP脉冲作用下，它能够寄存一位二进制代码。当 $D=0$ 时，在CP脉冲作用下，将0寄存到D触发器中；当 $D=1$ 时，在CP脉冲作用下，将1寄存到D触发器中。图4.47为由D触发器组成的四位数码寄存器，在存数指令脉冲CP作用下，输入端的并行四位数码将同时存到4个D触发器中，并由各触发器的 Q 端输出。

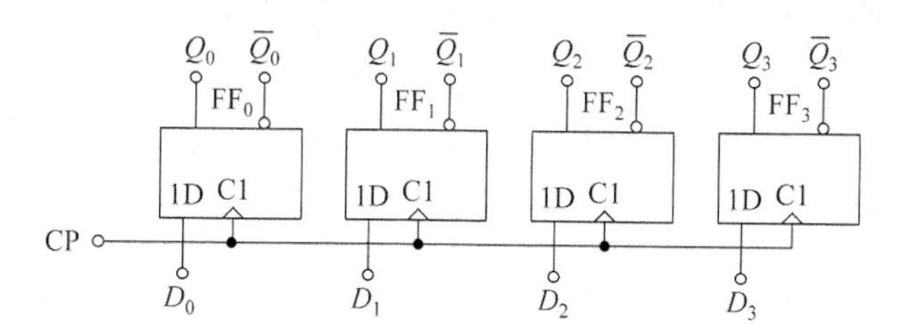

图4.47 由D触发器组成的四位数码寄存器

当用触发器寄存数据时，除使用上述方法外，还可以使用触发器的异步置0端和异步置1端。例如，对低电平置0、置1的触发器，可在 $\overline{R}_d$ 端和 $\overline{S}_d$ 端之间接一反相器：反相器输入端接触发器的 $\overline{R}_d$ 端，反相器输出端接触发器的 $\overline{S}_d$ 端。这样，将需要寄存的数据从反相器输入端输入时，触发器就可立即寄存该数据。

4.4.2 移位寄存器

具有移位功能的寄存器称为移位寄存器。所谓移位功能是指在寄存器里存放的数码能在移位脉冲作用下依次逐位向左移动或右移动。显然，有空翻现象的触发器不能组成移位寄存器。

移位寄存器不仅可以用来存放数码，而且还可以用来实现数据的串行和并行相互转换、数值运算以及数据处理等。

1. 单向移位寄存器

把若干个触发器串接起来，就可构成一个移位寄存器。由4个边沿D触发器构成的4位移位寄存器如图4.48所示。数据从串行输入端 D_I 输入，左边触发器的输出作为右邻触发器的数据输入。设移位寄存器的初始状态为0000，串行输入数码 $D_i=1101$，从高位到低位依次输入。在4个移位脉冲作用后，输入的4位串行数码1101全部存入了寄存器中。电路的状态表如表4.13所示，时序图如图4.49所示。

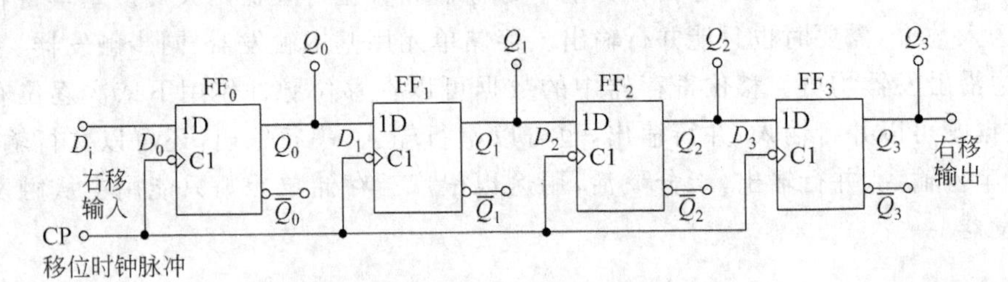

图4.48 4位右移移位寄存器

表4.13 图4.46的状态表

输入		现态				次态				说明
D_i	CP	Q_0^n	Q_1^n	Q_2^n	Q_3^n	Q_0^{n+1}	Q_1^{n+1}	Q_2^{n+1}	Q_3^{n+1}	
1	↑	0	0	0	0	1	0	0	0	
1	↑	1	0	0	0	1	1	0	0	
0	↑	1	1	0	0	0	1	1	0	
1	↑	0	1	1	0	1	0	1	1	输入1101
0	↑	1	0	1	1	0	1	0	1	
0	↑	0	1	0	1	0	0	1	0	
0	↑	0	0	1	0	0	0	0	1	
0	↑	0	0	0	1	0	0	0	0	

移位寄存器中的数码可由 Q_3、Q_2、Q_1 和 Q_0 并行输出，也可从 Q_3 串行输出。串行输出时，要继续输入4个移位脉冲，才能将寄存器中存放的4位数码1101依次输出。图4.49中第5～8个CP脉冲及所对应的 Q_3、Q_2、Q_1、Q_0 波形就是将4位数码1101串行输出的过程。所以，移位寄存器具有串行输入-并行输出和串行输入-串行输出两种工作方式。

单向移位寄存器具有以下主要特点：

(1) 单向移位寄存器中的数码，在CP脉冲操作下，可以依次右移或左移。

(2) n 位单向移位寄存器可以寄存 n 位二进制代码。n 个CP脉冲即可完成串行输入工作，此后可从 $Q_0 \sim Q_{n-1}$ 端获得并行的 n 位二进制数码，再用 n 个CP脉冲又可实现串行输出操作。

(3) 若串行输入端状态为0，则 n 个CP脉冲后，寄存器便被清零。

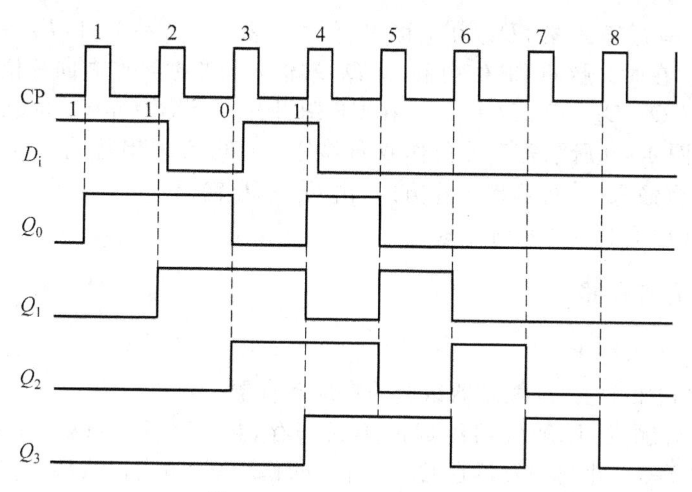

图 4.49 图 4.46 的时序图

2. 双向移位寄存器

若将图 4.48 所示电路中各触发器间的连接顺序调换一下，让右边触发器的输出作为左邻触发器的数据输入，则可构成左向移位寄存器。若再增添一些控制门，则可构成既能右移(由低位向高位)、又能左移(由高位至低位)的双向移位寄存器。图 4.50 是双向移位寄存器的一种方案，它是利用边沿 D 触发器组成的，每个触发器的数据输入端 D 同与或非门组成的转换控制门相连，移位方向取决于移位控制端 S 的状态。触发器 $FF_0 \sim FF_3$ 数据输入端 D 的逻辑表达式(驱动方程)分别为

$$\begin{aligned} D_0 &= \overline{S\overline{D}_{SR} + \overline{S}\,\overline{Q}_1} \\ D_1 &= \overline{S\overline{Q}_0 + \overline{S}\,\overline{Q}_2} \\ D_2 &= \overline{S\overline{Q}_1 + \overline{S}\,\overline{Q}_3} \\ D_3 &= \overline{S\overline{Q}_2 + \overline{S}\,\overline{D}_{SL}} \end{aligned} \tag{4.25}$$

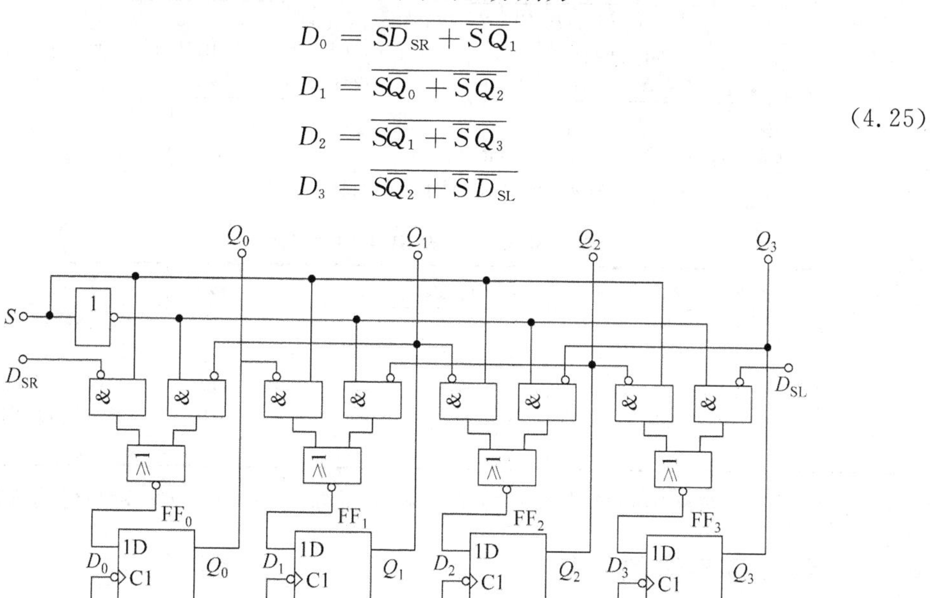

图 4.50 双向移位寄存器

式中 D_{SR} 为右移串行输入端，D_{SL} 为左移串行输入端。当 $S=1$ 时，$D_0=D_{SR}$、$D_1=Q_0$、$D_2=Q_1$、$D_3=Q_2$，在时钟脉冲 CP 作用下，由 D_{SR} 端输入的数据将作右向移位；反之，当 $S=0$ 时，$D_0=Q_1$、$D_1=Q_2$、$D_2=Q_3$、$D_3=D_{SL}$，在 CP 脉冲作用下，Q_3 至 Q_0 的状态将作左向移位。由此可见，图 4.49 所示寄存器可作双向移位。也可实现串行输入-串行输出（由 Q_3 或 Q_0 输出）、串行输入-并行输出工作方式（由 Q_3～Q_0 输出）。

说明：S=1 时右移，S=0 时左移。

3. 常用集成寄存器

常用集成寄存器分类：

1）由多个（边沿触发）D 触发器组成的集成寄存器

由多个（边沿触发）D 触发器组成的集成寄存器有 74171（4D）、74175（4D）、74174（6D）、74273（8D）等。此类触发器在 CP 上升沿的作用下，输出接收输入代码，在 CP 无效时输出保持不变。

2）由带使能端（电位控制式）D 触发器构成的锁存型集成寄存器

由带使能端（电位控制式）D 触发器构成的锁存型集成寄存器有 74375（4D）、74363（8D）、74373（8D）等。

目前常用的集成移位寄存器种类很多，如 74164、74165、74166 均为 8 位单向移位寄存器，74195 为 4 位单向移存器，74194 为 4 位双向移存器，74198 为 8 位双向移存器。

这里以集成双向移位寄存器 74LS194 为例，其引脚图和逻辑符号如图 4.51 所示，功能表为表 4.14 所示。

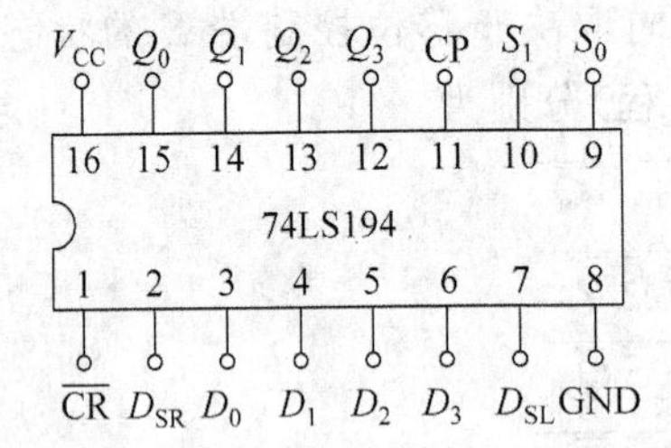

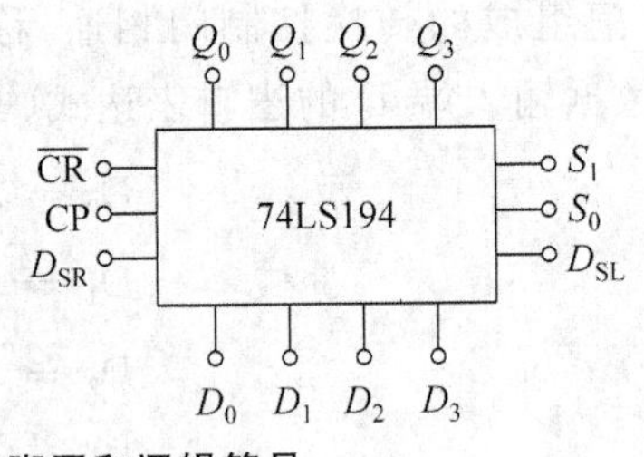

图 4.51　74LS194 的引脚图和逻辑符号

表 4.14　74LS194 的功能表

CR	S_1	S_0	D_{SR}	D_{SL}	CP	Q_0	Q_1	Q_2	Q_3	功　能
0	×	×	×	×	×	0	0	0	0	异步清零
1	0	0	×	×	×	Q_0	Q_1	Q_2	Q_3	保持
1	0	1	A	×	↑	A	Q_0	Q_1	Q_2	右移（从 Q_0 向右移动）
1	1	0	×	B	↑	Q_1	Q_2	Q_3	B	左移（从 Q_3 向左移动）
1	1	1	×	×	↑	D_0	D_1	D_2	D_3	并行输入

说明：D_{SR} 为右移串行输入端；D_{SL} 为左移串行输入端；D_0～D_3 为并行输入端。

4.4.3 移位寄存器的应用

1. 串一并转换

将串行输入转换成并行输出，根据功能表进行连接，电路连接图略。

2. 并—串转换

并行输入转换成串行输出的状态转换情况见表 4.15，波形如图 4.52 所示。

表 4.15 五单位数码并—串转换的状态转换情况

序 号	Q_1	Q_2	Q_3	Q_4	Q_5	
0	0	0	0	0	0	
1*	1	1	0	0	1	(并入)
2	0	1	1	0	0	串
3	0	0	1	1	0	
4	0	0	0	1	1	行
5	0	0	0	0	1	
6*	1	0	1	0	1	输
7	0	1	0	1	0	
8	0	0	1	0	1	出
9	0	0	0	1	0	
10	0	0	0	0	1	(并入)

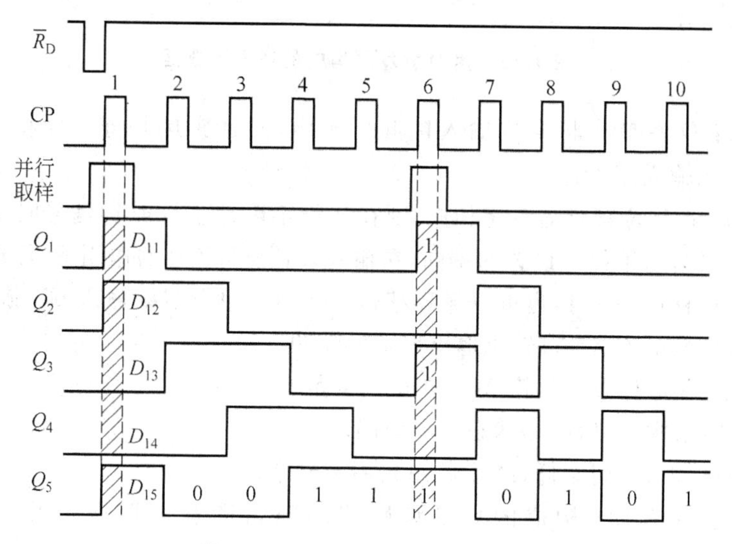

图 4.52 并—串转换的波形图

说明：

(1) 置数是同步置数，置数前 $Q_1 \sim Q_4$ 必须为 0。

(2) 只在第一次置数前需异步清零，因为移位时有补零操作。

3. 脉冲节拍延时

串入-串出时：

$$\text{输入} \xrightarrow{\text{延时 } n \text{ 个脉冲}} \text{输出}$$

4. 用集成移位寄存器实现任意模值 M 的计数分频器

由移位寄存器构成的计数器叫移存型计数器，主要有三种：

(1) 环形计数器($M=n$)。

(2) 扭环计数器($M=2n$)。

(3) 任意模值计数器($M\leqslant 2n$)。

① 环形计数器。

有时要求在移位过程中数据不要丢失，仍然保持在寄存器中。此时，只要将移位寄存器的最高位的输出接至最低位的输入端，或将最低位的输出接至最高位的输入端，即将移位寄存器的首尾相连就可实现上述功能。这种寄存器称为循环移位寄存器，它也可以作为计数器用，称为环形计数器，电路结构如图 4.53 所示。

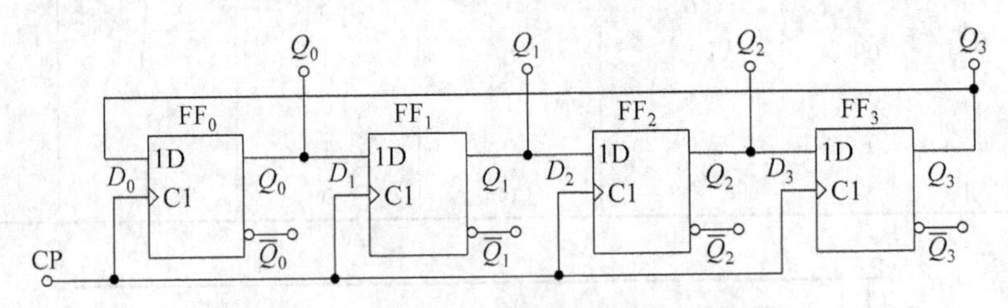

图 4.53　用 D 触发器构成的环形计数器

结构特点：$D_0=Q_{n-1}^n$ 将高位输入接低位输出，而且头尾相连。即将 FF_{n-1} 的输出 Q_{n-1} 接到 FF_0 的输入端 D_0。

工作原理：将移位寄存器首尾相连，则在连续不断地输入时钟信号时寄存器的数据将循环右移。根据起始状态设置的不同，在输入计数脉冲 CP 的作用下，环形计数器的有效状态可以循环移位一个 1，也可以循环移位一个 0。即当连续输入 CP 脉冲时，环形计数器中各个触发器的 Q 端，将轮流地出现矩形脉冲。

计数特点：环形计数器的模 M 等于触发器数。

优点：电路结构简单，电路状态不需译码。

缺点：电路状态利用率低，2^n 个状态只用了 n 个。

图 4.54 是用 74194 构成的环形计数器的逻辑图和时序图。当脉冲启动信号

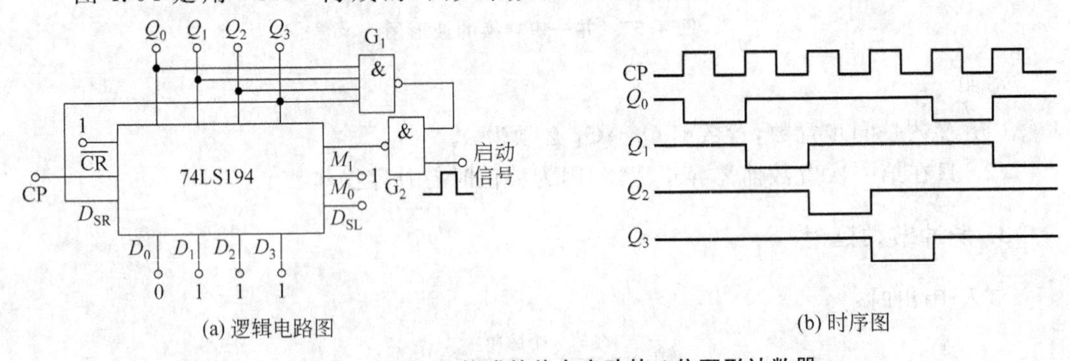

图 4.54　由 74194 构成的能自启动的 4 位环形计数器

START 到来时，使 $M_1M_0=11$，从而不论移位寄存器 74194 的原状态如何，在 CP 作用下总是执行置数操作使 $Q_0Q_1Q_2Q_3=0111$。当 START 由 0 变 1 之后，$M_1M_0=01$，在 CP 作用下移位寄存器进行右移操作。在第四个 CP 到来之前 $Q_0Q_1Q_2Q_3=1110$。这样在第四个 CP 到来时，由于 $D_{SR}=Q_3=0$，故在此 CP 作用下 $Q_0Q_1Q_2Q_3=0111$，可见该计数器共 4 个状态，为模4 计数器。

总结：环形计数器的突出优点是电路结构极其简单。n 位移位寄存器可以计 n 个数，实现模 n 计数器，而且，在有效循环的每个状态只包含一个 1（或 0）时可以直接以各个触发器输出端的 1 状态表示电路的一个状态，状态为 1 的输出端的序号即代表收到的计数脉冲的个数，通常不需要任何译码电路。考虑到使用的方便，在许多场合下需要计数器能自启动，亦即当电路进入任何无效状态后，都能在时钟信号作用下自动返回有效循环中去。通过在输出与输入之间接入适当的反馈逻辑电路，可以将不能自启动的电路修改为能够自启动的电路。它的主要缺点是没有充分利用电路的状态。用 n 位移位寄存器组成的环形计数器只用了 n 个状态，而电路总共有 2^n 个状态，这显然是一种浪费。

② 扭环形计数器。

为了增加有效计数状态，扩大计数器的模，将上述接成右移寄存器的 74194 的末级输出 Q_3 反相后，接到串行输入端 D_{SR}，就构成了扭环形计数器，如图 4.55 所示，图 4.56 为其状态图。分析可知该电路有 8 个计数状态，为模 8 计数器。一般来说，n 位移位寄存器可以组成模 $2n$ 的扭环形计数器，只需将末级输出反相后接到串行输入端。

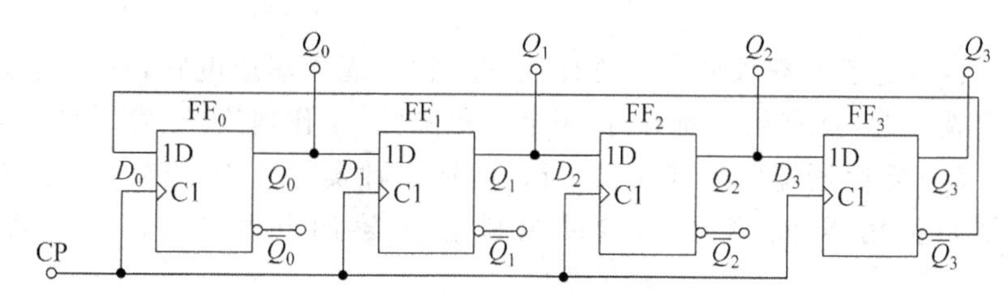

图 4.55 用 D 触发器构成的扭环形计数器

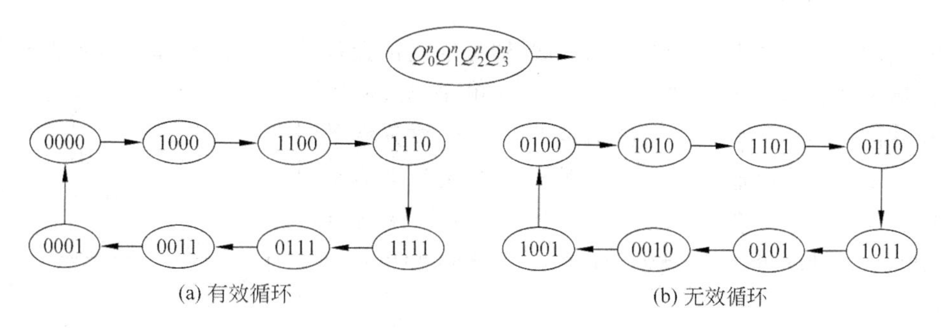

图 4.56 图 4.58 的状态图

结构特点：$D_0=\overline{Q}_{n-1}^n$ 即将 FF_{n-1} 的输出 $\overline{Q}_{n-1}$ 接到 FF_0 的输入端 D_0。

计数特点：n 个触发器可以构成 $2n$ 分频器。

优点：

① 电路简单。

② 在将电路状态译码时不会产生竞争-冒险现象(这是由于电路在每次状态转换时只有一位触发器改变状态)。

③ 状态利用率较高,用 n 位移位寄存器构成的扭环形计数器可以得到含 $2n$ 个有效状态的循环。

缺点:

① 电路状态需译码逻辑。

② 用触发器较多,有 2^n-2n 个状态没有使用。

4.5 脉冲波形的产生与整形

在数字系统中,矩形脉冲作为时钟信号控制和协调着整个系统的工作,所以时钟脉冲的好坏直接关系到整个系统能否正常工作。通常获取矩形脉冲波形的途径有两种:一是用多谐振荡器直接产生;二是用整形电路把已有的周期性变化的波形整形产生。矩形脉冲的整形电路有施密特触发器和单稳态触发器。用门电路和 555 定时器均可以构成施密特触发器、单稳态触发器和多谐振荡器。本节仅介绍由 555 定时器构成的三种电路的特点、工作原理和应用。

4.5.1 555 定时器

555 定时器是电子工程领域中广泛使用的一种中规模集成电路,它将模拟与逻辑功能巧妙地组合在一起,具有结构简单、使用电压范围宽、工作速度快、定时精度高、驱动能力强等优点。555 定时器配以外部元件,可以构成多种实际应用电路。广泛应用于产生多种波形的脉冲振荡器、检测电路、自动控制电路、家用电器以及通信产品等电子设备中。

1. 555 定时器的分类

555 定时器又称时基电路。555 定时器按照内部元件分为双极型和单极型两种。双极型内部采用的是晶体管,单极型内部采用的是场效应管。

555 定时器按单片电路中包括定时器的个数分有单时基定时器和双时基定时器两种。常用的单时基定时器有双极型定时器 5G555(引脚排列如图 4.57 所示)和单极型定时器 CC7555。双时基定时器有双极型定时器 5G556 和单极型定时器 CC7556。

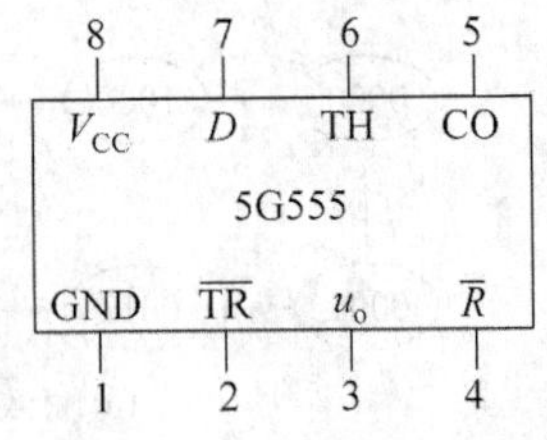

图 4.57　5G555 引脚图

2. 555 定时器的电路组成

5G555 定时器内部电路如图 4.58 所示,一般由分压器、比较器、触发器及输出等 4 部分组成。其引脚介绍如下:

(1) V_{CC}:供电电源,取值范围是 4.5～16V;

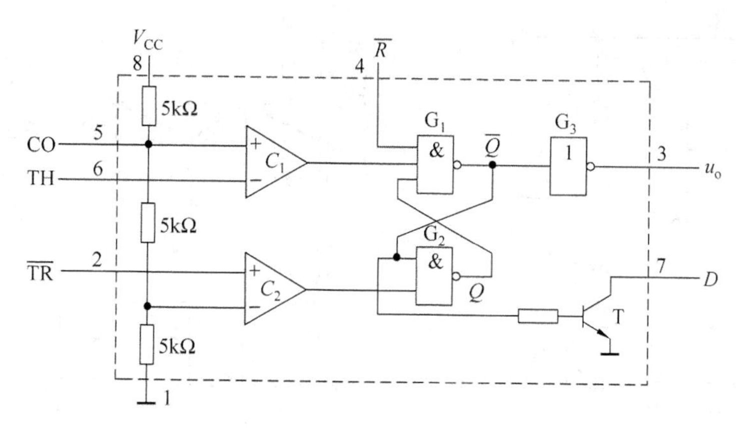

图 4.58 5G555 内部结构图

(2) TH 和$\overline{TR}$：高电平触发端和低电平触发端；

(3) CO：电压控制端；

(4) $\overline{R}$：复位端，低电平有效；

(5) D：放电端；

(6) u_o：输出端。

3. 555 定时器的功能

以单时基双极型国产 5G555 定时器为例，其功能如表 4.16 所示。

表 4.16 5G555 定时器功能表

$\overline{R}$	U_{TH}	$U_{\overline{TR}}$	T 的状态	u_o
0	×	×	导通	0
1	$>\frac{2}{3}V_{CC}$	$>\frac{1}{3}V_{CC}$	导通	0
1	$<\frac{2}{3}V_{CC}$	$>\frac{1}{3}V_{CC}$	不变	保持原状态不变
1	$<\frac{2}{3}V_{CC}$	$<\frac{1}{3}V_{CC}$	截止	1

4.5.2 多谐振荡器

多谐振荡器是一种自激振荡器，一旦起振之后，电路没有稳态，只有两个暂稳态，且做交替变化，输出连续的矩形脉冲信号，因此它又称作无稳态电路，常用来做脉冲信号源。

1. 用 555 定时器构成的多谐振荡器

1) 电路组成及工作原理

用 555 定时器构成的多谐振荡器的电路及输出端的波形如图 4.59 所示。

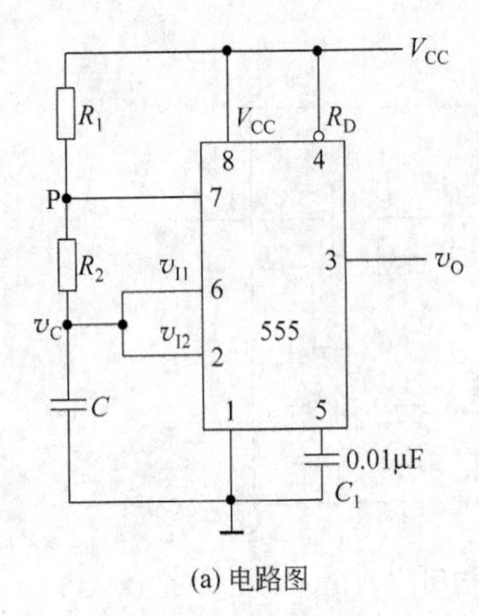

(a) 电路图

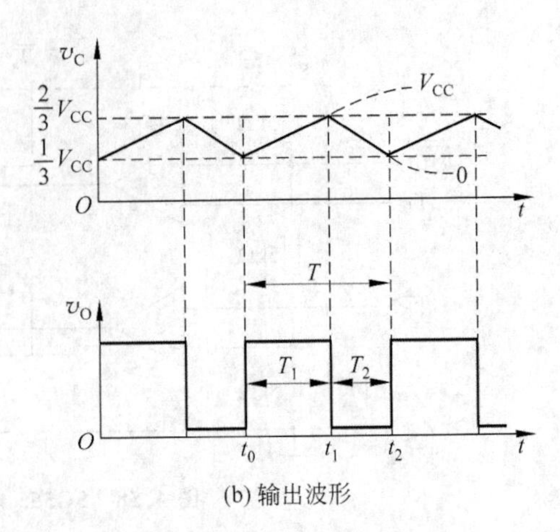

(b) 输出波形

图 4.59 用 555 定时器构成的多谐振荡器的电路及输出端的波形

2）振荡频率的估算

(1) 电容充电时间 T_1

电容充电时，时间常数 $\tau_1=(R_1+R_2)C$，起始值 $v_C(0^+)=\frac{1}{3}V_{CC}$，终了值 $v_C(\infty)=V_{CC}$，转换值 $v_C(T_1)=\frac{2}{3}V_{CC}$，代入 RC 过渡过程计算公式进行计算得：

$$T_1=\tau_1\ln\frac{v_C(\infty)-v_C(0^+)}{v_C(\infty)-v_C(T_1)}=\tau_1\ln\frac{V_{CC}-\frac{1}{3}V_{CC}}{V_{CC}-\frac{2}{3}V_{CC}}$$

$$=\tau_1\ln 2=0.7(R_1+R_2)C$$

(2) 电容放电时间 T_2

电容放电时，时间常数 $\tau_2=R_2C$，起始值 $v_C(0^+)=\frac{2}{3}V_{CC}$，终了值 $v_C(\infty)=0$，转换值 $v_C(T_2)=\frac{1}{3}V_{CC}$，代入 RC 过渡过程计算公式进行计算得：

$$T_2=0.7R_2C$$

(3) 电路振荡周期 T

$$T=T_1+T_2=0.7(R_1+2R_2)C$$

(4) 电路振荡频率 f

$$f=\frac{1}{T}\approx\frac{1.43}{(R_1+2R_2)C}$$

(5) 输出波形占空比 q

定义：$q=T_1/T$，即脉冲宽度与脉冲周期之比，称为占空比。

$$q=\frac{T_1}{T}=\frac{0.7(R_1+R_2)C}{0.7(R_1+2R_2)C}=\frac{R_1+R_2}{R_1+2R_2}$$

2. 占空比可调的多谐振荡器电路

在图 4.59 中，由于电容 C 的充电时间常数 $\tau_1=(R_1+R_2)C$，放电时间常数 $\tau_2=R_2C$，

所以 T_1 总是大于 T_2，v_O 的波形不仅不可能对称，而且占空比 q 不易调节。利用半导体二极管的单向导电特性，把电容 C 充电和放电回路隔离开来，再加上一个电位器，便可构成占空比可调的多谐振荡器，如图 4.60 所示。

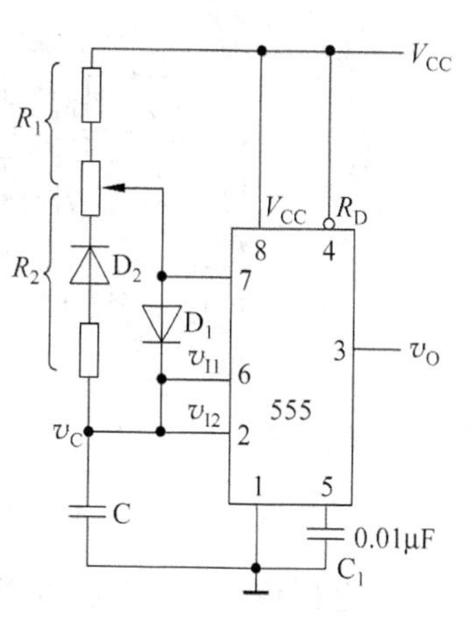

图 4.60 占空比可调的多谐振荡器

由于二极管的引导作用，电容 C 的充电时间常数 $\tau_1=R_1C$，放电时间常数 $\tau_2=R_2C$。通过与上面相同的分析计算过程可得：

$$T_1=0.7R_1C$$

$$T_2=0.7R_2C$$

$$q=\frac{T_1}{T}=\frac{T_1}{T_1+T_2}=\frac{0.7R_1C}{0.7R_1C+0.7R_2C}$$

$$=\frac{R_1}{R_1+R_2}$$

占空比：只要改变电位器滑动端的位置，就可以方便地调节占空比 q，当 $R_1=R_2$ 时，$q=0.5$，v_O 就成为对称的矩形波。

4.5.3 施密特触发器

施密特触发器是脉冲波形变换中经常使用的一种电路。

1. 施密特触发器的特点

(1) 触发信号 U_I 可以是变化缓慢的模拟信号，当 U_I 到达某一电平值时，输出电压 U_O 发生突变。

(2) 输入信号 U_I 从高电平下降过程中，电路状态转换时对应的输入电平，与 U_I 从高电平下降过程中电路状态转换时对应的输入电平不同。

利用上述两个特点，施密特触发器不仅能将边沿缓慢变化的信号波形整形为边沿陡峭的矩形波，还可以有效地清除叠加在矩形脉冲高、低电平上的噪声。

2. 用 555 定时器构成的施密特触发器

1) 电路组成及工作原理

由 555 定时器构成的施密特触发器电路及输出电压的波形如图 4.61 所示。该电路的工作过程为：

(1) $v_I=0V$ 时，v_{o1} 输出高电平。

(2) 当 v_I 上升到 $\frac{2}{3}V_{CC}$ 时，v_{o1} 输出低电平。当 v_I 由 $\frac{2}{3}V_{CC}$ 继续上升，v_{o1} 保持不变。

(3) 当 v_I 下降到 $\frac{1}{3}V_{CC}$ 时，电路输出跳变为高电平。而且在 v_I 继续下降到 0V 时，电路的输出状态不变。

在图 4.61 中，R、V_{CC2} 构成另一输出端 v_{o2}，其高电平可以通过改变 V_{CC2} 进行调节。

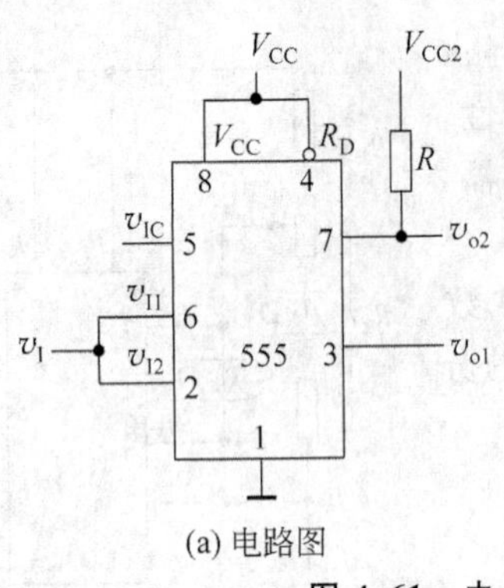

(a) 电路图

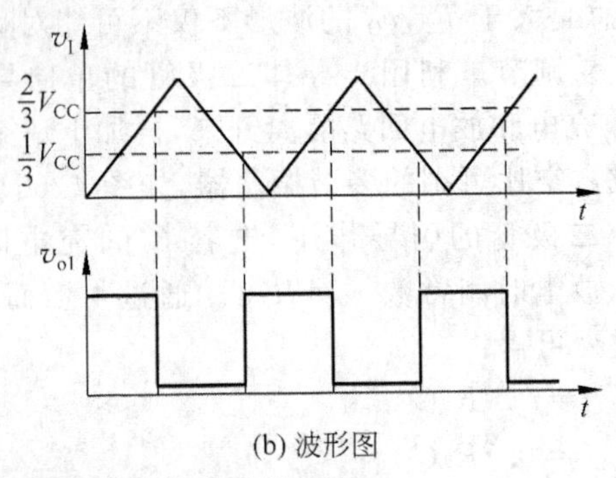

(b) 波形图

图 4.61　由 555 定时器构成的施密特触发器

2）电压传输特性和主要参数

施密特触发器的电路符号和电压传输特性如图 4.62 所示。其主要参数有：

(1) 上限阈值电压 V_{T+}。v_I 上升过程中，输出电压 v_o 由高电平 V_{OH} 跳变到低电平 V_{OL} 时，所对应的输入电压值，$V_{T+}=\frac{2}{3}V_{CC}$。

(2) 下限阈值电压 V_{T-}。v_I 下降过程中，v_o 由低电平 V_{OL} 跳变到高电平 V_{OH} 时，所对应的输入电压值，$V_{T-}=\frac{1}{3}V_{CC}$。

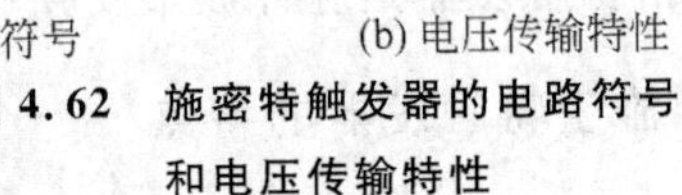

(a) 电路符号　(b) 电压传输特性

图 4.62　施密特触发器的电路符号和电压传输特性

(3) 回差电压 ΔV_T。回差电压又叫滞回电压，定义为

$$\Delta V_T = V_{T+} - V_{T-} = \frac{1}{3}V_{CC}$$

若在电压控制端 CO(5 脚)外加电压 V_S，则将有 $V_{T+}=V_S$、$V_{T-}=V_S/2$、$\Delta V_T=V_S/2$，而且当改变 V_S 时，它们的值也随之改变。

3. 施密特触发器的应用

(1) 用做整形电路——把不规则的输入信号整形成为矩形脉冲，如图 4.63 所示。

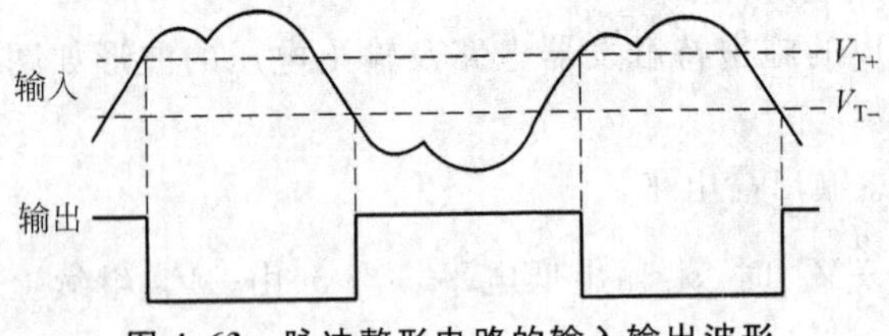

图 4.63　脉冲整形电路的输入输出波形

(2) 用做波形变换——把周期性变化的非矩形波整形成为矩形脉冲，如图 4.64 所示。

4.5.4　单稳态触发器

单稳态触发器具有下列特点：第一，它有一个稳定状态和一个暂稳状态；第二，在外

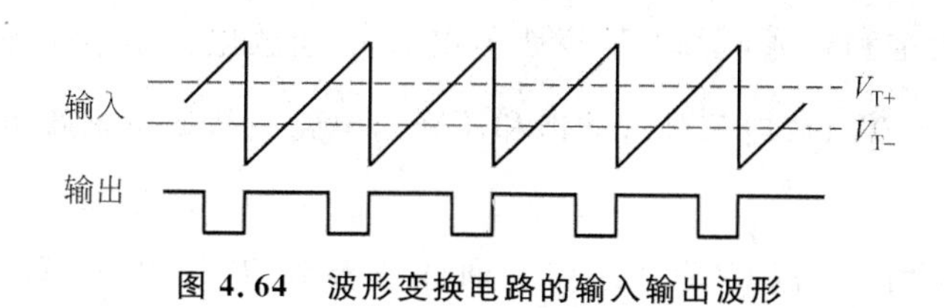

图 4.64 波形变换电路的输入输出波形

来触发脉冲作用下，能够由稳定状态翻转到暂稳状态；第三，暂稳状态维持一段时间后，将自动返回到稳定状态。暂稳态时间的长短，与触发脉冲无关，仅决定于电路本身的参数。单稳态触发器在数字系统和装置中，一般用于定时（产生一定宽度的脉冲）、整形（把不规则的波形转换成等宽、等幅的脉冲）以及延时（将输入信号延迟一定的时间之后输出）等。

1. 用 555 定时器构成单稳态触发器

1）电路组成及工作原理

由 555 定时器构成的单稳态电路如图 4.65 所示，其工作原理为：

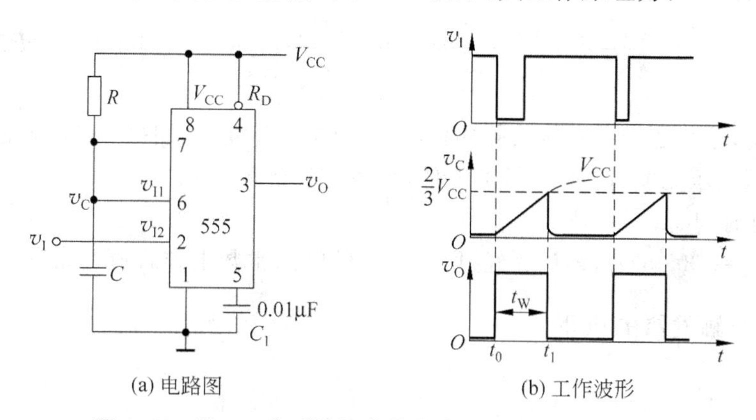

图 4.65 用 555 定时器构成的单稳态触发器及工作波形

（1）无触发信号输入时电路工作在稳定状态

当电路无触发信号时，v_I 保持高电平，电路工作在稳定状态，即输出端 v_O 保持低电平，555 内放电三极管 T 饱和导通，管脚 7“接地”，电容电压 v_C 为 0V。

（2）v_I 下降沿触发

当 v_I 下降沿到达时，555 触发输入端（2 脚）由高电平跳变为低电平，电路被触发，v_O 由低电平跳变为高电平，电路由稳态转入暂稳态。

（3）暂稳态的维持时间

在暂稳态期间，555 内放电三极管 T 截止，V_{CC} 经 R 向 C 充电。其充电回路为 V_{CC}→R→C→地，时间常数 $\tau_1=RC$，电容电压 v_C 由 0V 开始增大，在电容电压 v_C 上升到阈值电压 $\frac{2}{3}V_{CC}$ 之前，电路将保持暂稳态不变。

（4）自动返回（暂稳态结束）时间

当 v_C 上升至阈值电压 $\frac{2}{3}V_{CC}$ 时，输出电压 v_O 由高电平跳变为低电平，555 内放电三

极管 T 由截止转为饱和导通，管脚 7“接地”，电容 C 经放电三极管对地迅速放电，电压 v_C 由 $\frac{2}{3}V_{CC}$ 迅速降至 0V(放电三极管的饱和压降)，电路由暂稳态重新转入稳态。

(5) 恢复过程

当暂稳态结束后，电容 C 通过饱和导通的三极管 T 放电，时间常数 $\tau_2 = R_{CES}C$，R_{CES} 是 T 的饱和导通电阻，其阻值非常小，因此 τ_2 之值亦非常小。经过 $3\tau_2 \sim 5\tau_2$ 后，电容 C 放电完毕，恢复过程结束。

恢复过程结束后，电路返回到稳定状态，单稳态触发器又可以接收新的触发信号。

2) 主要参数估算

(1) 输出脉冲宽度 t_W

输出脉冲宽度就是暂稳态维持时间，也就是定时电容的充电时间。由图 4.65 所示电容电压 v_C 的工作波形不难看出 $v_C(0^+) \approx 0V$，$v_C(\infty) = V_{CC}$，$v_C(t_W) = \frac{2}{3}V_{CC}$，代入 RC 过渡过程计算公式，可得

$$t_W = \tau_1 \ln \frac{v_C(\infty) - v_C(0^+)}{v_C(\infty) - v_C(t_W)} = \tau_1 \ln \frac{V_{CC} - 0}{V_{CC} - \frac{2}{3}V_{CC}} = \tau_1 \ln 3 = 1.1RC$$

上式说明，单稳态触发器输出脉冲宽度 t_W 仅决定于定时元件 R、C 的取值，与输入触发信号和电源电压无关，调节 R、C 的取值，即可方便的调节 t_W。

(2) 恢复时间 t_{re}

一般取 $t_{re} = (3 \sim 5)\tau_2$，即认为经过 3～5 倍的时间常数电容就放电完毕。

2. 单稳态触发器的应用

1) 延时与定时

(1) 延时

在图 4.66 中，v_O' 的下降沿比 v_I 的下降沿滞后了时间 t_W，即延迟了时间 t_W。单稳态触发器的这种延时作用常被应用于时序控制中。

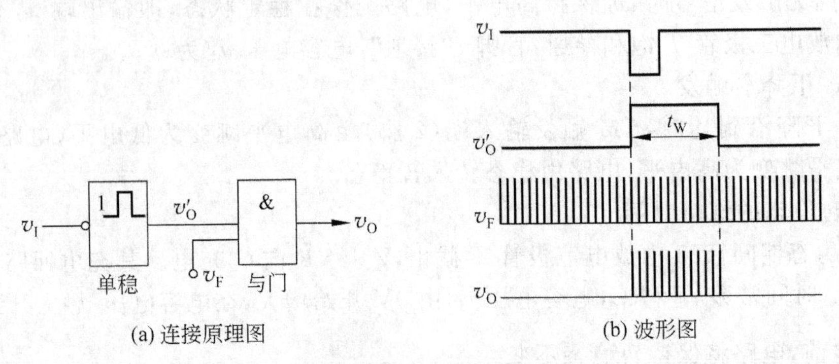

图 4.66 单稳态触发器用于脉冲的延时与定时选通

(2) 定时

在图 4.66 中，单稳态触发器的输出电压 v_O'，用做与门的输入定时控制信号，当 v_O' 为

高电平时，与门打开，$v_O=v_F$，当 v'_O 为低电平时，与门关闭，v_O 为低电平。显然与门打开的时间是恒定不变的，就是单稳态触发器输出脉冲 v'_O 的宽度 t_W。

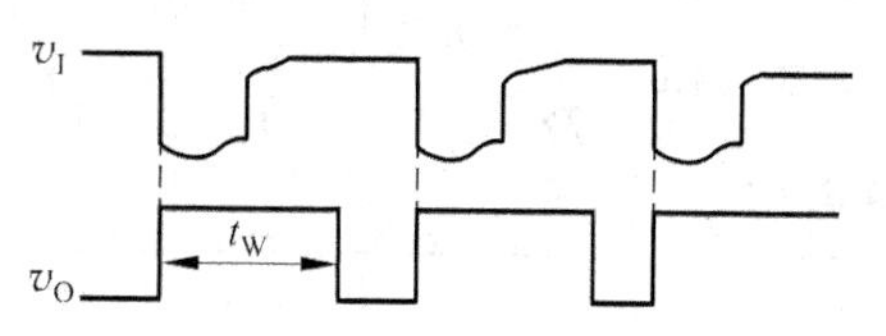

图 4.67　单稳态触发器用于波形的整形

2）整形

单稳态触发器能够把不规则的输入信号 v_I，整形成为幅度和宽度都相同的标准矩形脉冲 v_O。v_O 的幅度取决于单稳态电路输出的高、低电平，宽度 t_W 决定于暂稳态时间。图 4.67 是单稳态触发器用于波形整形的一个简单例子。

本章小结

时序电路的分析，就是由逻辑图到状态图的转换；而时序电路的设计，在画出状态图后，其余就是由状态图到逻辑图的转换。

计数器是一种应用十分广泛的时序电路，除用于计数、分频外，还广泛用于数字测量、运算和控制，从小型数字仪表，到大型数字电子计算机，几乎无所不在，是任何现代数字系统中不可缺少的组成部分。计数器可利用触发器和门电路构成。但在实际工作中，主要是利用集成计数器来构成。在用集成计数器构成 N 进制计数器时，需要利用清零端或置数控制端，让电路跳过某些状态来获得 N 进制计数器。

寄存器是用来存放二进制数据或代码的电路，是一种基本时序电路。基本上是触发器与门电路的组合。寄存器分为基本寄存器和移位寄存器两大类。基本寄存器的数据只能并行输入、并行输出。移位寄存器中的数据可以在移位脉冲作用下依次逐位右移或左移，数据可以并行输入—并行输出、串行输入—串行输出、并行输入—串行输出、串行输入—并行输出。

寄存器的应用很广，特别是移位寄存器，不仅可将串行数码转换成并行数码，或将并行数码转换成串行数码，还可以很方便地构成移位寄存器型计数器和顺序脉冲发生器等电路。

脉冲波形的获取途径通常有两种：一是通过多谐振荡器产生；二是通过整形电路得到。555 定时器在脉冲波形的获取电路中有着十分广泛的应用，其只需配以少量的外围元件电阻电容等，就可以构成多谐振荡器、施密特触发器和单稳态触发器。

习　题

4.1　已知状态图如图 4.68 所示，试作出它的状态表。

4.2　已知某时序电路的状态表如表 4.17 所示，试画出它的状态图。如果电路的初始状态在 S_2，输入信号依次为 0,1,0,1,1,1，试求出相应的输出。

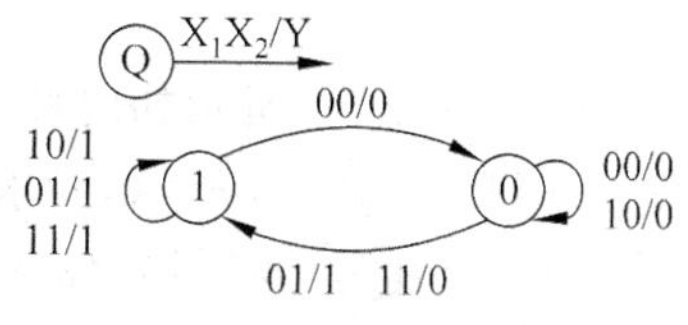

图 4.68　题 4.1 的图

表 4.17 题 4.2 的图

现态 Q^n \ 次态/输出 Q^{n+1}/Z \ 输入 X	0	1	现态 Q^n \ 次态/输出 Q^{n+1}/Z \ 输入 X	0	1
S_1	$S_1/0$	$S_2/0$	S_4	$S_4/0$	$S_3/0$
S_2	$S_1/1$	$S_4/1$	S_5	$S_2/1$	$S_1/1$
S_3	$S_2/1$	$S_5/1$			

4.3 试分析图 4.69(a)所示时序电路，画出其状态表和状态图。设电路的初始状态为 0，试画出在图 4.69(b)所示波形作用下，Q 和 Z 的波形图。

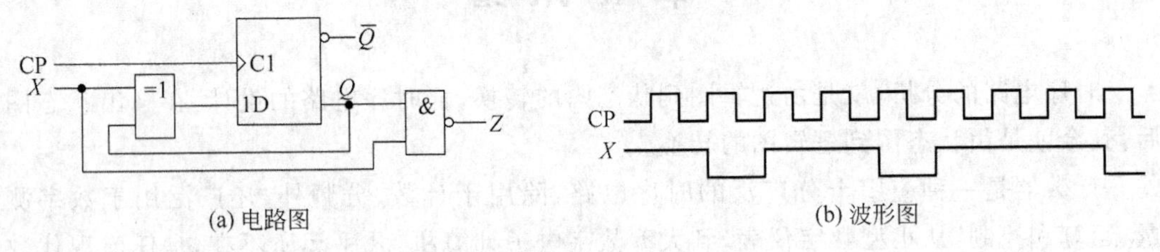

图 4.69 题 4.3 的图

4.4 试分析图 4.70(a)所示时序电路，画出其状态表和状态图。设电路的初始状态为 0，试画出在图 4.70(b)所示波形作用下，Q 和 Z 的波形图。

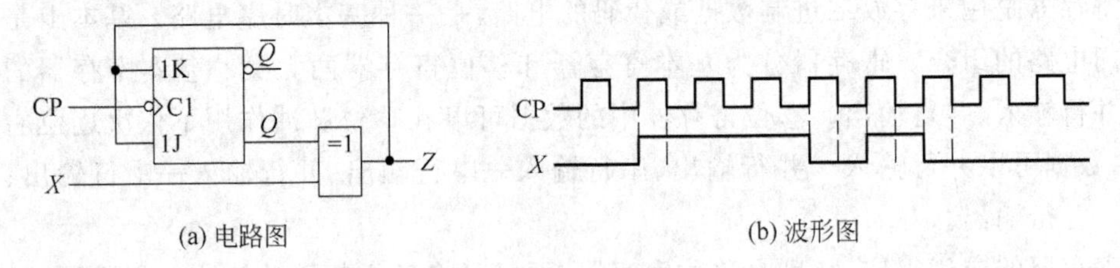

图 4.70 题 4.4 的图

4.5 试分析图 4.71 所示时序电路，画出状态图。

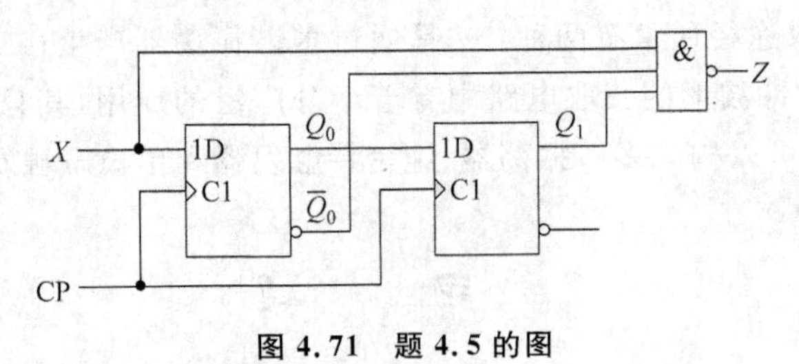

图 4.71 题 4.5 的图

4.6 分析图 4.72 所示的时序电路的逻辑功能。

4.7 电路如图 4.73 所示，要求：

(1) 分别写出各触发器的驱动方程；

(2) 分别求出各触发器的状态方程；

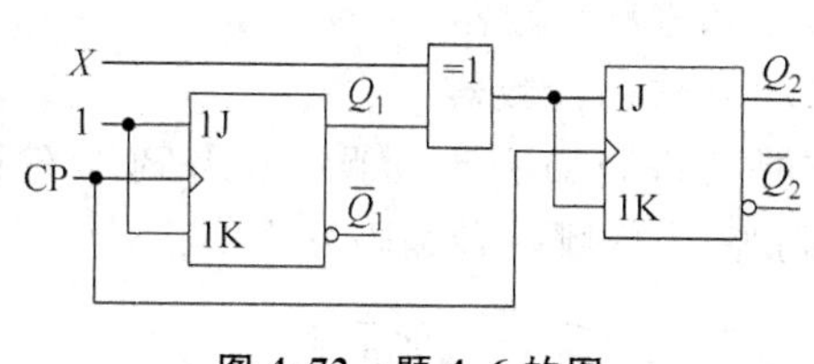

图 4.72 题 4.6 的图

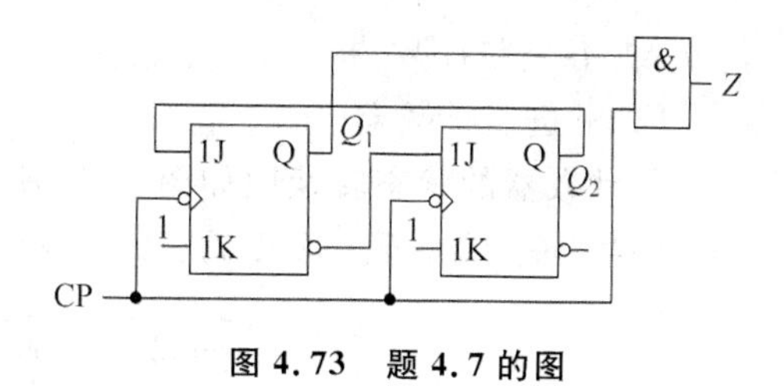

图 4.73 题 4.7 的图

(3) 写出电路中 Z 的输出方程；

(4) 列出状态转换表；

(5) 对应时钟 CP 画出 Q_1、Q_2 和 Z 的波形。

4.8 分析图 4.74 所示电路，写出它的驱动方程、状态方程和输出方程，画出状态表和状态图。

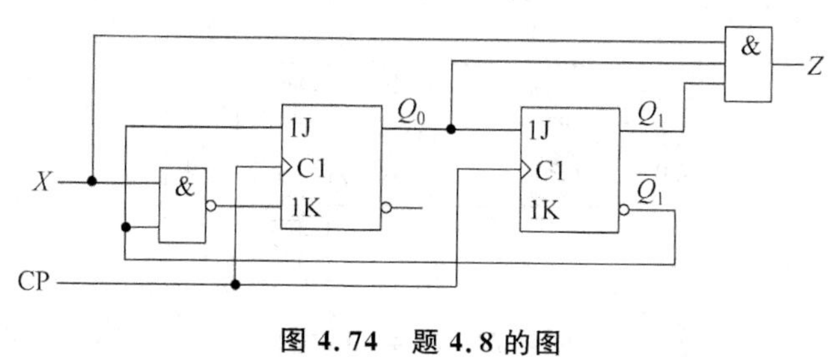

图 4.74 题 4.8 的图

4.9 对照图 4.75 所示的序列脉冲检测器，请分析，该电路能检测怎样的序列脉冲(要求画出状态转换图)。

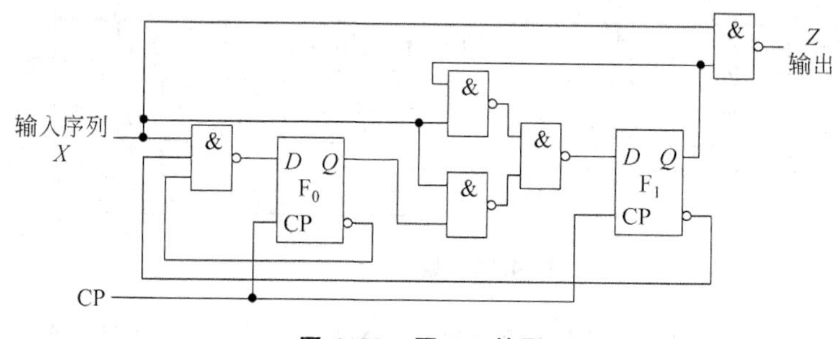

图 4.75 题 4.9 的图

4.10 试绘出“1100”序列信号检测器的原始状态转换图及最简状态转换表。

4.11 某计数器由三个触发器组成，计数器时钟 CP 及输出 Q_2、Q_1、Q_0 的波形如图 4.76 所示，高位到低位依次是 Q_2、Q_1、Q_0，由此可知该计数器是(　　)。

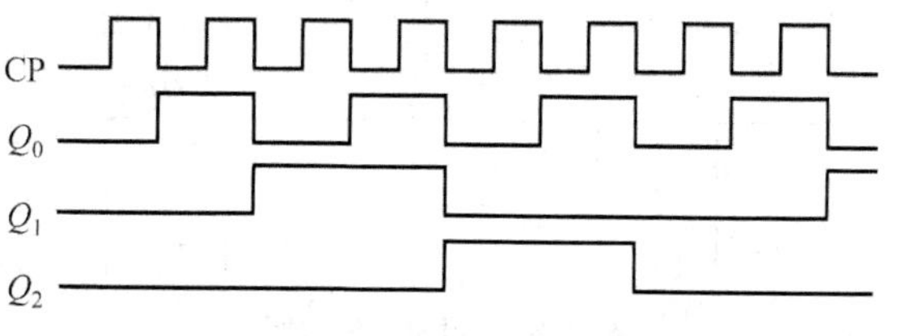

图 4.76 题 4.11 的图

A. 五进制计数器　　　　B. 六进制计数器

C. 七进制计数器　　　　D. 八进制计数器

4.12 某计数器的状态转换图如图 4.77 所示，它是几进制加法计数器？采用 BCD 编码(8421 码、余 3 码、5211 码、5221 码、2421 码等)中的哪一种编码方式？

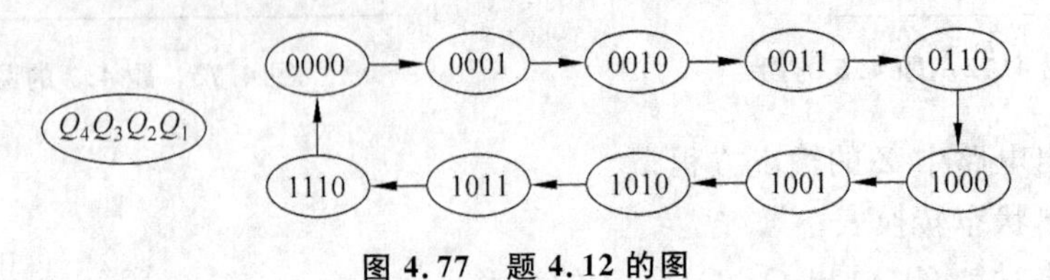

图 4.77　题 4.12 的图

4.13 试分析图 4.78 所示电路，画出它的状态图，说明它是几进制计数器。

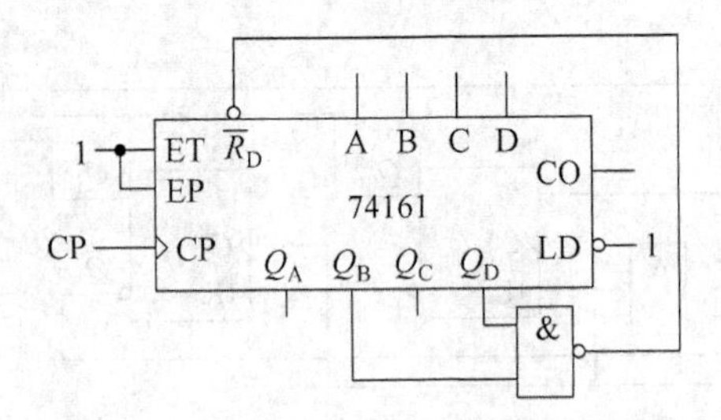

图 4.78　题 4.13 的图

4.14 试分析图 4.79 所示电路，说明它是几进制计数器。

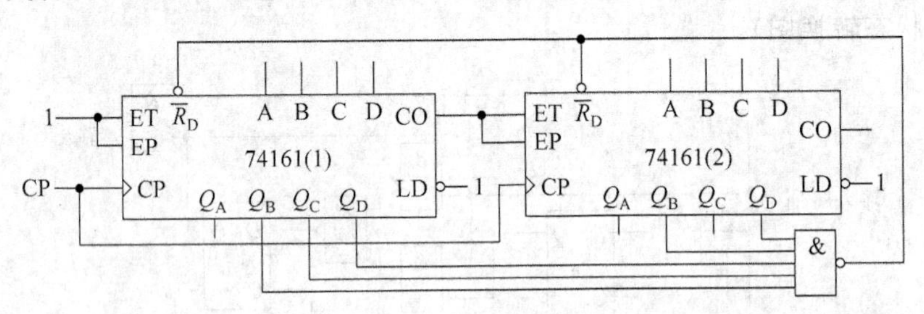

图 4.79　题 4.14 的图

4.15 分析图 4.80 中给出的电路，说明这是多少进制的计数器，两片之间是多少进制。

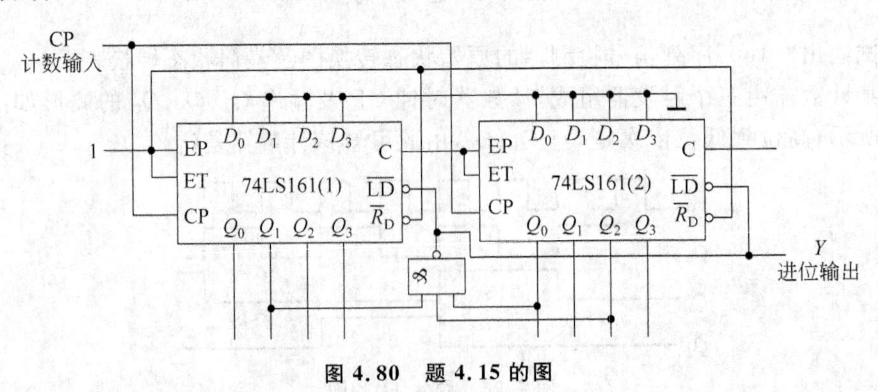

图 4.80　题 4.15 的图

4.16 分析图 4.81 中的计数器电路，说明这是多少进制的计数器。

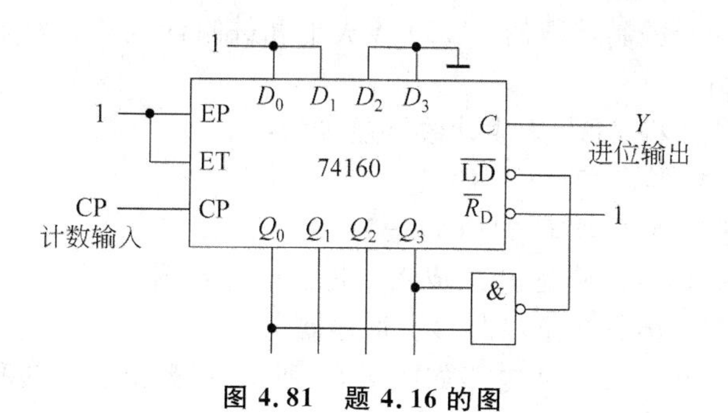

图 4.81 题 4.16 的图

4.17 图 4.82 电路是由两片同步十进制计数器 74160 组成的计数器，试分析这是多少进制的计数器。

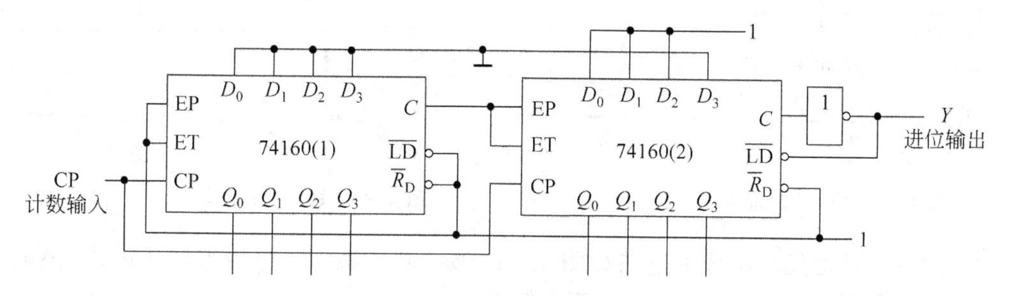

图 4.82 题 4.17 的图

4.18 图 4.83 是由两片同步十进制可逆计数器 74LS192 构成的电路。求：

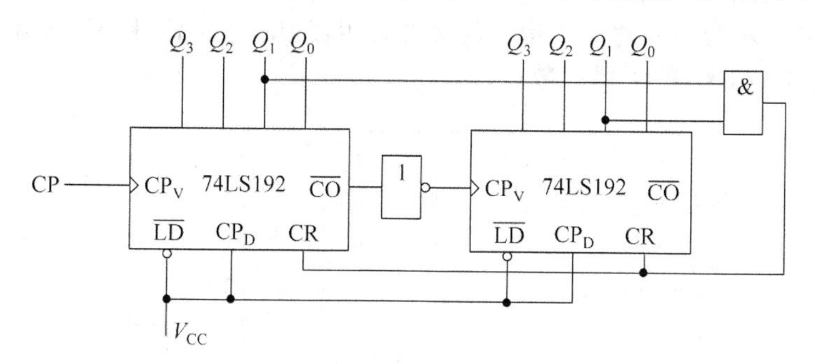

图 4.83 题 4.18 的图

(1) 指出该电路是几进制计数器。

(2) 列出电路状态转换表的最后一组有效状态。

4.19 试用异步清零法将集成计数器 74161 连接成下列计数器：

(1) 十进制计数器。

(2) 二十进制计数器。

4.20 试用同步置数法将集成计数器 74161 连接成下列计数器：

(1) 九进制计数器。

（2）十二进制计数器。

4.21　试用两片同步十进制计数器 74160 接成十九进制计数器。要求写出设计过程，画出状态转换图。

4.22　试用反馈复位法将 7490 集成计数器连接为：

（1）七进制计数器(8421BCD 码)。

（2）八十二进制计数器(5421BCD 码)。

4.23　试画出用两块 CC40192 芯片构成六十进制的电路图。

4.24　试用两片 74194 接成 8 位双向移位寄存器。

4.25　集成移位寄存器 74LS194 电路如图 4.84 所示，试列出状态转移表，指出该电路的功能。

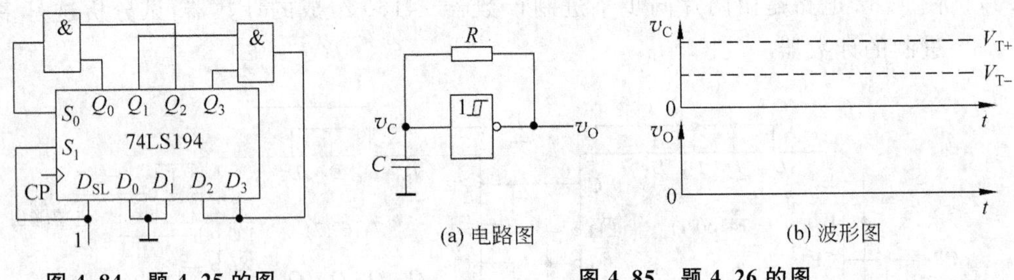

图 4.84　题 4.25 的图　　图 4.85　题 4.26 的图

4.26　由施密特触发器组成的电路如图 4.85 所示，其中施密特触发器的上限、下限阈值电压分别为 V_{T+}，V_{T-}，请回答下列问题。

（1）构成电路的名称；

（2）画出电路中 v_C、v_O 两点对应的波形。

4.27　图 4.86 所示为用两片 555 构成的脉冲发生器，试画出 Y_1 和 Y_2 两处的输出波形，并估算 Y_1 和 Y_2 的主要参数。

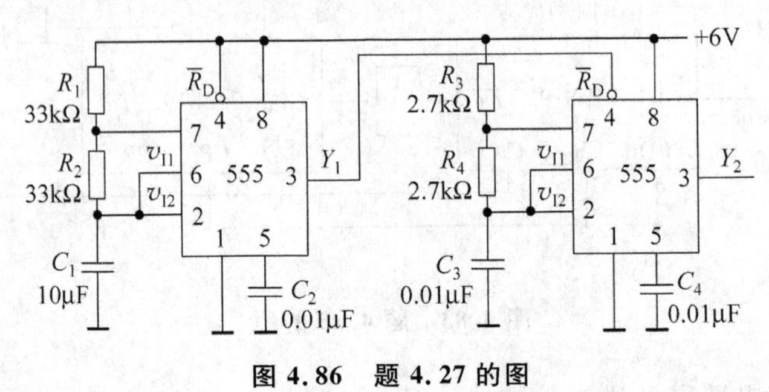

图 4.86　题 4.27 的图

4.28　图 4.87 是 555 定时器构成的单稳态触发器及输入 v_I 的波形，求：

（1）输出信号 v_O 的脉冲宽度 t_W。

（2）对应 v_I 画出 v_C、v_O 的波形，并标明波形幅度。

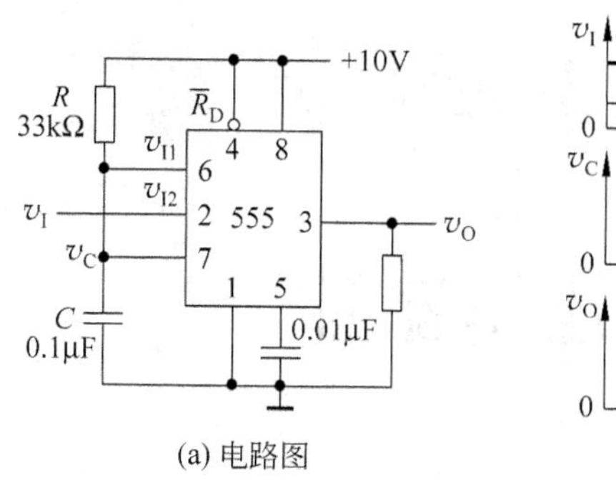

(a) 电路图

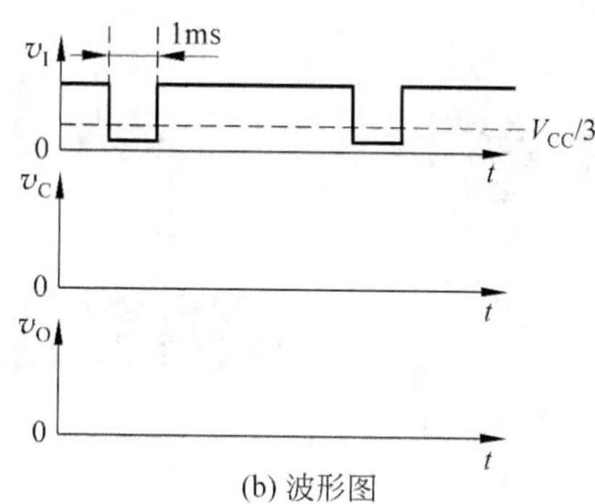

(b) 波形图

图 4.87 题 4.28 的图

参考文献

[1] 阎石. 数字电子技术基础[M]. 北京：高等教育出版社，1998.

[2] 康华光. 电子技术基础——数字部分[M]. 北京：高等教育出版社，2000.

[3] 施正一，张健伟. 数字电子技术学习方法与解题指导[M]. 上海：同济大学出版社，2005.

[4] 李中发. 电子技术[M]. 北京：中国水利水电出版社，2005.

第5章 chapter 5

可编程逻辑器件

当今社会是数字化的社会，是数字集成电路广泛应用的社会。随着科技的不断创新及半导体工业的迅速发展使得可编程逻辑器件应用到越来越多的行业。本章首先阐述了可编程逻辑器件的发展过程、分类和表示方法，然后分别介绍几种简单可编程逻辑器件和复杂可编程逻辑器件的电路结构、工作原理等，最后简单介绍可编程逻辑器件的开发过程及编程技术。

5.1 概 述

5.1.1 可编程逻辑器件的发展

根据逻辑功能的不同特点，数字集成电路可分为通用型和专用型两类。通用型的功能在器件出厂时就已经固定了，用户只能拿来使用而不能改变其内部功能。中、小规模数字集成电路都属于通用型的，如各种类型的门电路、触发器、译码器、计数器等。专用型是指为某种专门用途而设计的集成电路，通常是指大规模或超大规模集成电路。在用量不大的情况下，设计和制造这样的专用集成电路不仅成本很高，而且设计、制造的周期也较长，可编程逻辑器件(Programmable Logic Device,PLD)的研制成功为专用型集成电路的实现提供了一条比较理想的途径。

PLD是20世纪70年代初发展起来的一种由用户编程以实现某种逻辑功能的新型逻辑器件。PLD自诞生以来，经历了从熔丝编程的只读存储器(Programmable Read Only Memory,PROM)、可编程逻辑阵列(Programmable Logic Array,PLA)、可编程阵列逻辑(Programmable Array Logic,PAL)、20世纪80年代中期的通用阵列逻辑(Generic Array Logic,GAL)、到20世纪80年代中期以后的可擦除可编程逻辑器件(Erasable Programmable Logic Device,EPLD)、直至复杂可编程逻辑器件(Complex Programmable Logic Device,CPLD)和现场可编程门阵列(Field Programmable Gate Array,FPGA)的发展过程。

随着集成电路技术和计算机技术的迅速发展，PLD的集成度和速度不断提高，功能不断增强，结构更加合理，使用更加灵活、方便。用PLD实现数字电路或数字系统，有集成度高、速度快、功耗小、可靠性高和研制周期短、修改逻辑设计方便、小批量生产成本低等特点，在数字电路及数字系统设计中得到了广泛应用。

5.1.2 可编程逻辑器件的分类

可编程逻辑器件的种类很多，命名各异，较常见的分类方法有以下几种：

1. 按集成度分类

按集成度一般可分为两类：一类是芯片集成度较低的，每片可用逻辑门在500门以下，称为简单PLD，如早期的PROM、PLA、PAL、GAL。另一类是芯片集成度较高的，称为复杂PLD或高密度PLD，如现在大量使用的CPLD、FPGA器件。

2. 按PLD的内部结构分类

按PLD的内部结构可分为两类：乘积项结构器件和查找表结构器件。大部分简单PLD和CPLD都是乘积项结构器件，FPGA是查找表结构器件。

3. 按编程工艺分类

(1) 熔丝结构型器件：只能进行一次编程(OTP)，编程后便无法修改，早期的PROM就属于这种结构。

(2) EPROM(Erasable Programmable ROM)型器件：是紫外线擦除电可编程的逻辑器件，它用较高的编程电压进行编程，当需要再次编程时，用紫外线照射进行擦除。

(3) E^2PROM(Electrically Erasable Programmable ROM)型器件：是电可擦除可编程逻辑器件，它对EPROM工艺进行改进，不需要紫外线进行擦除，而是直接用电擦除。现有的大部分CPLD及GAL器件均采用此种结构。

5.1.3 可编程逻辑器件电路的表示

由于PLD内部阵列的连接规模十分庞大，用传统的逻辑电路图很难描述，所以国际、国内就对PLD采用了一种通行的简化画法。

1. PLD阵列交叉处的三种连接方式

PLD阵列交叉处的三种连接方式如图5.1所示。连线交叉处有实点“·”的表示固定连接(即硬件连接，不可编程改变)；有符号“×”的表示编程连接；无任何符号的表示不连接或是被擦除单元。

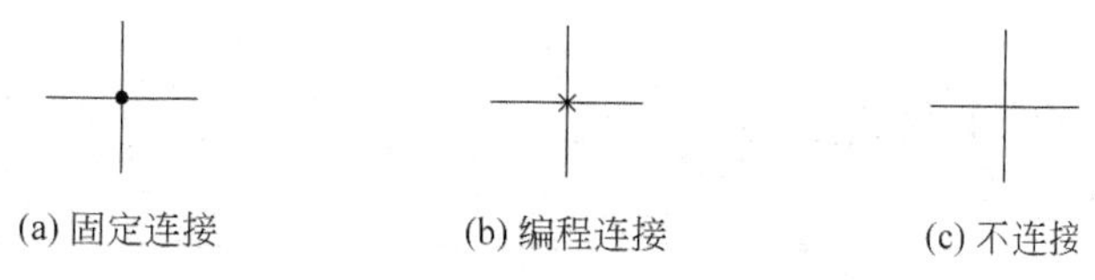

图5.1 PLD阵列交叉处的三种连接方式

2. PLD基本逻辑单元的表示

图5.2是可编程"与"阵列和"或"阵列中常用到的与门、或门、不同结构的缓冲器的表示方法。图5.2(a)表示一个3输入的与门，其中3条竖线A、B、C均为输入项，输入到与门的一条横线称为乘积项线。由图可知，该与门的乘积项输出是：$P=AC$。同理，图5.2(b)表示一个三输入的或门，其输出是$F=A+B$。

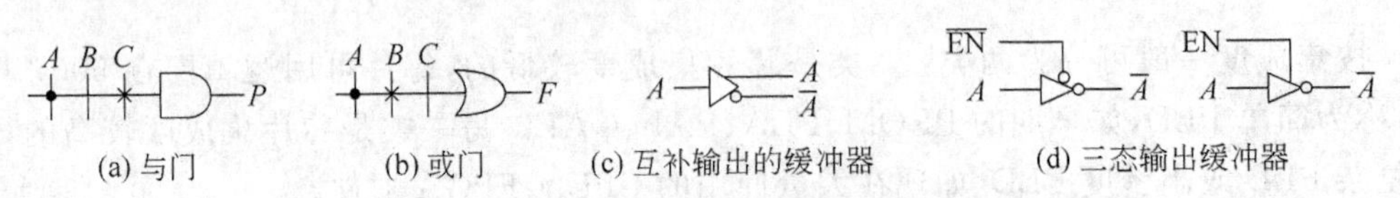

图5.2 PLD中基本逻辑单元的表示方法

图5.2(c)表示互补输出的缓冲器，它有两个互补输出端A和$\overline{A}$，由于PLD的输入往往要驱动若干个乘积项，为了增加其驱动能力，通常在输入端接入该缓冲器，因此它又称为输入缓冲器。

图5.2(d)表示两种类型的三态输出缓冲器。一种是控制信号为低电平有效且反相输出；另一种是控制信号为高电平有效且反相输出。

3. PLD与门的默认状态和"悬浮"状态表示

1）默认状态

图5.3中输出变量$X=A\cdot\overline{A}\cdot B\cdot\overline{B}=0$，其与门输入对应全接通。这种输入为全接通，而输出乘积项恒为0的状态称为与门的默认状态。这种默认状态通常采用在与门中画"×"而输入线与乘积项线的交叉处无任何符号来表示，如图中与Y相连的符号就表示与门的默认状态。

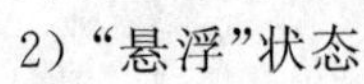

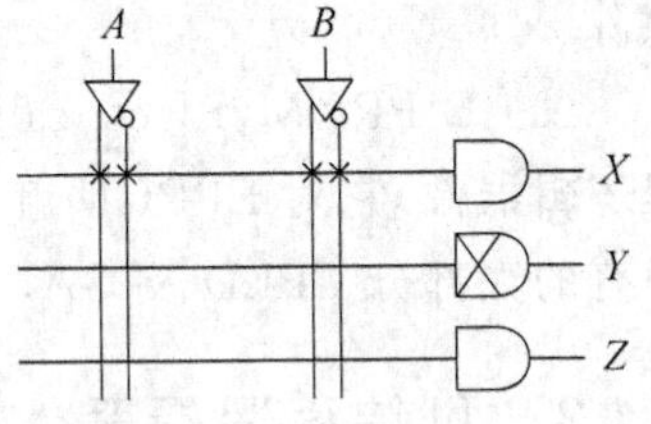

图5.3 PLD与门的两种特殊情况

2）"悬浮"状态

图5.3中输出为Z的与门表示其输入端与输入信号全处于断开状态，Z恒等于1，这种状态称为与门的"悬浮"状态。

5.2 简单可编程逻辑器件

根据与门阵列、或门阵列和输出结构的不同，简单可编程逻辑器件（简单PLD）可分为4种基本类型：ROM、PLA、PAL和GAL。简单PLD也称为低密度PLD，其基本框图如图5.4所示。

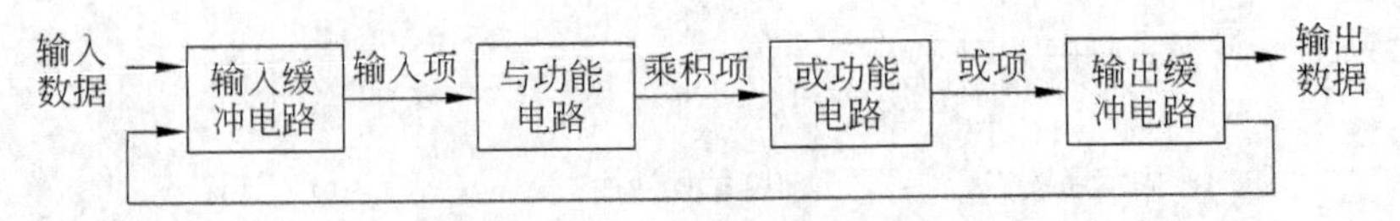

图5.4 简单PLD的基本框图

5.2.1 只读存储器 ROM

目前 ROM 包括 5 种类型：掩膜 ROM、可编程只读存储器 PROM，可编程可擦除只读存储器 EPROM，电可擦除可编程只读存储器 E^2PROM 和快闪存储器(flash memory)。

1. 掩膜 ROM

掩膜 ROM 不能由用户编程，掩膜 ROM 中的程序是按照用户的要求专门设计，出厂时内部存储的数据已“固化”在里边。因此，掩膜 ROM 常用来存放固定的数据或程序，如计算机系统的引导程序、监控程序、函数表、字符表等，其结构框图如图 5.5 所示。

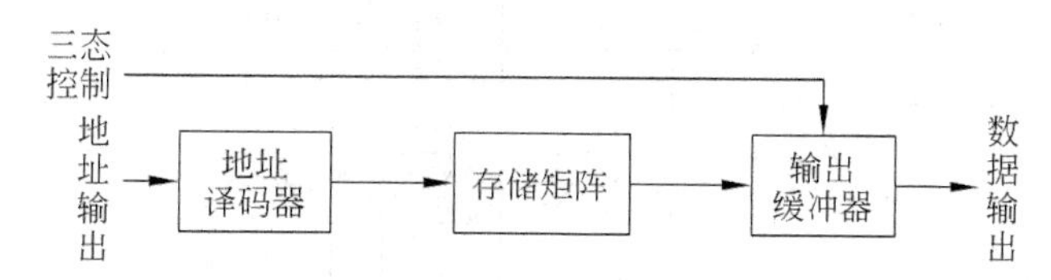

图 5.5 ROM 的电路结构框图

由图 5.5 可以看出，ROM 的电路结构包括地址译码器、存储矩阵和输出缓冲器三个组成部分。地址译码器的作用是将输入的地址代码译成相应的控制信号，利用这个控制信号从存储矩阵中把指定的单元选出，并把其中的数据送到输出缓冲器。地址译码器的输出线称为字线，输出缓冲器端的数据线称为位线。

存储矩阵由许多存储单元排列而成。存储单元可以用二极管构成，也可以用双极型三极管或 MOS 管构成。每个单元能存放 1 位二值代码(0 或 1)。每一个或一组存储单元有一个对应的地址代码。一个存储器的存储容量(或容量)用“字线数×位线数”来表示。

输出缓冲器的作用有两个，一是能提高存储器的带负载能力，而是实现对输出状态的三态控制，以便与系统的总线连接。

2. 可编程只读存储器 PROM

PROM 的总线结构与掩膜 ROM 一样，同样由地址译码器、存储矩阵和输出缓冲器三部分组成。不过在出厂时已经在存储矩阵的所有交叉点上全部制作了存储元件，即相当于在所有存储单元中都存入了 1。

图 5.6 是一个 16×8 位 PROM 的结构原理图。图中的存储矩阵中的存储单元采用的是熔丝型。熔丝型的存储单元由一只三极管和串在发射极上的快速熔断丝组成。三极管的发射结相当于接在字线与位线之间的二极管。熔丝用很细的低熔点合金丝或多晶硅制成。在写入数据时，只要设法将需要存入 0 的那些存储单元上的熔丝烧断就行了。

对图 5.6 中的 PROM 编程时首先应根据输入地址代码找出要写入 0 的单元地址。然后使 V_{CC} 和选中的字线提高到编程所要求的高电平，同时在编程单元的位线上加入编程脉冲(幅度约 20V，持续时间约十几微秒)。这时写入放大器 A_W 的输出为低电平，低内阻状态，有较大的脉冲电流流过熔丝，将其烧断。正常工作的读出放大器 A_R 输出的高电平不足以使 D_Z 导通，A_W 不工作。

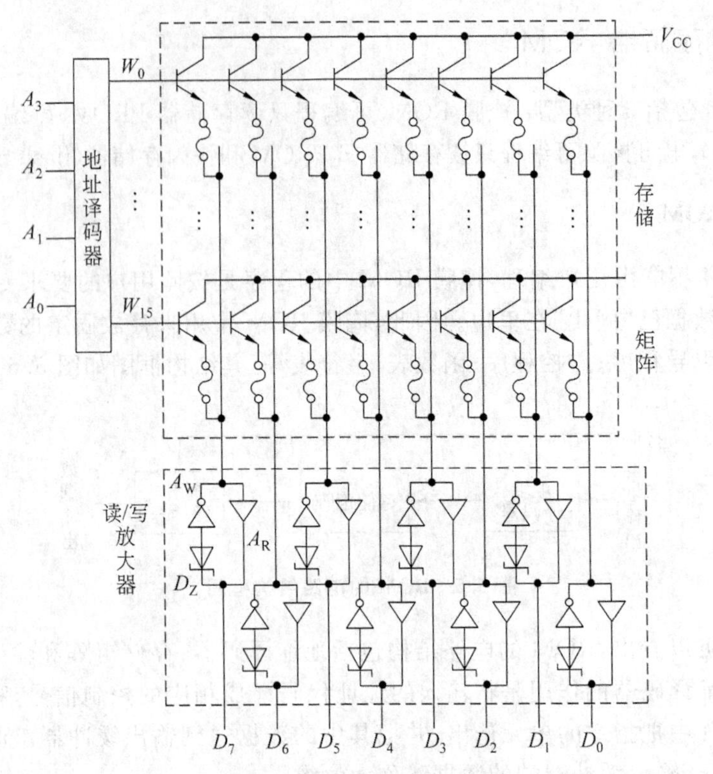

图 5.6 PROM 的结构原理图

因此，PROM 中的内容一经写入，就不可能再修改，即只能写入一次。所以 PROM 不可能满足研制过程中经常修改存储内容的需要。为此，就需要一种可擦除重写的 ROM。

3. 可编程可擦除只读存储器 EPROM

EPROM 是一种可以多次改写的 ROM。最早研究成功并投入使用的 EPROM 是利用紫外线照射芯片上的石英窗口，从而抹去存储器中的信息，再用电的方式写入新的信息。EPROM 的总体结构与前面两种 ROM 相同。其存储单元是用浮置栅雪崩注入型 MOS 管(FAMOS)构成的。

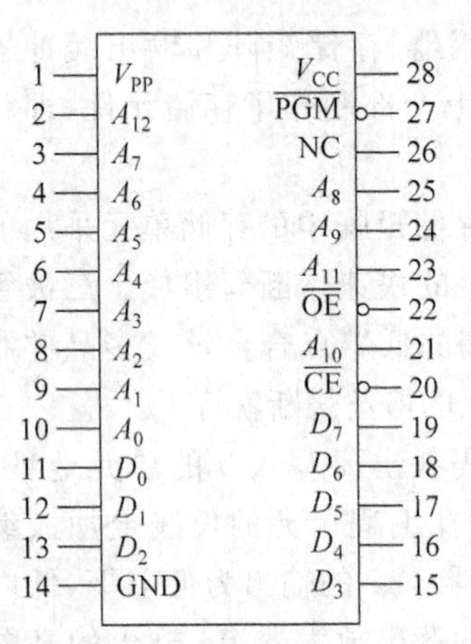

图 5.7 2764 的引脚图

常用的 EPROM 芯片主要有 2716 型、2732 型、2764 型、27128 型、27256 型等。现以一片 2764 型为例介绍 EPROM 的使用方法。2764 的引脚图如图 5.7 所示。

图 5.7 中各引脚的含义为：

(1) $A_0 \sim A_{12}$：13 条地址输入线，表明芯片的容量是 8×1024 个单元。

(2) $D_0 \sim D_7$：8 条数据线，表明芯片中的每个存储单元存放一个字节(即 8 位二进制数)。当从 2764 中读取数据时，$D_0 \sim D_7$ 为 8 个数据输出线；当对芯片编程时，$D_0 \sim D_7$ 为 8 个数据输入线。

(3) $\overline{CE}$：片选输入信号。当它有效(低电平)时，该芯片被选中，即芯片允许工作。

(4) $\overline{OE}$：输出允许信号。当$\overline{OE}$为低电平时，芯片中的数据可由 $D_0 \sim D_7$ 输出。

(5) $\overline{PGM}$：编程脉冲输入端。当对 EPROM 编程时，由此加入编程脉冲。当从 EPROM 中读取数据时，$\overline{PGM}$应置高电平。

2764 与某 CPU 总线的连接图如图 5.8 所示。从图中可以看出，该芯片的地址范围在 F0000H～F1FFFH 之间。其中 RESET 为 CPU 的复位信号，高电平有效；$\overline{MEMR}$为存储器读控制信号，低电平有效。

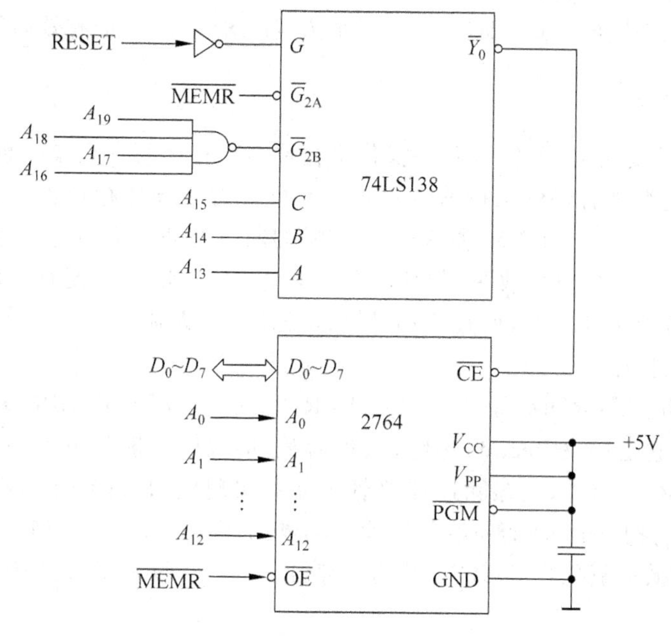

图 5.8 2764 与 CPU 总线的连接

EPROM 中的信息一旦写入，便可长期保存。但需要注意的是，EPROM 中的信息保存时间与温度及光照有关，温度越高或光照越强，信息保存的时间就越短；反之，就越长。因此，当 EPROM 中的信息写好以后，应用不透明胶带将其石英窗口贴住。

一个刚出厂的 EPROM 芯片，其每个存储单元的内容都是 FFH。已经使用过的 EPROM 芯片，应放到专门的(紫外线)擦除器上进行擦除。擦除的原理是聚集在 MOS 管浮层栅上的电荷在紫外线照射下形成光电流被泄漏掉，使电路恢复到初始状态，从而擦除了所有的输入信息。擦除的方法是利用紫外线照射 EPROM 的石英窗口，时间约为 20 分钟。

4. 电可擦除可编程只读存储器 E^2PROM

EPROM 虽可重复改写，但擦除和重写不能在线进行，而且改写时间较长，使用起来仍不方便。E^2PROM 可用电信号进行在线擦除与重写，需要的时间很短。

如 2716 型 E^2PROM 的容量为 $2\times1024\times8$ 位，其逻辑符号如图 5.9 所示。其引脚说明如下：

(1) $A_0 \sim A_{10}$：11 条地址输入线。

(2) $I/O_0 \sim I/O_7$：8 条数据输入/输出线。

(3) $\overline{CS}$：片选输入信号，低电平有效。

(4) $\overline{OE}$：输出允许信号，低电平有效。

(5) $\overline{WE}$：读/写控制端，从 2716 读出数据时应置 $\overline{WE}=1$，向 2716 写入数据时应置 $\overline{WE}=0$。

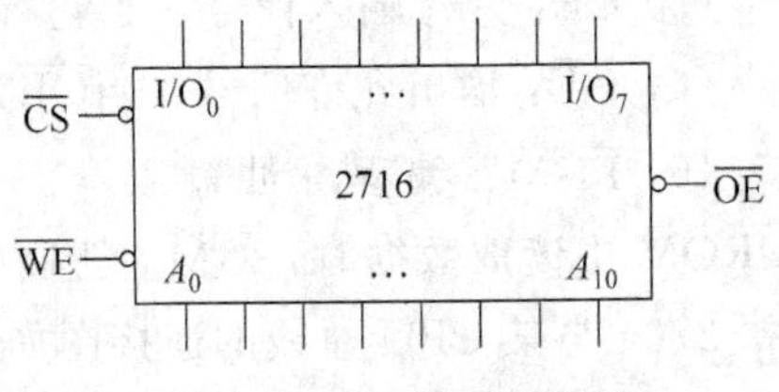

图 5.9 2716 的逻辑符号

当 2716 工作在读出状态时，应置 $\overline{CS}=0$，$\overline{OE}=0$，$\overline{WE}=1$。要让 2716 工作在改写状态，只需置 $\overline{WE}=0$，这样数据从 $I/O_0 \sim I/O_7$ 加入，在 $\overline{CS}=0$ 和地址有效后即可完成写入。

5. 快闪存储器

快闪存储器简称闪存，在一次程序操作中允许多次被擦写。它是一种非易失性存储器，即切断供电电源之后仍然保持所存数据。它既具有半导体存储器读取速度快、存储容量大的优点，又克服了 DRAM 和 SRAM 那样切断电源便丢失所存数据的缺陷。它与 EPROM、E^2PROM 一样可以改写，但比它们容易改写，价格相对便宜。同计算机硬盘、软盘比较，它不仅存取速度快，而且体小量轻、功耗低、不易损坏。

1) 闪存结构特点

闪存集成度比 E^2PROM 高，读写性比 EPROM 好，与 PROM、EPROM、E^2PROM 的最显著区别在于它是按块(sector)擦除，按位编程，能以闪电般的速度一次擦除一个块，因而被称为“闪存”。另外，块擦除还使单管单元的实现成为可能，即基本存储单元是用单只 MOS 晶体管构成的，从而使器件尺寸缩小，集成度提高。美国英特尔公司率先提出经典的电子隧道效应氧化物(ETOX)结构闪存，迄今为止，很多新结构都是从这一基础上演绎而成。

2) 闪存的应用

(1) USB 闪存器。目前市场上较常见 USB 闪存器有朗科公司的优盘和鲁文公司的易盘等产品。以优盘为例，其种类分为加密型、无驱动型、启动型，容量有 16MB、32MB、64MB、128 MB、256MB、1GB、2GB，重量仅 20g，无盘片和电机，体积小巧。Uniwide 公司开发出符合 USB1.1 标准的小型闪存控制器，支持高达 4GB 的数据传输。

(2) 闪存卡。常见的闪存卡有安全数码卡、存储棒卡、多媒体卡、微型闪卡、灵巧媒体卡，其内核都是 NAND 芯片，可用于数码相机、MP3 音乐播放器、PDA 作图像、音乐数据文件的可插拔反复记录存储介质。据 IDC 预测，在今后数年内数码相机仍将是闪存卡的最大应用领域。闪存卡新的应用是获取和存储视频文件，像多媒体卡、安全数码卡、存储棒卡有望成为数码设备的统一存储平台，涉及日常生活和众多行业的方方面面。

(3) BIOS 存储器。现在计算机的主板有 ISA 总线传统结构、高速接口 Hub 结构、LPC 总线结构三种类型，都采用闪存构成基本输入/输出子系统 BIOS 存储器，由此进行硬盘驱动器、监视器以及其他外围设备、部件的控制与管理。这是理想的连接 RAM 完成代码执行和代码存储的解决方案。手机是低功耗，分页式读出 NOR 型闪存的最大用户。

(4) 微控制器。新型微控制器(MCU)都有大小不等的片内闪存,可采用串口或JAAG接口下载、调试与固化程序。结合系统集成,它有很多显著特点:几万甚至数十万次的可擦写次数;整体灵活性强,开发应用更方便,周期成倍缩短,内置充电泵在芯片上产生编程高电压,能够高速读/写,并率先实现在系统编程与在应用编程功能;通过网络开拓了嵌入式产品的现场软件诊断、软件更新、远程软件升级等应用。

(5) 军事。固态闪盘是理想的军事装备用存储器,能适应恶劣环境,可以加密,平均无故障时间高达100万小时以上,经得起猛烈摔打,并无海拔高度的限制,非常适用于固定翼飞机与直升机机载电子装备的软件存储。

总之,闪存独具一系列特性,是目前非易失性存储技术的最高水平,成为许多重要应用设计中的首选,并且是系统中的关键存储器。同时,在嵌入式系统中也有一些新的应用。在数字电视、机顶盒、数字视盘机等产品也有应用。

通信业是快闪存储器的另一大应用领域。在欧洲CSM(全球移动通信系统)制式和日本PDC(个人数字蜂窝电话系统)制式的电话中,现已全面采用1～8MB的快闪存储器,主要用于存储程序、电话号码、话音数据及汉字格式等。

所有的AMD的快闪存储器产品不但可以进行至少100万次的写入,而且保证存储器的数据可以保存20年,使AMD的快闪存储器成为最可靠的永久性存储器芯片。

3) 当前快闪存储器的技术发展趋势

(1) 多值技术。为进一步降低快闪存储器的二进码位成本,各生产厂商正在积极开发在一个单元中存储多个信息的多值技术,使其在单元数量相同的情况下,存储的信息量得到大大提高。

(2) 多功能化。便携设备为了缩小体积和减轻重量,需要尽量减少所用元器件数量。在移动电话中,以前通常都装有SRAM/EPROM和快闪存储器,近来出现了将SRAM或E^2PROM纳入快闪存储器的趋势。此外,市场上还出现了功能增强型快闪存储器新产品,可以在写入或擦除的同时进行读出。

(3) 单一电源。用于便携设备的快闪存储器,除要求降低其电压和功耗外,还要求改用单一电源工作,以避免系统因增加电源而增大成本和功耗。目前单一电源的快闪存储器主要有5V、3V和2.2V等系列产品。

(4) 封装。快闪存储器的封装方式已由最初采用的DIP(双列直插式封装)或PLAA(模塑无引线芯片载体)改为适于表面贴装的SOP(小壳封装)或TSOP(薄小壳封装)。

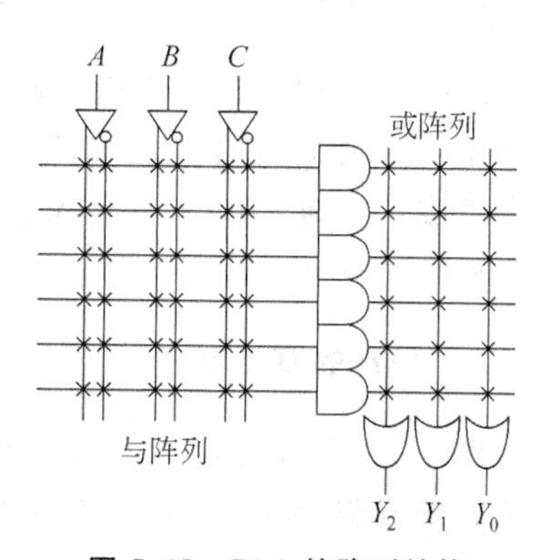

图5.10 PLA的阵列结构

5.2.2 可编程逻辑阵列PLA

PLA的基本结构中包括与阵列和或阵列,这两种阵列都可编程,如图5.10所示。由于PLA的与、或阵列均可编程,所以利用PLA可以实现任意需要的与项和或项,即可用PLA实现逻辑函数的最简与或表达式。因此,用 PLA 实现逻辑函数时,首先需要将逻辑函数化为最简与或表达式,然后根据该表达式画出 PLA 的阵列图。

例 5.1 用 PLA 实现下列一组函数:

$$\begin{cases} Y_1 = A\overline{C} + ABC + AC\overline{D} + CD \\ Y_2 = A\overline{B} + B + \overline{A}B \\ Y_3 = \overline{ABC} + \overline{A} + B + \overline{C} \\ Y_4 = AB\overline{D} + A\overline{C}D + AC + AD \end{cases} \tag{5.1}$$

解:(1) 将函数化为最简与-或式。

$$\begin{cases} Y_1 = A + CD \\ Y_2 = A + B \\ Y_3 = 1 \\ Y_4 = AB + AC + AD \end{cases} \tag{5.2}$$

(2) 画阵列图。根据式(5.2),只需 7×4 的 PLA(7 个与门和 4 个或门)便可实现该组逻辑函数。画阵列图时,先在与阵列中按所需的与项进行编程,再在或阵列中按各个函数的最简与或表达式编程,如图 5.11 所示。

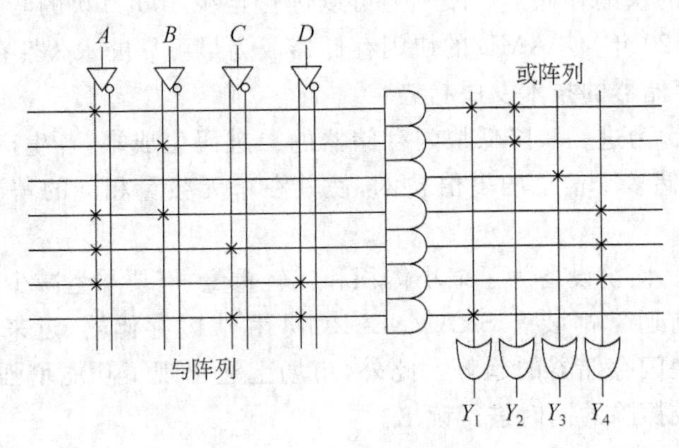

图 5.11 例 5.1 的阵列图

5.2.3 可编程阵列逻辑 PAL

PAL 是 20 世纪 70 年代末期由 MMI 公司率先推出的一种可编程逻辑器件。它采用双极型工艺制作、熔丝编程方式。PAL 由可编程的与阵列、固定的或阵列和输出电路三部分组成。根据 PAL 器件的不同结构,既可以获得不同形式的组合逻辑函数,也可以构成各种时序逻辑电路。

1. PAL 的基本结构

图 5.12 所示是 PAL 的基本电路结构,电路中仅包含一个可编程的与逻辑阵列和一个固定的或逻辑阵列。图中与逻辑阵列的交叉点上的"×"表示有熔丝接通。在编程时只要将有用的熔丝保留,将无用的熔丝熔断,就可得到所需的电路。

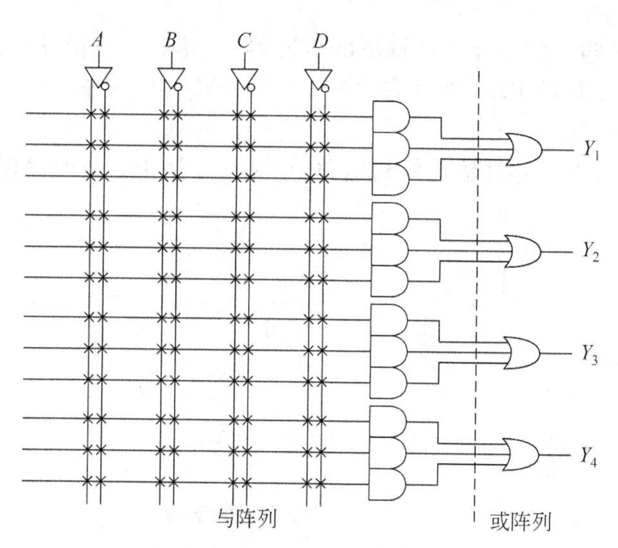

图 5.12 PAL 的基本电路结构

2. PAL 的几种输出电路结构

1) 专用输出结构

专用输出结构的特点是所有设置的输出端只能用作输出使用，不能兼做输入。图 5.12 便属于专用输出结构，这种专用输出结构的 PAL 只能用来产生组合逻辑函数。PAL10H8(10 个输入，8 个输出，高电平有效)、PAL10L8、PAL16C1 (16 个输入，1 个输出，互补型)等都是专用输出结构的器件。

2) 可编程 I/O 结构

图 5.13 是可编程 I/O 结构的电路图。其输出是一个具有可编程控制端的三态缓冲器，控制端由与逻辑阵列的一个乘积项给出。同时输出端又通过一个互补输出的缓冲器反馈到与逻辑阵列上。

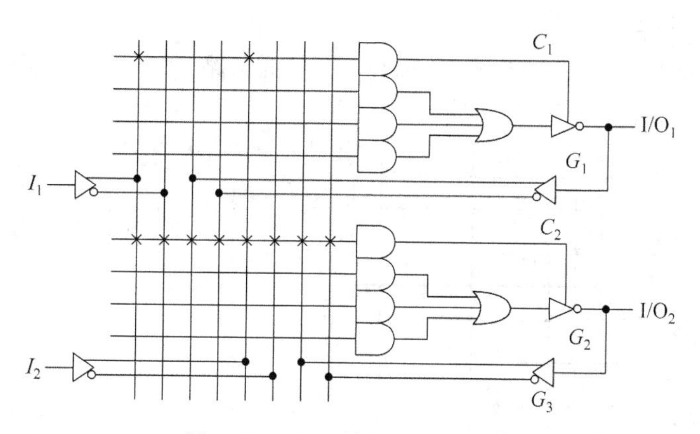

图 5.13 PAL 的 I/O 电路结构

在图 5.13 中，当 $I_1=I_2=1$ 时，缓冲器 G_1 的控制端 C_1 有效，I/O_1 处于输出工作状态，而缓冲器 G_2 的控制端 C_2 无效，G_2 处于高阻状态，因此可以把 I/O_2 作为输入端使用，这时加到 I/O_2 上的输入信号经互补输出的缓冲器 G_3 接到与逻辑阵列的输入端。

属于 I/O 输出结构的 PAL 器件有 PAL16L8、PAL20L10 等。

3）寄存器输出结构

图 5.14 是 PAL 的寄存器输出结构电路，该结构适用于组成时序逻辑电路。

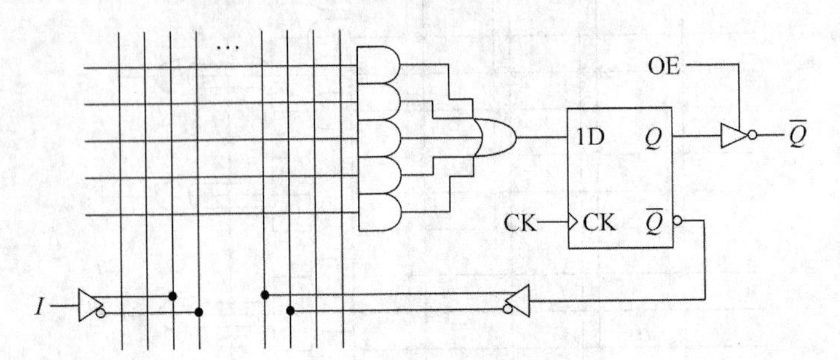

图 5.14 PAL 的寄存器输出结构

4）异或输出结构

异或输出结构型 PAL 的电路结构如图 5.15 所示。其电路结构与寄存器型输出结构类似，只是在与-或逻辑阵列的输出端又增设了异或门。利用这种结构不仅便于对与-或逻辑阵列输出的函数求反，还可以实现对寄存器状态进行保持的操作。

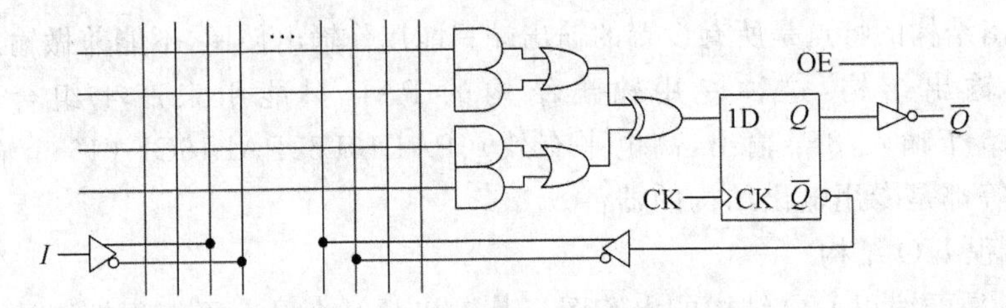

图 5.15 PAL 的异或输出结构

属于这种结构的器件有 PAL20X4、PAL20X8 以及 PAL20X10 等。

5）反馈型输出结构

在异或输出结构的基础上再增加一组反馈逻辑电路，就构成了如图 5.16 所示的运算选通反馈结构。

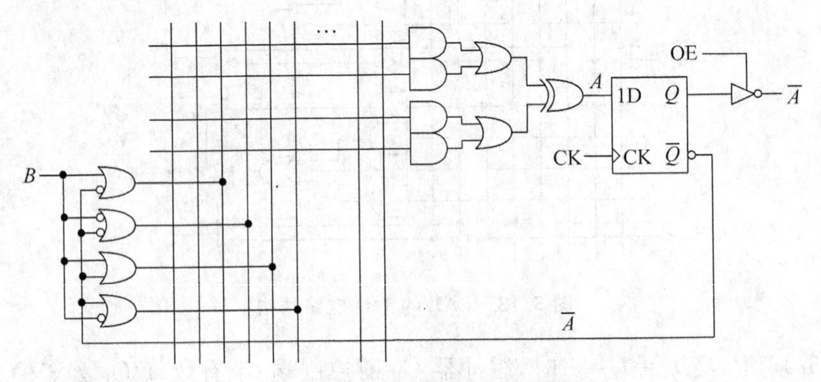

图 5.16 PAL 的反馈输出结构

反馈电路分别给出了输入变量 B 和反馈变量 A 产生的$(A+B)$、$(A+\overline{B})$、$(\overline{A}+B)$和$(\overline{A}+\overline{B})$4 个反馈量，并接至与逻辑阵列的输入端。通过对与逻辑阵列的编程，能产生 A 和 B 的 16 种算术运算和逻辑运算的结果。

属于运算选通反馈结构的器件有 PAL16X4、PAL16A4 等。

例 5.2 用 PAL 器件设计一个数值判别电路。要求判断 4 位二进制数 $DCBA$ 的大小属于 0～5、6～10、11～15 三个区间的哪一区间。

解：若以 $Y_0=1$ 表示 $DCBA$ 的数值在 0～5 之间；以 $Y_1=1$ 表示 $DCBA$ 的数值在 6～10之间；以 $Y_2=1$ 表示 $DCBA$ 的数值在 11～15 之间，则得到表 5.1 所示的真值表。

表 5.1 例 5.2 的真值表

十进制数	二进制数				Y_0	Y_1	Y_2
	D	C	B	A			
0	0	0	0	0	1	0	0
1	0	0	0	1	1	0	0
2	0	0	1	0	1	0	0
3	0	0	1	1	1	0	0
4	0	1	0	0	1	0	0
5	0	1	0	1	1	0	0
6	0	1	1	0	0	1	0
7	0	1	1	1	0	1	0
8	1	0	0	0	0	1	0
9	1	0	0	1	0	1	0
10	1	0	1	0	0	1	0
11	1	0	1	1	0	0	1
12	1	1	0	0	0	0	1
13	1	1	0	1	0	0	1
14	1	1	1	0	0	0	1
15	1	1	1	1	0	0	1

由表 5.1 可写出 Y_0、Y_1、Y_2 的逻辑式，经化简后得到

$$\begin{cases} Y_0 = \overline{D}\,\overline{C} + \overline{D}\,\overline{B} \\ Y_1 = \overline{D}CB + D\overline{C}\,\overline{B} + D\overline{C}\cdot\overline{A} \\ Y_2 = DC + DBA \end{cases} \tag{5.3}$$

这是一组有 4 个输入变量，3 个输出变量的组合逻辑函数。如果用一片 PAL 器件产生这样一组逻辑函数，就必须选用有 4 个以上输入端和 3 个以上输出端的器件。而且由式(5.3)可以看到，至少还应当有一个输出包含 3 个以上乘积项。

根据上述分析，选用 PAL14H4 比较合适。PAL14H4 有 14 个输入端、4 个输出端。每个输出包含 4 个乘积项。图 5.17 是按照式(5.3)编程后的逻辑图。

例 5.3 用 PAL 设计一个能实现具有置零和输出有三态控制功能的十进制计数器。

D
C
B
A
1
2
3
4
5
6
7
8
9
19
18
17
16
15
14
13
12
11
Y_0
Y_1
Y_2

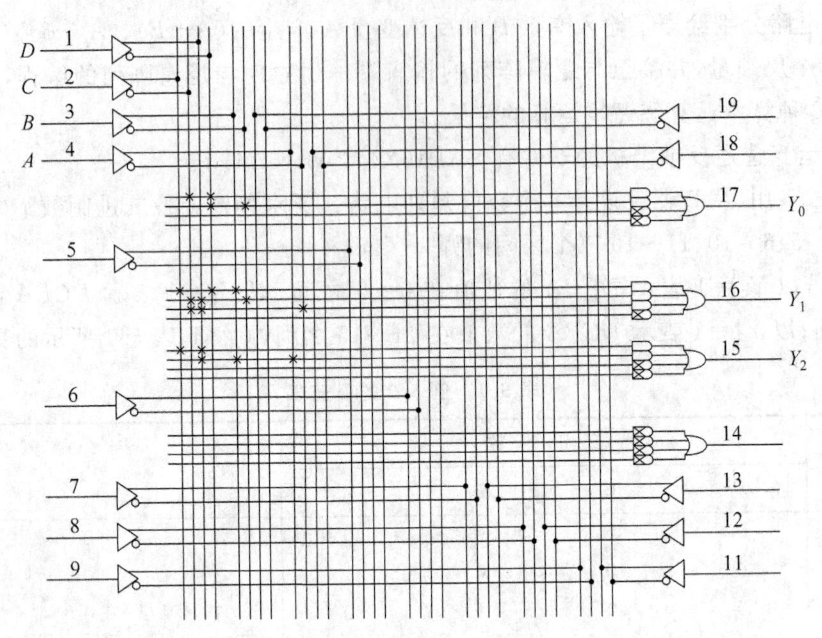

图 5.17 例 5.2 的图

解：要实现十进制计数器，就必须考虑选用具有寄存器输出结构的 PAL 器件，而且该器件中寄存器的个数至少有 4 个。从手册上可以查到，PAL16R4 可以满足上述要求。由图 5.21 可见，PAL16R4 的电路中有 4 个触发器，而且触发器的输出端设置有三态缓冲器。它有 8 个变量输入端，除了 4 个寄存器输出端以外还有 4 个可编程 I/O 端。

根据题目的要求，十进制计数器的状态转换图如图 5.18 所示。由图 5.18 可画出 4 个触发器次态的卡诺图，如图5.19所示。由于 PAL16R4 的三态缓冲器是反相输出，因此需要对图 5.18 中的各状态进行求反，求反后得到的次态卡诺图如图 5.20 所示。将图 5.20进行分解，可得到 5 个子卡诺图，根据这些子卡诺图化简后得到各个触发器的状态方程为

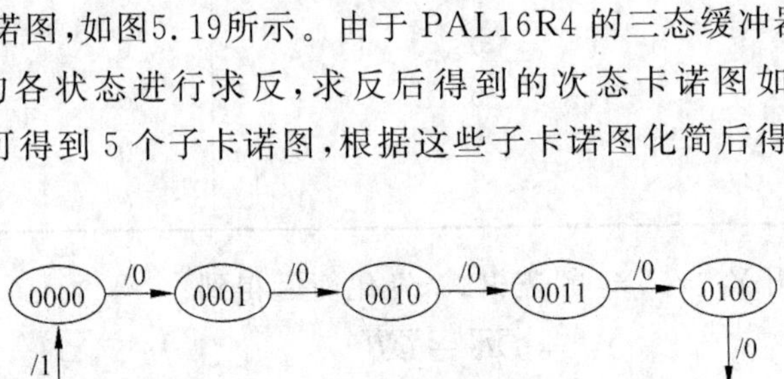

0000
/0
0001
/0
0010
/0
0011
/0
0100
/0
0101
/0
0110
/0
0111
/0
1000
/0
1001
/1

图 5.18 十进制计数器的状态转换图

$$\begin{cases} Q_3^{n+1} = Q_3 Q_2 + Q_3 Q_0 + Q_1 \overline{Q}_0 \\ Q_2^{n+1} = \overline{Q}_2 \overline{Q}_1 \overline{Q}_0 + Q_2 Q_0 + Q_2 Q_1 \\ Q_1^{n+1} = Q_1 Q_0 + \overline{Q}_1 \overline{Q}_0 + \overline{Q}_3 \\ Q_0^{n+1} = \overline{Q}_0 \end{cases} \tag{5.4}$$

Q_3Q_2 \ Q_1Q_0	00	01	11	10
00	0001/0	0010/0	0100/0	0011/0
01	0101/0	0110/0	1000/0	0111/0
11	×	×	×	×
10	1001/0	0000/1	×	×

图 5.19 十进制计数器的次态卡诺图

Q_3Q_2 \ Q_1Q_0	00	01	11	10
00	×	×	×	×
01	×	×	0110/1	1111/0
11	1011/1	1100/1	1110/1	1101/1
10	0111/1	1000/1	1010/1	1001/1

图 5.20 取反后的次态卡诺图

由式(5.4)可写出每个触发器的驱动方程，由于计数器要求具有置零功能，故应在驱动方程中加入一项 R。当置零输入信号 $R=1$ 时，在时钟信号到达后将所有的触发器置1，反相后的输出得到 $Y_3Y_2Y_1Y_0=0000$。于是得到驱动方程为

$$\begin{cases} D_3 = Q_3Q_2 + Q_3Q_0 + Q_1\overline{Q}_0 + R \\ D_2 = \overline{Q}_2\overline{Q}_1\overline{Q}_0 + Q_2Q_0 + Q_2Q_1 + R \\ D_1 = Q_1Q_0 + \overline{Q}_1\overline{Q}_0 + \overline{Q}_3 + R \\ D_0 = \overline{Q}_0 + R \end{cases} \tag{5.5}$$

进位输出信号的逻辑式为

$$C = \overline{Q}_3\overline{Q}_0 \tag{5.6}$$

按照式(5.5)和式 (5.6)编程后 PAL16R4 的逻辑图如图 5.21 所示。图中 1 脚接时钟输入，即计数输入；2 脚接置零信号 R，正常计数的 R 应接低电平；11 脚接输出缓冲器的三态控制信号 $\overline{\mathrm{OE}}$；17、16、15、14 脚分别为输出 Y_3、Y_2、Y_1、Y_0；18 脚为 C 输出端。若从 $Y_3Y_2Y_1Y_0=0000$ 开始计数，则输入 10 个时钟信号时 C 从低电平跳回到高电平，给出一个正跳变的进位输出信号。

以上的设计工作都可以在开发系统上自动进行。只要按照编程软件规定的格式输入真值表，后面的工作都由计算机去完成。

5.2.4 通用阵列逻辑 GAL

PAL 器件已经为逻辑设计者带来了很大的灵活性，但由于它采用的是熔丝工艺，一旦编程(烧录)后便不能改写。此外，PAL 器件的输出电路结构类型繁多，给设计和使用带来不便。

GAL 是 LATTICE 公司于 1985 年首先推出的另一种新型可编程逻辑器件。它采用

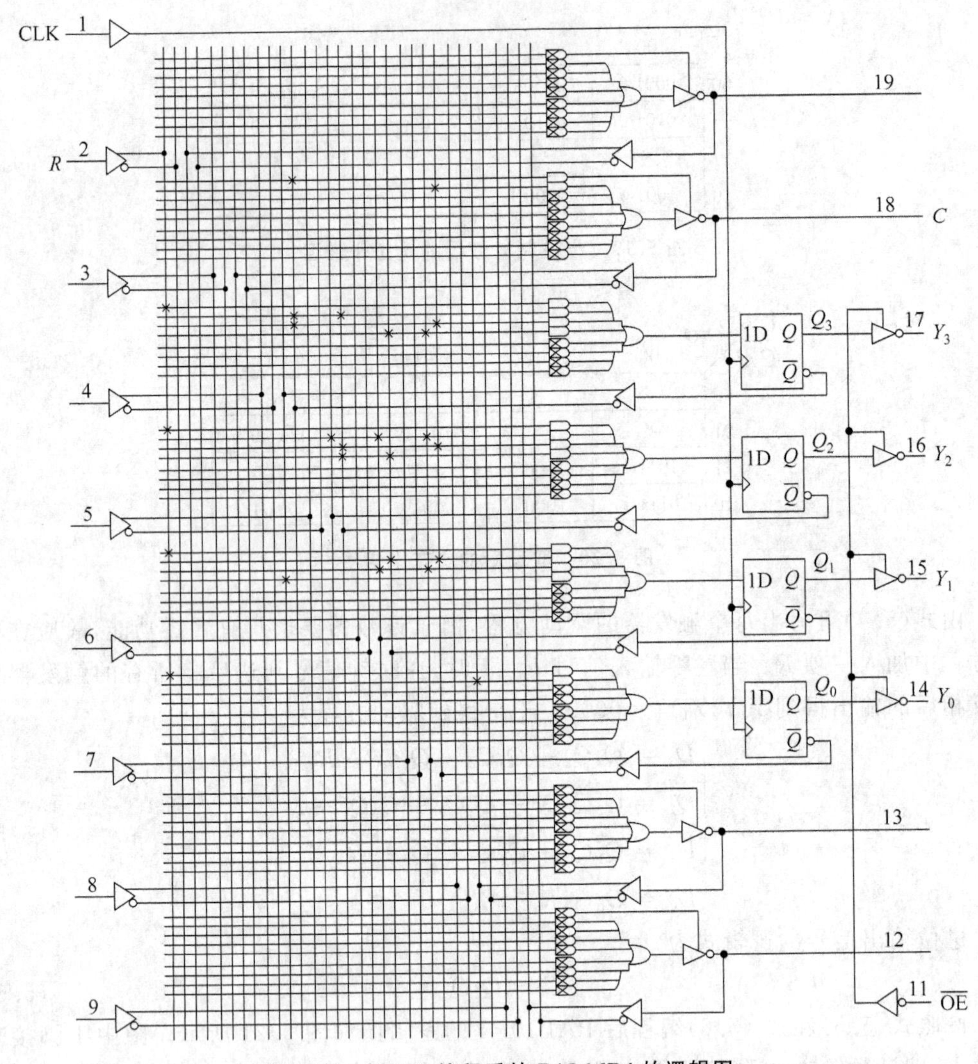

图 5.21 例 5.3 编程后的 PAL16R4 的逻辑图

了电可擦除的 CMOS(E^2CMOS)工艺,具有低功耗,可反复编程等特点。GAL 器件的输出端设置了可编程的输出逻辑宏单元(Output Logic Macro Cell,OLMC)。通过编程可将 OLMC 设置成不同的工作状态,这样就可以用同一种型号的 GAL 器件实现 PAL 器件所有的各种输出电路工作模式,从而增强了器件的通用性。

1. GAL 器件的基本结构

GAL16V8 是一种常用的 GAL 器件,电路结构如图 5.22 所示。它有一个 32×64 位的可编程与逻辑阵列,8 个 OLMC,10 个输入缓冲器,8 个三态输出缓冲器和 8 个反馈/输入缓冲器。与逻辑阵列的每个交叉点设有 E^2CMOS 编程单元。对 GAL 的编程就是对这个与阵列的 E^2CMOS 编程单元进行数据写入,实现相关点的编程连接,得到所需的逻辑函数。

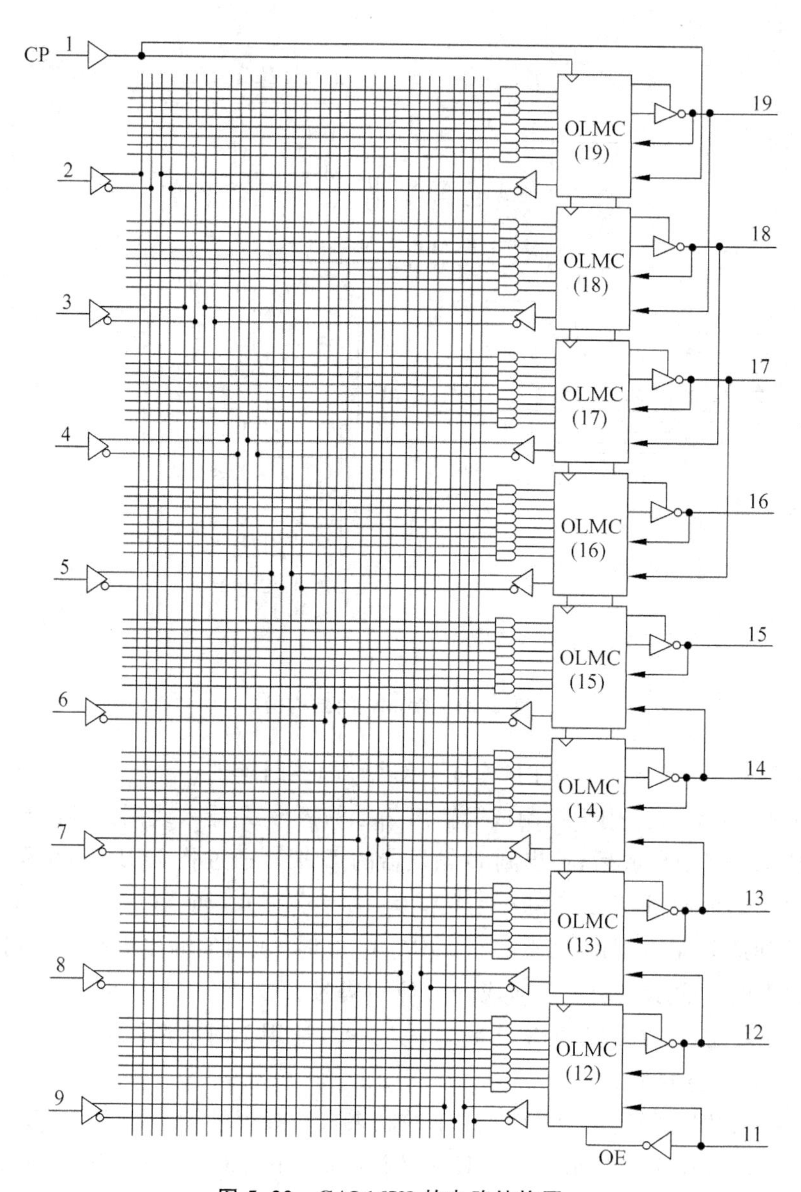

图 5.22 GAL16V8 的电路结构图

在 GAL16V8 中，2～9 脚作固定输入，12、13、14、17、18、19 由三态门控制，既可以作输入端，又可以作输出端，15、16 脚作固定输出。

GAL 器件的每一个输出端都有一个对应的输出逻辑宏单元，通过对 GAL 编程，可以使 OLMC 具有不同形式的输出结构，以适应各种不同的应用需要。

2. 输出逻辑宏单元(OLMC)

GAL 的每一个输出端都对应一个输出逻辑宏单元 OLMC，其逻辑结构如图 5.23 所示。它主要由 4 部分组成：

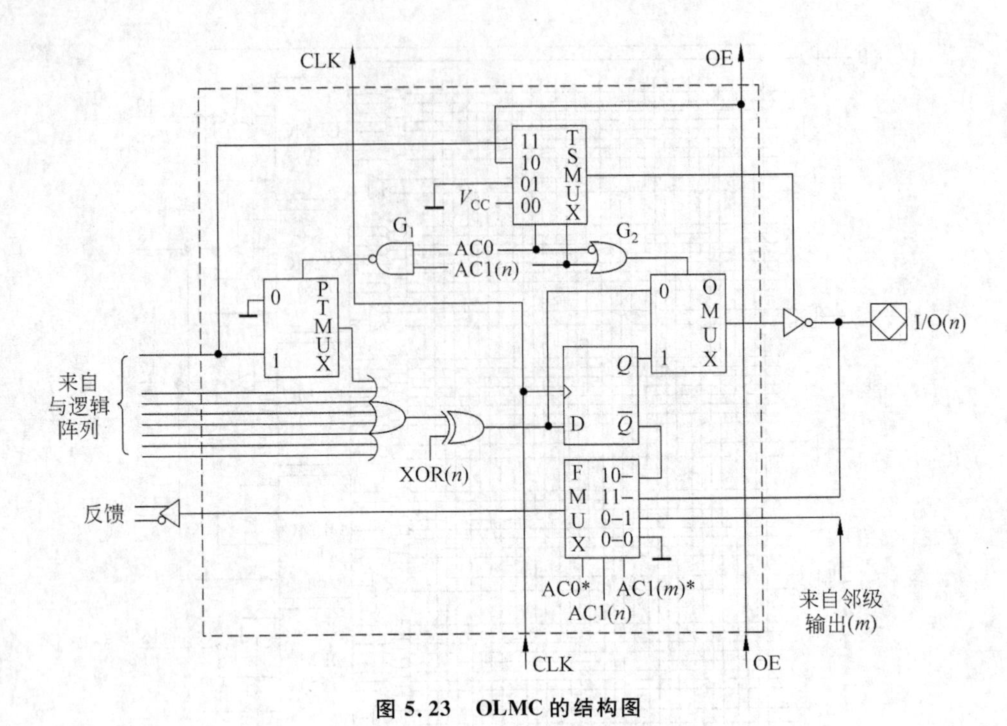

图 5.23 OLMC 的结构图

(1) 或阵列：一个 8 输入或门，构成了 GAL 的或门阵列。

(2) 异或门：异或门用于控制或门输出信号的极性，8 输入或门的输出与结构控制字中的控制位 XOR(*n*)异或后，输出到 D 触发器的 *D* 端。通过将 XOR(*n*)编程为 1 或 0 来改变或门输出的极性，根据式 $1\oplus A=\overline{A}$ 和 $0\oplus A=A$ 可知，当 XOR(*n*)=1 时，或门的输出被取反后到达 D 触发器的 *D* 端，当 XOR(*n*)=0 时，或门的输出以原状态到达 *D* 端，其中 XOR(*n*)中的 *n* 表示该宏单元对应的 I/O 引脚号。

(3) D 触发器：锁存或门的输出状态，使 GAL 适用于时序逻辑电路。

(4) 4 个数据选择器：

① 乘积项数据选择器 PTMUX：用于控制来自与阵列的第一乘积项。除 OLMC12 和 OLMC19 两个输出逻辑宏单元外，PTMUX 的控制信号由 AC0 和 AC1(*n*)相与非后决定。

② 三态数据选择器 TSMUX：用于选择输出三态缓冲器的选通信号。其 4 个数据输入端受 AC0 和 AC1(*n*)控制，TSMUX 的工作情况列于表 5.2。

表 5.2 TSMUX 的控制功能表

AC0	AC1(*n*)	TSMUX 的输出	输出三态缓冲器工作状态
0	0	V_{CC}	工作态
0	1	0	高阻态
1	0	OE	OE=1 为工作态 OE=0 为高阻态
1	1	第一乘积项	第一乘积项取值为 1，工作态 第一乘积项取值为 0，高阻态

③ 反馈数据选择器 FMUX：用于决定反馈信号的来源，它是一个 8 选 1 数据选择器，但输入信号只有 4 个。该选择器根据控制信号 AC0、AC1(n)和 AC1(m)的值，分别选择 4 路不同的信号反馈到与阵列的输入端。4 路不同的信号分别是：低电平、相邻 OLMC 的输出、本级 D 触发器的输出 $\overline{Q}$ 和本级 OLMC 的输出。其中 AC1(m)中的 m 表示邻级宏单元对应的 I/O 引脚号。OLMC 的功能组合见表 5.3。

表 5.3 OLMC 的功能组合

<table>
<tr><th>功　能</th><th>SYN</th><th>AC0</th><th>AC1(n)</th><th>XOR(n)</th><th>输出极性</th><th>备　注</th></tr>
<tr><td>专用输入</td><td>1</td><td>0</td><td>1</td><td>/</td><td>/</td><td>1 和 11 脚为数据输入，三态门禁止</td></tr>
<tr><td rowspan="2">专用组合型输出</td><td rowspan="2">1</td><td rowspan="2">0</td><td rowspan="2">0</td><td>0</td><td>低电平有效</td><td rowspan="2">1 和 11 脚为数据输入，三态门总是选通</td></tr>
<tr><td>1</td><td>高电平有效</td></tr>
<tr><td rowspan="2">反馈组合型输出</td><td rowspan="2">1</td><td rowspan="2">1</td><td rowspan="2">1</td><td>0</td><td>低电平有效</td><td rowspan="2">1 和 11 脚为数据输入，三态门由第一乘积项选通</td></tr>
<tr><td>1</td><td>高电平有效</td></tr>
<tr><td rowspan="2">时序电路中的组合型输出</td><td rowspan="2">0</td><td rowspan="2">1</td><td rowspan="2">1</td><td>0</td><td>低电平有效</td><td rowspan="2">1 脚接 CLK，11 脚接 OE，该宏单元的输出是组合的，但其他宏单元中至少有一个为寄存器输出模式</td></tr>
<tr><td>1</td><td>高电平有效</td></tr>
<tr><td rowspan="2">寄存器型输出</td><td rowspan="2">0</td><td rowspan="2">1</td><td rowspan="2">0</td><td>0</td><td>低电平有效</td><td rowspan="2">1 脚接 CLK，11 脚接 OE</td></tr>
<tr><td>1</td><td>高电平有效</td></tr>
</table>

④ 输出数据选择器 OMUX：控制输出信号是否锁存。表 5.3 给出了 5 种 OLMC 的配置情况，可以看出，在结构控制字同步位 SYN、控制位 AC0 和 AC1(n)的控制下可将 OLMC 设置成 5 种不同的功能组合。

3. 结构控制字

GAL16V8 的各种配置是由结构控制字来控制的。结构控制字如图 5.24 所示。图中 XOR(n)和 AC1(n)字段下面的数字分别表示它们控制该器件中各个 OLMC 的输出引脚号。

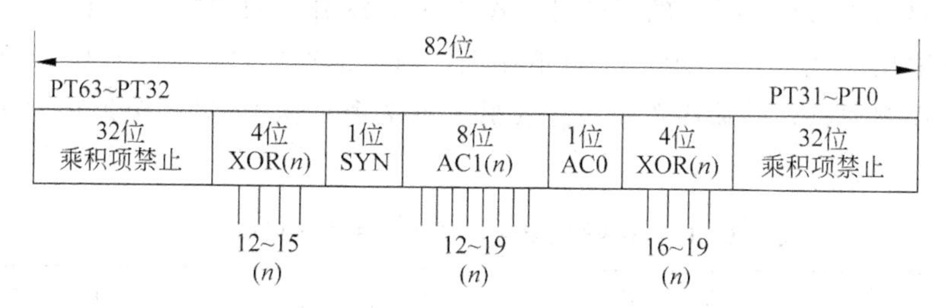

图 5.24 GAL16V8 的结构控制字

结构控制字各位功能如下：

(1) 同步位 SYN：该位用以确定 GAL 器件具有组合型输出能力还是寄存器型输出

能力。当 SYN=1 时，具有组合型输出能力；当 SYN=0 时，具有寄存器型输出能力。此外，对于 GAL16V8 中的 OLMC(12)和 OLMC(19)，SYN 代替 AC0，SYN 代替 AC1(*m*)作为 FUMX 的输入信号。

(2) 结构控制位 AC0：这 1 位对于 8 个 OLMC 是公共的，它与各个 OLMC(*n*)各自的 AC1(*n*)配合，控制 OLMC(*n*)中的各个多路开关。

(3) 结构控制位 AC1：共有 8 位。每个 OLMC(*n*)有单独的 AC1(*n*)。

(4) 极性控制位 XOR(*n*)：通过 OLMC 中间的异或门，控制逻辑操作结果的输出极性：XOR(*n*)=0 时，输出信号 *O*(*n*)低电平有效；XOR(*n*)=1 时，输出信号 *O*(*n*)高电平有效。

(5) 乘积项(PT)禁止位：共有 64 位，分别控制逻辑图中与门阵列的 64 个乘积项(PT0～PT63)，以便屏蔽某些不用的乘积项。通过对结构控制字的编程，便可控制 GAL 的工作方式。

4. GAL 的工作模式

由于 OLMC 提供了灵活的输出功能，因此编程后的 GAL 器件可以替代所有其他固定输出极的 PLD。GAL16V8 有 3 种工作模式，即简单型、复杂型和寄存器型。适当连接该器件的引脚线，由 OLMC 的输出/输入特性可以决定其工作模式。

表 5.4 给出了 GAL16V8 的简单型工作模式下各引脚的功能。处于这种模式时，该器件有多条输入和输出线，没有任何反馈通路。15 脚和 16 脚仅仅作为输出端，12～14 和 17～19 既能作为输入端也能作为输出端，其输出逻辑表达式最多有 8 个乘积项。

表 5.4 GAL16V8 的简单型工作模式下各引脚的功能

引 脚 号	功 能	引 脚 号	功 能
20	V_{CC}	15,16	仅作为输出(无反馈通路)
10	地	12～14,17,19	输入或输出(无反馈通路)
1～9,11	仅作为输入		

表 5.5 给出了 GAL16V8 的复杂型工作模式下各引脚的功能。处于该模式时，它有多条输入和输出线，输出 12 脚和 19 脚不存在任何反馈通路，输出 13～18 脚和与门阵列之间有一条反馈通路。其输出逻辑表达式最多有 7 个乘积项，另一个乘积项用于输出使能控制。

表 5.5 GAL16V8 的复杂型工作模式下各引脚的功能

引 脚 号	功 能	引 脚 号	功 能
20	V_{CC}	12,19	仅作为输出(无反馈通路)
10	地	13～18	输入或输出(有反馈通路)
1～9,11	仅作为输入		

表 5.6 给出了 GAL16V8 的寄存器型工作模式下各引脚的功能。该模式下，至少有一个 OLMC 工作在寄存器输出模式。

表 5.6 GAL16V8 的寄存器型工作模式下各引脚的功能

引脚号	功 能	引脚号	功 能
20	V_{CC}	1	时钟脉冲输入
10	地	11	使能输入(低电平有效)
2～9	仅作为输入	12～19	输入或输出(有反馈通路)

5.3 高密度可编程逻辑器件

通常将集成度大于 1000 门/片的 PLD 称为高密度可编程逻辑器件(HDPLD)，它包括可擦除可编程逻辑器件 EPLD、复杂可编程逻辑器件 CPLD 和现场可编程门阵列 FPGA 三种类型。

5.3.1 可擦除可编程逻辑器件

可擦除可编程逻辑器件(EPLD)是 20 世纪 80 年代中期 Altera 公司推出的新型可擦除、可编程逻辑器件。它采用 CMOS 工艺，因此具有低功耗、高噪声容限的特点。同时它还采用了 UVEPROM 工艺，以叠栅注入 MOS 管作为编程单元，因此又具有可靠性高、可以改写、集成度高和造价便宜等诸多优点。EPLD 的输出部分采用了类似于 GAL 器件的可编程的输出逻辑宏单元。EPLD 的 OLMC 不仅具有输出电路结构可编程的优点，而且还增加了对 OLMC 中触发器的预置数和异步置零功能，因此，它的 OLMC 比 GAL 中的 OLMC 具有更大的灵活性。

5.3.2 复杂可编程逻辑器件

1. CPLD 的结构

复杂可编程逻辑器件(CPLD)将简单 PLD 的概念做了进一步的扩展，并提高了器件的集成度，如图 5.25 所示。另外，从系统体积、功耗、工作速度、可靠性、设计灵活性等方面来说，用 CPLD 设计数字系统比用简单 PLD 设计数字系统具有更大、更明显的优势。

与简单 PLD 相比，CPLD 允许有更多的输入信号、更多的乘积项和更多的宏单元，CPLD 器件内部含有多个逻辑单元块，每个逻辑块就相当于一个 GAL 器件，这些逻辑块之间可以使用可编程内部连线实现相互连接。生产 CPLD 器件的著名公司有多家，尽管各个公司的器件结构千差万别，但它们仍有相同之处，图 5.25 给出了通用的 CPLD 器件的结构框图。由图中可以看出，该类器件一般包括三部分：可编程逻辑块、可编程 I/O 单元和可编程内部连线。可编程逻辑块是基于简单 PLD 的乘积项结构，包括与项、宏单元等，能有效的实现各种逻辑功能。每个逻辑块就相当于一个 PAL/GAL 器件，逻辑块之

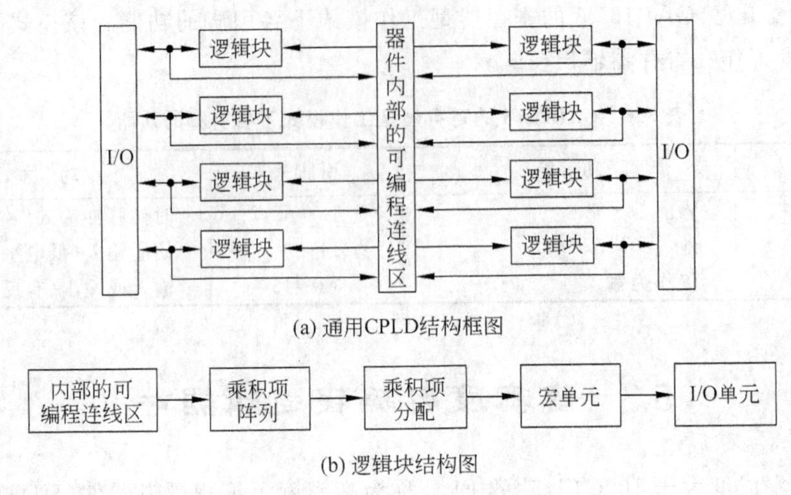

图 5.25　CPLD 的结构

间使用可编程内部连线实现互相连接。

2. CPLD 的组成

下面以 Altera 公司生产的 MAX7000A 为例，简单介绍 CPLD 的电路组成。MAX7000A 从结构上主要包括逻辑阵列块（LAB）、宏单元、I/O 控制块和可编程互连阵列（PIA）四部分。

1）逻辑阵列块（LAB）

MAX7000A 的每个逻辑阵列块由 16 个宏单元组成，其输入信号分别来自于 PIA 的 36 个通用逻辑输入、全局控制信号和从 I/O 引脚到寄存器的直接输入通道。

2）宏单元

MAX7000A 的宏单元主要由与阵列、乘积项选择阵列、一个或门、一个异或门、一个触发器和四个数据选择器构成，因此，每一个宏单元就相当于一片 GAL。MAX7000A 所有宏单元的 OLMC 都能单独的被配置成组合逻辑工作方式或时序逻辑工作方式。

3）I/O 控制块

MAX7000A 的每一个 I/O 控制块允许每个 I/O 引脚单独的配置成输入、输出或双向工作方式。所有 I/O 引脚都有一个三态输出缓冲器，可以从 6～16 个全局输出使能信号中选择一个信号作为其控制信号，也可以选择集电极开路输出。

4）可编程互连阵列（PIA）

PIA 可以将多个 LAB 和 I/O 控制块连接起来构成所需要的逻辑功能。MAX7000A 中的 PIA 是一组可编程的全局总线，可以将输入任何信号源送到整个芯片的各个地方。

5.3.3　现场可编程门阵列

现场可编程门阵列（FPGA）的集成度可达 3 万门/片以上，其电路结构由若干独立的可编程逻辑模块组成。用户可通过编程将这些逻辑模块连接成所需要的数字系统。因为这些模块的排列形式和门阵列(GA)中单元的排列形式相似,所以沿用了门阵列这个名称。

图5.26是FPGA基本结构形式的示意图。它由3种可编程单元和一个用于存放编程数据的静态存储器组成。这3种可编程的单元是输入输出模块(I/O Block,IOB)、可编程逻辑模块(Configurable Logic Block,CLB)和互连资源(Interconnect Resource,IR)。它们的工作状态全都由编程数据存储器中的数据设定。

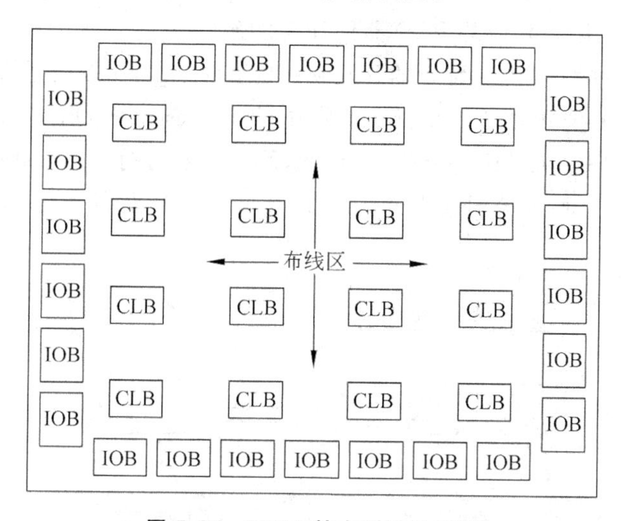

图5.26 FPGA基本结构示意图

FPGA除了个别的几个引脚以外,大部分引脚都与可编程的IOB相连,均可根据需要设置成输入端或输出端。每个CLB中都包含组合逻辑电路和存储电路(触发器)两部分,可以设置成规模不大的组合逻辑电路或时序逻辑电路。为了能将这些CLB灵活地连接成各种应用电路,在CLB之间的布线区内配备了丰富的连线资源。这些互连资源包括不同类型的金属线、可编程的开关矩阵和可编程的连接点。

FPGA的这种CLB阵列结构形式克服了PAL等PLD中那种固定的与-或逻辑阵列结构的局限性,在组成一些复杂的、特殊的数字系统时显得更加灵活。同时,由于加大了可编程I/O端的数目,也使得各引脚信号的安排更加方便和合理。

但FPGA本身也存在着一些明显的缺点。首先,它的信号传输延迟时间不确定。在构成复杂的数字系统时一般总要将若干个CLB组合起来才能实现。而由于每个信号的传输途径各异,所以传输延迟时间也就不可能相等。这不仅会给设计工作带来麻烦,而且也限制了器件的工作速度。其次,由于FPGA中的编程数据存储器是一个静态随机存储器结构,所以断电后数据便随之消失。因此,每次开始工作时都要重新装载编程数据,并需要配备保存编程数据的RPROM。这些都给使用带来一些不便。此外,FPGA的编程数据一般是存放在EPROM中的,而且要读出并送到FPGA的SRAM中,因而不便于保密。

5.4 可编程逻辑器件的编程与测试

5.4.1 可编程逻辑器件的开发过程

可编程逻辑器件PLD的开发是指利用开发软件和编程工具对器件进行设计开发成一个应用系统的过程。开发PLD器件必须具备以下条件：一台PC,PLD的开发软件，编程电缆或硬件编程器以及相应的PLD器件和功能部件。

在PLD的发展过程中，与之配合的开发软件也不断推出，比较典型的有DataIO公司的ABEL,Logical Device公司的CUPL、Minc公司的PLDesigner、Orcad公司的OrcadPLD、Lattice公司的PDSPlus及ISPSynario system、Xilinx公司的FoundationsVantis公司的Design Direct以及ALtera公司的MAX＋PLUSⅡ等。开发高密度PLD器件的流程如图5.27所示。

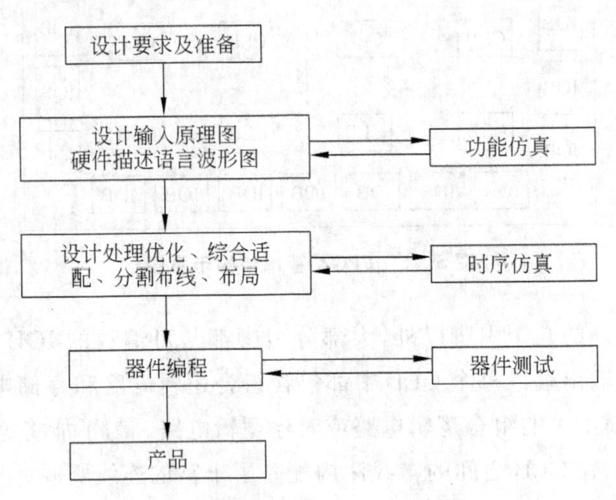

图5.27 开发高密度PLD器件的流程图

1. 设计要求及准备

设计要求一般由用户提出，设计者首先要进行方案论证，系统设计和器件选择等设计准备工作。设计者必须根据设计要求确定整个设计的输入输出逻辑变量，对整个设计进行合理的逻辑分割，确定各设计模块，以及各模块之间的接口信号。

2. 设计输入

PLD开发软件通常支持各种设计输入方式，原理图输入方式使用软件系统提供的元件库符号画出原理图，形成原理图输入文件，其方式易于实现仿真，便于信号的观察和电路调整，但电路复杂，效率低。硬件描述语言方式以文本方式描述设计，它分为普通硬件描述语言和行为描述语言。普通硬件描述语言有ABEL-HDL、CPUL等，它们支持逻辑方程、真值表、状态机等逻辑表达式。行为描述语言是目前常用的高层硬件描述语言，有VHDL和VeriLog-HDL等，它们都已成为IEEE标准。波形图输入方式主要用于建立和编辑波形设计文件以及输入仿真向量和功能测试向量，其适合于时序逻辑和有重复性的逻辑函数。当然可以采用多种输入方式混合输入。

3. 设计处理

设计处理是器件设计中的核心环节，将实现编译软件对设计输入文件进行逻辑化简、综合和优化，并适当地用一片或多片器件自动地进行适配，最后产生编程用的编程文件。在编译过程中首先进行语法检验和设计规则检查，并及时列出错误信息报告和指明违反规则情况，供设计者修改和纠正。综合是将多个模块化设计文件成为一个网表文件，并使层次设计平面化。逻辑优化是将所有的逻辑方程或用户自建的宏，使设计所占用的资源最少。适配是将优化后的逻辑与器件中的宏单元和I/O单元适配，如果整个设计不能装入一片器件时，可自动分割成多块并装入同一系列的多片器件中去。布局和布线由软件自动以最优方式对逻辑元件布局，并准确地实现元件间的互连，布线后软件自动生成布线报告，提供资源的使用信息。设计处理的最后一步是产生可供器件编程使用的数据文件，对CPLD是产生熔丝图文件JEDEC，对FPGA是生成位流数据文件BG。

4. 仿真

仿真包括功能仿真和时序仿真，是在设计输入和处理过程中间同时进行的。功能仿真是在设计输入完成之后，在选择具体器件进行编译之前，进行的逻辑功能验证，因此称前仿真，以便发现逻辑错误而返回设计输入中修改逻辑设计。时序仿真是在选择了具体器件并完成布局、布线之后进行的时序关系仿真，此仿真是与实际器件工作情况基本相同的仿真，用以估计设计的性能以及检查和消除竞争冒险等。

5. 器件编程

编程是将编程数据放到选定的可编程器件中去，对CPLD器件是将JED文件“下载”到器件中，对FPGA器件是将位流数据BG文件“配置”到器件中。普通的CPLD和一次性编程的FPGA需要专用的编程器完成器件的编程工作。可编程逻辑器件只能插在编程器上先进行编程，然后再装配。在系统的可编程器件(ISP-PLD)则不需要专门的编程器，只需一根下载电缆，通过计算机串行口，直接在目标系统或印刷线路板上进行编程。器件编程之后，可用编译时产生的文件对器件进行检验、加密等工作，完成最终设计。整个编程一般只需秒级时间。可编程逻辑器件PLD的出现，更新了传统的数字系统设计和调试方法，实现了硬件“软件化”的自动设计。PLD易学、易用、简化电路设计过程，缩短产品研制周期，特别是在线可编程ISP逻辑器件，提高了系统的可靠性，便于系统板的调试和维修。

5.4.2 可编程逻辑器件的编程技术

1. 在系统可编程技术

在系统可编程技术(In-System Programmable,ISP)是20世纪80年代末Lattice公司首先提出的一种先进的编程技术。ISP技术不再需要编程器,只需要通过计算机接口和编程电缆,对已经装配在系统中的PLD进行编程。具有ISP特性的PLD均采用E^2PROM编程工艺,可以反复擦写,系统掉电后信息不会丢失。

ISP技术是一种串行编程技术,其编程接口非常简单。例如,Lattice公司的ISPLSI、ISPGAL和ISPgds等ISP器件,它们只有5根信号线,即模式控制输入MODE、串行数据输入SDI、串行数据输出SDO、串行时钟输入SCLK和在系统编程使能输入$\overline{\text{ISPEN}}$。PC通过这5根信号线完成编程数据传递和编程操作。其中编程使能信号$\overline{\text{ISPEN}}$=1时,ISP器件为正常工作状态;$\overline{\text{ISPEN}}$=0时,所有IOC的输出均被置为高阻,与外界系统隔离,这时才允许器件进入编程状态。当系统具备多个ISP器件时,还可以采用菊花链形式编程,如图5.28所示。

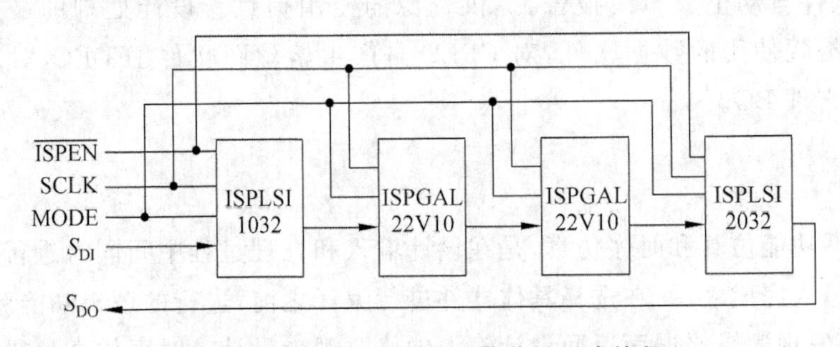

图5.28 多个ISP器件的菊花链形式编程

2. 在电路可再配置技术(ICR)

在电路可再配置技术(In-Circuit Reconfiguration,ICR)也不需要编程器,可以直接对已经装配在电路板上的PLD器件进行编程。具有ICR特性的PLD均采用SRAM编程工艺,该工艺的编程速度比较快,但系统掉电后信息会丢失,因此每次上电后都需要向SRAM中重新写入编程数据,该过程通常成为"配置",若想改变PLD的逻辑功能,则就需要重新配置新的编程数据,该过程称为"再配置"。由于再配置是直接在电路板上进行的,因此称ICR为在电路可再配置。

3. 边界扫描测试技术

边界扫描技术是一种应用于数字集成电路器件的标准化可测试性设计方法,它提供了对电路板上元件的功能、互连及相互间影响进行测试的一种新方案,极大地方便了系统电路的测试。自从1990年2月JTAG(联合测试行动小组)与TEEE标准化委员会合作提出了“标准测试访问通道与边界扫描结构”的 IEEE 1149.1-1990 标准以后，边界扫描技术得到了迅速发展和应用。利用这种技术，不仅能测试集成电路芯片输入输出管脚的状态，而且能够测试芯片内部工作情况以及直至引线级的断路和短路故障。对芯片管脚的测试可以提供 100％的故障覆盖率，且能实现高精度的故障定位。同时，大大减少了产品的测试时间，缩短了产品的设计和开发周期。边界扫描技术克服了传统针床测试技术的缺点，而且测试费用也相对较低。这在可靠性要求高、排除故障要求时间短的场合非常适用。特别是在武器装备的系统内置测试和维护测试中具有很好的应用前景。

本章小结

可编程逻辑器件(PLD)是 20 世纪 70 年代以来迅速发展起来的一种新型半导体数字集成电路，它可以通过编程的方法设置其逻辑功能，具有集成度高、可靠性好、速度快等特点。

ROM、PLA 和 PAL 较早应用的三种 PLD。它们多采用双极型、熔丝工艺或 UVCMOS 工艺制作，电路的基本结构是与-或逻辑阵列型。采用熔丝工艺的器件不能改写，采用 UVCMOS 工艺的擦除和改写也不太方便。但由于采用这两种工艺制作的器件可靠性好，成本也较低，所以在一些定型产品中仍然在使用。

GAL 是继 PAL 之后出现的一种 PLD，它采用 E^2CMOS 工艺生产，可以用电信号擦除和改写。电路的基本结构型式仍为与-或阵列式，但由于输出电路作成了可编程的 OLMC 结构，能设置成不同的输出电路结构，所以有较强的通用性。而且，用电信号擦除比用紫外线擦除要方便得多。

由于 PLA、PAL 和 GAL 的集成度都比较低，一般在千门以下，所以它们又通称为低密度 PLD。CPLD 和 FPGA 是两种高密度 PLD，集成度可达数千门以上。CPLD 又包括两种结构：基于乘积项的 CPLD 和基于查找表的 CPLD。基于乘积项的 CPLD 是 PAL/GAL 的结构和功能的扩展。而基于查找表的 CPLD 采用重复可构造的 CMOS SRAM 工艺，用查找表来实现各种逻辑功能，并把连续的快速通道互连与独特的嵌入式阵列结构相结合，在芯片上能实现各种复杂功能。两种 CPLD 都采用连续式互连结构，具有传输延迟时间可预测性。这两种结构的 CPLD 在应用上各有其优势。

FPGA 采用 CMOS SRAM 工艺制作，它是用规则的、灵活的编程逻辑功能块 CLB 的可编程结构来实现各种复杂的功能，有丰富的布线资源来适应复杂的互连模式。器件的功能是由内部 SRAM 从加载的编程数据来确定。每次停电后，数据丢失，需重新加载。

各种 PLD 的编程工作都需要在开发系统的支持下进行。开发系统的硬件部分由计算机和编程器组成，软件部分是专用的编程语言和相应的编程软件。

习　题

5.1　PLD 器件有哪些种类？它们的共同特点是什么？

5.2　PAL 器件的输出电路结构有哪些类型？各种输出电路结构的 PAL 器件分别用于什么场合？

5.3　可编程逻辑阵列(PLA)实现的组合逻辑电路如图 5.29 所示。

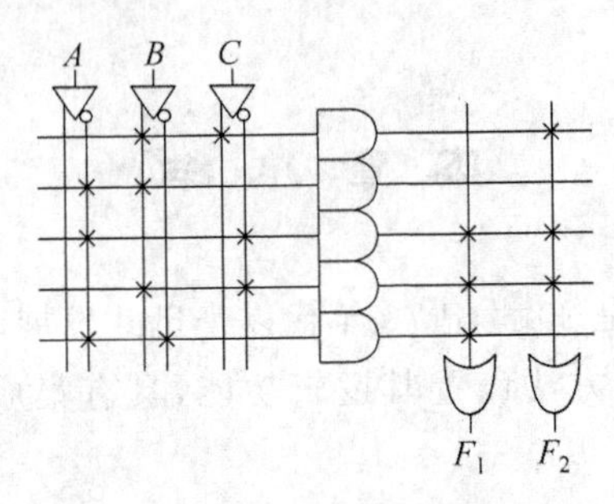

图 5.29　题 5.3 的图

(1) 写出 F_1 和 F_2 的逻辑式。

(2) 分析变量 A、B、C 为何种取值时，$F_1=F_2$。

5.4　可编程逻辑阵列(PLA)实现的组合逻辑函数如图 5.30 所示。

(1) 写出输出 Y_b、Y_c 和 Y_d 的表达式。

(2) 分析变量 A、B、C、D 分别为 0101 和 1001 时，7 段 LED 管各显示出什么字型(1 为段亮，0 为段熄)？

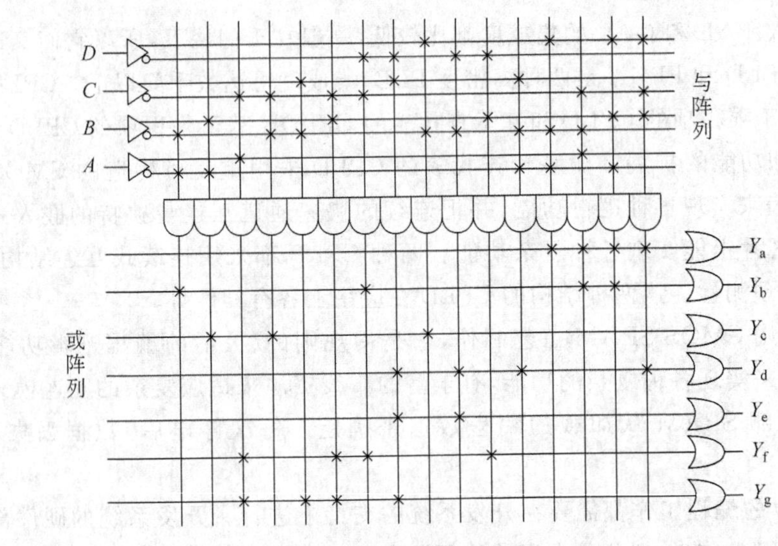

图 5.30　题 5.4 的图

5.5 PLA和D触发器组成的同步时序逻辑电路如图5.31所示。图中X为输入控制变量,Z为输出量。分析电路功能,画出电路的状态转换图。

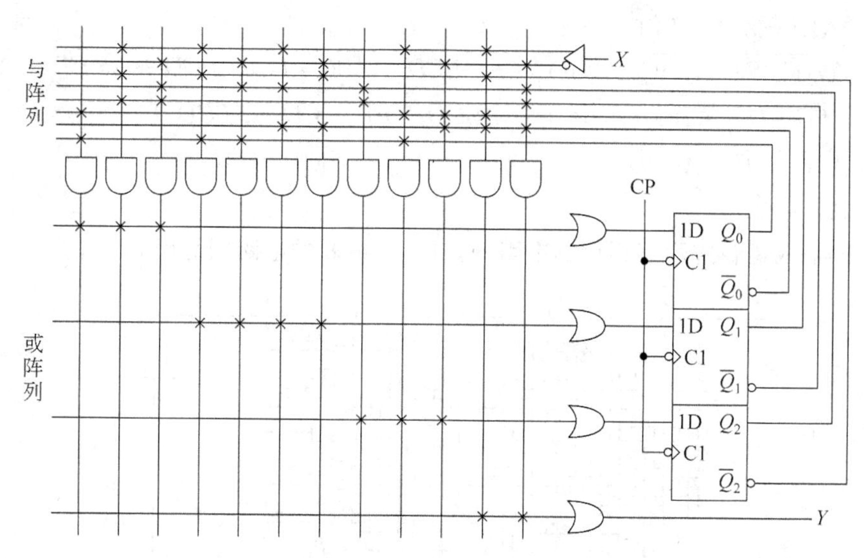

图5.31 题5.5的图

5.6 PLA和JK触发器组成的同步时序逻辑电路如图5.32所示。

(1) 按PLA输入、输出的关系,写出各触发器的驱动方程。

(2) 分析电路功能,画出电路状态转换图,说明电路能否自启动?

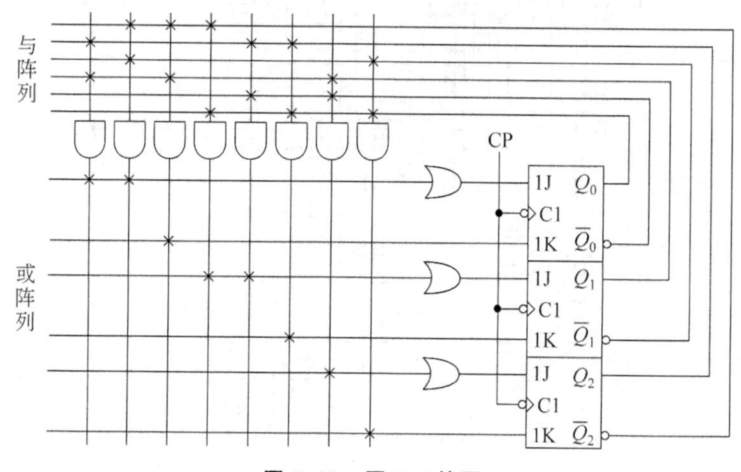

图5.32 题5.6的图

5.7 用PLA分别实现下述函数:

$$Y_1(A,B,C) = \sum m(0,2,4,6,7)$$

$$Y_2(A,B,C,D) = \sum m(0,1,2,6,7,9,11,13)$$

画出相应的逻辑电路图。

5.8　试分析图 5.33 中由 PAL16L8 构成的逻辑电路，写出 Y_1、Y_2、Y_3 与 A、B、C、D、E 之间的逻辑关系式。

5.9　用 PAL16L8 产生如下一组组合逻辑函数：

$$\begin{cases} Y_1 = \overline{\overline{A}\,\overline{B}\,\overline{C}\cdot\overline{D} + \overline{A}\,\overline{B}CD + \overline{A}B\overline{C}D + \overline{A}BC\overline{D} + AB\overline{C}\cdot\overline{D} + ABCD + A\overline{B}\,\overline{C}D + A\overline{B}C\overline{D}} \\ Y_2 = \overline{A}B\overline{C}\cdot\overline{D} + \overline{A}BCD + AB\overline{C}D + ABC\overline{D} + A\overline{B}\,\overline{C}\cdot\overline{D} + A\overline{B}CD \\ Y_3 = \overline{\overline{A}\,\overline{B}\,\overline{C}\cdot\overline{D} + ABCD} \\ Y_3 = AB + AC \end{cases}$$

画出与-或逻辑阵列编程后的电路图。PAL16L8 的电路图见图 5.33。

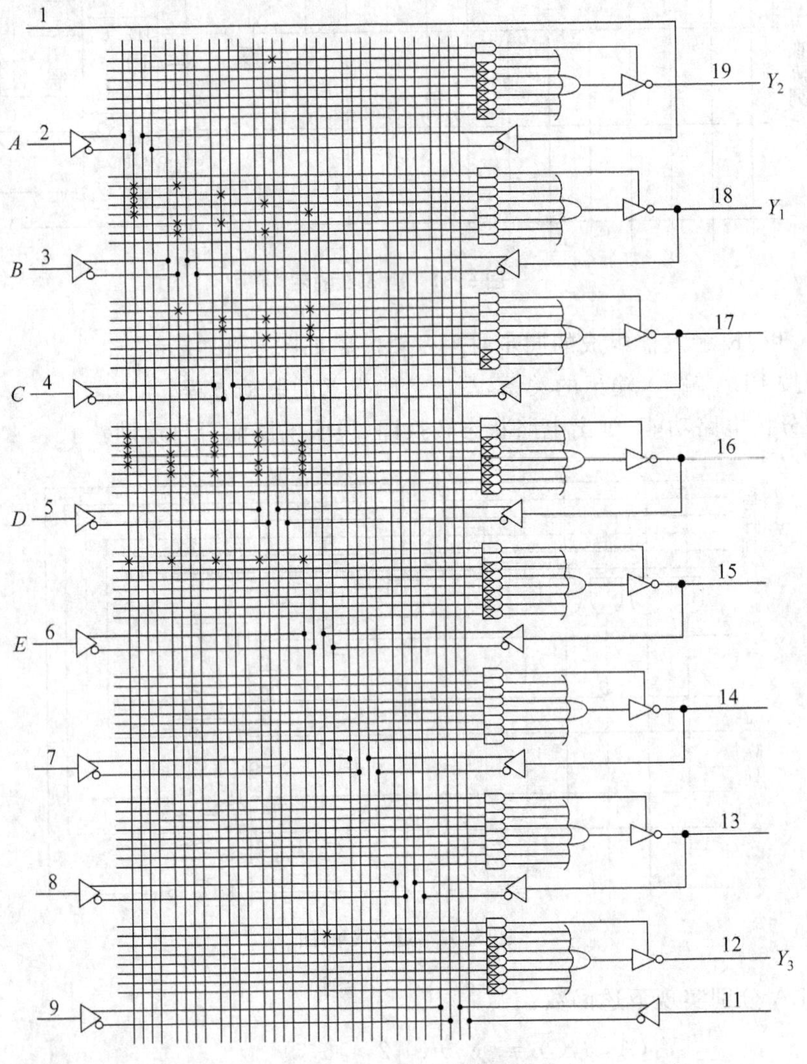

图 5.33　题 5.8 的图

5.10　试分析图 5.34 给出的用 PAL16R4 构成的时序逻辑电路，写出电路的驱动方程、状态方程和输出方程，画出电路的状态转换图。工作时，11 脚接低电平。

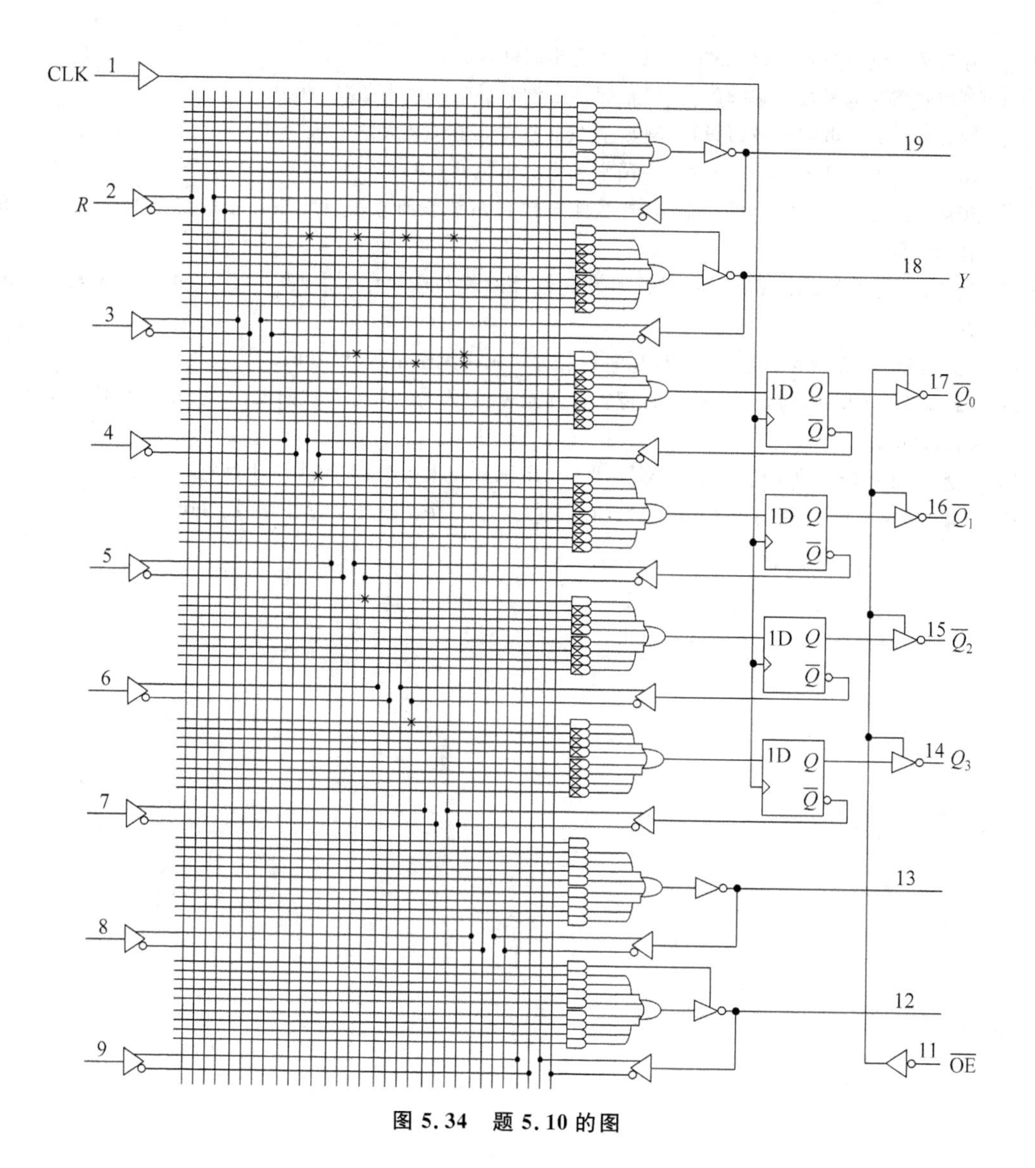

图 5.34 题 5.10 的图

5.11 用 PAL16R4 设计一个 4 位二进制可控计数器。要求在控制信号 $M_1M_0=11$ 时作加法计数；在 $M_1M_0=10$ 时为预置数状态（时钟信号到达时将输入数据 $D_3D_2D_1D_0$ 并行置入 4 个触发器中）；$M_1M_0=01$ 时为保持状态（时钟信号到达时所有触发器的状态保持不变）；$M_1M_0=00$ 时为复位状态（时钟信号到达时所有的触发器同时被置 1）。此外，还应给出进位输出信号。PAL16R4 的电路图见图 5.34。

参考文献

[1] 阎石. 数字电子技术基础(第四版)[M]. 北京：高等教育出版社，2005.

[2] 范立南等. 数字电子技术[M]. 北京：中国水利水电出版社，2005.

[3] 彭华林，凌敏. 数字电子技术[M]. 长沙：湖南大学出版社，2004.

[4] 徐晓光. 电子技术[M]. 北京：机械工业出版社,2004.
[5] 刘时进等. 电子技术基础教程[M]. 武汉：湖北科学技术出版社,2001.
[6] 蔡良伟. 数字电路与逻辑设计[M]. 西安：西安电子科技大学出版社,2003.
[7] 李中发. 电子技术[M]. 北京：中国水利水电出版社,2005.
[8] 杨辉,张凤言. 大规模可编程逻辑器件与数字系统设计[M]. 北京：北京航空航天大学出版社,1998.
[9] 刘笃仁,杨万海. 在系统可编程技术及其器件原理与应用[M]. 西安：西安电子科技大学出版社,1999.
[10] 黄正瑾. 在系统编程技术及应用[M]. 南京：东南大学出版社,1997.
[11] 赵曙光,郭万有,杨颂华. 可编程逻辑器件原理、开发与应用[M]. 西安：西安电子科技大学出版社,2000.
[12] 李元,张兴旺. 数字电子技术[M]. 北京：中国林业出版社;北京大学出版社,2006.
[13] 禹思敏,朱玉玺. 数字电路与逻辑设计[M]. 广州：华南理工大学出版社,2006.

第6章 chapter 6

数/模和模/数转换电路

数字电子技术和计算机技术几乎渗透到了各个领域，例如通信、网络、控制系统、检测系统等。但是接口输入信号（如温度、位移）和输出信号（如电压、图像信号）往往是模拟量，因此A/D和D/A必不可少。

能将模拟量转换为数字量的电路称为模数转换器，简称A/D转换器或ADC；能将数字量转换为模拟量的电路称为数模转换器，简称D/A转换器或DAC。ADC和DAC是沟通模拟电路和数字电路的桥梁，也可称之为两者之间的接口。

本章系统地介绍了D/A转换器和A/D转换器的基本工作原理。在D/A转换器中，分别介绍了权电阻网络、T形电阻网络、倒T形电阻网络和单值电流型网络这四种D/A转换器。在A/D转换器中，在介绍A/D转换的一般步骤后，分别讲述了并行比较型、逐次逼近型、双积分型这3种A/D转换器。

6.1 集成数模转换器

6.1.1 数模转换的基本概念

数模转换是将数字量转换为模拟电量（电流或电压），使输出的模拟电量与输入的数字量成正比。实现这种转换功能的电路叫数模转换器，简称DAC，其原理如图6.1所示。

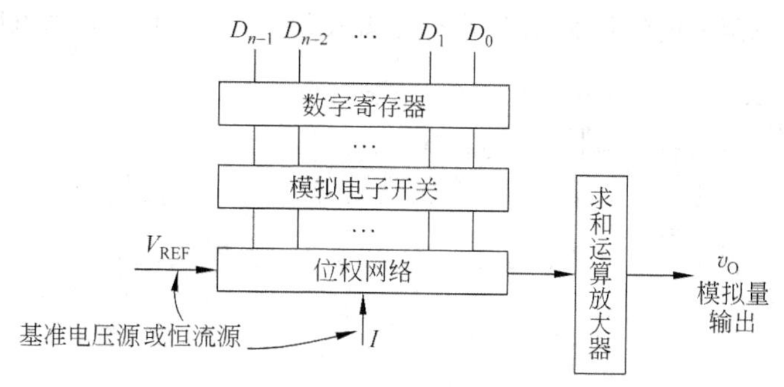

图6.1 DAC转换原理图

D/A 转换基本原理：

将输入的每一位二进制代码按其权的大小转换成相应的模拟量，然后将代表各位的模拟量相加，所得的总模拟量就与数字量成正比，这样便实现了从数字量到模拟量的转换。其中的公式和常用表示有：

$$V_O = k \cdot \sum_{i=0}^{n-1}(D_i \times 2^i)$$

输出模拟电压的大小与输入数字量大小成正比。

- LSB：最低位的权值，即 $2^0=1$，它是信息所能分辨的最小量，如 00000001。
- MSB：最高位的权值，如 1000 0000，则 $2^{n-1}=128$。
- FSR：最大数字量所对应的值，如 1111 1111，也叫满度值。

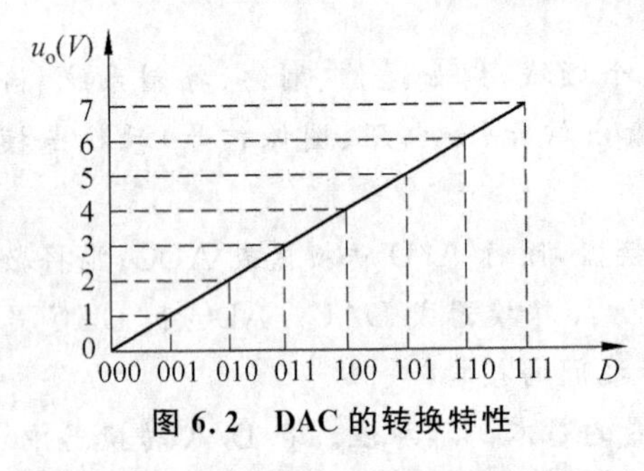

图 6.2 DAC 的转换特性

转换特性如图 6.2 所示（$K=1$）。

D/A 转换器的转换特性，是指其输出模拟量和输入数字量之间的转换关系。图 6.2 所示是输入为 3 位二进制数时的 D/A 转换器的转换特性。理想的 D/A 转换器的转换特性，应是输出模拟量与输入数字量成正比。即：输出模拟电压 $u_o=K_u \times D$ 或输出模拟电流 $i_o=K_i \times D$。其中 K_u 或 K_i 为电压或电流转换比例系数，D 为输入二进制数所代表的十进制数。如果输入为 n 位二进制数 $d_{n-1}d_{n-2}\cdots d_1 d_0$，则输出模拟电压为

$$u_o = K_u(d_{n-1} \cdot 2^{n-1} + d_{n-2} \cdot 2^{n-2} + \cdots + d_1 \cdot 2^1 + d_0 \cdot 2^0)$$

6.1.2 常用数模转换技术

实现数模转换的电路有多种方式，目前常见的 D/A 转换器有：权电阻网络 D/A 转换器、T 形电阻网络、倒 T 形电阻网络 D/A 转换器、单值电流型网络 D/A 转换器。

1. 二进制权电阻网络 D/A 转换器

图 6.3 是一个 4 位权电阻网络 D/A 转换器。它由权电阻网络、模拟开关和求和运算放大器组成。其中权电阻网络是 D/A 转换电路的核心，求和运算放大器构成一个电流电压变换器，将流过各权电阻的电流相加，并转换成与输入数字量成正比的模拟电压输出。

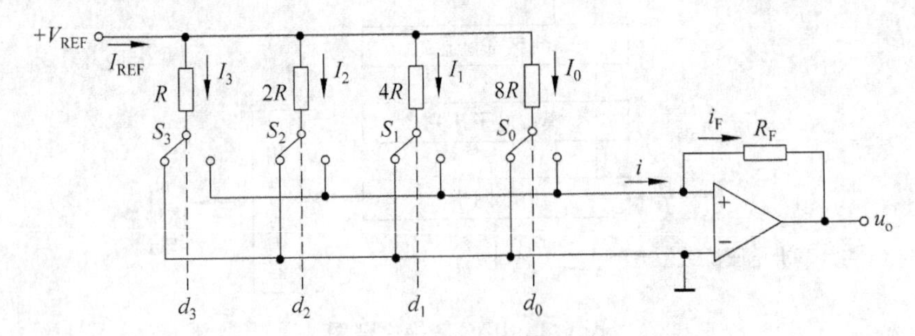

图 6.3 权电阻网络 DAC

分析：不论模拟开关接到运算放大器的反相输入端(虚地)还是接到地，也就是不论输入数字信号是1还是0，各支路的电流不变的。

$$I_0 = \frac{V_{REF}}{8R} \quad I_1 = \frac{V_{REF}}{4R} \quad I_2 = \frac{V_{REF}}{2R} \quad I_3 = \frac{V_{REF}}{R}$$

设 $R_F = R/2$

$$\begin{aligned} i &= I_0 d_0 + I_1 d_1 + I_2 d_2 + I_3 d_3 \\ &= \frac{V_{REF}}{8R} d_0 + \frac{V_{REF}}{4R} d_1 + \frac{V_{REF}}{2R} d_2 + \frac{V_{REF}}{R} d_3 \\ &= \frac{V_{REF}}{2^3 R}(d_3 \cdot 2^3 + d_2 \cdot 2^2 + d_1 \cdot 2^1 + d_0 \cdot 2^0) \end{aligned}$$

$$\begin{aligned} u_o &= -R_F i_F = -\frac{R}{2} \cdot i \\ &= -\frac{V_{REF}}{2^4}(d_3 \cdot 2^3 + d_2 \cdot 2^2 + d_1 \cdot 2^1 + d_0 \cdot 2^0) \end{aligned}$$

推广至 n 位权电阻网络 D/A 转换器：

总电流为

$$i = \frac{V_{REF}}{2^{n-1} R} \sum_{i=0}^{n-1} D_i 2^i$$

求和放大器输出电压为

$$v_o = -iR_f = -\frac{V_{REF} R_f}{2^{n-1} R} \sum_{i=0}^{n-1} D_i 2^i$$

结论：输出模拟电压 V_O 的大小与输入的二进制数码的数值大小成正比 $\left(\sum_{i=0}^{n-1} D_i 2^i\right)$，同时还与量化级有关 $\left(\frac{V_{REF}}{2^n}\right)$。

推论：输入二进制数码位数越多，量化级越小，D/A 输出电压越接近模拟电压。

例 6.1 设4位 D/A 转换器输入二进制数码 $D_3 D_2 D_1 D_0 = 1101$，基准电压 $V_{REF} = -8\text{V}$，$R_f = R/2$，求输出电压 V_O。

解：

$$\begin{aligned} V_O &= -\frac{2R_f}{R} \frac{V_{REF}}{2^n} \sum_{i=0}^{n-1} D_i 2^i \\ &= -1 \times \frac{-8}{2^4} \times (1 \times 2^3 + 1 \times 2^2 + 0 \times 2^1 + 1 \times 2^0) \\ &= 6.5\text{V} \end{aligned}$$

权电阻网络 DAC 的优点：结构简单，所用电阻元件少。

缺点：

① 电阻取值范围大，精度难以保证：如果 $n=8$，取 $R = 10\text{k}\Omega$，那么 $2^7 R = 1.28\text{M}\Omega$，而在 $10\text{k}\Omega \sim 1.28\text{M}\Omega$ 宽范围内要保证电阻的精度是十分困难的。

② 模拟开关有内阻，影响精度。

③ 模拟开关切换瞬间，存在寄生电容充放电现象。

2. T 型电阻网络 D/A 转换器

电路如图 6.4 所示。

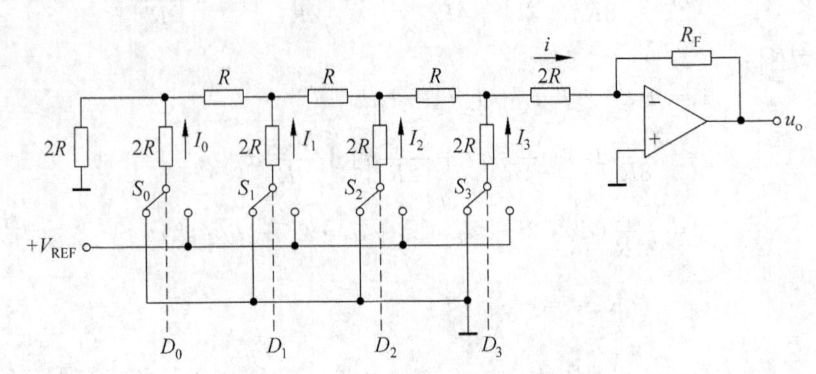

图 6.4　T 型电阻网络 DAC

电路特点：

- T 型网络中只有两种电阻 R、$2R$，所以有时又叫做 R-$2R$ T 型电阻网络；
- 从任何一个节点向左、右、下看进去的等效电阻均为 $2R$。

电路分析：

开关支路节点流进的电流等分为二，从左、右支路流出。

$$\begin{aligned} i &= I'_0 + I'_1 + I'_2 + I'_3 \\ &= \frac{V_{REF}}{3R}\frac{1}{2^4}D_0 + \frac{V_{REF}}{3R}\frac{1}{2^3}D_1 + \frac{V_{REF}}{3R}\frac{1}{2^2}D_2 + \frac{V_{REF}}{3R}\frac{1}{2^1}D_3 \\ &= \frac{V_{REF}}{3R}\left(\frac{1}{2^4}D_0 + \frac{1}{2^3}D_1 + \frac{1}{2^2}D_2 + \frac{1}{2^1}D_3\right) \\ &= \frac{V_{REF}}{3R}\frac{1}{2^4}(D_3 2^3 + D_2 2^2 + D_1 2^1 + D_0 2^0) \\ &= \frac{V_{REF}}{3R}\frac{1}{2^4}\sum_{i=0}^{3} D_i 2^i \end{aligned}$$

求和放大器的输出电压：

$$v_O = -iR_f = -\frac{V_{REF}}{2^4}\frac{R_f}{3R}\sum_{i=0}^{3} D_i 2^i$$

推广至 n 位 $R-2R$ T 型电阻网络 D/A 转换器，输出电压为

$$v_O = -iR_f = -\frac{V_{REF}}{2^n}\frac{R_f}{3R}\sum_{i=0}^{n-1} D_i 2^i \quad (V_O \text{ 和数字量 } D_i \text{ 成正比})$$

T 型电阻网络 DAC 的优点：电阻种类少，只有 R、$2R$ 两种(将两个 R 串联使用，只用一种电阻，电阻精度容易满足)。

缺点：

① 速度比较慢，过节点要分流再到运放，传输过程比较长。

② 动态时，假设数字量由 1000→0111，会出现尖峰干扰脉冲(这是由于 T 型 D/A 高位先到达求和放大器，其变化过程为高位先变，低位后变)。

要克服T型电阻网络D/A转换器速度慢、会出现尖峰干扰脉冲等缺点，应采用倒T型D/A转换器。

3. 倒T型电阻网络D/A转换器

电路如图6.5所示。

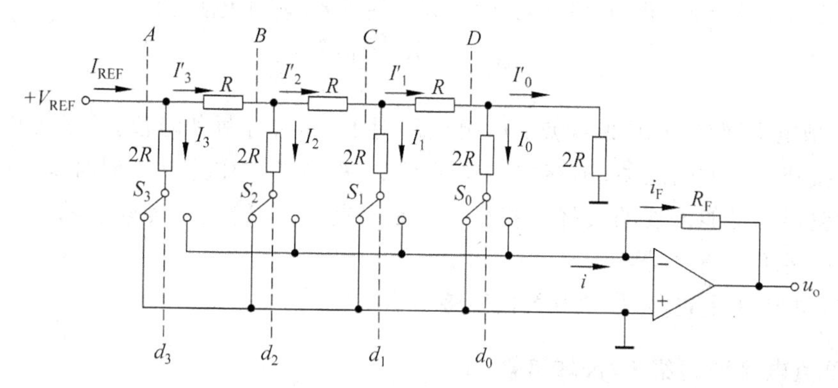

图6.5 倒T型电阻网络DAC

1）电路特点

倒T型电阻网络D/A转换器仍具有T型网络的特点，过一个节点电流二等分一次；每条支路上的电流直接到运放输入端，减少了传输时间。

2）工作原理

(1) 当输入数字信号任何一位为1时，对应电子开关将电阻接运放反向输入端；当输入数字信号任何一位为0时，对应电子开关将电阻接地。由于运放反向输入端的电位始终接近于0电位(虚地)，所以无论模拟开关S_3、S_2、S_1、S_0接在哪一边，都相当于接在“地”电位上。流过每条支路的电流始终不变。

(2) 由于分别从虚线A、B、C、D处向右看的二端网络等效电阻都是R，所以从左到右各支路电流依次为：$\frac{I_{REF}}{2}$、$\frac{I_{REF}}{4}$、$\frac{I_{REF}}{8}$、$\frac{I_{REF}}{16}$。

(3) 从参考电压端输入的总电流为

$$I_{REF}=\frac{V_{REF}}{R}$$

各支路电流为

$$I_3=\frac{1}{2}I_{REF}=\frac{V_{REF}}{2R},\quad I_2=\frac{1}{4}I_{REF}=\frac{V_{REF}}{4R}$$

$$I_1=\frac{1}{8}I_{REF}=\frac{V_{REF}}{8R},\quad I_0=\frac{1}{16}I_{REF}=\frac{V_{REF}}{16R}$$

流入运放输入端总电流为

$$\begin{aligned}i&=I_0d_0+I_1d_1+I_2d_2+I_3d_3\\&=\left(\frac{1}{16}d_0+\frac{1}{8}d_1+\frac{1}{4}d_2+\frac{1}{2}d_3\right)\frac{V_{REF}}{R}\end{aligned}$$

$$=\frac{V_{REF}}{2^4R}(d_3\cdot 2^3+d_2\cdot 2^2+d_1\cdot 2^1+d_0\cdot 2^0)$$

求和放大器输出电压为

$$u_o=-R_F i_F=-R_F i=-\frac{V_{REF}R_F}{2^4R}(d_3\cdot 2^3+d_2\cdot 2^2+d_1\cdot 2^1+d_0\cdot 2^0)$$

推广至 n 位 $R-2R$ 倒 T 型电阻网络 D/A 转换器，输出电压为

$$v_O=-iR_f=-\frac{R_f}{R}\frac{V_{REF}}{2^n}\sum_{i=0}^{n-1}D_i 2^i$$

倒 T 型电阻网络 DAC 的优点：电阻值范围小，且只有两种阻值，便于集成；每条支路电流直接流入运放输入端，不存在传输时间差，提高了工作速度。同时也有效防止动态过程中输出端可能出现的尖峰干扰脉冲。是目前 D/A 转换速度较快的一种，也是用的最多的一种 D/A 转换器。

缺点：电阻用量较多，模拟开关内阻将影响精度。

4. 单值电流型网络 D/A 转换器

前两种方法都受模拟开关内阻的影响，降低了转换精度。采用单值电流型网络 DAC 可克服此缺点，其电路如图 6.6 所示。

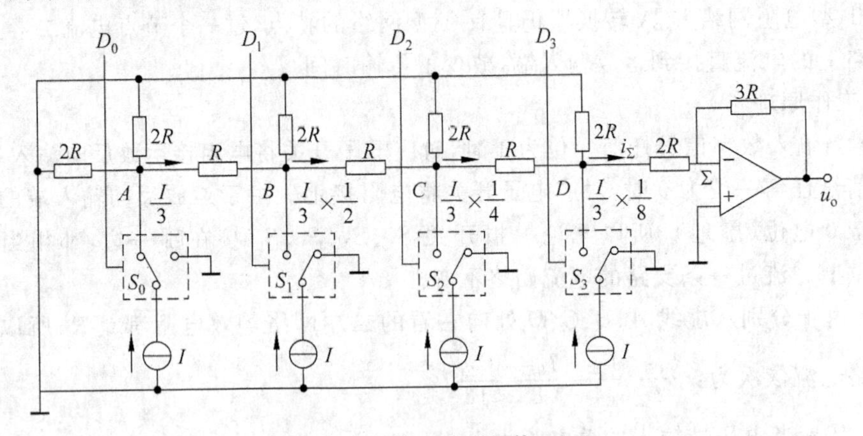

图 6.6　单值电流型网络 DAC

优点：

① 采用恒流源克服了开关内阻对转换精度的影响；

② 采用 ECL 开关电路，提高了转换的速度。

6.1.3　集成 DAC 的主要技术指标

1. 转换精度

D/A 转换器的转换精度是指输出模拟电压的实际值与理想值之差，即最大静态转换误差。通常用分辨率和转换误差来描述。

1) 分辨率

表示 DAC 对模拟量的分辨能力，它是最低有效位(LSB)所对应模拟量的值。由于满度值所代表的模拟值在不同的应用中是可变的，因此分辨率通常用 DAC 输入二进制数的有效位数来表示，如 8 位、10 位、12 位，在分辨率为 n 位的 D/A 转换器中，输出电压能区分 2^n 个不同的输入二进制代码状态，能给出 2^n 个不同等级的输出模拟电压。有时也可以用 D/A 转换器的最小输出电压与最大输出电压的比值来表示：

$$\text{分辨率} = \frac{1\text{LSB}}{\text{FSR}} = \frac{1}{2^n - 1}$$

例如 10 位 D/A 转换器的分辨率为

$$\frac{1}{2^{10} - 1} = \frac{1}{1023} \approx 0.001$$

2) 转换误差

指实际输出模拟电压与理想值之间的最大偏差。通常有两种表示方法，即绝对误差、相对误差。

(1) 绝对误差：用最低有效位的分数形式表示。

例如±(1/2)LSB，则它表示最大误差：

$$V_E = \pm \frac{1}{2} \times \frac{V_{FS}}{2^n - 1}$$

(2) 相对误差：用最大误差与满量程电压 V_{FS} 的百分数表示。

例如相对误差为±0.1%，则表示最大误差：$V_E = \pm 0.1\% \cdot V_{FS}$。

如果 $V_{FS} = 10\text{V}$，则 $V_E = \pm 10\text{mV}$。

转换误差主要由 3 种误差构成：

(1) 非线性误差(非线性度)：理想 DAC 的转换特性应是线性的，实际转换中，在满刻度范围内偏离理想，转换特性的最大值称为线性误差。通常较好的 DAC 的线性误差不大于 1/2 LSB。

产生原因：

① 模拟电子开关导通电阻的离散性；

② R 和 $2R$ 电阻值的离散性。

(2) 漂移误差：在整个范围内出现的大小和符号都固定不变的误差(也叫系统误差)。

产生原因：由运放的零点漂移造成。

消除方法：通过零点校准的方法，但不能在整个温度范围内校准。

(3) 增益误差：由 R_F、R 和 V_{REF} 的精度和稳定性造成的输出电压偏离理想直线的最大值。

消除方法：外围电阻选择精密电阻，V_{REF} 选择高精度、高稳定性电源。

2. 转换速度

定义：指输入数字量有满度值变化时，输出电压达到稳定所需要的时间。

通常用输出建立时间 t_{set} 来定量描述转换速度：从输入数字信号发生变化起，到输出电压或电流到达**稳定值**时所需要的时间，称为输出建立时间。

这里的稳定是指模拟输出电压进入、稳定到 FSR±(1/2)LSB 范围之内。

例 6.2 对于一个 8 位 D/A 转换器：

(1) 若最小输出电压增量为 0.02V，试问当输入代码为 01001101 时，输出电压 V_O 为多少伏？

(2) 若其分辨率用百分数表示，则应是多少？

(3) 若某一系统中要求 D/A 转换的精度小于 0.25%，试问这一 D/A 转换器能否应用。

分析：本例题涉及转换器几个参数，一是最小输出电压增量；二是分辨率；三是转换精度。

最小电压增量：对应于输入最小数字量的输出模拟电压。即指数字量每增加一个单位输出模拟电压的增加量。

分辨率：定义为对最小数字量的分辨能力。一般用输入数字量的位数表示，也可以用最小输出电压与最大输出电压之比的百分数表示。

用最低有效位的倍数表示。转换误差为 1/2LSB，表示输出模拟电压的绝对误差等于最低有效位输出模拟电压的一半。

解：

(1) 当最小输出电压增量为 0.02V 时，输入代码为 01001101 时，所对应的输出电压 $V_O=0.02\times(2^6+2^3+2^2+2^0)=1.54\text{V}$。

(2) 8 位 D/A 转换器的分辨率百分数为：$1/2^8-1\times100\%=0.3922\%$。

(3) 若要求精度小于 0.25%，其分辨率应小于 0.5%。例题 8 位 D/A 的分辨率为 0.3922%满足系统对精度的要求。

6.1.4 集成 DAC 芯片的选择与使用

集成 D/A 转换器种类很多，这里介绍 DAC0832 和 DAC0808 这两个常用的 DAC 芯片。

1. DAC0832

DAC0832 是通用单片 8 位 D/A 转换器，具有 8 位并行、中速(建立时间 1μs)、电流型、价格低的特点，可以直接和 Z80、MCS51 等微处理器相连。图 6.7 为它的内部原理框图。

说明：DAC0832 由一个 8 位输入锁存器、一个 8 位 DAC 寄存器和一个 8 位 D/A 转换器三大部分组成。其中的 D/A 转换器采用倒 T 型 $R-2R$ 电阻网络，随时将 DAC 寄存器的数据转换为模拟信号，由 I_{OUT1}、I_{OUT2} 输出。由于 DAC0832 内部无运放，是电流输出，使用时须外加运放。芯片内部已设置了反馈电阻 R_f，如果运放增益不够，外部还要加

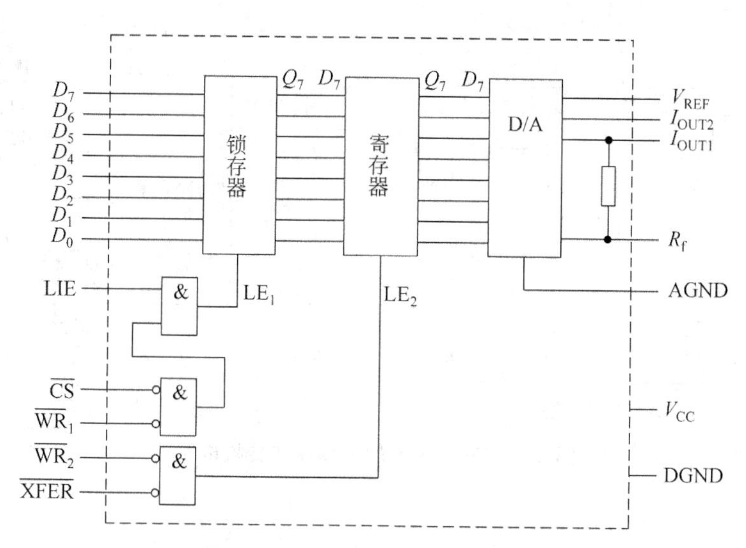

图 6.7 DAC0832 的内部原理框图

反馈电阻。DAC0832 有双缓冲型、单缓冲型和直通型等三种工作方式。

引脚说明：

- AGND：模拟地。
- DGND：数字地。
- R_f：反馈电阻接线端。
- V_{REF}：基准电压输入端。
- $D_7 \sim D_0$：8 位输入数据信号。
- $\overline{CS}$：片选信号，输入低电平有效。
- LIE：输入锁存允许信号，高电平有效。
- $\overline{WR_1}$、$\overline{WR_2}$、$\overline{XFER}$：数据传送选通信号，输入低电平有效。
- I_{OUT1}：DAC 输出电流 1，作运放一个差分输入信号。当 DAC 寄存器全 1 时，电流最大，全 0 时，电流最小。
- I_{OUT2}：DAC 输出电流 2，作运放另一个差分输入信号(一般接地)。
- I_{OUT1}、I_{OUT2}满足如下关系：

$$I_{OUT1} + I_{OUT2} = 常数$$

当 LIE、$\overline{CS}$和$\overline{WR_1}$同时有效时：LE_1 为高电平，输入数据 $D_7 \sim D_0$ 进入锁存器。

当$\overline{WR_2}$和$\overline{XFER}$同时有效时：LE_2 为高电平，在此期间，锁存器中的数据进入 DAC 寄存器。

2. DAC0808

DAC0808 的引脚图和转换电路如图 6.8 所示。

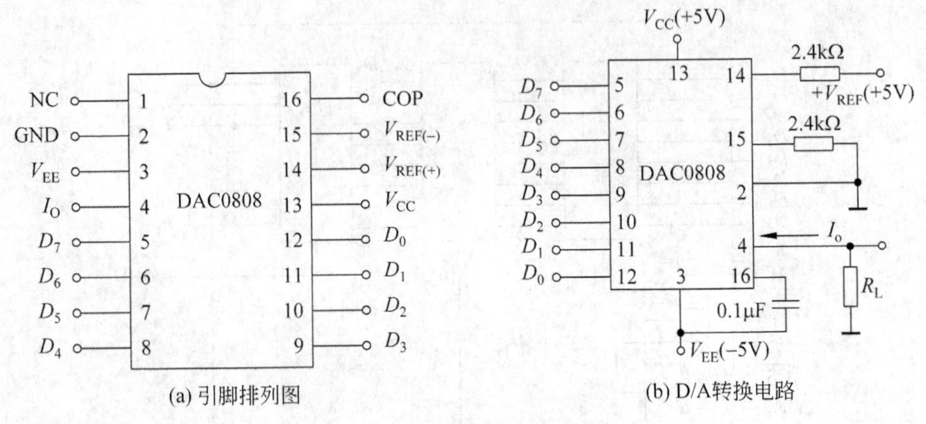

图 6.8 DAC0808 的引脚图和转换电路

6.2 集成模数转换器

6.2.1 模数转换的一般过程

模数转换的一般过程如图 6.9 所示。

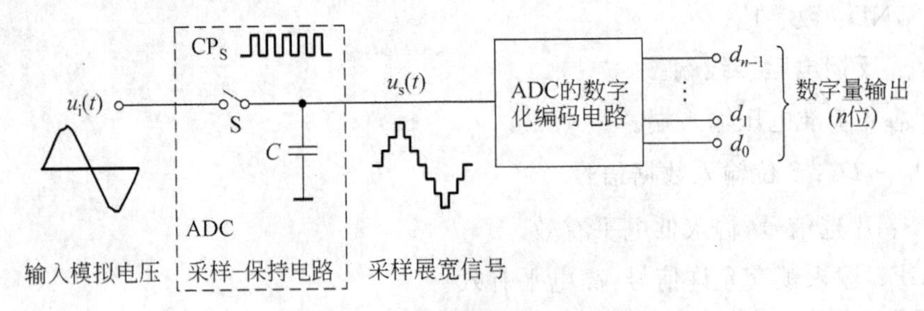

图 6.9 模数转换的一般过程

其基本流程为：模拟信号(A)→采样→保持→量化→编码→数字信号(D)。

1. 采样与保持

1）定义

(1) 采样：将时间和数值都是连续变化的模拟量转化为时间离散、数值分段连续的模拟量。

(2) 保持：A/D 转换并不是瞬间完成的，它要求在转换器件被转换的模拟值保持不变，以保证转换的精度。

2）为什么要采样、保持

① A/D 转换是需要时间的，不能对所有连续点都转换，只能对采样点转换。

② 为避免数据量过大，造成存储和处理的困难。

3）取样原理

定义：为保证能从取样信号将原来的被取样信号无失真地恢复，必须满足 $f_s \geqslant 2f_{imax}$。

4）取样-保持电路

电路的基本形式如图6.10所示。

原理：

（1）$S(t)=1$，T导通，V_I对C充电，$V_O=V_I\Rightarrow$采样。

（2）$S(t)=0$，T关断，$V_O=V_C$不变$\Rightarrow$保持。

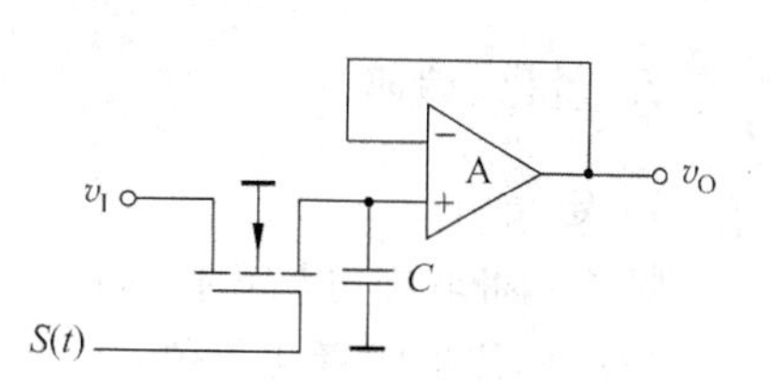

图6.10 取样-保持电路

说明：此为模拟电子开关在采样脉冲$S(t)$的控制下重复接通、断开的过程。T接通时，ui(t)对C充电，为采样过程；T断开时，C上的电压保持不变，为保持过程。在保持过程中，采样的模拟电压经数字化编码电路转换成一组n位的二进制数输出。

需满足采样定理：

$$f_s = 2f_{i\max}$$

各点的波形图如图6.11所示。

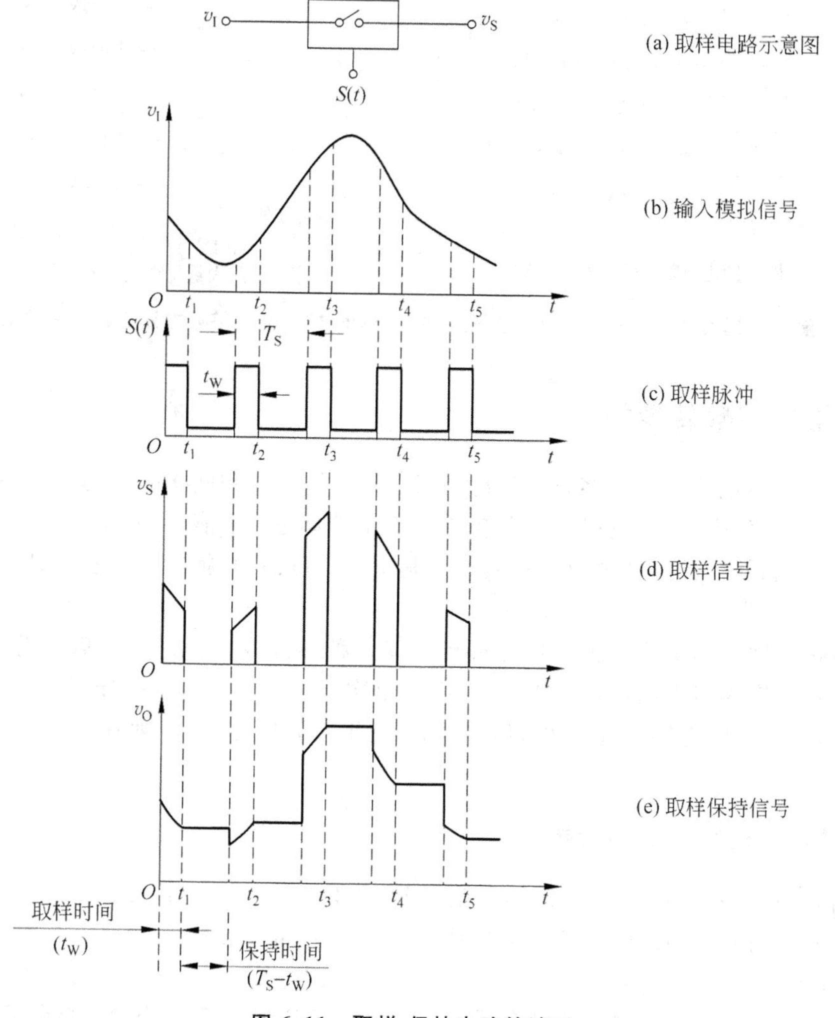

图6.11 取样-保持电路的波形

2. 量化、编码

1）定义

量化：将取样电压转化为最小单位的整数倍的过程。

最小单位也叫量化单位，用 Δ 表示，显然 $\Delta=1$ LSB。

编码：把量化结果用代码（通常是二进制、二-十进制、七段码）表示的过程。

2）两种均匀量化编码方法

分别如图 6.12 和图 6.13 所示。

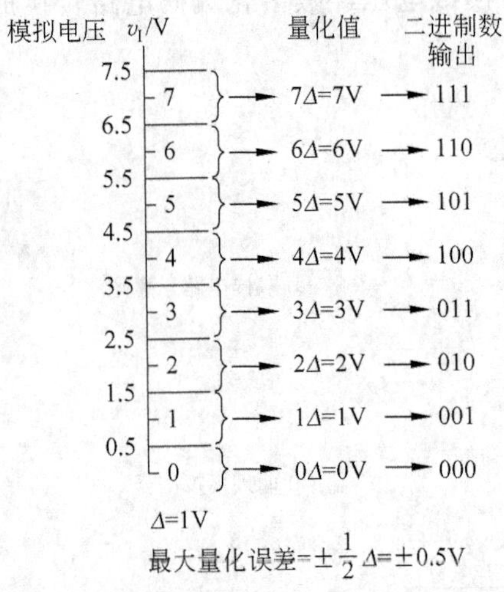

图 6.12　量化编码方法之一——四舍五入法

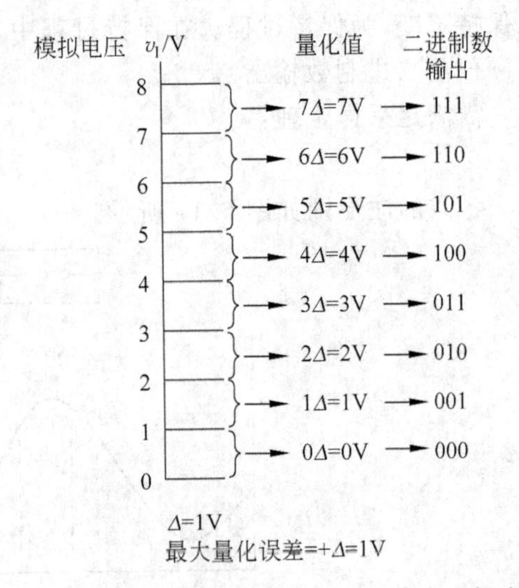

图 6.13　量化编码方法之二——舍去小数法

6.2.2　常用模数转换技术

A/D 转换器的类型也很多，可以分为直接 A/D 转换器和间接 A/D 转换器两大类。

在直接 ADC 中，输入模拟信号直接被转换成相应的数字信号，如计数型 ADC、逐次逼近型 ADC 和并行比较型 ADC 等，其特点是工作速度高，转换精度容易保证，调准也比较方便。

在间接 ADC 中，输入模拟信号先被转换成某种中间变量（如时间、频率等），然后再将中间变量转换为与之成正比的数字信号，如单次积分型 ADC、双积分型 ADC 等，其特点是工作速度较低，但转换精度可以做得较高，且抗干扰性强，一般在测试仪表中用得较多。

1. 并行比较型 A/D 转换器

并行比较型 A/D 转换器属于直接 A/D 转换器。图 6.14 为并行比较型 A/D 转换器的电路结构，它由电压比较器、寄存器和优先编码器三部分组成。

1）分析

(1) $0\leqslant u_i<V_{REF}/14$ 时，7 个比较器输出全为 0，CP 到来后，7 个触发器都置 0。经编

码器编码后输出的二进制代码为 $d_2d_1d_0=000$。

(2) $V_{REF}/14 \leqslant u_i < 3V_{REF}/14$ 时，7 个比较器中只有 C_1 输出为 1，CP 到来后，只有触发器 FF_1 置 1，其余触发器仍为 0。经编码器编码后输出的二进制代码为 $d_2d_1d_0=001$。

(3) $3V_{REF}/14 \leqslant u_i < 5V_{REF}/14$ 时，比较器 C_1、C_2 输出为 1，CP 到来后，触发器 FF_1、FF_2 置 1。经编码器编码后输出的二进制代码为 $d_2d_1d_0=010$。

(4) $5V_{REF}/14 \leqslant u_i < 7V_{REF}/14$ 时，比较器 C_1、C_2、C_3 输出为 1，CP 到来后，触发器 FF_1、FF_2、FF_3 置 1。经编码器编码后输出的二进制代码为 $d_2d_1d_0=011$。

依此类推，可以列出 u_i 为不同等级时寄存器的状态及相应的输出二进制数，如表 6.1 所示。

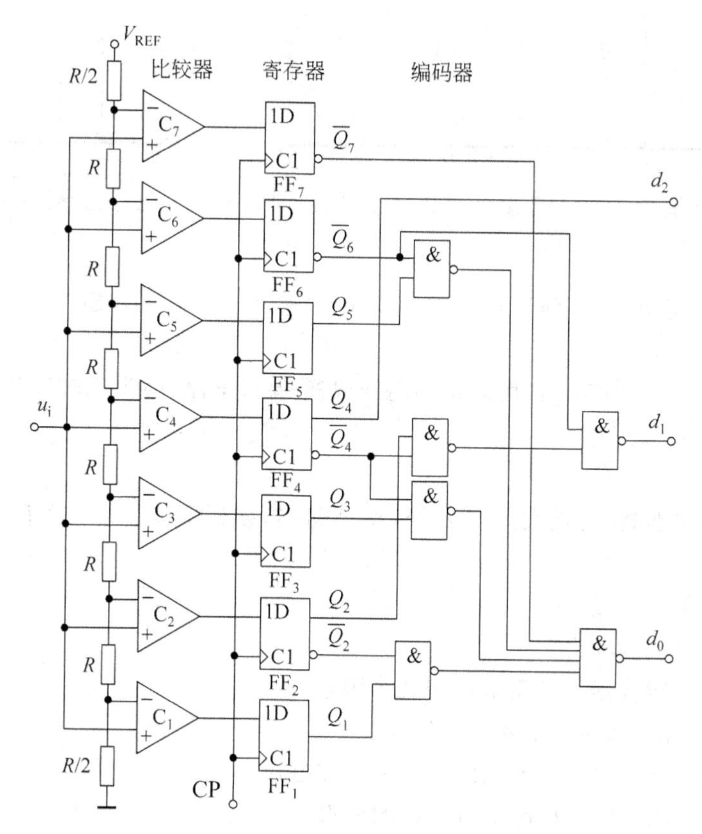

图 6.14 并行比较型 A/D 转换器

表 6.1 并行比较型 A/D 转换器的状态表

输入模拟电压	寄存器状态							输出二进制数		
u_i	Q_7	Q_6	Q_5	Q_4	Q_3	Q_2	Q_1	d_2	d_1	d_0
$\left(0\sim\frac{1}{14}\right)V_{REF}$	0	0	0	0	0	0	0	0	0	0
$\left(\frac{1}{14}\sim\frac{3}{14}\right)V_{REF}$	0	0	0	0	0	0	1	0	0	1

续表

输入模拟电压	寄存器状态							输出二进制数		
u_i	Q_7	Q_6	Q_5	Q_4	Q_3	Q_2	Q_1	d_2	d_1	d_0
$\left(\frac{3}{14}\sim\frac{5}{14}\right)V_{REF}$	0	0	0	0	0	1	1	0	1	0
$\left(\frac{5}{14}\sim\frac{7}{14}\right)V_{REF}$	0	0	0	0	1	1	1	0	1	1
$\left(\frac{7}{14}\sim\frac{9}{14}\right)V_{REF}$	0	0	0	1	1	1	1	1	0	0
$\left(\frac{9}{14}\sim\frac{11}{14}\right)V_{REF}$	0	0	1	1	1	1	1	1	0	1
$\left(\frac{11}{14}\sim\frac{13}{14}\right)V_{REF}$	0	1	1	1	1	1	1	1	1	0
$\left(\frac{13}{14}\sim1\right)V_{REF}$	1	1	1	1	1	1	1	1	1	1

输入电压范围为 $0\sim\frac{15}{14}V_{REF}$，$\Delta=\frac{1}{7}V_{REF}$，最大误差范围$=\pm\frac{1}{2}\Delta=\pm\frac{1}{14}V_{REF}$。

2）优点

(1) 转换速度快，如 TDC 1007J 8ADC 转化速率达 30MHz，SDA5010 型 6 位 ADC 达 100MHz；

(2) 该 ADC 内含寄存器，可以不用附加取样-保持电路，因为比较器和寄存器兼着取样-保持的功能。

3）缺点

电路复杂、成本高、功耗大。n 位并行型 ADC 转换器需要$(2n-1)$个比较器，成本相当昂贵。

4）适用场合

高速、低分辨率的场合。

并行型 A/D 转换器的精度取决于几个因素。

- 分压电阻精度要高，主要是一致性要好。
- 比较器的灵敏度要能鉴别两个相邻标准电压。
- 标准电压源 VR 的精度也有一定的要求。

并行 ADC 的速度主要取决于比较器的响应速度及数据寄存器(D 触发器)的响应时间。

2. 逐次逼近型 A/D 转换器

逐次逼近式 A/D 转换器是直接 ADC 中最常见的一种，其结构框图如图 6.15 所示。

逐次逼近型 A/D 转换器工作原理：转换开始前先将所有寄存器清零。开始转换以后，时钟脉冲首先将寄存器最高位置成 1，使输出数字为 100…0。这个数码被 D/A 转换器转换成相应的模拟电压 u_o，送到比较器中与 u_i 进行比较。若 $u_i<u_o$，说明数字过大了，则将最高位的 1 清除；若 $u_i>u_o$，说明数字还不够大，应将这一位保留。然后，再按同样的

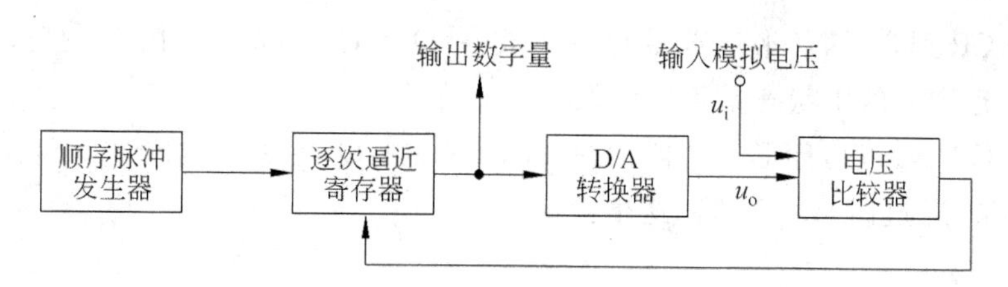

图 6.15 逐次逼近型 A/D 转换器结构框图

方式将次高位置成 1,并且经过比较以后确定这个 1 是否应该保留。这样逐位比较下去,一直到最低位为止。比较完毕后,寄存器中的状态就是所要求的数字量输出。

由此可知:该过程类似于对分搜索的问题,也如同天平称重每次所用砝码依次减半的称法。

以 3 位逐次逼近型 A/D 转换器为例,其电路如图 6.16 所示。

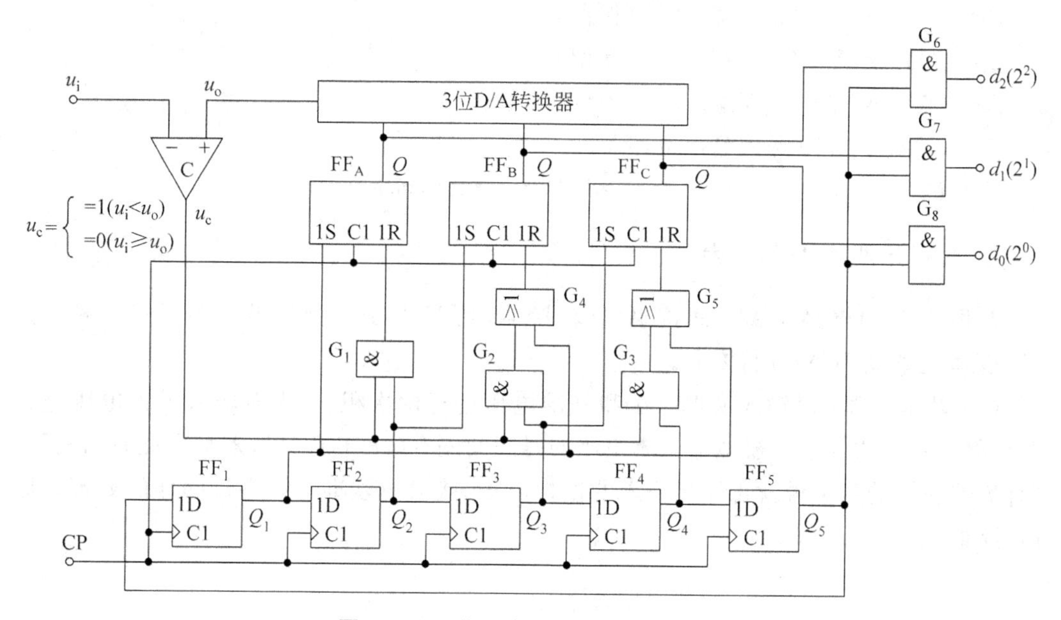

图 6.16 3 位逐次逼近型 A/D 转换器

3 位逐次逼近型 A/D 转换器工作原理:转换开始前,先使 $Q_1=Q_2=Q_3=Q_4=0$,$Q_5=1$,第一个 CP 到来后,$Q_1=1$,$Q_2=Q_3=Q_4=Q_5=0$,于是 FF_A 被置 1,FF_B 和 FF_C 被置 0。这时加到 D/A 转换器输入端的代码为 100,并在 D/A 转换器的输出端得到相应的模拟电压输出 u_o。u_o 和 u_i 在比较器中比较,当若 $u_i<u_o$ 时,比较器输出 $u_c=1$;当 $u_i\geqslant u_o$ 时,$u_c=0$。

第二个 CP 到来后,环形计数器右移一位,变成 $Q_2=1$,$Q_1=Q_3=Q_4=Q_5=0$,这时门 G_1 打开,若原来 $u_c=1$,则 FF_A 被置 0,若原来 $u_c=0$,则 FF_A 的 1 状态保留。与此同时,Q_2 的高电平将 FF_B 置 1。

第三个 CP 到来后,环形计数器又右移一位,一方面将 FF_C 置 1,同时将门 G_2 打开,并根据比较器的输出决定 FF_B 的 1 状态是否应该保留。

第四个 CP 到来后，环形计数器 $Q_4=1$，$Q_1=Q_2=Q_3=Q_5=0$，门 G_3 打开，根据比较器的输出决定 FF_C 的 1 状态是否应该保留。

第五个 CP 到来后，环形计数器 $Q_5=1$，$Q_1=Q_2=Q_3=Q_4=0$，FF_A、FF_B、FF_C 的状态作为转换结果，通过门 G_6、G_7、G_8 送出。

优点：

(1) 转换速度较快，只需 $n+1$ 或 $n+2$ 个 CP 即可完成。

(2) 电路较简单(比并联比较型的电路规模小得多)，可将位数做得较高，是目前用得最多的产品。

例 6.3 转换范围 0～7.5V，3 位逐次逼近型 ADC，采用四舍五入法量化，模拟输入为 5.9V 时的转换过程如下：

开始　000→0V

CP0　100→4V－0.5V＜5.9V (保留)

CP1　110→6V－0.5V＜5.9V (保留)

CP2　111→7V－0.5V＞5.9V (不保留)

CP3　将结果 110 送入输出寄存器。

转换过程为：100(√)→110(√)→111(×)→110(输出)

3. 双积分型 A/D 转换器

双积分 A/D 转换器属于间接 A/D 转换器，是 V-T 变换型的另一种形式。双积分 A/D 又称为双斜率 A/D 转换器。

(1) 基本原理：对输入模拟电压和基准电压进行两次积分，先对输入模拟电压进行积分，将其变换成与输入模拟电压成正比的时间间隔 T_1，再利用计数器测出此时间间隔，则计数器所计的数字量就正比于输入的模拟电压；接着对基准电压进行同样的处理。原理电路如图 6.17 所示。

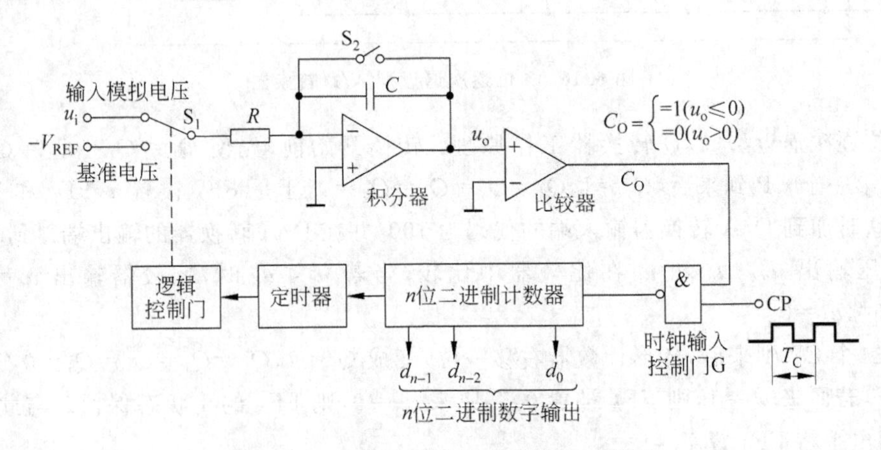

图 6.17　双积分型 A/D 转换器的原理图

计数器中所计的二进制数值为

$$N_2 = \frac{2^n}{V_{REF}} U_i$$

工作波形如图 6.18 所示。

(2) 双积分型 ADC 的优点：

- 抗干扰力强(因为采用了积分电路)。
- 稳定性好，可实现高精度 A/D 转换(不受 R、C、T_C 的影响)。

(3) 双积分型 ADC 的缺点：转换速度低。

(4) 适用场合：低速、高分辨率的场合。

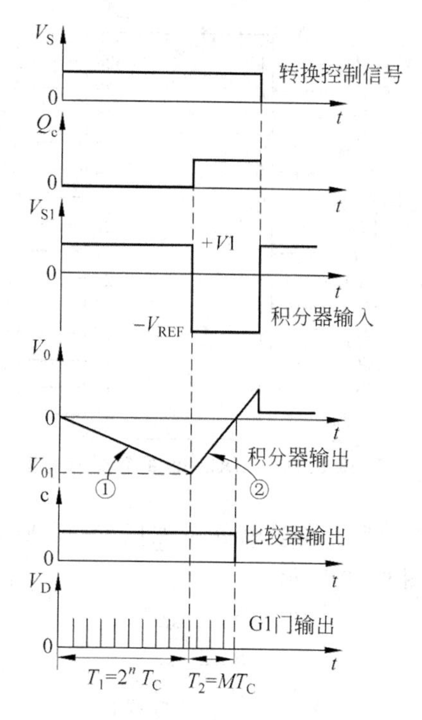

图 6.18 双积分型 A/D 转换器的工作波形

6.2.3 集成 ADC 的主要技术指标

1. 分辨率

A/D 转换器的分辨率用输出二进制数的位数表示，位数越多，误差越小，转换精度越高。例如，输入模拟电压的变化范围为 0～5V，输出 8 位二进制数可以分辨的最小模拟电压为 $5V \times 2^{-8} = 20mV$；而输出 12 位二进制数可以分辨的最小模拟电压为 $5V \times 2^{-12} \approx 1.22mV$。

2. 相对精度

在理想情况下，所有的转换点应当在一条直线上。相对精度是指实际的各个转换点偏离理想特性的误差。

3. 转换速度

转换速度是指完成一次转换所需的时间。转换时间是指从接到转换控制信号开始，到输出端得到稳定的数字输出信号所经过的这段时间。

6.2.4 集成 ADC 芯片的选择与使用

先对前面所介绍的几种 A/D 转换方式做一比较：

- 计数式 ADC 转换速度慢，价格低，适用于慢速系统；
- 并行式 ADC 转换速率可以很高，其转换时间可达 ns 级，可用于医学图像处理等转换速度较快的仪器中。
- 逐次逼近式 ADC 转换时间与转换精度比较适中(转换时间一般在 1～100μs 之间，转换精度一般在 0.1%上下)，适用于一般场合。微机系统中大多数采用逐次逼近型 A/D 转换方法。
- 双积分式 ADC 转换分辨率高，抗干扰性好，但转换速度较慢(转换时间一般在

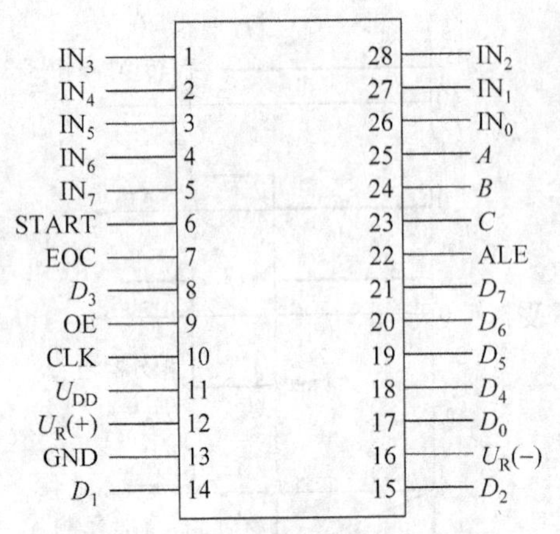

图 6.19　ADC0809 的管脚分布图

ms 级)，适用于要求精度高、但转换速度较慢的仪器中使用。

• 在高速数据采集领域，如图像处理、频谱分析等，双积分式和逐次逼近型 A/D 转换器的转换速度都不能满足要求。

下面介绍几个常用的分属几种 A/D 转换方式的集成 ADC 芯片：

1. 8 位集成 ADC0809

ADC0809 是采用 CMOS 工艺制成的 8 位 8 通道单片 A/D 转换器，采用逐次逼近型 ADC，适用于分辨率较高而转换速度适中的场合。其外部管脚分布如图 6.19 所示(采用 28 脚双列直插封装)，其内部原理框图如图 6.20 所示。

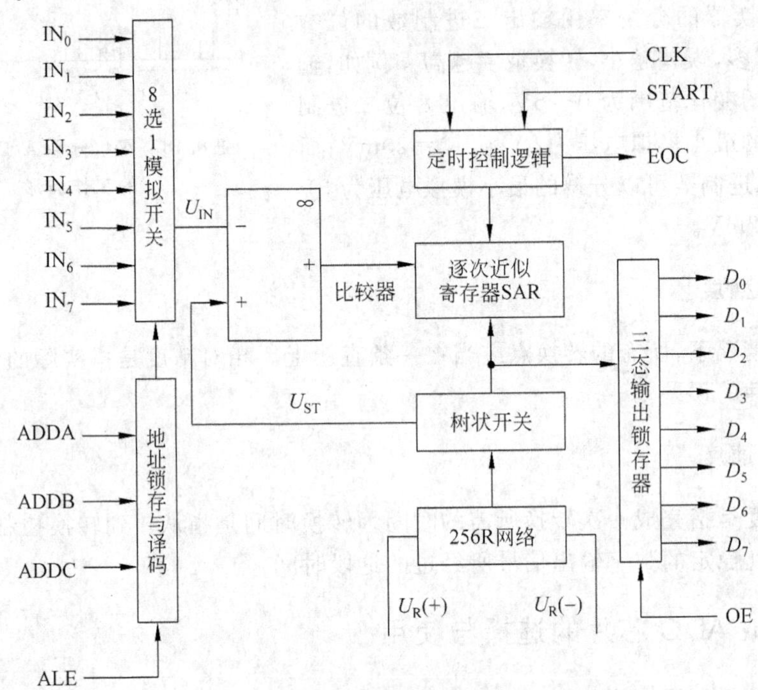

图 6.20　ADC0809 的内部原理框图

电路组成：ADC0809 芯片内部包括一个 8 路模拟开关、模拟开关的地址锁存与译码器、比较器、256R 电阻网络、树状开关、逐次近似寄存器、三态输出锁存器和定时控制逻辑。

1) 8 路模拟开关及地址锁存译码器

在锁存允许信号 ALE 的作用下，将三位地址锁存。然后由译码器决定选通 8 输入通道中那一路模拟信号进行 A/D 转换，如表 6.2 所示。其中 A、B、C 为输入地址选择线，地址信息由 ALE 的上升沿打入地址锁存器。

表 6.2 ADC0809 的真值表

ALE	C	B	A	接通信号	ALE	C	B	A	接通信号	ALE	C	B	A	接通信号
1	0	0	0	IN_0	1	0	1	1	IN_3	1	1	1	0	IN_6
1	0	0	1	IN_1	1	1	0	0	IN_4	1	1	1	1	IN_7
1	0	1	0	IN_2	1	1	0	1	IN_5	0	×	×	×	均不通

2) 8 位 D/A 转换器

ADC0809 内部由树状开关和 256R 电阻网络构成 8 位 D/A 转换器，其输入为逐次近似寄存器的 8 位二进制数据，输出为 V_{ST}，D/A 参考电压为 $V_{R(+)}$ 和 $V_{R(-)}$。

3) 逐次近似寄存器和比较器

比较前，寄存器清零，变换开始，先使寄存器最高位置 1，其余位置 0，用此数字控制树状开关输出 V_{ST}，V_{ST} 和模拟输入 V_{IN} 进行比较。如果：$V_{ST}>V_{IN}$，则比较器输出逻辑 0，寄存器的最高位由 1 变为 0。如果：$V_{ST}\leqslant V_{IN}$，则比较器输出逻辑 1，寄存器的最高位保持 1，其余较低位仍为 0，而以前比较过的高位保持原来值。再将 V_{ST} 和 V_{IN} 进行比较。反复重复以上过程，直到最低位比较完为止。

4) 三态输出寄存器

转换结束后，逐位近似寄存器的数字送三态输出锁存器锁存，当输出允许信号 OE 有效时，由三态门输出二进制码。

引脚说明：

$IN_0 \sim IN_7$：模拟输入。

$V_{R(+)}$ 和 $V_{R(-)}$：外输入基准电压的正端和负端，基准电压的中心点应在 $V_{CC}/2$ 附近，其偏差不应超过±0.1V。

ADDC、ADDB、ADDA：也可记做 A、B、C，为模拟输入端选通地址输入。

ALE：地址锁存允许信号输入端，高电平有效。

$D_7 \sim D_0$：数码输出端。

OE：输出允许信号，高电平有效。即当 OE=1 时，打开输出锁存器的三态门，将数据送出。否则缓冲锁存器输出为高阻态。

CLK：即 CLOCK，为外部时钟脉冲输入端。时钟频率决定了 A/D 转换器的转换速率，ADC0809 每一通道的转换约需(66～73)个时钟周期，当时钟频率取 640kHz 时，转换一次约需 100μs，这是 ADC0809 所能允许的最短转换时间。一般在此端加 500kHz 的时钟信号。

START：为启动信号，要求输入正脉冲信号，在上升沿复位内部逐次逼近寄存器，在下降沿启动 A/D 转换。

EOC：为转换结束标志位，输出 0 时表示正在转换，输出 1 时表示一次 A/D 转换的结束。

主要技术指标：

- 分辨率：8 位。
- 转换时间：100μs。
- 功耗：15mW。
- 电源：5V。

如图 6.21 所示。

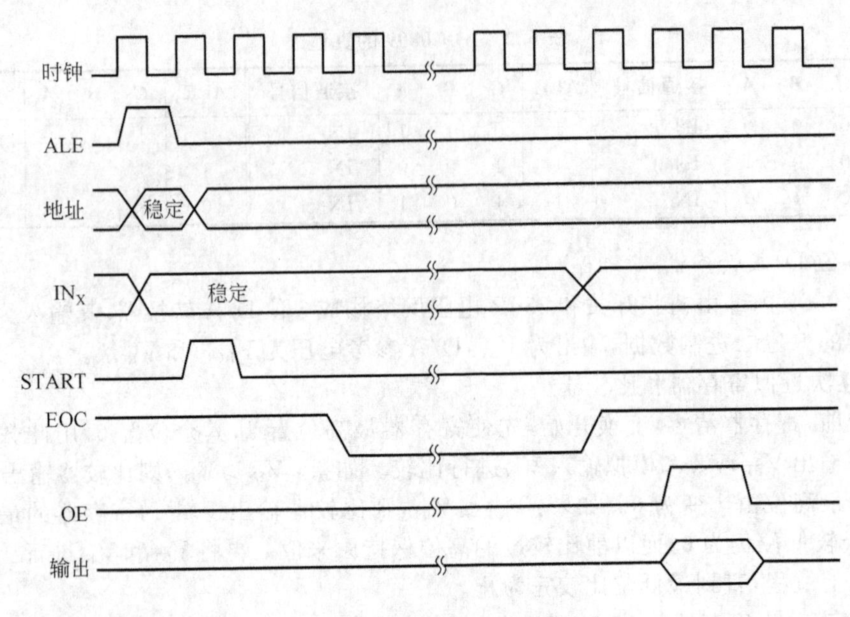

图 6.21　ADC0809 的时序图

2. ADC574

ADC574 是集成 12 位快速逐次逼近型 A/D 转换器，其最快转换时间为 25μs，转换误差为±1LSB。它具有下述几个基本特点：片内含有电压基准和时钟电路等，因而外围电路较少；数字量输出具有三态缓冲器，因而可直接与微处理器接口；模拟量输入有单极性和双极性两种方式，接成单极性方式时，输入电压范围为 0～10V 或 0～20V，接成双极性方式时，输入电压范围为－5～5V，－10～10V。

其引脚说明：

(1) CS：片选信号，低电平有效。

(2) CE：片使能信号，高电平有效。

(3) R/C：读/启动信号，高时读 A/D 转换结果，低时启动 A/D 转换。

(4) 12/8：输出数据长度控制信号，高为 12 位，低为 8 位。

(5) A0：有两种含义：当 R/C 为低时，A0 为高，启动 8 位 A/D 转换；A0 为低，启动 12 位 A/D 转换。当 R/C 为高时，A0 为高，输出低 4 位数据；A0 为低，输出高 8 位数据。

上述 5 个信号的组合所对应的 A/D 转换器的状态见表 6.3。

表 6.3　ADC574 的操作

CE	$\overline{CS}$	$R/\overline{C}$	$12/\overline{8}$	A_0	操　作
1	0	0	×	0	12 位转换
1	0	0	×	1	8 位转换
1	1	0	+5V	0	12 位并行输出
1	0	1	接地	0	输出高 8 位数据
1	0	1	接地	1	输出低 4 位数据

(6) STS：工作状态信号，高表示正在转换，低表示转换结束。

(7) REF IN：基准输出线。

(8) BIP OFF：单极性补偿。

(9) DB_{11}～DB_0：12 位数据线。

(10) $10V_{IN}$、$20V_{IN}$：模拟量输入端。

3. MAX1241

MAX1241 是一种低功耗、低电压的 12 位逐次逼近型 ADC，最大非线性误差小于 1LSB，转换时间 9μs。其内部结构和引脚定义如图 6.22 所示。

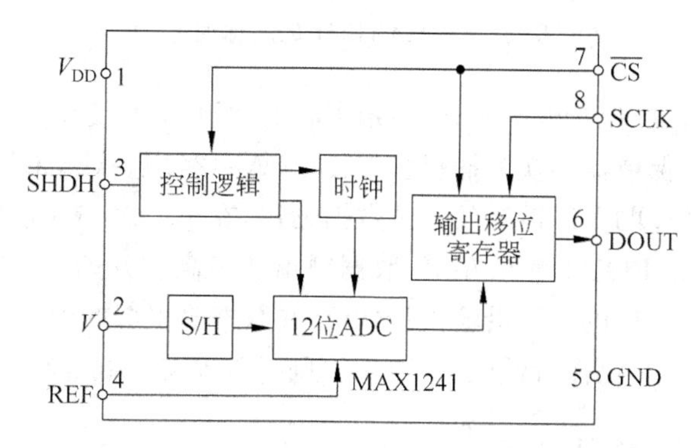

图 6.22 MAX1241 内部结构和管脚定义

芯片说明：MAX1241 采用 8 引脚 DIP 或 SO 形式封装，采用三线式串行接口，内置采样/保持电路，在 A/D 转换开始时，自动捕捉信号，最大捕捉时间 1.5μs。其 12 位逐次逼近型 ADC 的并行输出经输出移位寄存器变换为串行输出，整个工作过程受控于三线串行接口。其管脚功能见表 6.4，工作时序如图 6.23 所示。

表 6.4 MAX1241 的管脚功能

管　脚	名　称	功　能	参　数
1	V_{DD}	电源输入	+2.7～+5.2V
2	V_{IN}	模拟电压输入	0～V_{REF}
3	$\overline{SHDN}$	节电方式控制端	0——节电方式(休眠状态) 1 或浮空——工作
4	REF	参考电压 V_{REF} 输入端	1.0V～V_{DD}
5	GND	模拟、数字地	
6	DOUT	串行数据输出	三态
7	$\overline{CS}$	芯片选通	0——选通 1——禁止
8	SCLK	串行输出驱动时钟输入	频率范围：0～2.1MHz

说明：每次转换由芯片选通信号的下降沿触发，但此时驱动时钟 SCLK 必须为低；A/D 转换启动后，内部控制逻辑切换采样/保持电路为保持状态，并使输出数据线 DOUT 变低，

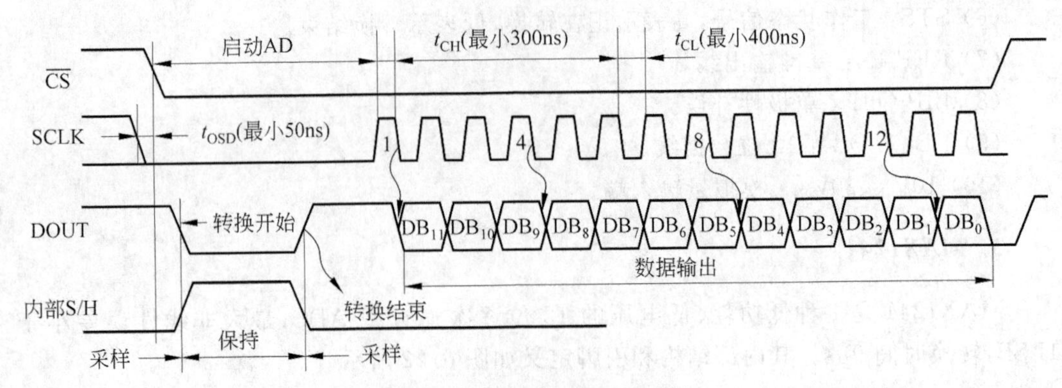

图 6.23　MAX1241 的工作时序

在整个转换期内 SCLK 应保持低电平，转换结束时 DOUT 由低变高；一次转换结束，内部控制逻辑将自动把采样/保持器切换为捕捉状态；对 MAX1241 转换结果的输入在转换结束后进行，由驱动时钟 SCLK 的下降沿触发一位数据输出，在下一个 SCLK 脉冲下降沿到来前，该位数据将始终保持在 DOUT 输出端上；数据输出从最高位开始，每个 SCLK 脉冲下降沿输出一位。第 12 个 SCLK 的下降沿输出最低位；在数据输出周期内，必须保持低电平，若在第 13 个 SCLK 下降沿后，仍保持低电平，DOUT 则一直保持为低电平。

4. 双积分型 ADC MC14433

MC14433 是具备零漂补偿和采用 CMOS 工艺制造的单片 $3\frac{1}{2}$ 位双积分 A/D 转换器，最大输出数码 1999，具有功耗低、输入阻抗高和自动调零、自动极性转换功能。其转换精度为 $\pm(0.05\%V_i+1LSB)$，输入电阻大于 100MΩ，对应时钟频率范围为 50～150kHz，转换速度为每秒 3～10 次，其内部结构框图及管脚功能如图 6.24 所示。

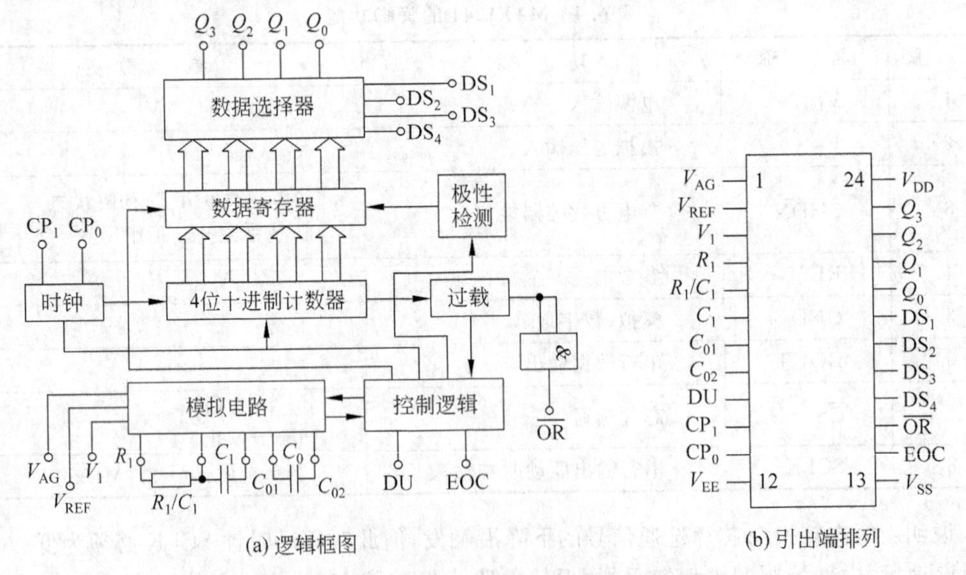

图 6.24　MC14433 的结构框图及管脚功能

说明：

(1) MC14433 采用±5V 供电电源，只需一个正基准电压 V_R，其与输入电压 V_i 成下列比例关系：

$$\text{输出读数} = \frac{|V_i|}{V_R} \times 1999 \tag{6.1}$$

满量程时 $V_i = V_R$。V_i 输入有 2V 和 200mV 两个量程档。当满度电压为 1.999V 时，V_R 取 2.000V；当满度电压为 199.9mV 时，V_R 取 200.0mV。当然，也可根据需要在 200mV～2V 之间任意选择 V_R 的值，此时，读数的一个 LSB 所对应的输入电压则需通过式(6.1)求得。

(2) MC14433 由内部电路自动控制转换，无需外加启动信号，输出数据通过 $Q_3 \sim Q_0$ 输出端，逐位输出 BCD 码，并不断重复。并通过 $DS_1 \sim DS_4$ 指明现行输出 BCD 码是十进制位中的某一位(千位～个位)。A/D 转换结束，在 EOC 端输出一正脉冲，宽度为一个时钟周期。输出数据更新需通过 DV 端的正跳变信号实现，通常将 EOC 与其短接。其整个输出时序如图6.25所示。在千位输出时，携带输出极性及超量程信息，如表6.5所示。

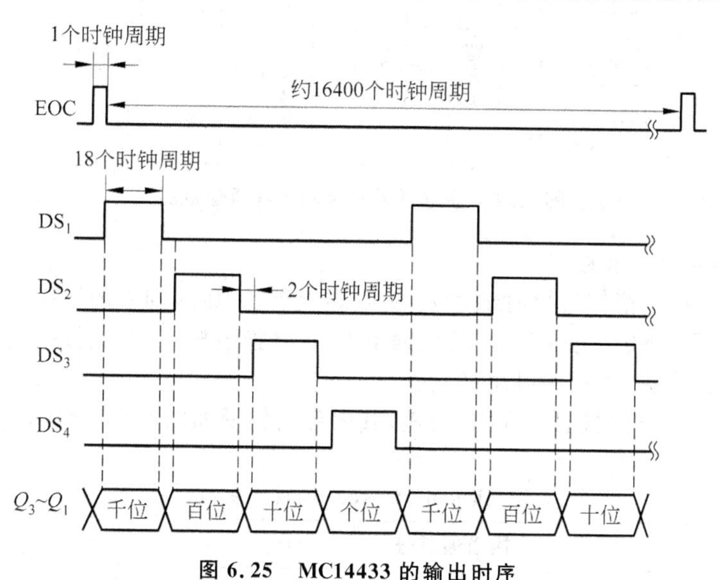

图 6.25 MC14433 的输出时序

表 6.5 MC14433 千位编码定义

Q_3(千位)	Q_2(极性)	Q_1(空)	Q_0(超量程)	意 义
0	×	×	×	“千”位数为 1
1	×	×	×	“千”位数为 0
×	1	×	×	正极性
×	0	×	×	负极性
×	×	×	0	量程合适
0	×	×	1	过量程
1	×	×	1	欠量程

6.3 数模接口电路的应用

6.3.1 数据采集与控制系统

1. 数据采集系统组成

数据采集系统如图 6.26 所示。它由多路开关、采样/保持器、放大器、A/D 转换器、计算机等组成。数据采集要经过采样和量化两个步骤。采样过程由多路开关、采样/保持器完成(如信号变化很慢,也可以不用采样/保持器)。多路开关将各路信号轮流切换到输入端。A/D 转换器将采样信号量化,将转换成的数字量输入到计算机中。放大器、滤波器可根据被测信号的大小、频谱分布及干扰的强弱选用。

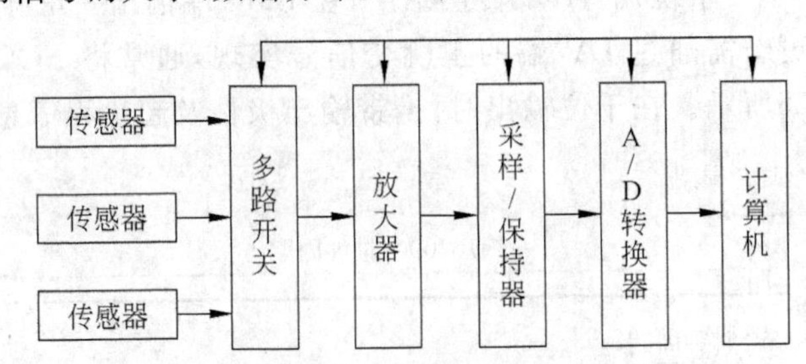

图 6.26　多通道数据采集系统原理框图

1) 模拟多路开关及接口

多路开关：把模拟信号分时地送入 A/D 转换器,完成多到一的转换。

多路分配器：将经计算机处理的数据由 D/A 转换成模拟信号,按一定的顺序输出到不同的控制回路中去,完成一到多的转换。

以 CD4051 多路开关(双向 8 路)为例,其内部结构图如图 6.27 所示,真值表如表 6.6 所示。

表 6.6　CD4051 的真值表

INH	*C B A*	接通通道号	INH	*C B A*	接通通道号
0	000	IN_0	0	100	IN_4
0	001	IN_1	0	101	IN_5
0	010	IN_2	0	110	IN_6
0	011	IN_3	0	111	IN_7

说明：电平转换实现 CMOS 到 TTL 逻辑电平的转换;数字量：3～20V,模拟量：峰值达 20V;改变 IN/OUT 及 OUT/IN 的传递方向,可用作多路开关和多路分配器。

用 CD4051 扩展为 16 路多路开关的接线如图 6.28 所示。

2) 采样/保持器

在 A/D 转换过程中,需要在稳定时间 τ 内模拟信号应保持在采样时的函数值不变。因此需加入 S/H 电路。若输入模拟量是直流或频率很低可省去。采样/保持器有两种工作方式,即采样方式和保持方式。在采样方式下,S/H 的输出必须跟踪模拟输入电压;在

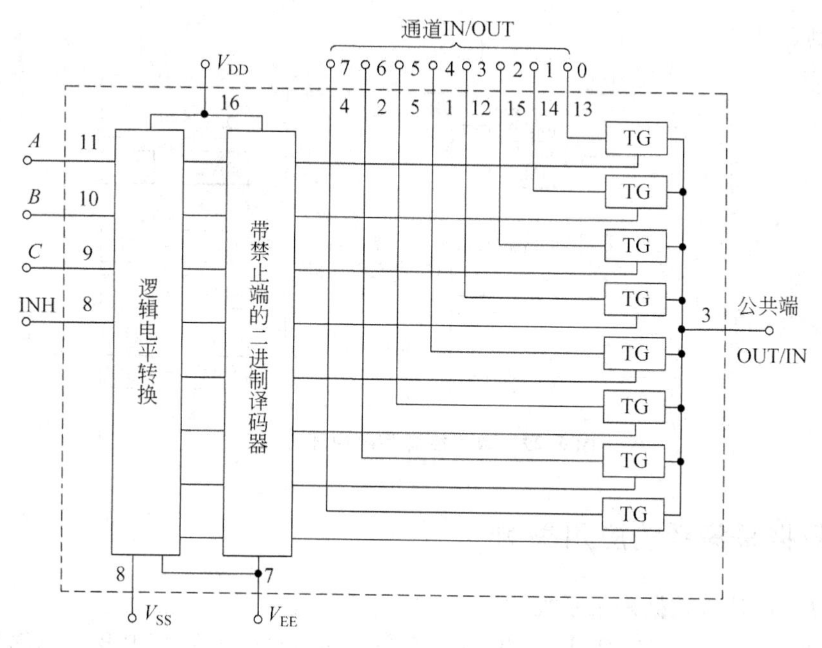

图 6.27　CD4051 的内部结构图

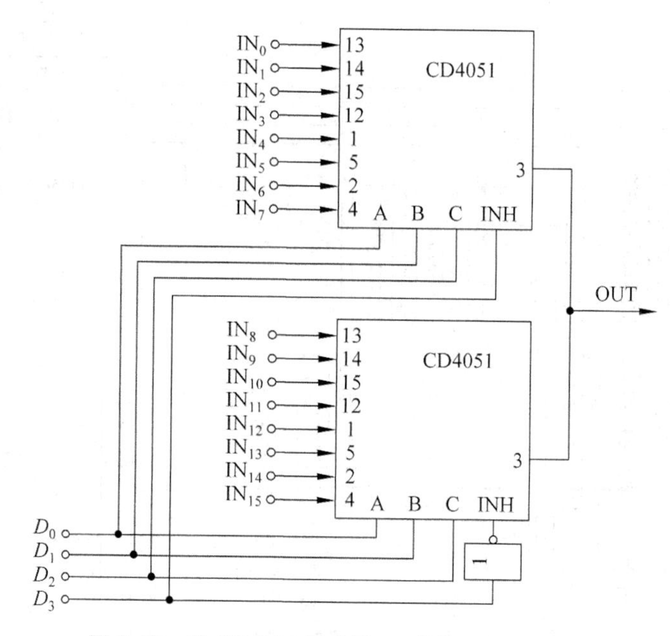

图 6.28　用 CD4051 组成的 16 路模拟开关原理图

保持方式下，S/H 的输出将保持采样命令发出时刻的电压输入值，直到保持命令撤销为止。典型芯片为 LF398。

2. 数字控制系统

原理方框图如图 6.29 所示，其特点是：每路有单独的 ADC 和 DAC，由计算机循环检测与控制。

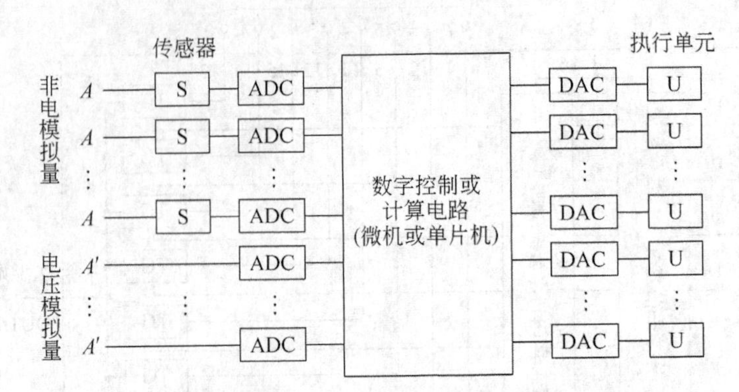

图 6.29 数字控制系统原理方框图

6.3.2 数据采集系统应用举例

实例 1 单片机数据采集系统。

图 6.30 是一个 16 路的数据采集系统，由单片机 8031、16 路模拟开关 AD7506、采样

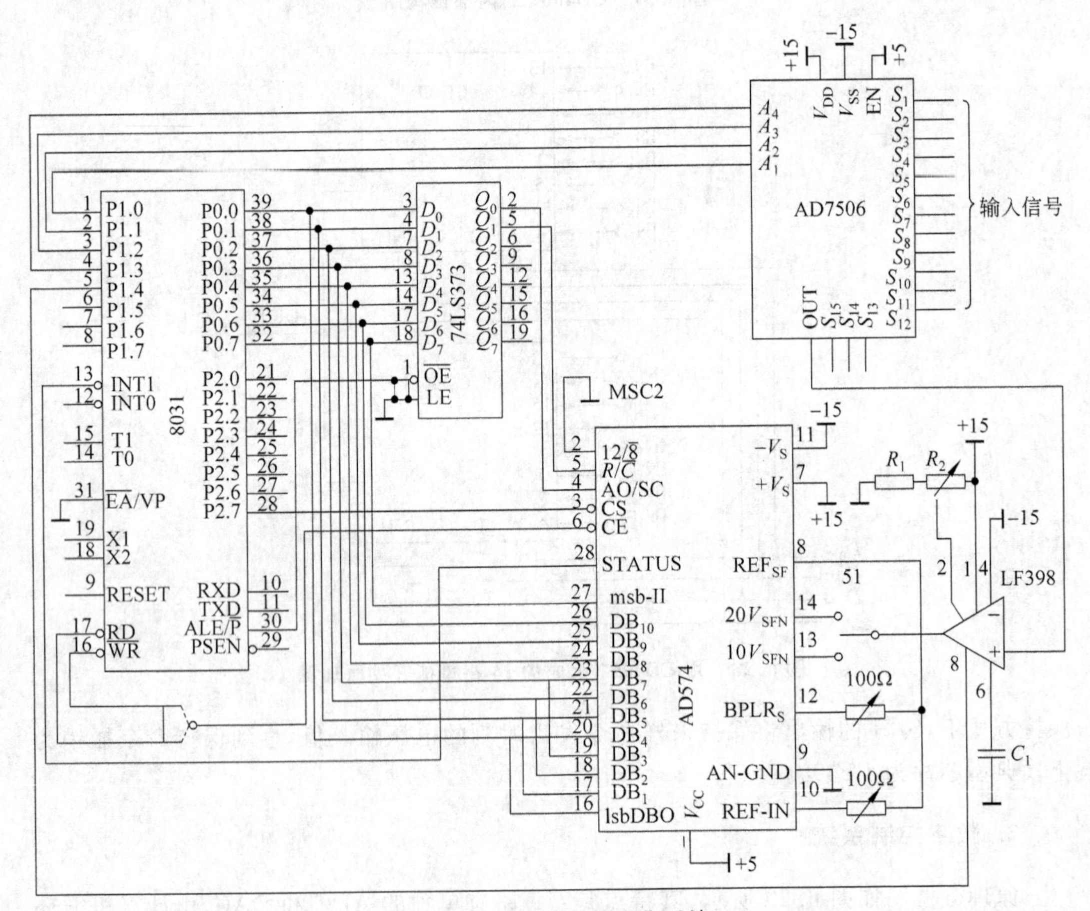

图 6.30 16 路的数据采集系统

保持器 LF398、模数转换器 AD574 等组成。由单片机 8031 控制管理整个数据采集系统。由模拟开关 AD7506 将 16 路输入信号(0～10V)分时地接入到系统中。LF398 对输入信号进行采样,将采得的信号送入模数转换器 AD574 中。AD574 是 12 位逐次逼近式模数转换器,转换速度为 25μs。AD574 的管脚 2(12/8)接+5V,接成 12 位转换形式,单极性输入。下面介绍具体工作过程。

8031 单片机通过 P1 口,控制模拟开关 AD7506 的输入通道的选通端 A_1、A_2、A_3、A_4,可以按顺序选通 16 个输入通道,也可以根据需要有选择地接通输入信号。单片机同时给采样保持器 LF398 控制端 8 脚发高电平,使之进入采样状态。待 LF398 捕获到输入信号后,单片机给 LF398 的 8 脚发低电平保持命令,同时启动 AD574 进行 A/D 转换,即 8031 通过 P0 口经 74LS373 锁存器使 AD574 的 $A_0=0$,$R/C=0$。单片机就进入等待状态。当 AD 转换结束时,AD574 的 STS=0,8031 通过 P3.3(INT1)查询到转换结束后,开始读取数据,先读高 8 位数据,再读低 4 位数据,分两个字节送到 8031 单片机内部 RAM 中。

实例 2 用 CC14433 构成的数字电压表,电路原理图如图 6.31 所示。

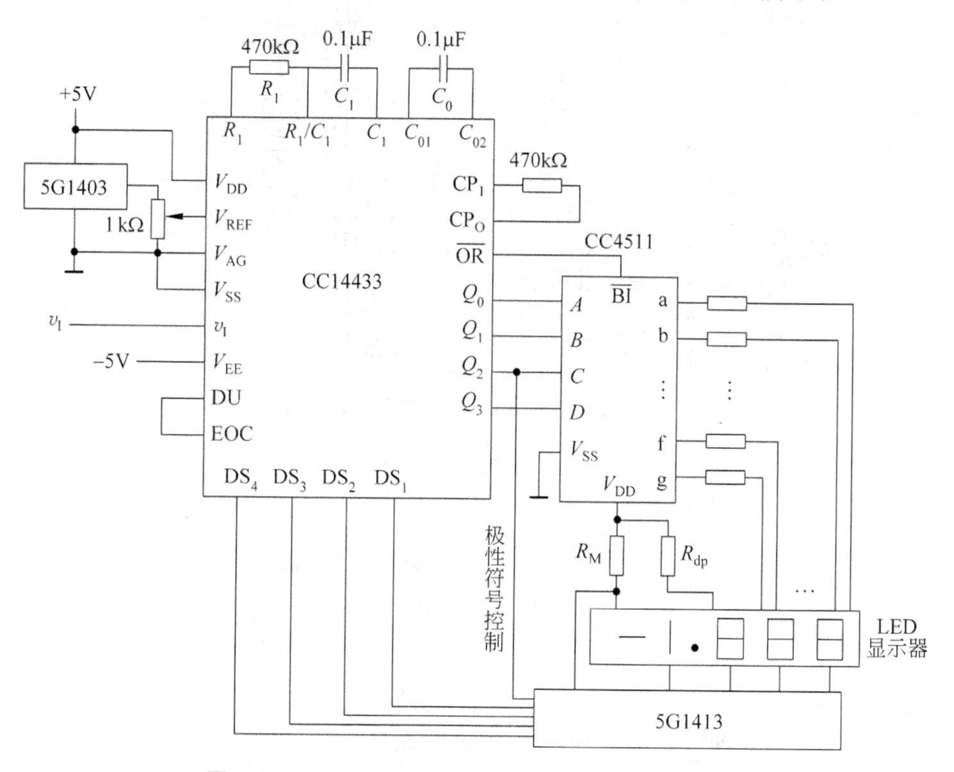

图 6.31 用 CC14433 构成的数字电压表电路原理图

实例 3 ADC0801 的应用电路 1,如图 6.32 所示。

实例 4 ADC0801 的应用电路 2,如图 6.33 所示。

实例 5 ADC0801 的应用电路 3,如图 6.34 所示。

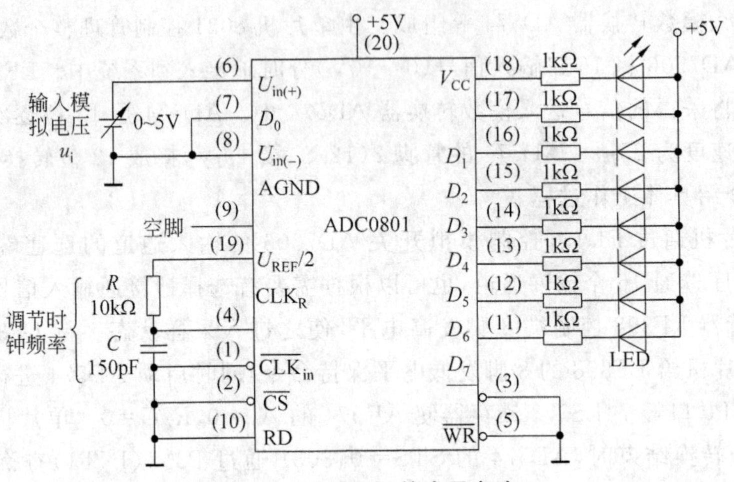

图 6.32 ADC0801 的应用电路 1

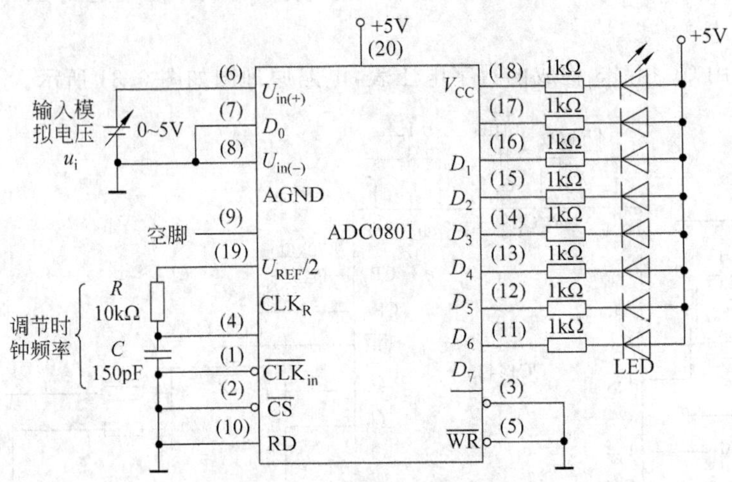

图 6.33 ADC0801 的应用电路 2

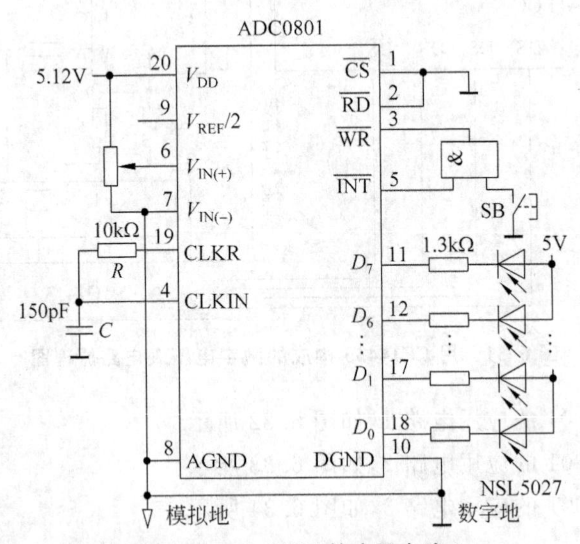

图 6.34 ADC0801 的应用电路 3

实例 6 用 AD7524 构成的 DAC 应用电路，如图 6.35 所示。

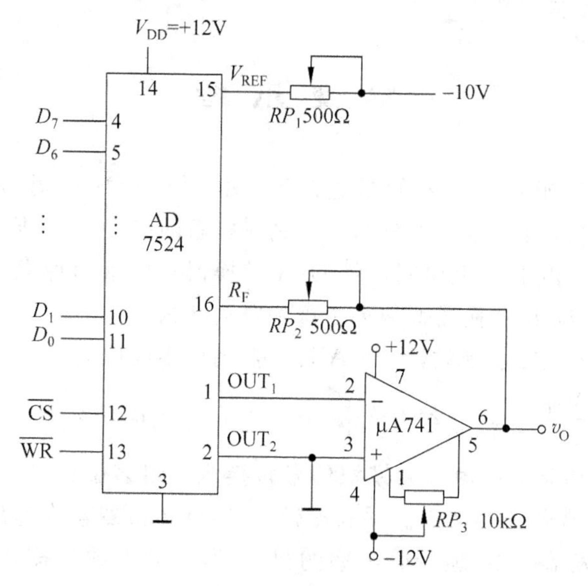

图 6.35　用 AD7524 构成的 DAC 应用电路

运行结果举例：

00000000→0V

00000001→0.039V (LSB)

11111111→9.96V (FSR)

实例 7 用 AD7524 构成数字衰减器的应用电路，如图 6.36 所示。

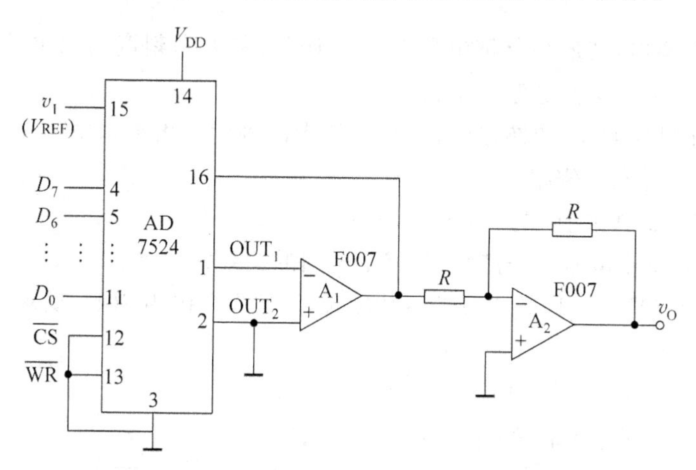

图 6.36　用 AD7524 构成数字衰减器的应用电路

运行结果举例：

00000000→衰减∞

00000001→衰减 256 倍

00000100→衰减 64 倍

10000000→衰减 2 倍

本章小结

D/A 转换器的功能是将输入的二进制数字信号转换成相对应的模拟信号输出。D/A转换器根据工作原理基本上可分为二进制权电阻网络 D/A 转换器和 T 型电阻网络 D/A 转换器两大类。由于 T 型电阻网络 D/A 转换器只要求两种阻值的电阻，因此最适合于集成工艺，集成 D/A 转换器普遍采用这种电路结构。

如果输入的是 n 位二进制数，则 D/A 转换器的输出电压为

$$u_o = \frac{V_{REF}}{2^n}(d_{n-1} \cdot 2^{n-1} + d_{n-2} \cdot 2^{n-2} + \cdots + d_1 \cdot 2^1 + d_0 \cdot 2^0)$$

A/D 转换器的功能是将输入的模拟信号转换成一组多位的二进制数字输出。不同的 A/D 转换方式具有各自的特点。并联比较型 A/D 转换器转换速度快，主要缺点是要使用的比较器和触发器很多，随着分辨率的提高，所需元件数目按几何级数增加。双积分型 A/D 转换器的性能比较稳定，转换精度高，具有很高的抗干扰能力，电路结构简单，其缺点是工作速度较低，在对转换精度要求较高，而对转换速度要求较低的场合，如数字万用表等检测仪器中，得到了广泛的应用。逐次逼近型 A/D 转换器的分辨率较高、误差较低、转换速度较快，在一定程度上兼顾了以上两种转换器的优点，因此得到普遍应用。

习　题

6.1　某 D/A 转换器，其最小分辨电压 $V_{LSB}=4\text{mV}$，最大满刻度输出电压 $V_{om}=10\text{V}$，求该转换器输入二进制数字量的位数。

6.2　10 位二进制数 D/A 转换器中，已知其最大满刻度输出模拟电压 $V_{om}=5\text{V}$，求最小分辨电压 V_{LSB} 和分辨率。

6.3　n 位权电阻 D/A 转换器如图 6.37 所示。

(1) 试推导输出电压 v_o 与输入数字量之间的关系式。

(2) 如 $n=8$，$V_{REF}=10\text{V}$，当 $R_f=1/8R$ 时，如输入数码为 20H，试求输出电压值。

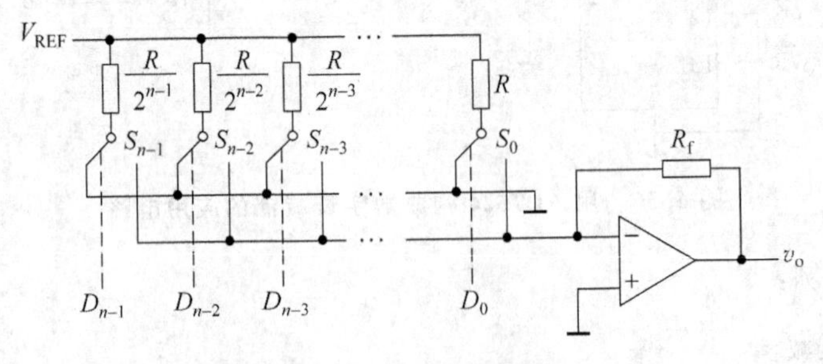

图 6.37　题 6.3 的图

6.4 某10位倒T型电阻网络D/A转换器如图6.38所示，当$R=R_f$时：

(1) 试求输出电压的取值范围。

(2) 若要求电路输入数字量为200H时输出电压$V_O=5V$，试问V_{REF}应取何值？

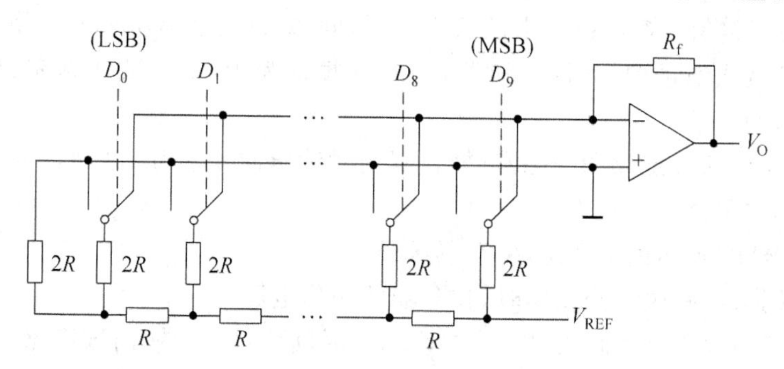

图6.38 题6.4的图

6.5 在图6.39所示的倒T形电阻DAC网络中，设$V_{REF}=5V$，$R_F=R=10k\Omega$，Q求对应于输入4位二进制数码为0101、0110、1101时的输出电压V_O。

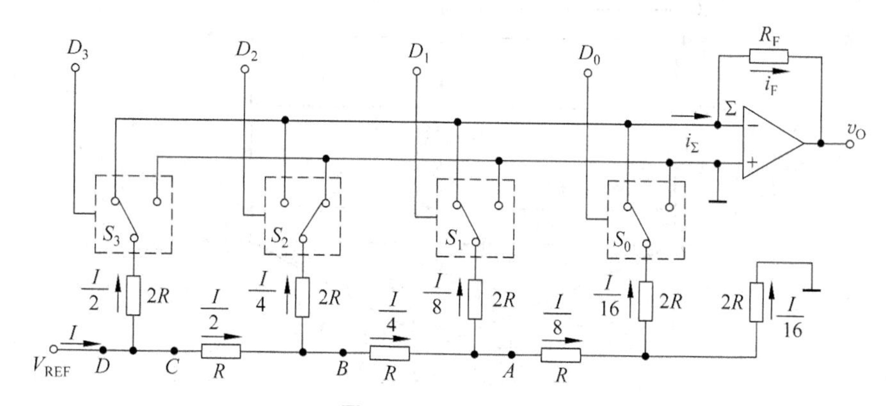

图6.39 题6.5的图

6.6 给定图6.40所示模拟信号通过A/D转换器转换为3位二进制代码。设最大量化误差为量化单位Δ，写出图中5个取样点模拟电平的二进制代码并求Δ的值。

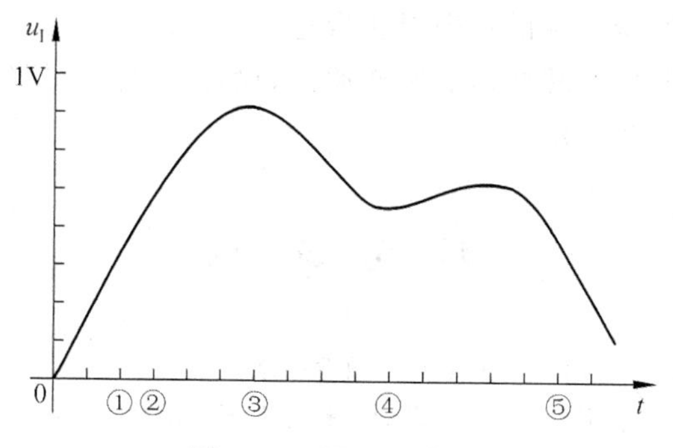

图6.40 题6.6的图

6.7 四选一数据选择器的数据输入端分别接入 4 个信号：$D_1=\cos\omega t$，$D_2=0.5\cos2\omega t$，$D_3=2\cos2\omega t$，$D_4=\cos4\omega t$，输出端接 A/D 转换器。问：

(1) 每个信号的最低取样频率是多少？

(2) 要使每路信号都能按要求的频率取样，问 A/D 转换器所需的转换速率为多少。

6.8 一个十位逐次渐进型 A/D 转换器，若时钟频率为 100Hz，试计算完成一次转换所需要的时间。

6.9 如图 6.41 中所设定双积分 A/D 转换器的时钟脉冲频率为 100kHz 时，若其分辨率为 10 位，求最高采样频率。

6.10 在图 6.41 中所示的双积分 A/D 转换器中。

(1) 分别求出两次积分完毕时，积分器的输出电压。

(2) 设第一次积分时间为 T_1，第二次积分时间为 T_2，问输出数字量与哪个时间成正比？

(3) 若 $|U_1|>|R_g|$，转换过程中将出现什么现象？

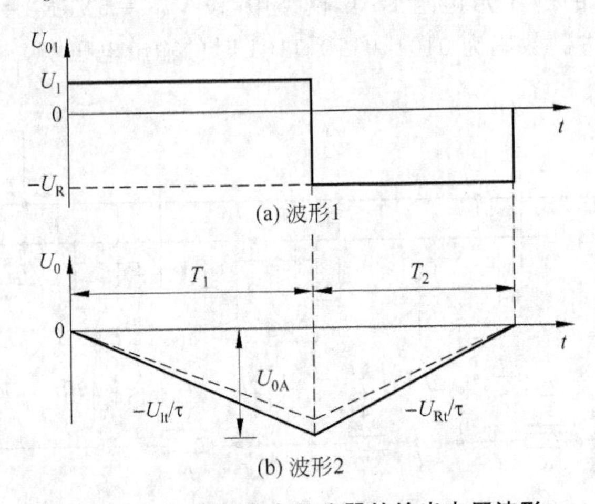

图 6.41 一个周期内积分器的输出电压波形

6.11 某位移闭环控制系统的反馈电压为 0～5V，最小可分辨电压为 2.5mV，位移控制范围为 0～200mm，控制精度为 0.2mm。现选用集成 A/D 转换器 AD574，试通过查阅资料，分析判定选择的参数是否合适。

6.12 根据逐次比较型 A/D 转换器的工作原理，设计一 A/D 转换器，要求输出 4 位二进制数字，转换时间为 10μs。

参考文献

[1] 阎石. 数字电子技术基础[M]. 北京：高等教育出版社，1998.

[2] 康华光. 电子技术基础-数字部分[M]. 北京：高等教育出版社，2000.

[3] 施正一，张健伟. 数字电子技术学习方法与解题指导[M]. 上海：同济大学出版社，2005.

第7章 chapter 7

数字系统设计

数字系统已经成为人们日常生活的重要组成部分。我们的周围可以发现很多数字系统硬件的例子，如自动播音器、CD播放机、电话系统、个人计算机以及视频游戏等，这样的例子似乎无穷无尽。本章将从实用化的角度简要介绍数字系统基本概念和数字系统设计的一般方法，使读者对数字系统的设计有初步的了解。

7.1 数字系统设计概述

7.1.1 数字系统的基本概念

1. 什么是数字系统

在数字技术领域内，通常把门电路、触发器等称为逻辑器件；将由各种逻辑器件构成，能执行某单一功能的电路，如计数器、译码器、加法器、数据选择器、移位寄存器、存储器等，称为逻辑功能部件级电路；而把由若干数字电路和逻辑功能部件构成的、能够实现数据存储、传送和处理等复杂功能的数字设备称数字系统(digital system)。复杂的数字系统可以分割成若干个子系统，例如计算机就是一个内部结构相当复杂的数字系统。

2. 数字系统的组成

不论数字系统的复杂程度如何，规模大小怎样，就其实质而言皆为逻辑问题，从组成上说是由许多能够进行各种逻辑操作的功能部件组成的，这类功能部件，可以是SSI逻辑部件，也可以是各种MSI、LSI逻辑部件，甚至可以是CPU芯片。

通常，一个典型的数字系统一般由控制器电路、受控电路、输入/输出电路、存储器等几部分构成，主要部分(虚线框内)包括控制器电路和受控电路，结构框图如图7.1所示。

3. 数字系统在结构上的特点

存储器用来存储数据和各种控制信息，以供控制器调用。

输入输出电路主要用于系统和外界交换信息。输入电路的作用是将声、光、电、力等物理量变成二进制逻辑变量，以便控制器进行处理；输出电路的作用是将来自控制器的

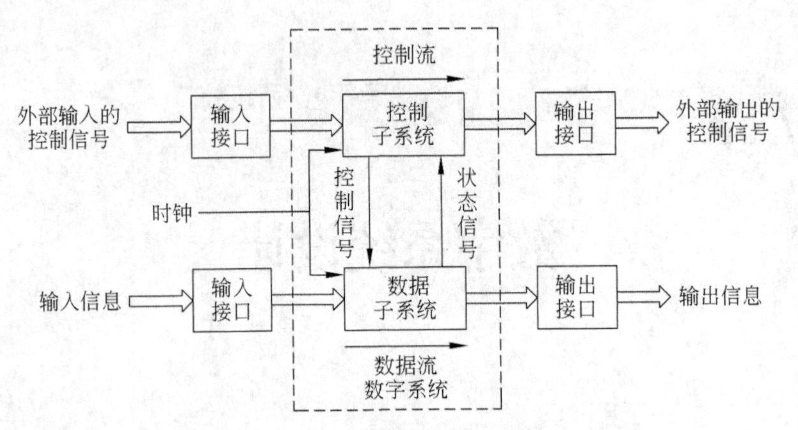

图 7.1 数字系统组成框图

二进制处理结果反变换为物理信号,用它们去完成各种操作。

由于输入和输出子系统在结构上相对独立,为了简化问题,通常只考虑数字系统的主要部分(虚线框内),并且在习惯上就将其称为数字系统。因此,这里所讨论的数字系统的输入和输出都是二进制逻辑变量。

受控电路主要用于在控制电路的信号控制下完成各种操作,如计数运算、逻辑运算等。它从控制器接收控制信息,并把处理过程中产生的状态信号提供给控制子系统。由于它主要完成数据处理功能且受控制器控制,因此也常常把它叫做数据处理器、数据子系统或受控器。

控制器习惯上也称为控制子系统或控制单元,是数字系统的核心。它控制系统内各部分协同工作的电路,根据外部输入信号以及受控电路送来的反映当前状态的内部应答信号,产生对受控电路的控制信号以及系统对外界的输出信号,使各模块按正确的时序进行工作。控制器控制受控电路的整个操作进程。

由此不难看出,在这种结构下,有无控制器已成为区分系统级设备和功能部件级电路的一个重要标志。凡是有控制器且能按照一定程序进行操作的,不管其规模大小,均称为数字系统;凡是没有控制器、不能按照一定程序进行操作的,不管其规模多大,均不能作为一个独立的数字系统来对待,至多只能算一个子系统。例如数字密码锁,虽然仅有几片 MSI 器件构成,但因其中有控制电路,所以应该称之为数字系统。而大容量存储器,尽管其规模很大,存储容量可达到数兆甚至数百吉字节,但因其功能单一,无控制器,只能称之为功能部件,而不能称之为系统。

7.1.2 数字系统设计的一般过程

在传统的数字电路理论中,由真值表、卡诺图、布尔方程、状态表和状态图来完整描述逻辑电路的功能。这样的描述方式对于输入变量、状态变量和输出函数个数较少的、规模较小的数字系统可以勉强使用,这种设计数字系统的方法,常称作试凑法。

试凑法是数字系统设计中最原始、受限制最多、效率和效果欠佳的方法,有很大的局限性。对于输入变量、状态变量和输出变量较多的数字系统,难以清晰的描述。

当前，现代数字系统设计普遍使用自顶向下(top-down)的设计方法，这里的“顶”就是指系统的功能；“向下”就是指将系统由大到小、由粗到精进行分解，直至可用基本模块实现。自顶向下的设计方法也就是设计者从整个系统功能出发，进行最上层的系统设计，而后按一定的原则将全局系统分成若干子系统，逐级向下，再将每个子系统分为若干功能模块，模块还可以继续向下划分成子模块，直至分成许多最基本模块(甚至单片芯片)实现。自顶向下设计方法的一般过程大致上可以分为五步，如图7.2所示。

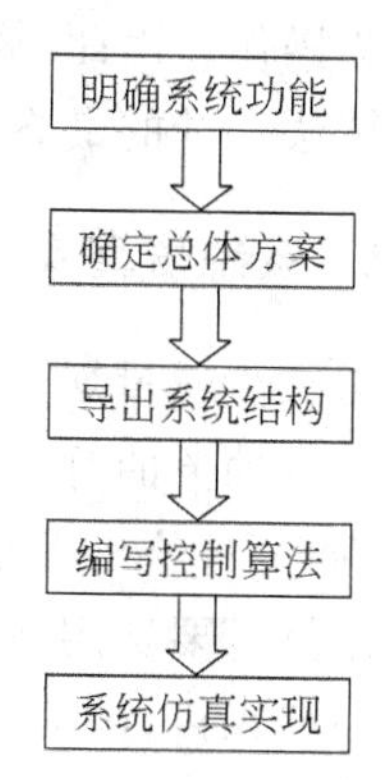

图7.2 自顶而下的方法

1. 明确系统功能

在具体设计之前，对设计课题的任务、要求、原理以及使用环境等进行充分调研，进而明确设计目标、确定系统功能，这无疑是系统设计的首要任务。

2. 确定总体方案

明确设计目标、确定系统功能之后，接下来要做的工作就是根据系统功能确定出系统设计的总体方案。采用什么原理和方法来实现预定功能，是这一步骤中必须认真考虑的事。因为同一功能的系统有多种工作原理和实现方法可供选择，方案的优劣直接关系到所设计的整个数字系统的质量，所以必须对可以采用的实现原理、方法的优缺点进行全面、综合的比较、评判，慎重地加以选择。总的原则是，所选择的方案既要能满足系统的要求，又要结构简单，实现方便，具有较高的性能价格比。这是整个设计工作中最为困难也最体现设计者创造性的一个环节。

3. 导出系统结构

系统方案确定以后，再从结构上对系统进行逻辑划分，导出系统的结构框图。其方法是，首先根据数据子系统和控制子系统各自的功能特点，把系统从逻辑上划分为数据子系统和控制子系统两部分。逻辑划分的依据是，怎样更有利于实现系统的工作原理，就怎样进行逻辑划分。逻辑划分以后，就可画出系统的粗略结构框图。

然后，继续对数据子系统进行结构分解。具体地讲，就是要将数据子系统分解为多个功能模块，再将各功能模块分解为更小的模块，直至为可用诸如寄存器、计数器、加法器、比较器等基本器件实现各模块为止。最后画出由这些基本模块组成的数据子系统结构框图。数据子系统中所需的各种控制信号，将由控制子系统产生。

4. 编写控制算法

获得系统结构框图之后，接下来的工作就是确定系统将要采用的控制算法，并完成算法设计。

系统的控制算法反映了数字系统中控制子系统对数据子系统的控制过程，它与系统所采用的数据子系统结构密切相关。例如，系统有5次加法操作，且参与加法操作的数据可以同时提供，如果数据子系统有5个加法器，则控制算法中就可以让这5次加法操作同时完成；但如果数据子系统中只有一个加法器，则控制算法就只能是逐个完成这5次加法操作。因此，算法设计要紧密结合数据子系统的结构来进行。

算法设计的最终目的是获得系统的控制状态图。

5. 系统仿真实现

第三步逻辑划分之后得出的数据子系统结构。因为其中所给出的各种逻辑模块还只是一种抽象的符号，并未指定具体的芯片型号。而第四步得到的控制算法及其控制状态图，而没有给出控制子系统的实际结构，它仅仅描绘了系统的控制过程。因此，这一步的工作就是要选用适当模块来具体实现数据子系统和控制子系统。

一般来讲，数据子系统通常为人们熟悉的各种功能电路，无论是采用现成模块还是自行设计，都有一些固定的方法可循，用不着花费太多精力。因此，许多情况下，往往在第三步的最后就直接给出了数据子系统的具体结构图。相对来说，控制子系统的设计比较麻烦。因为一般的控制子系统不仅有较多的状态，而且有较多的控制条件(输入)和控制信号(输出)。不管采用哪种实现方法，其过程都不会那么简单。正因为如此，人们往往认为数字系统设计的主要任务就是要设计一个好的控制子系统。

系统设计完成之后，如果有条件的话，最好先采用EDA软件对所设计的系统进行仿真，再用具体器件搭建电路，以保证系统设计的正确性和可靠性。搭建电路时，一般按自底向上的顺序进行。这样不仅有利于单个电路的调试，而且也有利于整个系统的联调。因此，严格地讲，数字系统的完整设计过程应该是"自顶向下设计，自底向上集成"。

必须指出，数字系统的上述设计过程主要是针对采用标准集成电路而言的。实际上，除了采用标准集成电路外，还可以用PLD器件或微机系统来实现数字系统，此时的设计过程会略有不同。例如采用PLD器件设计数字系统时，就没有必要将系统结构分解为一些市场上可以找到的基本模块，在编写出源文件并编译仿真后，通过"下载"就可获得要设计的系统或子系统。

7.2 数字系统设计的常用工具

数字系统的核心是控制子系统，而控制子系统的核心又是控制算法。采用各种算法设计数字系统的方法称为算法模型方法，是当前数字系统设计的主流方法。

目前，采用算法模型方法设计数字系统的常用工具主要有两类：一类是算法图；另一类是算法语言，其具体种类很多。本节从实用的角度出发，介绍在控制子系统算法设计中易于使用的ASM图和VHDL硬件描述语言。

7.2.1 ASM图和MDS图描述方法

算法图是一种用图形方式来描述数字系统控制算法的工具，最著名的算法图是ASM图。ASM图是算法状态机图(Algorithmic State Machine Chart)的简称，是一种用来描述时序数字系统控制过程的算法流程图。它由状态框、判别框(也叫条件分支框)、条件输出框和状态单元等基本图形组成,与计算机中的程序流程图非常相似,但 ASM 图表示事件的精确时间间隔序列,而一般的软件流程图没有时间的概念。

MDS(Mnemonic Documented State)图与状态图十分相似,但 MDS 图比状态图简练,并且扩展了状态图的功能,用 MDS 图表示控制器的控制过程时,既方便清晰又具有较大的灵活性。

1. ASM 图

所谓算法状态机本质上是一个有限状态机(Finite State Machine),也称有限自动机或时序机。它是一个抽象的数学模型,主要用来描述同步时序系统的操作特性。时序机理论不仅在数字系统设计和计算机科学中得到应用,而且在社会、经济、系统规划等学科领域也有着非常广泛的应用。

1) ASM 图的基本符号和结构

ASM 图由状态框、判别框(条件分支框)、条件输出框和输入、输出路径构成。输入、输出路径实际上就是带箭头的有向线段,由它们把状态框、条件分支框(判别框)和条件输出框有机地连接起来,构成完整的 ASM 图。

(1) 状态框

状态框用一个矩形框表示,如图 7.3(a)所示。左上角括号内是该状态的名称,其右上角的一组二进制码表示该状态的二进制编码。

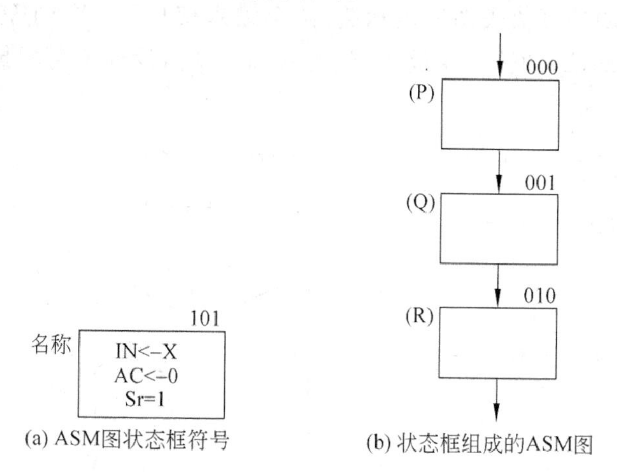

(a) ASM图状态框符号　　(b) 状态框组成的ASM图

图 7.3　ASM 图的状态框

一个完全由状态框组成的 ASM 图如图 7.3(b)所示。在每一规定数量的时钟脉冲作用下,ASM 图的状态由现状态转换到次态,状态的改变是在时钟控制下实现,如 P 状态到 Q 状态,Q 状态到 R 状态。

状态框内可以定义任何输出信号和命令,图 7.3(a)中的语句表示在这一状态下输出的命令,其中表示将 X 装入 IN;AC 清零;Sr 置 1 等。

(2) 判别框(条件分支框)

判别框以菱形表示,如图 7.4(a)所示;判别框表示方法如图 7.4(b)所示,将外输入变量 X 放入条件分支框内。

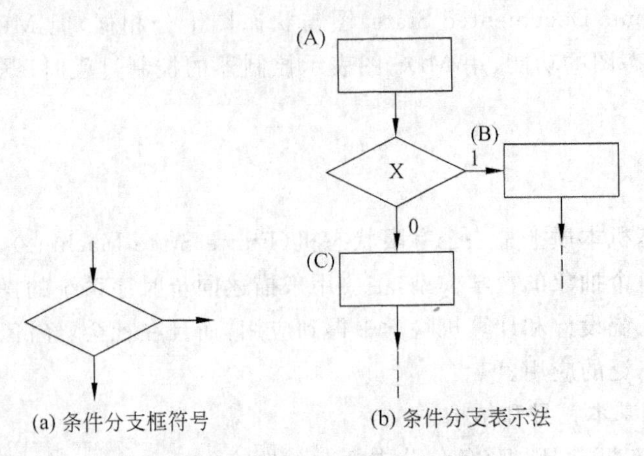

图 7.4 ASM 图的条件分支框

判别框属于状态框 A,判别框和状态框 A 属于同一个状态,它们是在同一个状态内完成的动作。在每一规定数量的时钟脉冲作用下,由于外输入 X 值的不同,次态可能进入 B 或 C,而这一状态的转换是在状态 A 结束时完成。

条件分支也可以是两个变量以上,产生多个条件分支,图 7.5 给出三个分支的两种表示方法。图 7.5(a)是真值表图解表示法,两个输入变量 X_1、X_2 同等重要,没有哪个变量起支配作用;图 7.5(b)的输入变量 X_1 优先级高于 X_2,设计者可根据需要确定输入变量的优先级。

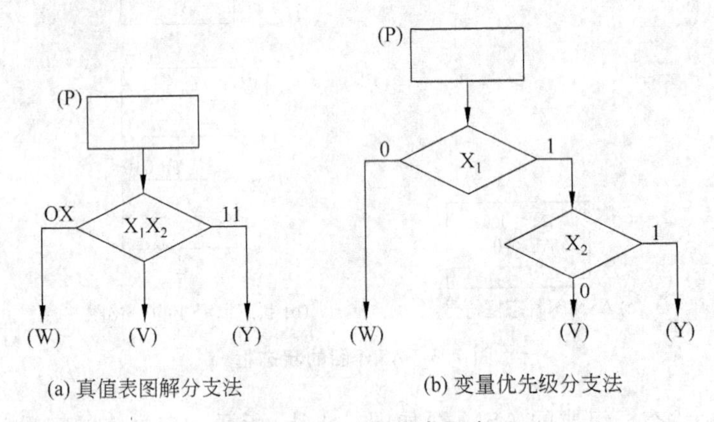

图 7.5 三个分支表示法

(3) 条件输出框

条件输出:某些状态下的输出命令只有在一定条件下才能输出,我们称这种输出命令为条件输出。为了与前面的状态输出有所区别,用椭圆框表示条件输出,并将条件输出 Z_2 写在条件输出框内,如图 7.6 所示。

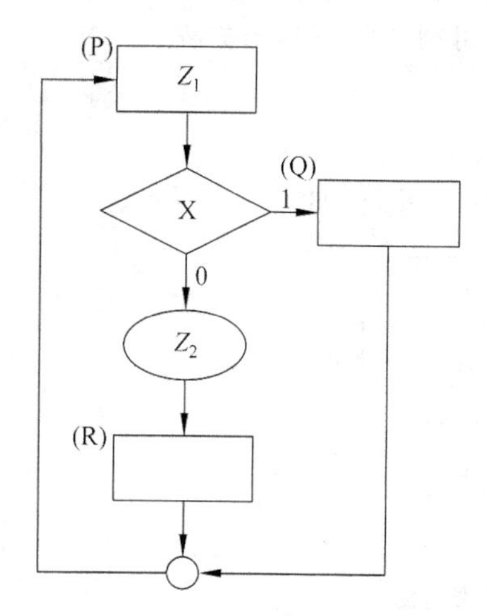

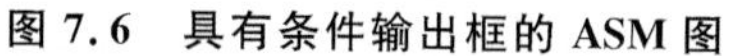
图 7.6　具有条件输出框的 ASM 图

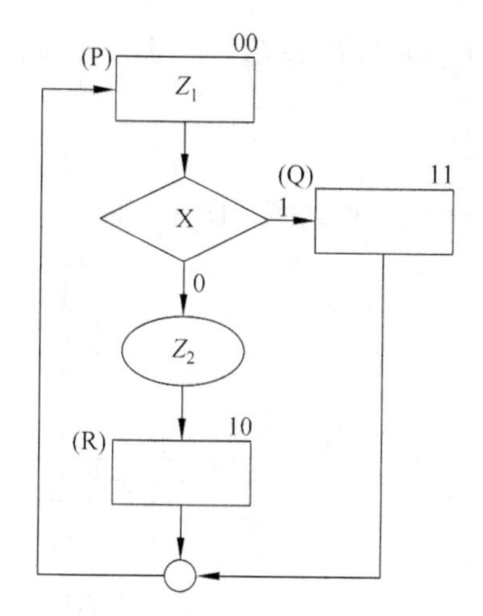

图 7.7　经过状态图分配的 ASM 图

其中：状态 P 的无条件输出命令 Z_1；条件输出命令 Z_2，只有在状态 P 且外输入 $X=0$时才输出；条件输出框和条件分支框皆属于状态 P。

2) ASM 图硬件实现

例 7.1　已知 ASM 图如图 7.7 所示，用 PLA 阵列和一定数量的 D 触发器实现。

(1) 根据 ASM 图，确定存在几种状态，将每个状态给以任意状态编码或称状态分配，并将相应编码写在状态框的右上角。

因该 ASM 图有三个状态 P、Q、R，故需要两个状态变量 Q_2Q_1，其中条件分支框和条件输出框属于状态 P，分配状态编码 00。

由图 7.7 可见，一个外输入 X，两个输出命令 Z_1、Z_2，两个状态变量 Q_2Q_1，所以可选用两个 D 触发器设计电路。

(2) 由该 ASM 图导出状态转换表，如表 7.1 所示。该表为简化状态转换表；因为 10 和 11状态与输入 X 无关，所以对应于该两行 X 值可作为随意项 Φ 处理，如表 7.1 中 3～5 行所示。表中 01 为未指定状态，因此应妥善处理这个状态，在考虑因偶然因素出现 01 状态时，应强迫其次态为 00，以保证一旦出现 01 状态后，经过一个时钟周期可以自动回到有用状态循环。

(3) 由状态转换表 7.1 写出触发器的驱动方程如下：

$$Q_2^{n+1}=D_2=\overline{Q}_2\overline{Q}_1\overline{X}+\overline{Q}_2\overline{Q}_1X=\overline{Q}_2\overline{Q}_1$$

$$Q_1^{n+1}=D_1=\overline{Q}_2\overline{Q}_1X$$

表 7.1　状态转换表

现态			次态		输出	
Q_2	Q_1	X	Q_2^{n+1}	Q_1^{n+1}	Z_1	Z_2
0	0	0	0	0	1	1
0	0	1	1	1	1	0
0	1	Φ	0	0	0	0
1	0	Φ	0	0	0	0
1	1	Φ	0	0	0	0

(4) 由 ASM 图除得到状态表和驱动方程外，还可得到如下输出方程：

$$Z_1=(P)=\overline{Q}_2\overline{Q}_1$$

$$Z_2=(P)\overline{X}=\overline{Q}_2\overline{Q}_1\overline{X}$$

(5) 最后得到实现图 7.7 的 ASM 图的完整硬件逻辑图，如图 7.8 所示。

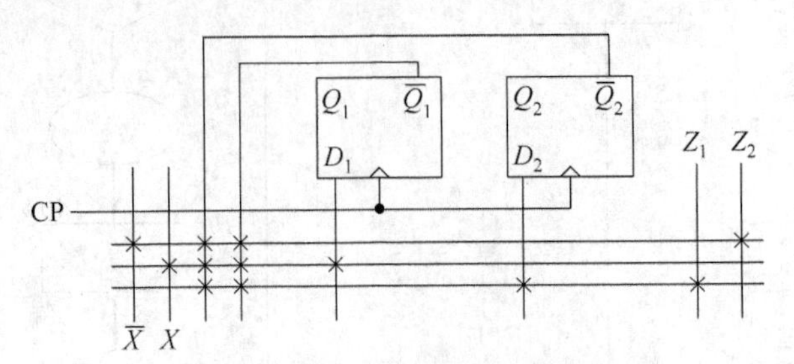

图 7.8　图 7.7 的 PLA 逻辑电路图

2. MDS 图

1) MDS 图的基本符号和结构

MDS 图的基本符号和结构见表 7.2。

表 7.2　MDS 图的基本符号和结构

符号与结构	说　明
(S_i)	表示状态 S_i
(S_i) → (S_j)	表示状态 S_i 无条件转换到状态 S_j。即只要时钟脉冲 CP 的有效作用沿到来，状态 S_i 自动转换为 S_j
(S_i) —E→ (S_j)	表示状态 S_i 无条件转换到状态 S_j，E 为实现这一转换所必须满足的条件，它可以是一个字母作为一个变量表示的两种情况；也可以是一个积项，例如 Y·ST
(S_i) Z↑	表示进入 S_i 态时，输出 Z 变成有效。如果 Z 的有效电平是 H，则可用(S_i) Z=H↑表示
(S_i) Z↓	表示进入 S_i 态时，输出 Z 变成无效。如果 Z 的有效电平是 H，则可用(S_i) Z=H↓表示
(S_i) Z↑↓	表示进入 S_i 态时，输出 Z 变成有效。退出时，Z 变成无效。如果 Z 的有效电平是 H，则可用(S_i) Z=H↑↓表示
(S_i) Z↑↓=S_i	表示如果条件 E 满足，则表示进入 S_i 态时，输出 Z 变成有效。退出时，Z 变成无效
(*S_i) —X_i→	表示 X_i 是一个异步输入变量，从而表示(*S_i)是在异步输入作用下才退出这一状态

2) 状态图到 MDS 图

(1) 有输出的状态图到 MDS 图

设：输出逻辑 1 为有效，0 为无效。图 7.9(a)给出了未标明引起状态转换的输出情况的莫尔型状态图。图中 A、B、C 三个状态的输出 Z_1 和 Z_2 依次为 01、11、00。这说明 Z_1 在由状态 A 变成状态 B 时由 0 变 1，即 Z_1 变成有效；在由状态 B 变成状态 C 时 Z_1 由

1 变 0,即 Z_1 变成无效。因此又用另一种符号来表示 Z_1 的变化,如图 7.9(b)中状态 B 外侧所示的 $Z_1\uparrow\downarrow$。

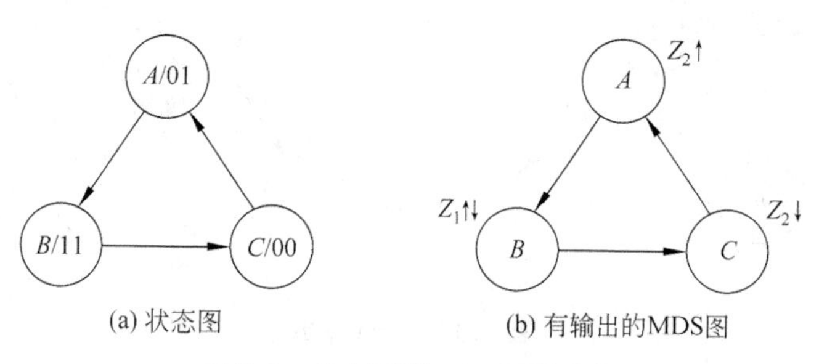

图 7.9 状态图到 MDS 图的变化

在此状态中输出 Z_2 在进入状态 A 时有效,在进入状态 C 时变成无效。与 Z_1 表示方法相类似,在图 7.9(b)中箭头指出了相应的变化。由此得到有输出的 MDS 图。

(2) 有输入的 MDS 图

图 7.10(c)既考虑了输入又考虑了输出的状态图。在此图中输入量用 X_i 表示,且 X_i 表示变量 X_i 有效,$\overline{X}_i$ 表示 X_i 无效,$Z_i\uparrow$ 表示使 Z_i 有效,$Z_i\downarrow$ 表示使 Z_i 无效。这样加入输入条件,就得到图 7.10(c)所示的由输入符号、输出符号等构成的状态图称为 MDS 图。

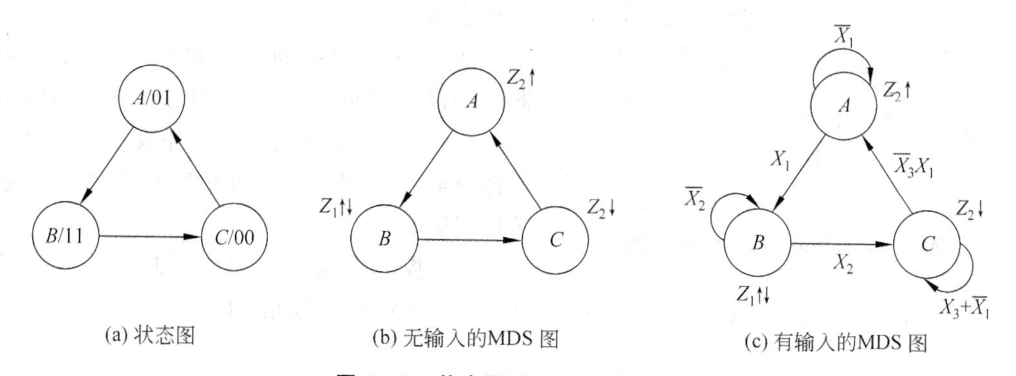

图 7.10 状态图到 MDS 图的变化

在此图中,输入 X_1、X_2、X_3 如果满足条件 $X_3X_1=01$,则由状态 C 进入状态 A,Z_2 由 0 变 1,Z_1 不变。若此时 $X_1=0$,状态 A 保持不变;$X_1=1$,则由状态 A 进入状态 B,Z_2 不变,Z_1 由 0 变为 1。在状态 B 时,若 $X_2=1$,则由 B 进入 C,Z_1 由 1 变 0,Z_2 也由 1 变 0。

(3) 有条件输入的 MDS 图

有条件输出的 MDS 图如图 7.11 所示,从图中可以发现有条件输出可以使 MDS 图更为紧凑。

图 7.11(a)是某米勒型状态图的一部分,它的含义是:如果电路处在状态 A,则下一个时钟的前沿到来时输出 Z 决定于当时的 X 是否为 1,并可以把输出 Z 表示为$Z\uparrow\downarrow=A\cdot X$,写在状态 A 小圈的外侧,与此对应的 MDS 图如图 7.11(b)所示,等式表示输出条件。

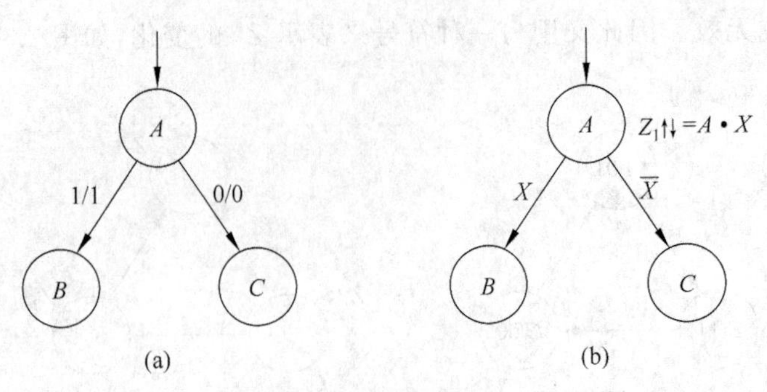

图 7.11　条件输出

3. ASM 图转换 MDS 图

详细的 ASM 图既可以是确定系统方案的最终结果，直接用来设计电路，也可以作为阶段成果，转换到设计控制器的 MDS 图。下面说明它们之间的相互关系和转换规则。

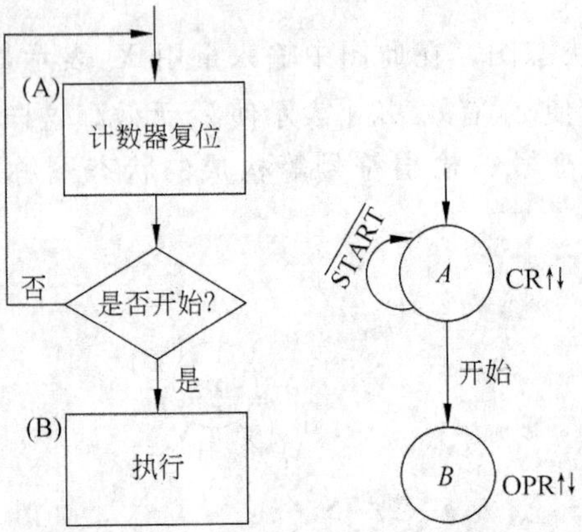

(1) ASM 图中的一个状态框，表示了系统应该完成的一组动作，它对应 MDS 图中的一个状态 S_i。

(2) ASM 图中的一个判别框，表示控制器应进行的判断和决策，构成了 MDS 图的分支，其中的判别变量是转换条件或分支条件的一部分或全部，图 7.12 和图 7.13 给出了上述转换规则。

图 7.12　ASM 图至 MDS 一例

(3) 控制器的输出是为实现状态块所要求的操作而发出的信息，它对应于 MDS 图中状态圈外侧的输出，如图 7.12 和图 7.13 所示。

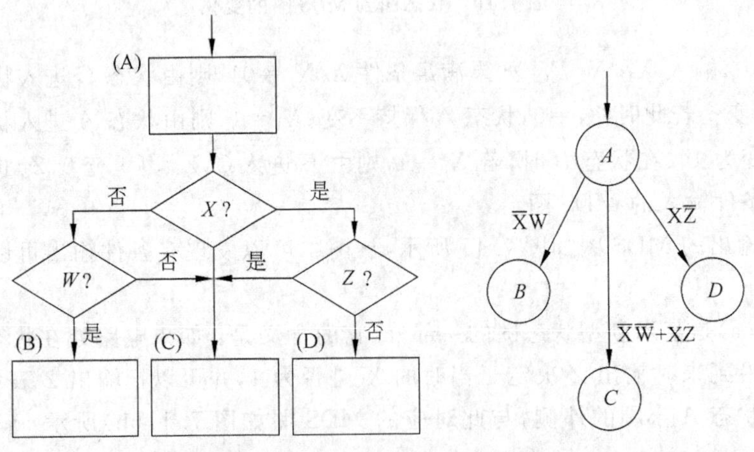

图 7.13　ASM 图至 MDS 另一例

(4) ASM 图中的条件输出与 MDS 图中的条件输出相对应。图 7.14 表明了它们之间的对应关系。

需要特别提出的是，在图 7.14 中，如果 START 为同步变量，则启动脉冲 RUN 的持续时间为 A 状态的保持时间；如果 START 为异步变量，则RUN↑↓的时间将不确定。所以，在条件输出的输出条件中，不应包含有异步变量，异步输入信号必须经同步化处理。

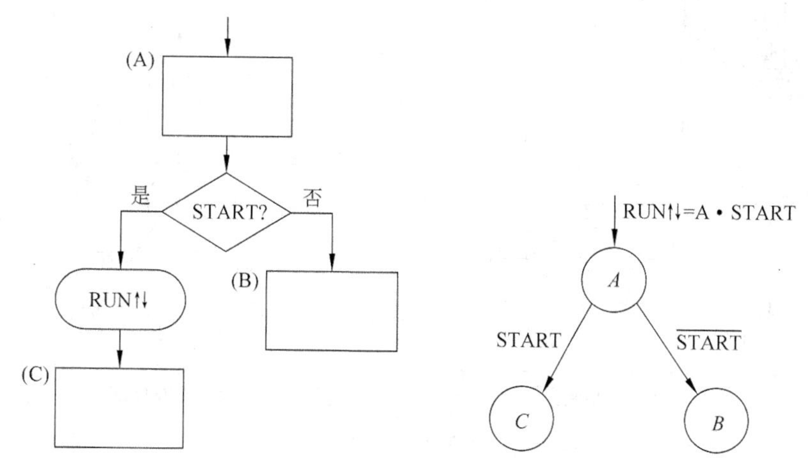

图 7.14　详细 ASM 图至 MDS 图的转换之二

在详细的 ASM 图的某一分支上，可能会出现两个彼此独立并与系统的时钟无关的异步判别变量，如图 7.15(a)所示。图 7.15(b)是与此详细 ASM 图对应的 MDS 图。为使要设计的电路能保证捕获这两个异步变量，通常要重新组合详细的 ASM 图，在此图中定义出新的状态，使它在一个分支上只有一个异步变量，如图 7.15(c)所示。显然状态 D 是为此目的新定义的状态，与图 7.15(c)对应的 MDS 图如图 7.15(d)所示。

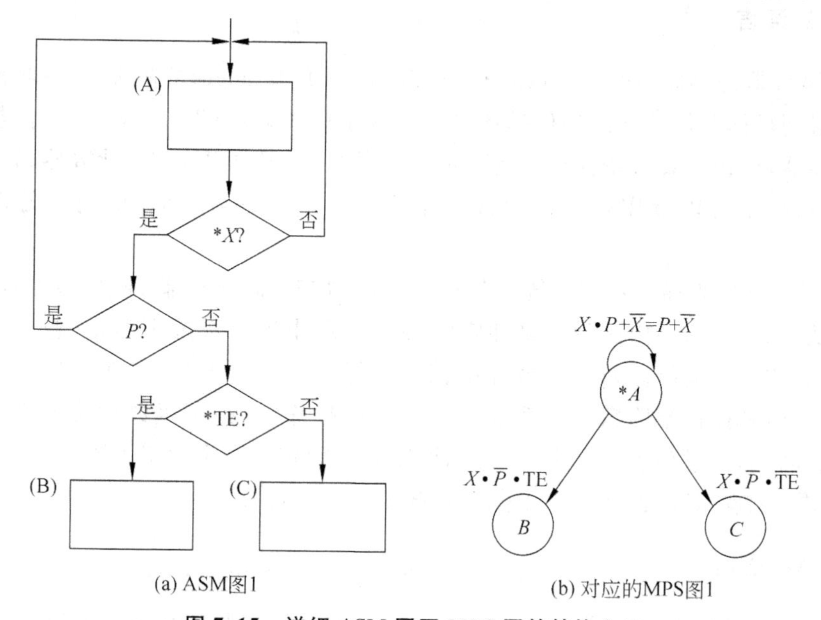

(a) ASM图1　　(b) 对应的MPS图1

图 7.15　详细 ASM 图至 MDS 图的转换之三

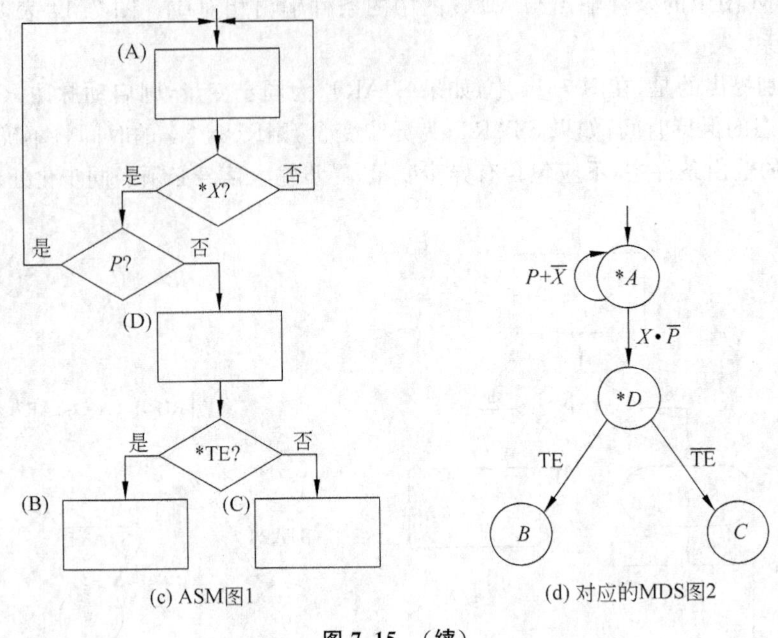

(c) ASM图1

(d) 对应的MDS图2

图 7.15 （续）

7.2.2 VHDL 硬件描述语言

硬件描述语言(Hardware Description Language，HDL)是指能够描述硬件电路的功能、信号连接关系及定时关系的语言，它能比电路原理图更好地描述硬件电路的特性。常用的 RTL 语言、GSAL 语言和 VHDL 语言等算法语言都属于硬件描述语言。

1. RTL 语言

RTL 语言是寄存器传送语言(Register Transfer Language)的简称，是一种源文件可以直接映射到具体逻辑单元的硬件描述语言。这里的“寄存器”是广义的，不仅包含暂存信息的寄存器，还包括具有寄存功能的其他存储部件，如移位寄存器、计数器、存储器等。这样，数字系统就可以看作是对各种寄存器所存的信息进行存储、传送和处理的一个系统。

RTL 语言是用来描述数字系统中各种部件(如加法器、比较器、寄存器等)间的信号连接关系及定时关系，并由这种连接和定时关系展示出数字系统中信息(包括控制信息和数据信息)的传送流程以及传送过程中相应的操作。一个 RTL 语句描述数字系统所处的一个状态，其操作指明数据子系统要实现的微操作，其控制函数指明控制子系统发出的命令。因此，一系列有序的 RTL 语句可以完整地定义一个数字系统。

RTL 语言在数字系统设计中已获得了非常广泛的应用。

2. GSAL 语言

GSAL 语言是分组-按序算法语言(Group-Sequential Algorithms language)的简称，

是一种与RTL语言非常接近的硬件描述语言。所谓分组-按序算法，是指包括很多子计算且子计算被分成许多组，执行时组内并行、组间按序的算法，如图7.16所示。图中椭圆框中的每个小圆圈表示一个子计算，每个椭圆框中的子计算为一组。只有当一组子计算都计算完毕时，才能启动下一组子计算。

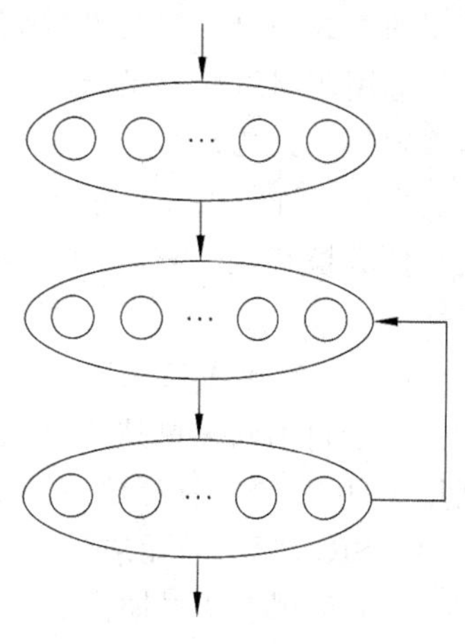

图7.16 分组-按序算法

与VHDL语言和RTL语言相比，分组-按序算法语言有简单明了的语法和语义，非常便于理解和使用；采用高级语言结构和数据类型，非常便于系统功能的描述；在实现层次上用该语言描述的算法，可用硬件或固件(微程序)直接实现，非常便于系统功能的实现；它把数字系统设计的问题变得类似程序设计，稍具程序设计知识的人即可用它成功地设计数字系统；采用这种算法设计的数字系统，运行速度较高、硬件成本较低，具有较高的性能价格比。

3. VHDL语言

VHDL语言(VHSIC Hardware description Language)是硬件描述语言中抽象程度很高的一种语言，特别便于对整个系统的数学模型的描述。目前的PLD等产品大多有配套的VHDL语言文件编译软件，因此在用PLD等器件设计数字系统时广泛使用这种语言，为此，下面仅介绍VHDL语言。对RTL语言、GSAL语言感兴趣的读者，可以参阅本章后所列的有关参考书。

1) 利用VHDL语言设计数字系统的特点

当电路系统采用VHDL语言设计其硬件时，与传统的电路设计方法相比较，具有如下的特点：

(1) 采用自上而下的设计方法

即从系统总体要求出发，自上而下地逐步将设计的内容细化，最后完成系统硬件的整体设计。在设计的过程中，对系统自上而下分成三个层次进行设计。

第一层次是行为描述。所谓行为描述，实质上就是对整个系统的数学模型的描述。一般来说，对系统进行行为描述的目的是试图在系统设计的初始阶段，通过对系统行为描述的仿真来发现设计中存在的问题。在行为描述阶段，并不真正考虑其实际的操作和算法用何种方法来实现，而是考虑系统的结构及其工作的过程是否能到达系统设计的要求。

第二层次是RTL方式描述。这一层次称为寄存器传输描述(又称数据流描述)。如前所述，用行为方式描述的系统结构的程序，其抽象程度高，是很难直接映射到具体逻辑元件结构的。要想得到硬件的具体实现，必须将行为方式描述的VHDL语言程序改写为RTL方式描述的VHDL语言程序。也就是说，系统采用RTL方式描述，才能导出系统的逻辑表达式，才能进行逻辑综合。

第三层次是逻辑综合。即利用逻辑综合工具，将RTL方式描述的程序转换成用基本逻辑元件表示的文件(门级网络表)。此时,如果需要,可将逻辑综合的结果以逻辑原理图的方式输出。此后可对综合的结果在门电路级上进行仿真,并检查其时序关系。

应用逻辑综合工具产生的门级网络表,将其转换成 PLD 的编程码点,即可利用 PLD 实现硬件电路的设计。

由自上而下的设计过程可知,从总体行为设计开始到最终的逻辑综合,每一步都要进行仿真检查,这样有利于尽早发现设计中存在的问题,从而可以大大缩短系统的设计周期。

(2) 系统可大量采用 PLD 芯片

由于目前众多制造 PLD 芯片的厂家,其工具软件均支持 VHDL 语言的编程。所以利用 VHDL 语言设计数字系统时,可以根据硬件电路的设计需要,自行利用 PLD 设计自用的 ASIC 芯片,而无须受通用元器件的限制。

(3) 采用系统早期仿真

从自上而下的设计过程中可以看到,在系统设计过程中要进行三级仿真,即行为层次仿真、RTL 层次仿真和门级层次仿真。这三级仿真贯穿系统设计的全过程,从而可以在系统设计的早期发现设计中存在的问题,大大缩短系统设计的周期,节约大量的人力和物力。

(4) 降低了硬件电路设计难度

在传统的设计方法中,往往要求设计者在设计电路之前写出该电路的逻辑表达式或真值表(或时序电路的状态表)。这一工作是相当困难和繁杂的,特别是当系统比较复杂时更是如此。而利用 VHDL 语言设计硬件电路时,就可以使设计者免除编写逻辑表达式或真值表之苦,从而大大降低了设计的难度,也缩短了设计的周期。

(5) 主要设计文件是用 VHDL 语言编写的源程序

与传统的电路原理图相比,使用 VHDL 源程序有许多好处:其一是资料量小,便于保存。其二是可继承性好。当设计其他硬件电路时,可使用文件中的某些库、进程和过程等描述某些局部硬件电路的程序。其三是阅读方便。阅读程序比阅读电路原理图要更容易一些,阅读者很容易在程序中看出某一电路的工做原理和逻辑关系。而要从电路原理图中推知其工作原理则需要较多的硬件知识和经验。

2) VHDL 语言的基本结构

一个完整的 VHDL 语言程序通常包含实体(entity)、结构体(architecture)、配置(configuration)、程序包(package)和库(library)5 个部分。前 4 个部分是可分别编译的源设计单元。实体和结构体两大部分组成程序设计的最基本单元。实体用于描述所设计的系统的外部接口信号;结构体用于描述系统的行为、系统数据的流程或者系统组织结构形式;程序包存放各种设计模块都能共享的数据类型、常数和子程序等;配置用于从库中选取所需单元来组成系统设计的不同版本;库存放已经编译的实体、结构体、程序包和配置。库可由用户生成或由 ASIC 芯片制造商提供,以便于在设计中为大家所共享。

(1) 实体

在 VHDL 中,实体类似于原理图中的一个部件符号,它可以代表整个系统、一块电路板、一个芯片或一个门电路,是一个初级设计单元。在实体中,可以定义设计单元的输入输出引脚和器件的参数，其具体的格式如下：

```
ENTITY 实体名 IS
    [类属参数说明;]
    [端口说明;]
END 实体名;
```

① 类属参数说明：类属参数说明为设计实体和其外部环境的静态信息提供通道，特别是用来规定端口的大小、实体中子元件的数目、实体的定时特性等。

② 端口说明：端口说明为设计实体和其外部环境的动态通信提供通道，是对基本设计实体与外部接口的描述，即对外部引脚信号的名称、数据类型、和输入输出方向的描述。其一般格式如下：

```
PORT(端口名: 方向 数据类型;
        ⋮
     端口名: 方向 数据类型);
```

端口名是赋予每个外部引脚的名称；端口方向用来定义外部引脚的信号方向是输入还是输出；数据类型说明流过该端口的数据类型。

IEEE 1076 标准包中定义了以下常用的端口模式：

- IN：输入，只可以读。
- OUT：输出，只可以写。
- BUFFER：输出(结构体内部可再使用)。
- INOUT：双向，可以读或写。

③ 数据类型

VHDL 语言中的数据类型有多种，但在数字电路的设计中经常用到的只有两种，即 BIT 和 BIT_VECTOR(分别等同于 STD_LOGIC 和 STD_LOGIC_VECTOR)。当端口被说明为 BIT 时，该端口的信号取值只能是二进制数 1 和 0，即位逻辑数据类型；而当端口被说明为 BIT_VECTOR 时，该端口的信号是一组二进制的位值，即多位二进制数。

例 7.2 2 输入端与非门的实体描述示例。

```
LIBRARY IEEE;
USE IEEE.STD_LOGIC_1164.ALL;
ENTITY nand IS
    PORT(a: IN STD_LOGIC;
         b: IN STD_LOGIC;
         c: OUT STD_LOGIC);
END nand;
```

(2) 结构体

结构体描述一个设计的结构或行为，把一个设计的输入和输出之间的关系建立起来。一个设计实体可以有多个结构体，每个结构体对应着实体不同的实现方案，各个结构的地位是同等的。

结构体对其基本设计单元的输入输出关系可以用 3 种方式进行描述，即行为描述、寄存器传输描述和结构描述。不同的描述方式，只是体现在描述语句的不同上，而结构体的结构是完全一样的。

结构体分为两部分：结构说明部分和结构语句部分，其具体的描述格式如下：

```
ARCHITECTURE 结构体名 OF 实体名 IS
    --说明语句
BEGIN
    --并行语句
END 结构体名;
```

说明语句：用于对结构体内部使用的信号、常数、数据类型和函数进行定义。例如：

```
ARCHITECTURE behav OF mux IS
    SIGNAL nel: STD_LOGIC;
    ⋮
BEGIN
    ⋮
END behav;
```

信号定义和端口说明一样，应有信号名和数据类型的说明。因它是内部连接用的信号，故不需有方向的说明。

例 7.3　全加器的完整描述示例。

程序与所对应的电路原理图如图 7.17 所示。

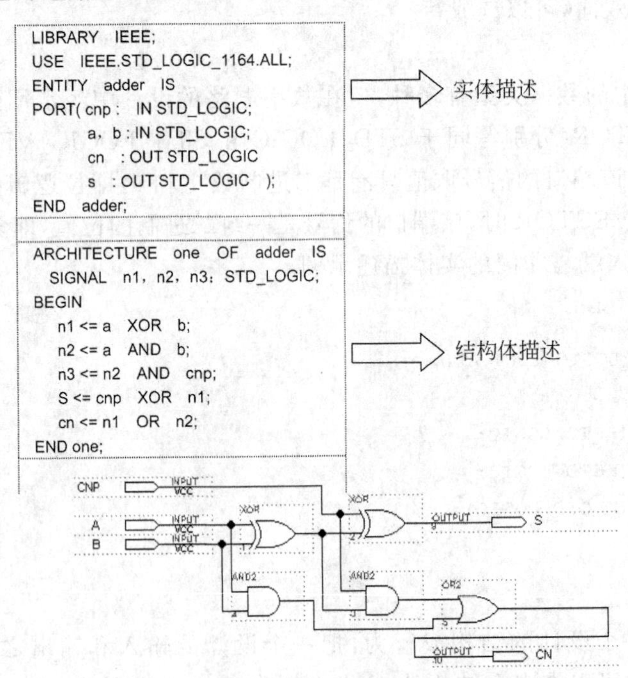

```
LIBRARY  IEEE;
USE  IEEE.STD_LOGIC_1164.ALL;
ENTITY  adder  IS
PORT( cnp :  IN STD_LOGIC;
      a，b : IN STD_LOGIC;
      cn  : OUT STD_LOGIC
      s  : OUT STD_LOGIC  );
END  adder;

ARCHITECTURE  one  OF  adder  IS
  SIGNAL  n1，n2，n3：STD_LOGIC;
BEGIN
   n1 <= a   XOR   b;
   n2 <= a   AND   b;
   n3 <= n2   AND   cnp;
   S <= cnp   XOR   n1;
   cn <= n1   OR   n2;
END one;
```


图 7.17　电路原理图

(3) 程序包、库及配置

库和程序包是 VHDL 的设计共享资源,一些共用的、经过验证的模块放在程序包中,实现代码重用。一个或多个程序包可以预编译到一个库中,使用起来更为方便。

① 库

库是经编译后的数据的集合,用来存放程序包定义、实体定义、结构体定义和配置定义,使设计者可以共享已经编译过的设计结果。在 VHDL 语言中,库的说明总是放自在设计单元的最前面:

```
LIBRARY  库名;
```

这样一来,在设计单元内的语句就可以使用库中的数据。VHDL 语言允许存在多个不同的库,但各个库之间是彼此独立的,不能互相嵌套。

常用的库如下:

- STD 库:逻辑名为 STD 的库为所有设计单元隐含定义,即 LIBRARY STD 子句隐含存在于任意设计单元之前,而无须显式写出。STD 库包含预定义程序包 STANDARD 与 TEXTIO。
- WORK 库:逻辑名为 WORK 的库为所有设计单元隐含定义,用户不必显示写出 LIBRARY WORK。同时设计者所描述的 VHDL 语句不须做任何说明,都将存放在 WORK 库中。
- IEEE 库:最常用的库是 IEEE。IEEE 库中包含 IEEE 标准的程序包,包括 STD_LOGIC_1164、NUMERIC_BIT、NUMERIC_STD 以及其他一些程序包。其中 STD_LOGIC_1164 是最主要的程序包,大部分可用于可编程逻辑器件的程序包都以这个程序包为基础。
- 用户定义库:用户为自身设计需要所开发的共用程序包和实体等,也可汇集在一起定义成一个库,这就是用户库,在使用时同样需要说明库名。

② 程序包

程序包说明像 C 语言中的 include 语句一样,用来罗列 VHDL 语言中所要用到的常数定义、数据类型、函数定义等,是一个可编译的设计单元,也是库结构中的一个层次。要使用程序包时可用 USE 语句说明,例如:

```
USE IEEE.STD_LOGIC_1164.ALL;
```

程序包由标题和包体两部分组成,其结构如下:

```
PACKAGE 程序包名 IS  ┐
    ---说明语句       ├标题部分
END 程序包名         ┘
PACKAGE BODY 程序包名 IS ┐
    ---说明语句           ├包体部分
END BODY;                ┘
```

标题是主设计单元,它可以独立编译并插入设计库中。包体是次级设计单元,它可以在其对应的标题编译并插入设计库之后,再独立进行编译并也插入设计库中。

包体并不总是需要的，但在程序包中若包含有子程序说明时则必须用对应的包体。这种情况下，子程序体不能出现在标题中，而必须放在包体中。若程序包只包含类型说明，则包体是不需要的。

常用的程序包如下：

- STANDARD 程序包：STANDARD 程序包预先在 STD 库中编译，此程序包中定义了若干类型、子类型和函数。IEEE 1076 标准规定，在所有 VHDL 程序的开头隐含有下面的语句：

```
LIBRARY WORK.STD;
USE STD.STANDARD.ALL;
```

因此不需要在程序中使用上面的语句。

- STD_LOGIC_1164 程序包：STD_LOGIC_1164 预先编译在 IEEE 库中，是 IEEE 的标准程序包，其中定义了一些常用的数据和子程序。此程序包定义的数据类型 STD_LOGIC、STD_LOGIC_VECTOR 以及一些逻辑运算符都是最常用的，许多 EDA 厂商的程序包都以它为基础。
- STD_LOGIC_UNSIGNED 程序包：STD_LOGIC_UNSIGNED 程序包预先编译在 IEEE 库中，是 Synopsys 公司的程序包。此程序包重载了可用于 INTEGER、STD_LOGIC 和 STD_LOGIC_VECTOR 三种数据类型混合运算的运算符，并定义了一个由 STD_LOGIC_VECTOR 型到 INTEGER 型的转换函数。
- STD_LOGIC_SIGNED 程序包：STD_LOGIC_SIGNED 程序包与 STD_LOGIC_UNSIGNED 程序包类似，只是 STD_LOGIC_SIGNED 中定义的运算符考虑到了符号，是有符号的运算。

(4) 配置(CONFIGUARTION)

配置语句一般用来描述层与层之间的连接关系以及实体与结构之间的连接关系。在分层次的设计中，配置可以用来把特定的设计实体关联到元件实例(COMPONET)，或把特定的结构(ARCHITECTURE)关联到一个实体。当一个实体存在多个结构时，可以通过配置语句为其指定一个结构，若省略配置语句，则 VHDL 编译器将自动为实体选一个最新编译的结构。

配置的语句格式如下：

```
CONFIGURATION 配置名 OF 实体名 IS
    [语句说明]
END 配置名;
```

若用配置语句指定结构体，配置语句放在结构体之后进行说明。例如，某一个实体 adder，存在 2 个结构体 one 和 two 与之对应，则用配置语句进行指定时可利用如下描述：

```
configure TT of adder is
for one
end for;
end configure TT;
```

3) VHDL 语言的数据类型和运算操作符

(1) VHDL 语言的数据对象

VHDL 语言中可以赋值的对象有 3 种：信号(Signal)、变量(Variable)、常数(Constant)。在数字电路设计中，这 3 种对象通常都具有一定的物理意义。例如，信号对应地代表电路设计中的某一条硬件连线；常数对应地代表数字电路中的电源和地等。当然，变量对应关系不太直接，通常只代表暂存某些值的载体。3 类对象的含义和说明场合如表 7.3 所示。

表 7.3 VHDL 语言 3 种对象的含义和说明场合

对象类别	含　义	说明场合
信号	信号说明全局量	Architecture, package, entity
变量	变量说明局部量	Process, function, procedure
常数	常数说明全局量	上面两种场合下，均可存在

(2) VHDL 语言的数据类型

① 数据类型的种类

在 VHDL 语言中，信号、变量、常数都是需要指定数据类型的，VHDL 提供的数据类型可归纳如下：

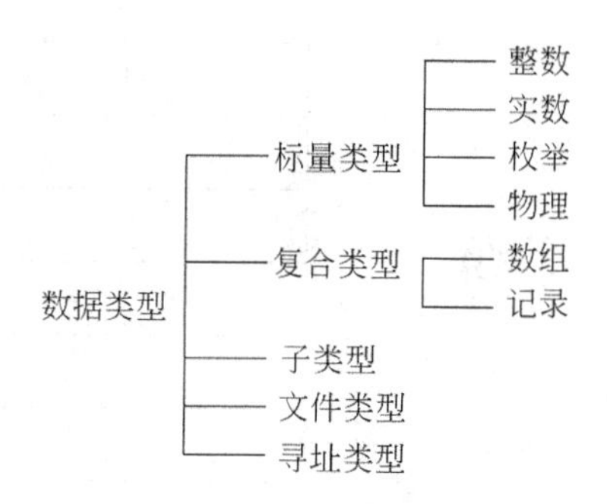

在上述数据类型中，有标准的，也有用户自己定义的。当用户自己定义时，其具体的格式如下：

```
TYPE 数据类型名 数据类型的定义;
```

② 数据类型的转换

在 VHDL 语言中，数据类型的定义是相当严格的，不同类型数据是不能进行运算和直接赋值的。为了实现正确的运算和赋值操作，必须将数据进行类型转换。数据类型的转换是由转换函数完成的，VHDL 的标准程序包提供了一些常用的转换函数，例如：

```
FUNCTION TO_bit (s: std_ulogicl; xmap: BIT:='0') RETURN BIT
FUNCTION TO_bit_vector (s: std_logic_vector; xmap: BIT:='0') RETURN BIT_VECTOR
```

(3) VHDL 语言的运算操作符

同其他程序设计语言一样，VHDL 中的表达式是由运算符将基本元素连接起来的式子。VHDL 的运算符可分为 4 组：算数运算符、关系运算符、逻辑运算符和其他运算符以及它们的优先级别如表 7.4 所示。

表 7.4 VHDL 的运算符及优先级别

优先级顺序	运算符类型	运 算 符	功 能
低	逻辑运算符	AND	与
		OR	或
		NAND	与非
		NOR	或非
		XOR	异或
		XNOR	异或非
	关系运算符	=	等于
		/=	不等于
		<	小于
		>	大于
		<=	小于等于
		>=	大于等于
		+	加
		−	减
		&	连接
		+	正
		−	负
		*	乘
		/	除
		MOD	求模
		REM	取余
		**	指数
		ABS	取绝对值
高		NOT	取反

通常，在一个表达式中有两个以上的算符时，需要使用括号将这些操作分组。如果一串操作的算符相同，且是 AND、OR、XOR 这 3 个算符中的一种，则不需要使用括号，如果一串操作中的算符不同或有除这 3 种算符之外的算符，则必须使用括号，例如：

```
a AND b AND c AND d
(a OR b) NAND c
```

(4) VHDL语言的主要描述语句

在用VHDL语言描述系统的硬件行为时,按语句执行的顺序可分为顺序语句和并行语句。顺序语句主要用来实现模型的算法部分;而并行语句则基本上用来表示黑盒的连接关系。黑盒中所包含的内容可以是算法描述或一些相互连接的黑盒。

① 顺序语句:VHDL提供了一系列丰富的顺序语句,用来定义进程、过程或函数的行为。所谓"顺序",意味着完全按照程序中出现的顺序执行各条语句,而且还意味着在结构层次中前面语句的执行结果可能直接影响后面语句的结果。顺序语句包括:

- WAIT语句;
- 变量赋值语句;
- 信号赋值语句;
- IF语句;
- CASE语句;
- LOOP语句;
- NEXT语句;
- EXIT语句;
- RETURN语句;
- NULL语句;
- 过程调用语句;
- 断言语句;
- REPORT语句。

鉴于篇幅有限,具体每条语句结构功能在此不再一一罗列,有兴趣者可自行参阅本章后所列的有关参考书或其他相关参考书籍资料。

② 并行语句:由于硬件语言所描述的实际系统,其许多操作是并行的,所以在对系统进行仿真时,系统中的元件应该是并行工作的。并行语句就是用来描述这种行为的。并行描述可以是结构性的也可以是行为性的。而且,并行语句的书写次序并不代表其执行的顺序,信号在并行语句之间的传递,就犹如连线在电路原理图中元件之间的连接。主要的并行语句有块(BLOCK)、进程(PROCESS)、生成(GENERATE)、元件(COMPONENT)和元件例化(COMPONENT_INS)等语句。

块语句:块可以看做是结构体中的子模块。BLOCK语句把许多并行语句包装在一起形成一个子模块,常用于结构体的结构化描述。块语句的格式如下:

```
标号: BLOCK
    块头
        {说明部分}
    BEGIN
        {并行语句}
    END BLOCK 标号;
```

块头主要用于信号的映射及参数的定义,通常通过GENETIC语句、GENETIC_MAP语句、PORT和PORT_MAP语句来实现。

说明部分与结构体中的说明是一样的，主要对该块所要用到的对象加以说明。

进程语句：VHDL模型的最基本的表示方法是并行执行的进程语句，它定义了单独一组在整个模拟期间连续执行的顺序语句。一个进程可以被看做一个无限循环，在模拟期间，当进程的最后一个语句执行完毕之后，又从该进程的第一个语句开始执行。在进程中的顺序语句执行期间，若敏感信号量未变化或未遇到WAIT语句，模拟时钟是不会前进的。在一个结构中的所有进程可以同时并行执行，它们之间通过信号或共享变量进行通信。这种表示方法允许以很高的抽象级别建立模型，并允许模型之间存在复杂的信号流。

进程语句的格式如下：

```
[进程标号:] PROCESS (敏感信号表) [IS]
        [说明区]
    BEGIN
        顺序语句
    END PROCESS [进程标号];
```

在上述格式中，中括号内的内容可有可无，视具体情况而定。进程语句的说明区中可以说明数据类型、子程序和变量。在此说明区内说明的变量，只有在此进程内才可以对其进行存取。

如果进程语句中含有敏感信号表，则等价于该进程语句内的最后一个语句是一个隐含的WAIT语句，其形式如下：

```
WAIT ON 敏感信号表;
```

一旦敏感信号发生变化，就可以再次启动进程。必须注意的是，含有敏感信号表的进程语句中不允许再显式出现WAIT语句。

例7.4 由时序逻辑电路构成的模10计数器。

```
ENTITY counter IS
    PORT(clear: IN BIT;
         clock: IN BIT;
         count: BUFFER INTEGER RANGE 0 TO 9);
    END counter;
    ARCHITECTURE example OF counter IS
    BEGIN
      PROCESS
      BEGIN
        WAIT UNTIL (clock'event and clock='1');
        IF(clear='1' OR count>=9) THEN
           count<=0;
        ELSE
           count<=count+1;
        END IF;
    END PROCESS;
END example;
```

上面例子展示了将计数器用时序逻辑进程来实现。在每一个01的时钟边沿，如果clear为'1'或count为9时，count被置为零；否则，count增加1。通常，综合器采用4个D触发器及附加电路来实现本例。

生成语句：生成语句给设计中的循环部分或条件部分的建立提供了一种方法。生成语句有如下两种格式。

第一种格式：

```
标号：FOR 变量 IN 不连续区间 GENERATE
        并行处理语句
    END GENERATE [标号];
```

第二种格式：

```
标号：IF 条件 GENERATE
        并行处理语句
        END GENERATE [标号];
```

生成方案FOR用于描述重复模式；生成方案IF通常用于描述一个结构中的例外情形，例如在边界处发生的特殊情况。

FOR_GENERATE和FOR_LOOP的语句不同，在FOR_GENERATE语句中所列举的是并行处理语句。因此，内部语句不是按书写顺序执行的，而是并行执行的，这样的语句中就不能使用EXIT语句和NEXT语句。

IF_GENERATE语句在条件为“真”时执行内部的语句，语句同样是并行处理的。与IF语句不同的是该语句没有ELSE项。

该语句的典型应用场合是生成存储器阵列和寄存器阵列等，还可以用于地址状态编译机。

例如：

```
SIGNAL  a,b : BIT_VECTOR(3 DOWN TO 0);
SIGNAL  c   : BIT_VECTOR(7 DOWN TO 0);
SIGNAL  x   : BIT;
     ⋮
GEN_LABEL: FOR i IN 3 DOWNTO 0 GENERATE
    c(2 * i+1)<=a(i) NOR x;
    c(2 * i)<=b(i) NOR x;
END GENERATE GEN_LABEL;
```

元件和元件例化语句：COMPONENT语句一般在ARCHITECTURE、PACKAGE及BLOCK的说明部分中使用，主要用来指定本结构体中所调用的元件是哪一个现成的逻辑描述模块。COMPONENT语句的基本格式如下：

```
COMPONENT  元件名
    GENERIC 说明;                  --参数说明
        PORT 说明;                 --端口说明
```

```
END COMPONENT;
```

在上述格式中，GENTRIC 通常用于该元件的可变参数的代入或赋值；PORT 则说明该元件的输入输出端口的信号规定。

COMPONENT_INSTANT 语句是结构化描述中不可缺少的基本语句，它将现成元件的端口信号映射成高层次设计电路中的信号。COMPONENT_INSTANT 语句的书写格式为：

```
标号名：元件名 PORT MAP(信号,…)
```

标号名在该结构体的说明中应该是唯一的，下一层元件的端口信号和实际信号的连接通过 PORT MAP 的映射关系来实现。映射的方法有两种：位置映射和名称映射。所谓位置映射，是指在下一层元件端口说明中的信号书写顺序位置和 PORT MAP()中指定的实际信号书写顺序位置一一对应；所谓名称映射是将已经存于库中的现成模块的各端口名称，赋予设计中模块的信号名。

例如：

```
COMPONENT and2
    PORT(a,b : IN BIT;
          c  : OUT BIT);
END COMPONENT;
⋮
SIGNAL x,y,z: BIT;
⋮
u1: and2  PORT  MAP(x,y,z);                        --位置映射
u2: and2  PORT  MAP(a=>x,c=>z,b=>y);               --名称映射
u3: and2  PORT  MAP(x,y,c=>z)                      --混合形式
```

VHDL 语言是一门比较复杂的硬件设计语言，除了本章所述的有关内容外，它还包含许多别的东西，鉴于篇幅有限，在此不再一一罗列，有兴趣者可自行参考有关 VHDL 语言方面的书籍和资料。

7.3 数字系统的实现方法

数字系统通常可以用硬件(hardware)、软件(software)和微程序(micro-program)方法予以实现。数字系统的软件实现方法已超出本课程的教学内容，此处将不作介绍。本节只介绍数字系统的硬件实现方法和微程序实现方法。PLD 器件是硬件和软件的结合物，用它实现数字系统的方法将在其他章节介绍。

控制子系统既可以用硬件实现，也可以用固件(微程序)实现。因篇幅所限，这里只介绍基于常规 MSI 器件的硬件控制器实现方法和最基本的微程序控制器的实现方法。

7.3.1 硬件控制器的实现方法

在 MSI 硬件实现方法中，常用计数器/移位寄存器模块、译码器模块和少量的逻辑门

来实现控制子系统。这里，计数器/移位寄存器用来实现控制子系统的状态寄存和状态转换，译码器用来对状态译码以便产生控制信号输出。

例 7.5 用 4 位二进制同步可预置加法计数器芯片 74LS161（除是异步清 0 外，其他与 74LS163 完全相同）及译码器实现前述数值计算系统的控制子系统。

解：图 7.18 中已经给出了该数值计算系统的控制状态图。从图中可见，它共有 5 个状态，因此需要 3 位二进制编码。现使用 74LS161 的 $Q_CQ_BQ_A$ 来表示这 3 位编码，且状态分配如下（状态编码应适应所用器件的状态变化特征，以便简化电路）：

$S_0：Q_CQ_BQ_A=000，S_1：Q_CQ_BQ_A=001，S_2：Q_CQ_BQ_A=010，$

$S_3：Q_CQ_BQ_A=011，S_4：Q_CQ_BQ_A=100$

由此可得 74LS161 的控制激励表，如表 7.5 所示。

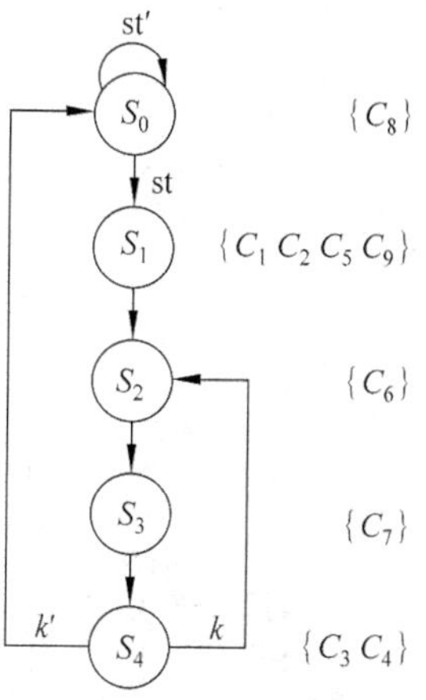

图 7.18 控制状态图

表 7.5 74LS161 控制激励表

现态 PS	条 件	次 态	工作方式	激 励				控制信号输出
$S_i(Q_CQ_BQ_A)$	c	$S_i(Q_CQ_BQ_A)$		CLR	LD	P T	$D\ C\ B\ A$	$C_1C_2C_3C_4C_5C_6C_7C_8C_9$
$S_0(0\ 0\ 0)$	st=0	$S_0(0\ 0\ 0)$	保持	1	1	0 Φ	ΦΦΦΦ	0 0 0 0 0 0 0 1 0
	st=1	$S_1(0\ 0\ 1)$	计数	1	1	1 1	ΦΦΦΦ	
$S_1(0\ 0\ 1)$	Φ	$S_2(0\ 1\ 0)$	计数	1	1	1 1	ΦΦΦΦ	1 1 0 0 1 0 0 0 1
$S_2(0\ 1\ 0)$	Φ	$S_3(0\ 1\ 1)$	计数	1	1	1 1	ΦΦΦΦ	0 0 0 0 0 1 0 0 0
$S_3(0\ 1\ 1)$	Φ	$S_4(1\ 0\ 0)$	计数	1	1	1 1	ΦΦΦΦ	0 0 0 0 0 0 1 0 0
$S_4(1\ 0\ 0)$	$k=0$	$S_0(0\ 0\ 0)$	预置	1	0	ΦΦ	Φ 0 0 0	0 0 1 1 0 0 0 0 0
	$k=1$	$S_2(0\ 1\ 0)$	预置	1	0	ΦΦ	Φ 0 1 0	

需要说明的是，表 7.4 所示控制激励表与一般激励表有些差别。因为这里有 3 位状态编码和 2 个条件变量，如果按照一般激励表列，将使得激励表有 32 行。这里将状态变量和条件变量分列两栏，可大大简化激励表。

从控制激励表容易看出（对于这类激励表，一般不通过卡诺图来求表达式，因为那样太繁），激励和控制输出表达式分别为：

$CLR=1，LD=\overline{S}_4，P=\overline{S}_0+st，T=1，D=\Phi，C=0，B=S_4\cdot k，A=0，C_8=S_0，C_1=C_2=C_5=C_9=S_1，C_6=S_2，C_7=S_3，S_3=C_4=S_4$。

根据激励和输出表达式，不难画出硬件控制器电路如图 7.19 所示。图中的 74LS138 译码器用作状态译码器，因本身为低电平译码输出有效，故译码输出端需要取反。从控制输出表达式可见，C_1、C_2、C_5、C_9，可以合并为 1 个控制信号，C_3、C_4 也可以合并为 1 个控制信号。

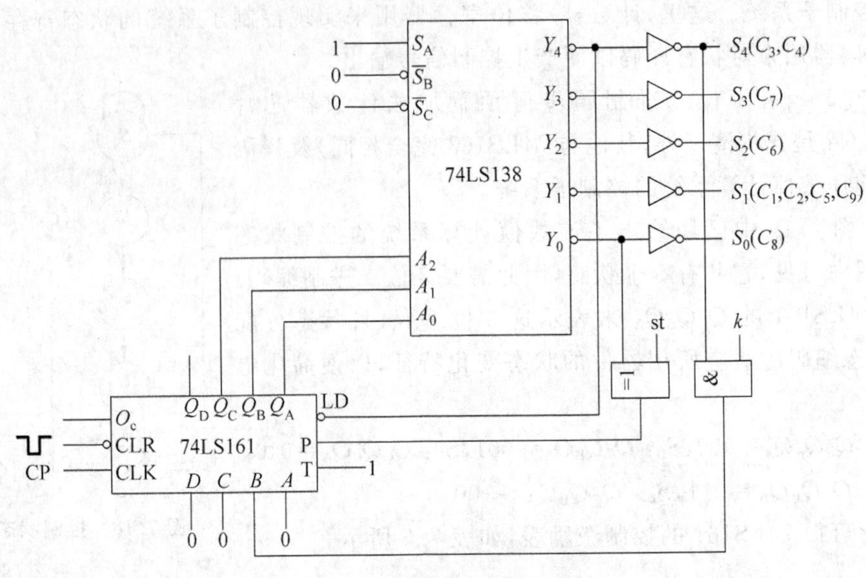

图 7.19 硬件控制器电路图

7.3.2 微程序控制器的实现方法

微程序控制器实现方法的基本思想是,将系统控制过程按一定的规则(算法)编制成指令性条目并将其存放在控制存储器中,然后一条条将它们取出并转化为系统的各种控制信号,从而实现预定的控制过程。这种编制和存放控制过程的设计方法称为微程序设计方法,用微程序方法设计的控制器称为微程序控制器。

在微程序设计方法中,控制算法中的每一条语句通常称为微指令,每条微指令中的一个基本操作称为微操作。一个基本操作需要一个控制信号,一条微指令可有多个微操作,它们的编码即为微指令的操作码。描述一个算法的全部微指令的有序集合就称为微程序。

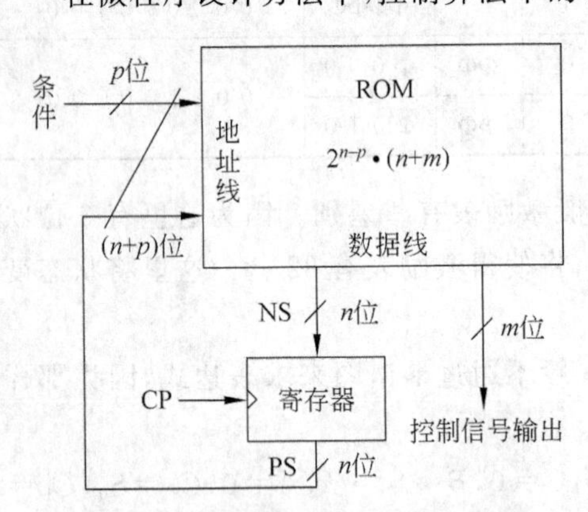

图 7.20 微程序控制器的基本结构

微程序控制器的基本结构如图 7.20 所示,由图中可见,在微程序控制器中,条件与现态(PS)作 ROM 的地址,次态(NS)与控制信号作为 ROM 的内容,寄存器作为状态寄存器。p 个条件、n 位状态编码,要求 ROM 有 $n+p$ 位地址、2^{n+p} 个单元;n 位状态编码、m 个控制信号,要求 ROM 单元的字长为 $n+m$ 位。这就意味着所选用的 ROM 的存储容量为 $2^{n+p}\times(n+m)$。存在多种减少 ROM 存储容量要求的方法,限于篇幅,这里就不介绍了。对此感兴趣的读者,可以参阅本章所列参考书。

与硬件控制器相比,微程序控制器具有结构简单、修改方便、通用性强的突出优点。尤其是当系统比较复杂、状态很多时,微程序控制器的优势更加明显。当然,如果控制器非常简单、状态不多时,因控制存储器的浪费,使用微程序控制器反而有可能提高系统成本。因此,在决定采用微程序控制器前,应该估算一下系统的综合成本。

例 7.6 用微程序设计方法实现前述数值计算系统的控制子系统。

解:从图 7.18 所示的系统控制状态图可见,该系统共有 5 个状态、2 个条件(st,k)、9 个控制信号。5 个状态,需要 3 位二进制编码,即 $n=3$;2 个条件,9 个控制信号,即 $p=2$,$m=9$。因此,所需 ROM 的地址为 $n+p=3+2=5$ 位,ROM 单元数为 $2^{n+p}=2^5=32$ 个(实际上,3 位编码中,只用 000~100 五种,故实际只需要 $5\times2\times2=5\times4=20$ 个单元),ROM 字长为 $n+m=3+9=12$ 位,ROM 容量为 $2^{n+p}\times(n+m)=32\times12$ 位。

由此可得 ROM 的地址-内容表如表 7.6 所示。表中最后一栏同时列出了十六进制形式的地址-内容,以便写入 EPROM。

表 7.6 ROM 地址-内容表

现态	ROM 地址					次态	ROM 内容												十六进制数	
	A_4	A_3	A_2	A_1	A_0		D_{11}	D_{10}	D_9	D_8	D_7	D_6	D_5	D_4	D_3	D_2	D_1	D_0	地址	内容
PS	Q_2	Q_1	Q_0	st	k	NS	Q_2	Q_1	Q_0	C_1	C_2	C_3	C_4	C_5	C_6	C_7	C_8	C_9		
S_0	0	0	0	0	0	S_0	0	0	0	0	0	0	0	0	0	0	1	0	00	002
	0	0	0	0	1		0	0	0	0	0	0	0	0	0	0	1	0	01	002
	0	0	0	1	0	S_1	0	0	1	0	0	0	0	0	0	0	1	0	02	202
	0	0	0	1	1		0	0	1	0	0	0	0	0	0	0	1	0	03	202
S_1	0	0	1	0	0	S_2	0	1	0	1	1	0	0	1	0	0	0	1	04	591
	0	0	1	0	1		0	1	0	1	1	0	0	1	0	0	0	1	05	591
	0	0	1	1	0		0	1	0	1	1	0	0	1	0	0	0	1	06	591
	0	0	1	1	1		0	1	0	1	1	0	0	1	0	0	0	1	07	591
S_2	0	1	0	0	0	S_3	0	1	1	0	0	0	0	0	1	0	0	0	08	608
	0	1	0	0	1		0	1	1	0	0	0	0	0	1	0	0	0	09	608
	0	1	0	1	0		0	1	1	0	0	0	0	0	1	0	0	0	0A	608
	0	1	0	1	1		0	1	1	0	0	0	0	0	1	0	0	0	0B	608
S_3	0	1	1	0	0	S_4	1	0	0	0	0	0	0	0	0	1	0	0	0C	804
	0	1	1	0	1		1	0	0	0	0	0	0	0	0	1	0	0	0D	804
	0	1	1	1	0		1	0	0	0	0	0	0	0	0	1	0	0	0E	804
	0	1	1	1	1		1	0	0	0	0	0	0	0	0	1	0	0	0F	804
S_4	1	0	0	0	0	S_0	0	0	0	0	0	1	1	0	0	0	0	0	10	060
	1	0	0	0	1	S_2	0	1	0	0	0	1	1	0	0	0	0	0	11	460
	1	0	0	1	0	S_0	0	0	0	0	0	1	1	0	0	0	0	0	12	060
	1	0	0	1	1	S_2	0	1	0	0	0	1	1	0	0	0	0	0	13	460

微程序控制器的实际电路如图7.21所示。图中使用2片 4×1024×8位EPROM2732来做控制存储器,状态寄存器使用74LS175。需要注意的是,为了保证控制器从0号单元开始执行,加电后要先将状态寄存器清0。

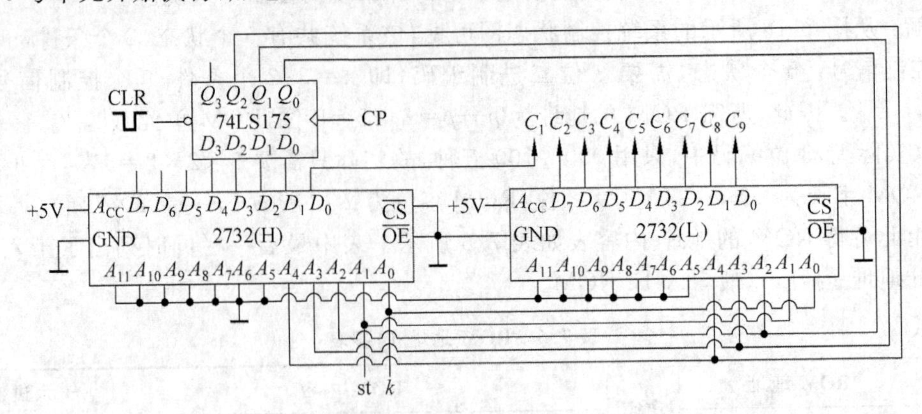

图 7.21 微程序控制器电路

7.4 数字系统设计举例

前面几节介绍了数字系统的一般设计步骤与实现方法,本节将结合以上几节内容讨论两个数字系统的设计,用它将从上至下的设计概念融会贯通。首先从系统级分析入手,确定初步方案;然后将设计细分,进行模块划分;直至用VHDL进行综合,编写控制算法,实现系统仿真。

本章前面介绍的数字系统设计方法是一种由顶向下的方法,其过程大致分为三步:

- 系统调研,确定初步方案;
- 模块划分,确定详细方案;
- 选用模块,完成具体设计。

下面通过一个数字密码引爆系统的设计实例,进一步体验小型数字系统的设计方法和过程,并取得实践经验。

1. 系统概述

数字密码引爆器的密码将采用3个十进制数字,当3个数字输入正确后,就可以正确引爆起爆装置。当输入密码不正确时,多一位或少一位十进制数据都不会引爆,将产生错误,使系统报警,增加了系统的可靠性。

2. 系统功能描述与使用要求

1) 输入信号及电路

(1) 在开始输入数字之前的等待状态,首先要按READY键,表示目前准备就绪,可以输入数字密码。

(2) 当引爆事件发生后，应重新回到等待状态，设置 WAIT_T 键。

(3) 若是不正确使用密码，将产生报警，此时再按 READY 和 WAIT_T 键是不起作用的，必须由内部保安人员重新设置到等待状态，这就需要再设置一个新的按键 SETUP。

(4) 密码正确输入后，要设置一个点火(起爆)按键 FIRE。

(5) 十个数字按键用来作为密码输入。

2) 输出信号及电路

(1) 密码操作正确并点火后，输出一个绿灯 LT。

(2) 当密码操作有误后，则输出一个红灯 RT，并随之报警信号装置鸣叫。

3) 确定系统的基本方案

(1) 采用 3 位十进制数字作为密码，密码在内部设置。

(2) 系统通电后并按 WAIT_T 键进入等待状态，此时标志着引爆正确的绿灯和红灯都不工作。

(3) 引爆过程：

① 按准备就绪键 READY，开始启动引爆程序，此时系统处于准备状态。

② 依次输入 3 个十进制数字。

③ 启动点火按键 FIRE，若按上述执行且按键正确，则按点火按键 FIRE 后，绿灯亮；若按错密码或未按上述过程执行，则按点火按键 FIRE 后，报警信号装置鸣叫，红灯亮。

④ 引爆事件结束后，将进入下一次引爆等待状态，需要按 WAIT_T 键，使系统重新进入等待状态。若在报警状态，按 WAIT_T 键和 READY 键应该不起作用，需用内部按键 SETUP 才能使系统进入等待状态，内部 SETUP 键应放在保安人员值班室或其他人员不能接触的地方。

⑤ 操作者如果按错密码，可在按 FIRE 键之前按 READY 键重新启动引爆程序。

⑥ 数字密码 0～9、READY、FIRE、WAIT_T、SETUP 均为按键产生。

⑦ 报警频率由外部提供。

3. 设计步骤与过程

1) 数字密码引爆器顶层设计

(1) 顶层方案设计

数字密码引爆器系统的密码采用三个十进制数字，并具有密码按错报警装置，系统可靠性高。

① 输入电路描述

- 开始输入数字密码前，需设置一个 READY 键，表示目前数字系统准备就绪，可以输入数字密码。
- 当引爆事件发生后，应重新恢复到等待状态，需设置一个 WAIT_T 键。
- 若没有正确使用密码，产生报警信号，这时再按 READY 和 WAIT_T 键将不起作用，必须是内部保安人员再重新设置到等待状态，这就需要设置一个新的复位按键 SETUP。

- 密码正确输入以后，设置一个点火(引爆)按键 FIRE。
- 十个数字按键 A0～A9 用来作为密码输入，密码采用 3 位且设置在内部，OSCC 为 1MHz 输入。
- 输出电路描述。
- 当密码正确输入并点火后，输出一绿灯信号 LT，表示引爆。
- 当密码操作有误，输出一红灯信号 RT，并伴随报警装置 LB 鸣叫。

注：在按 WAIT_T 后进入等待状态，LT、HT 和 LB 皆不工作。

- 设置一七段 LED 显示数码管显示输入的密码数据。

② 引爆过程

- 按 READY 键，启动引爆程序，此时系统处于准备状态。
- 依次输入 3 个十进制数字。
- 若按上述操作正确后，启动点火按键 FIRE，LT 绿灯亮；若按错密码或未按照上述操作执行时，报警喇叭 LB 响，红灯 RT 亮。
- 引爆正确后进入下一次引爆等待状态，需要按 WAIT_T 键，使系统重新进入等待状态。若在报警状态，按 WAIT_T 键和 READY 键应不起作用，需另设一内部 SETUP 键才能使系统进入等待状态，内部 SETUP 键应放在保安人员值班室或其他使用者接触不到的地方。
- 操作者若按错密码，可在按 FIRE 键之前按 READY 键重新启动引爆程序。

根据上述考虑，可以画出数字密码引爆器的符号框图，如图 7.22 所示，它说明了整个系统的外部输入和输出情况。数字 0～9、READY、FIRE、WAIT_T、SETUP 均为按键产生，且按下为高电平，报警的标准频率由外部提供。

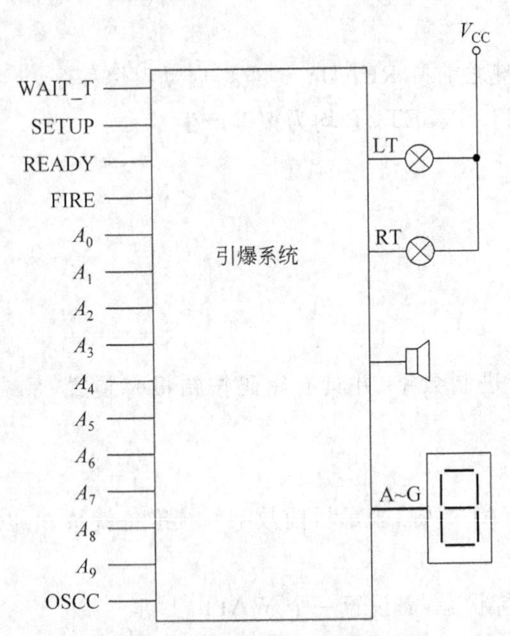

图 7.22 数字密码引爆器顶层框图

(2) 顶层实体的 VHDL 程序

在任何自顶向下的设计描述中，第一步是描述顶层的系统接口，系统接口包括输入信号，输出信号，一些输入输出双向信号以及需传输的某些参数，需要描述的不仅是信号的方向，还包括信号的类型，如图 7.22所示。

VHDL 程序的系统接口由实体描述，第一步是建立顶层实体和顶层实体的输入、输出信息及有关参数，下面根据图 7.22 所示的框图符号写出 VHDL 顶层实体的 VHDL 程序。

```
LIBRARY ieee;
USE ieee.std_logic_1164.all;
ENTITY fire_d IS
PORT(A0,A1,A2,A3,A4,A5,A6,A7,A8,A9,WAIT_T: IN std_logic;
    FIRE,READY,SETUP,OSCC: IN std_logic;
    LT,RT,LB,A,B,C,D,E,F,G: OUT std_logic);
END fire_d;
```

(3) 顶层结构体的设计及 VHDL 实现

数字密码引爆器的顶层结构体将在最高层次上进行设计，顶层的结构体和顶层实体一起，它们是整个设计的行为功能文件。

自顶向下设计的主要精神在于将系统划分几个部分，如控制部分和受控部分，受控部分又靠各种模块来实现。这一步的任务就是根据前一步确定的系统功能，确定使用哪些模块以及这些模块与控制器之间的关系。

首先从输入信号看起，前面已确定数字密码引爆器的密码采用按键输入，其中 0～9 十个数字首先送入系统经编码器(10 线至 4 线)编成 BCD 码并与原存储于系统中的密码进行比较，因而需要一个 4 比特数码比较器，并将比较结果 Dep 反馈给控制器。这两个模块都是组合电路，如图 7.23 所示。

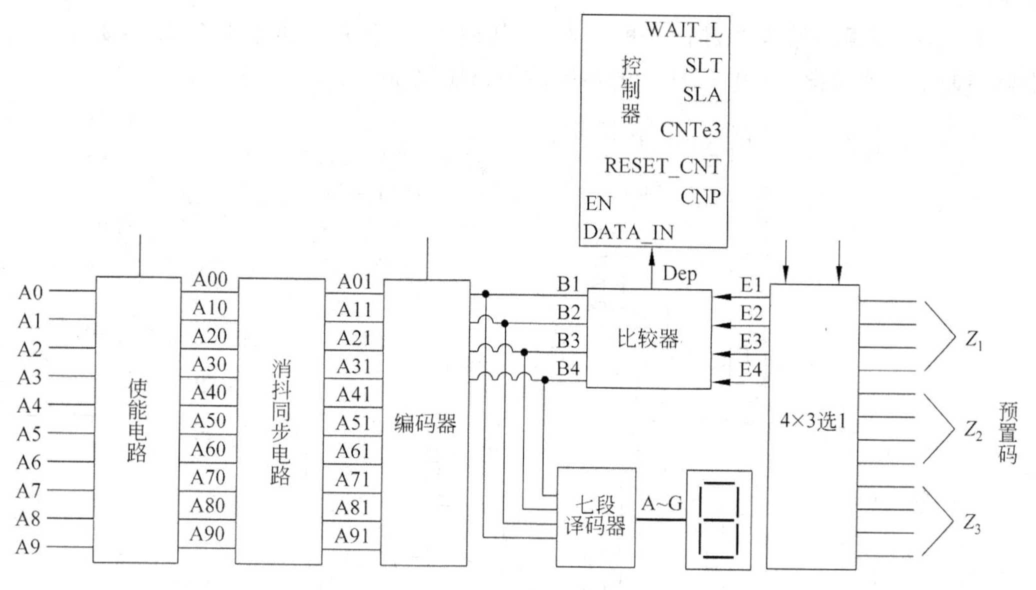

图 7.23 数字密码引爆器部分结构框图

由于密码是串行输入，每次分别与一个预置码比较，而这三个十进制数码分别由 12 个二进制码预置为 Z_1、Z_2、Z_3，所以应由一个 4×3 选 1 数据选择电路来构成。选择器的地址码用一个计数器控制，控制器向计数器提供下列信号：复位信号 RESET_CNT，时钟信号 CNP。计数器的模为 4(有 0、1、2、3 四个状态)，每送一个码，控制器向计数器提供一个时钟 CNP，使计数器状态加 1，当计数器至 3 时，说明已送入三个数据，此时计数器向控制器发出反馈信号 CNTe3，通知控制器进入引爆状态。

至于 READY、FIRE 等输入信号，可直接送入控制器，控制其状态的转换，但因 READY、FIRE 和数据输入一样皆由按键产生，其产生时刻和持续时间长短是随机不定的，且存在因开关簧片引起的电平抖动现象，必须在每个开关后面安排一个消抖同步化电路模块，以保证系统能捕捉到输入脉冲，并保证每一按键只形成一个宽度等于系统周期的脉冲。同步化电路的形式很多，图 7.24 是一种具有消抖功能又有同步化功能的电路，应用较广。

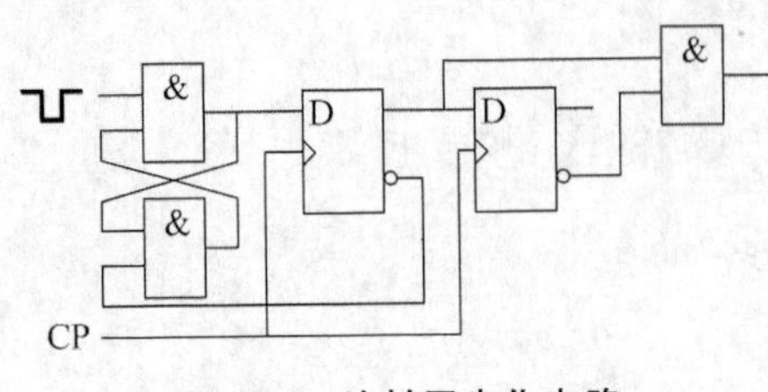

图 7.24　消抖同步化电路

控制器在系统每收到一个数据时向计数器发出一个时钟信号，而当系统在按 FIRE 键以前收到第四个时钟信号时应转入报警状态，等待 FIRE 信号到后报警，因而每键入一个数据，应向控制器送入一个 DATA_IN。显然数据输入信号也应同步化，形成宽度只占一个系统时钟周期的脉冲。

系统的输出有引爆指示灯 LT(绿)，其工作由控制器提供置位信号 SLT，而在按 WAIT_T 键时向它提供 WAIT_L 信号。系统的另一个输出是报警信号，使用单频 1000Hz 信号(由外部提供，再分频得之)驱动蜂鸣器，使信号 SLA 有效，SLA 信号由控制器提供。

至此，已对顶层结构体进行了模块划分，如图 7.25 所示。再根据图 7.25 数字密码引爆器的结构连接图，写出 VHDL 的顶层结构描述程序。

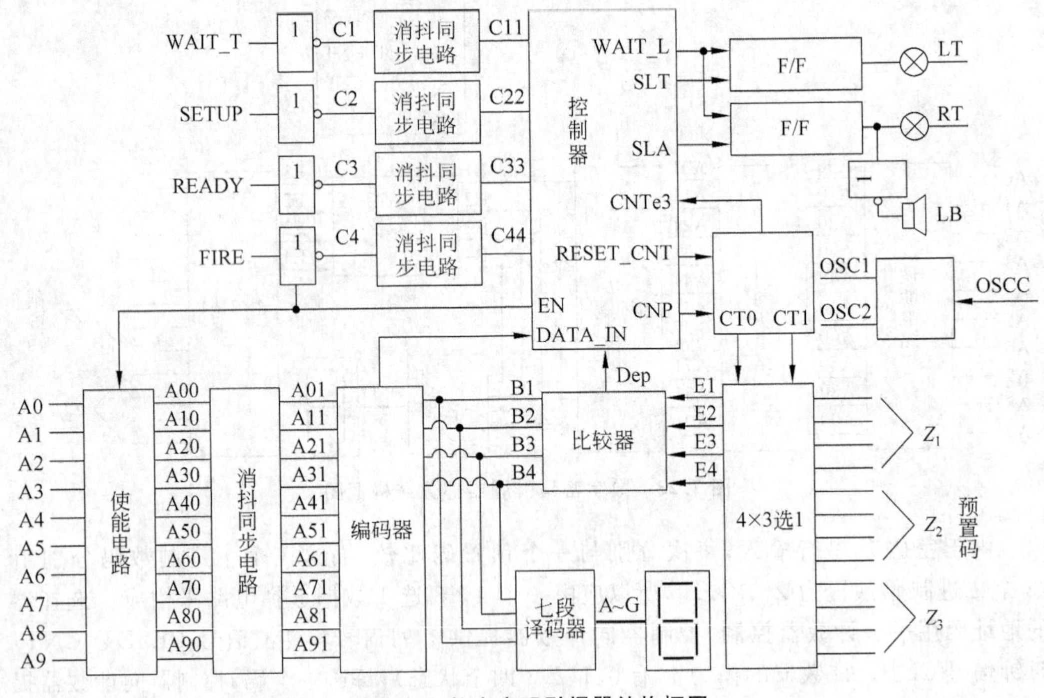

图 7.25　数字密码引爆器结构框图

VHDL 结构描述程序如下：

```
ARCHITECTURE fire_d_arc OF fire_d IS
COMPONENT se7 IS
    PORT(A,B,C,D: IN std_logic;
         E,F,G,H,I,J,K: OUT std_logic);
END COMPONENT;
COMPONENT ksy IS
    PORT(A,B: IN std_logic;
         C: OUT std_logic);
END COMPONENT;
COMPONENT k4mux IS
    PORT(A,B: IN std_logic;
         C,D,E,F: OUT std_logic);
END COMPONENT;
COMPONENT controll IS
    PORT(A,B,C,D,E,F,G,CLK: IN std_logic;
         H,I,J,K,L,M: OUT std_logic);
END COMPONENT;
END COMPONENT;
COMPONENT kbian IS
    PORT(A,B,C,D,E,F,G,H,I,J: IN std_logic;
         T,X,Y,Z,W: OUT std_logic);
END COMPONENT;
COMPONENT kcom IS
    PORT(A,B,C,D,E,F,G,H: IN std_logic;
         T: OUT std_logic);
END COMPONENT;
              ⋮
SIGNAL E1,E2,E3,E4,B1,B2,B3,B4,C1,C2,C3,C4,EN,C11,C22,C33,C44:std_logic;
SIGNAL DATA_IN,RRT,RT1,WAIT_L,SLT,SLB,CNTe3,CNP:std_logic;
SIGNAL RESET_CNT,CT0,CT1,Dep,A00,A01,A10,A11,A20,A21,A30:std_logic;
SIGNAL A31,A40,A41,A50,A51,A60,A61,A70,A71,A80,A81,A90,A91:std_logic;
SIGNAL DATA_IN1,DATA_IN2,OSC1,OSC2:std_logic;
BEGIN
U22: ksy PORT MAP(A30,OSC2,A31);
U23: ksy PORT MAP(A40,OSC2,A41);
U24: ksy PORT MAP(A50,OSC2,A51);
U25: ksy PORT MAP(A60,OSC2,A61);
U26: ksy PORT MAP(A70,OSC2,A71);
U27: ksy PORT MAP(A80,OSC2,A81);
U28: ksy PORT MAP(A90,OSC2,A91);
U29: kbian PORT MAP(A01,A11,A21,A31,A41,A51,A61,A71,A81,A91,DATA_IN1,B1,B2,B3,B4);
U30: kcom PORT MAP(B1,B2,B3,B4,E1,E2,E3,E4,Dep);
U31: controll PORT MAP(C11,C22,C33,C44,DATA_IN,Dep,CNTe3,OSC2,EN,CNP,RESET_
                      CNT,SLB,SLT,WAIT_L);
```

```
U32: k4mux PORT MAP(CT0,CT1,E1,E2,E3,E4);
U33: kcount PORT MAP(CNP,RESET_CNT,CT0,CT1,CNTe3);
U41: se7 PORT MAP(B1,B2,B3,B4,A,B,C,D,E,F,G);
U42: kcoun101 PORT MAP(OSCC,OSC1);
        ⋮
END fire_d_arc;
```

在顶层结构描述 VHDL 程序中 ARCHITECTURE 和 BEGIN 之间的说明区，做了两方面工作：一是说明结构描述程序中所要调用的元件，二是定义连接这些元件的信号。说明元件的顺序是：七段显示译码器、缓冲器、两输入与门、反相器、消抖同步化、三态使能、触发器、200 分频、1000 分频、预置密码电路、控制器、计数器、编码器和比较器电路。SIGNAL 后面的字符串是定义图 7.25 各元件之间的连接信号。在 BEGIN 和 END 之间的结构描述区，将图 7.25 中的各个模块用定义的信号连接起来，其中一些缓冲器的置入是为了时序的配合。

2）次级电路分析与 VHDL 实现

前面讨论了数字密码引爆器的原理以及顶层实现，现在进一步分析次层的控制器和受控器的设计思路。

(1) 受控部分电路设计

在图 7.25 中，除控制器部分外都称为受控部分，受控部分主要包括：编码电路、输入消抖同步电路、比较电路、预置密码电路、计数器选择电路和输出电路。

(2) 控制器部分电路设计

至此，已对控制器以外的所有受控部分的电路模块作了分析和设计，最后让我们来设计系统的核心部分——控制器。在系统中只有一个控制器，占硬件的很小一部分，因此对控制器的设计常常不是从如何简化电路入手，而是要着重考虑逻辑清楚，便于修改。下面介绍控制器的工作原理。

① 建立等待状态：系统处于报警或上电状态时，数字密码引爆器还未进入正常的等待状态。此时，系统不接收除 WAIT_T 信号外的任何输入信号，当输入 WAIT_T 后，系统进入等待状态，输出 WAIT_L 信号，将引爆指示灯 LT 或报警指示灯 RT 熄灭，报警器切断，该状态行为可以用图 7.26 的 ASM 图表示。

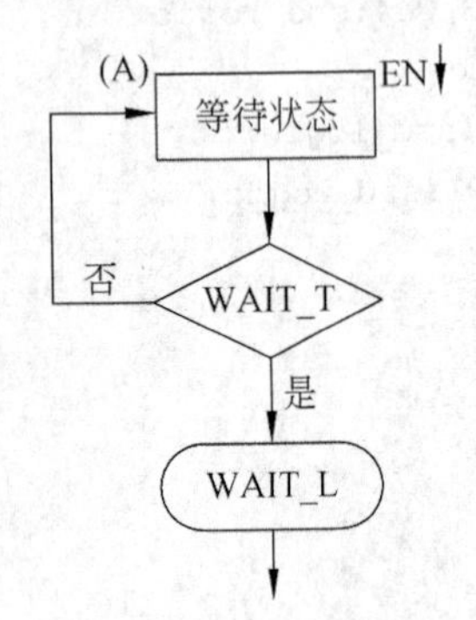

图 7.26　建立等待状态

② 准备操作状态：系统的准备操作状态是在按键 WAIT_T 操作以后，表示密码引爆器已处于等待状态。当 READY 信号来到以后，系统转入第三状态，引爆程序开始执行，此时，将计数器复位置零，故在该状态中有一条件输出框输出计数器清零信号 RESET_CNT，如图 7.26 所示。

③ 输入密码操作：本状态属于第三状态，即送入密码操作。进入此状态后，EN 信号转入有效，允许密码信号和引爆信号输入，故而在状态框边标有 EN。该状态每收到一个信号后，应先判断是数据信号还是引爆信号，如是 FIRE 信号，则不符合引爆程序，立即报警，发出 SLA 信号，并使状态回到等待状态。若是数据信号，则

向计数器发出时钟信号 CNP,使计数器加 1,选出对应的预置码与输入数据进行比较,然后根据比较输出信号 Dep 进行判断,若 Dep 为零,意味着输入的密码不对,转入预报警状态,否则,检查计数器状态是否已达到 11,若 CNTe3 有效,表示已接收到三个正确的密码,可转入到下一个状态,否则返回本状态,继续接收其他密码。

④ 引爆操作:引爆状态是第四状态,若有信号键入,应先判断它是数据信号还是 FIRE 信号,若是 FIRE 信号,则发出 SLT 信号,点亮绿灯 LT,引爆密码引爆器;若是数据信号,则进入报警状态。在此状态中,如果启动 READY 键,则系统将发出 RESET_CNT 信号返回到输入密码操作状态。

⑤ 预报警操作状态:系统的第五状态是预报警状态,此时按 READY 键,系统发出 RESET_CNT 信号返回到第三状态。若输入 FIRE 信号,报警信号 SLA 有效,进入报警状态,当 SETUP 键显示按下后,回到等待状态。图 7.27 绘出了描述了系统控制器的 ASM 图。

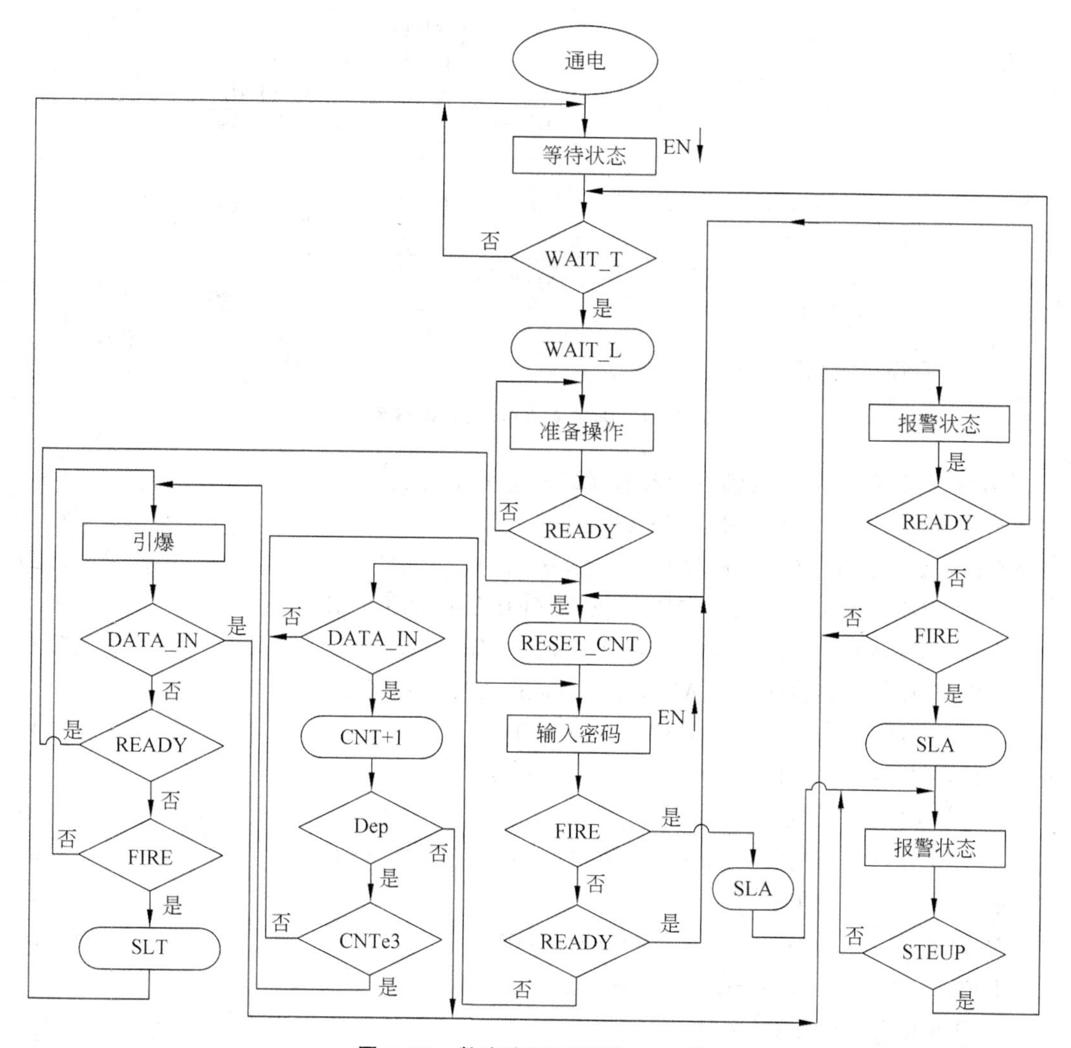

图 7.27 数字密码引爆器 ASM 图

根据 ASM 图至 MDS 图的对应原则，图7.27所示 ASM 图可转换为图7.28的 MDS 图。

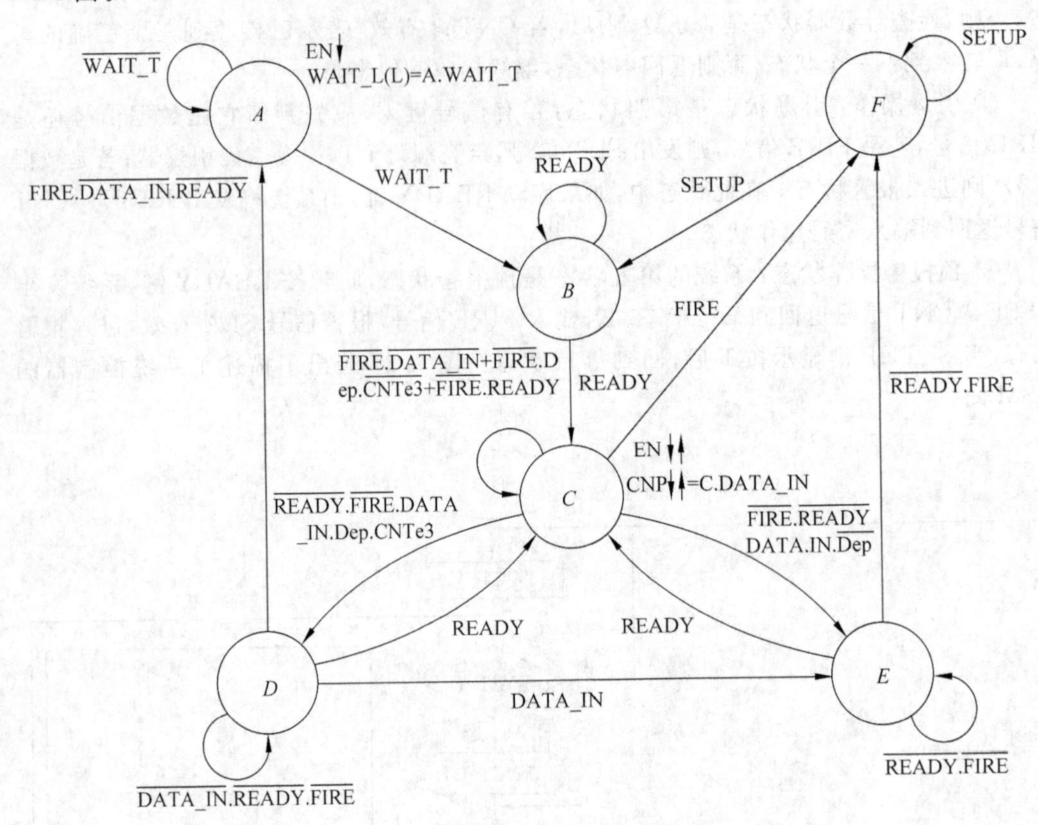

图 7.28　数字密码引爆器 MDS 图

为此，可以得到 6 个激励方程和有关输出方程如下：

$$QA=\overline{WAIT\_T}\cdot QA+FIRE\cdot QD \tag{7.1}$$

$$QB=WAIT\_T\cdot QA+\overline{READY}\cdot QB+SETUP\cdot QF \tag{7.2}$$

$$QC=READY(QB+QC+QD+QE)+(\overline{FIRE}\cdot\overline{DATA\_IN}+\overline{FIRE}\cdot DATA\_IN\cdot Dep\cdot\overline{CNTe3})QC \tag{7.3}$$

$$QD=\overline{FIRE}\cdot\overline{READY}\cdot DATA\_IN\cdot Dep\cdot CNTe3\cdot QC+\overline{DATA\_IN}\cdot\overline{READY}\cdot\overline{FIRE}\cdot QD \tag{7.4}$$

$$QE=\overline{READY}\cdot\overline{FIRE}\cdot QE+\overline{FIRE}\cdot\overline{READY}\cdot DATA\_IN\cdot Dep\cdot QC \tag{7.5}$$

$$QF=\overline{READY}\cdot FIRE\cdot QE+\overline{SETUP}\cdot QF+FIRE\cdot QC \tag{7.6}$$

$$EN=QC+QD+QE \tag{7.7}$$

$$WAIT\_L=\overline{QA\cdot WAIT\_T+QF\cdot SETUP} \tag{7.8}$$

$$RESET\_CNT=(QB+QC+QD+QE)READY \tag{7.9}$$

$$CNP=QC\cdot DATA\_IN \tag{7.10}$$

$$SLT=\overline{QD\cdot FIRE} \tag{7.11}$$

$$SLA=\overline{QB \cdot FIRE+QE \cdot FIRE} \tag{7.12}$$

控制器示意图如图 7.29 所示，其部分 VHDL 程序如下：

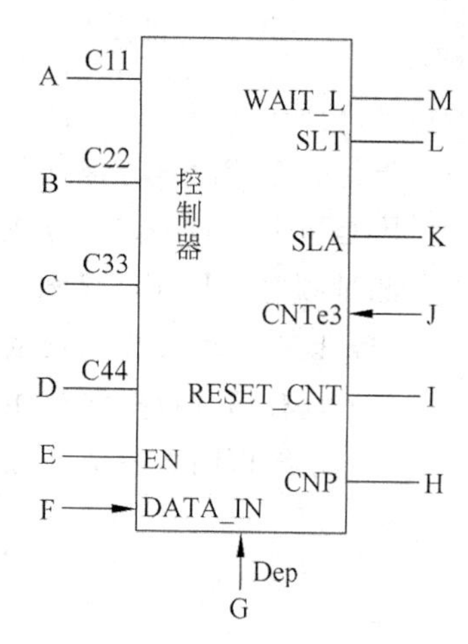

图 7.29 控制器示意图

```
PACKAGE state_pack IS
    TYPE state IS(QA,QB,QC,QD,QE,QF);
END state_pack;
LIBRARY ieee;
USE ieee.std_logic_1164.all;
USE work.state_pack.all;
ENTITY controll IS
    PORT(A,B,C,D,E,F,G,OSC2: IN std_logic;
        H,I,J,K,L,M: OUT std_logic);
END controll;
ARCHITECTURE controll_arc OF controll IS
    SIGNAL current_state:state_pack: =QA;
BEGIN
    PROCESS
    BEGIN
        WAIT UNTILL OSC2='1' AND OSC2'EVENT;
    M<='1';
    CASE current_state IS
WHEN QA=>
        H<='0';                     ——时钟信号 CNP 置 0
        IF A= '0' THEN              ——WAIT_T 没按下
            current_state<=QA;
        ELSE                        ——WAIT_T 按下
            current_state<=QB;M<='0'; L<='1';K<='1';
    END IF;
```

若 WAIT_T(A)有效，进入 B 状态，式(7.2)相对应；L(SLT)和 K(SLA)置 1，式(7.11)和式(7.12)与之相对应；M(WAIT_L)置 0，式(7.8)的第一个乘积项与之相对应。

本章小结

本章首先对数字系统进行了概述，介绍了数字系统的一些基本概念及其设计的一般过程，然后介绍了数字系统设计的常用工具，就 ASM 图和 MDS 图的描述方法作了较为详细的阐述，并着重介绍了硬件描述语言 VHDL 基本结构和设计方法，再分别以硬件控制器和微程序控制器阐述了数字系统的实现方法，最后，以数字密码引爆系统的具体实例介绍了数字系统设计的整个过程。

习 题

7.1 设计一个能测量方波信号频率的频率计，测量结果用十进制数显示，测量的频率范围是 1Hz～100kHz，分成两个频段，即 1～999Hz，1～100kHz，用三位数码管显示测量频率，用 LED 显示表示单位，如亮绿灯表示 Hz，亮红灯表示 kHz。要求：

(1) 具有自动校验和测量两种功能，即能用标准时钟校验测量精度。

(2) 具有超量程报警功能，在超出目前量程档的测量范围时，发出灯光和音响信号。

系统框图如图 7.30 所示。

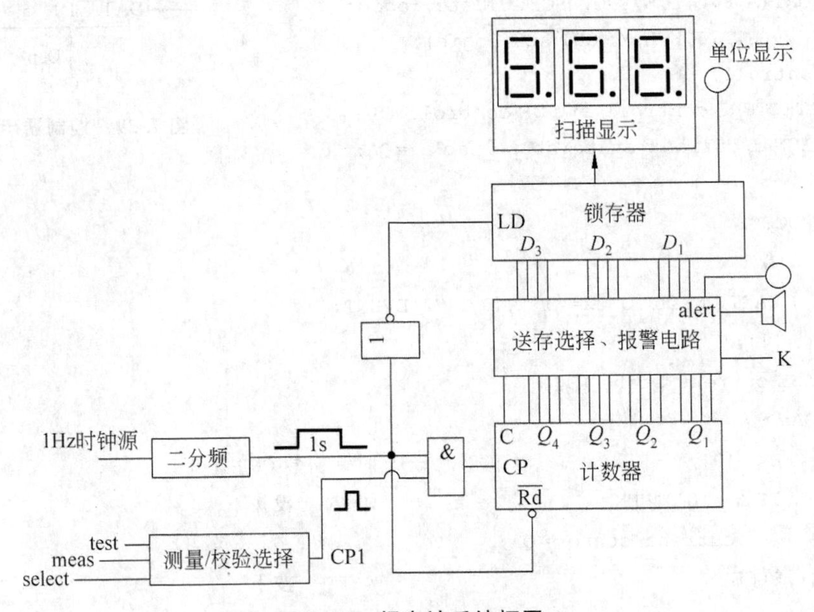

图 7.30 频率计系统框图

测量/校验选择模块的输入信号为：选择信号 select、被测信号 meas、测试信号 test，输出信号为 CP1，当 select=0 时，为测量状态，CP1=meas；当 select=1 时，为校验状态，CP1=test。校验与测量共用一个电路，只是被测信号 CP1 不同而已。计数器对 CP1 信号进行计数，在 1 秒定时结束后，将计数器结果送锁存器锁存，同时将计数器清零，为下一次采样测量做好准备。

7.2 设计一个能进行时、分、秒计时的十二小时制或二十四小时制的多功能数字钟，并具有定时与闹钟功能，能在设定的时间发出闹铃音，能非常方便地对小时、分钟和秒进行手动调节以校准时间，每逢整点，产生报时音报时，系统框图如图 7.31 所示。

7.3 设计一个可容纳四组参赛的数字式竞赛抢答器，每组设一个按钮供抢答使用。抢答器具有第一信号鉴别和锁存功能，使除第一抢答者外的按钮不起作用；设置一个主持人“复位”按钮，主持人复位后，开始抢答，第一信号鉴别锁存电路得到信号后，

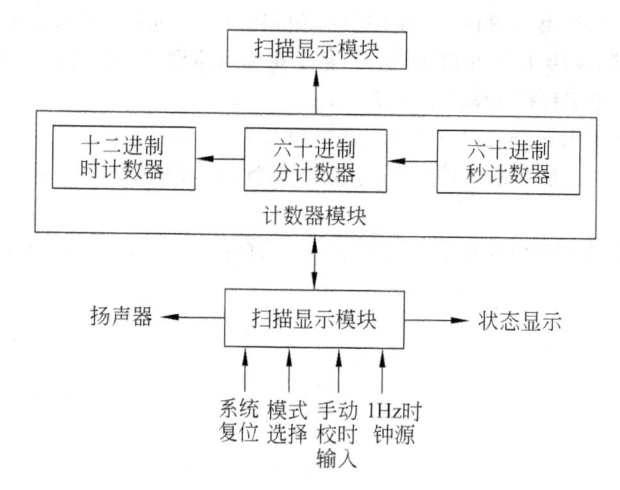

图 7.31 多功能数字钟的系统框图

用指示灯显示抢答组别,扬声器发出 2—3 秒的音响。要求:

(1) 设置犯规电路,对提前抢答和超时答题(例如 3 分钟)的组别鸣笛示警,并由组别显示电路显示出犯规组别。

(2) 设置一个计分电路,每组开始预置 10 分,由主持人记分,答对一次加 1 分,答错一次减 1 分,系统框图如图 7.32 所示。

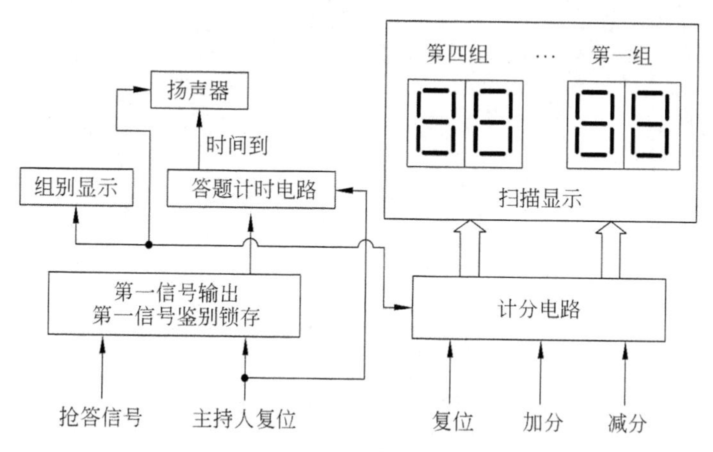

图 7.32 抢答器系统框图

参考文献

[1] 侯建军.数字电子技术基础[M].北京:高等教育出版社,2004.

[2] 邓元庆,贾鹏.数字电路与系统设计[M].西安:西安电子科技大学出版社,2003.

[3] 沈嗣昌,蒋璇,藏春华.数字系统设计基础[M].北京:航空工业出版社,1996.

[4] 刘宝琴.数字电路与系统[M].北京:清华大学出版社,1993.

[5] 辛春艳编著.VHDL 硬件描述语言[M].北京:国防工业出版社,2002.

[6] 张著,程震先,刘继华. 数字设计——电路与系统[M]. 北京:北京理工大学出版社,2006.
[7] 侯伯亨,顾新编著. VHDL 硬件描述语言与数字逻辑电路设计——电子工程必备知识(修订版)[M]. 西安:西安电子科技大学出版社,2003.
[8] 查振亚. 数字系统设计与开发[M]. 武汉:华中理工大学出版社,1996.
[9] 夏宇闻. 复杂数字电路与系统的 VerilogHDL 设计技术[M]. 北京:北京航空航天大学出版社,2002.
[10] 王尔乾,巴林风. 数字逻辑及数字集成电路[M]. 北京:清华大学出版社,1997.

第8章 chapter 8

电子设计自动化技术基础

随着电子技术和计算机技术的快速发展，电子产品的设计也经历了前所未有的变革，电子系统设计的许多过程可以被计算机自动完成。电子设计自动化（Electronic Design Automation，EDA）技术的不断进步，大大提高了电子产品设计的精度、稳定性和效率。本章首先分析EDA的发展历程，然后介绍EDA的设计语言、开发工具和硬件描述语言，再阐述逻辑模拟、综合等基本概念，最后简要介绍数字系统的可测试性技术。

8.1 EDA概述

8.1.1 EDA的发展历程

EDA是指利用计算机自动进行电子系统的设计。EDA技术的发展经历了三个阶段，从初期的计算机辅助硬件设计阶段到计算机辅助工程设计时期，再发展到专用集成电路（Application-Specific Integrated Circuit，ASIC）和系统集成设计阶段。

早在20世纪60—70年代，人们就开始逐步用计算机设计硬件，在电子设计中诞生了计算机辅助设计（Computer Aided Design，CAD）。初期的电子CAD系统功能比较简单，自动化、智能化程度都很低，使用计算机只能完成一些简单的工作。20世纪80年代初期，随着MOS工艺的广泛应用，可编程逻辑技术及其器件的出现，利用电子CAD系统可以进行电路图输入、逻辑模拟、集成电路分析、布局、布线和电路板的物理特性分析。此阶段CAD系统所设计的PCB和集成电路版图的规模较小，软件的自动化水平不高。

进入20世纪80年代以后，随着计算机技术和电子技术的发展，推动了EDA技术的迅速进步。集成电路与电子设计方法学以及设计工具取得了许多成果，不同的设计工具（如原理图输入、编译与链接、逻辑模拟、测试生成、布局布线以及各种单元库等）可以集成为一个系统，即计算机辅助工程系统（Computer Aided Engineering，CAE）。按照一定的设计流程，CAE系统可以实现从设计输入到版图输出的全程设计自动化，EDA的概念由此产生。

20世纪90年代以来，微电子技术的工艺水平已发展到深亚微米级，EDA设计师从电路级电子产品开发转向系统级电子产品开发。当前，以超深微米工艺和IP（Intellectual Property）核复用技术为支撑的系统芯片（SOC）技术是国际超大规模集成电路发展的趋势和21世纪集成电路技术的主流。这个发展趋势对微电子和EDA技术要求越来越高。EDA在最近十多年有了很大的发展，它涵盖了电子设计、仿真、验证、制造全过程的所有技术，使得电子设计方式以及电子系统的概念发生了根本性的改变，极大地提高了设计效率，缩短了产品的研发周期。

8.1.2 硬件描述语言概述

用硬件描述语言(HDL)进行电路与系统的设计是现代EDA技术的一个重要特征，而传统设计的主要特征是以原理图输入为主的方式。硬件描述语言更适合于非常复杂的大规模电子系统设计，它使得设计者可以在更高的抽象层次上描述设计的结构和内部特征，因此称之为高层次设计。目前，最常用的硬件描述语言有两种，即VHDL和Verilog HDL，两者都已发展成为IEEE国际标准。VHDL语言的语法结构已在第七章有所介绍，下面简要介绍一下VHDL语言的基本特征。

VHDL是由美国国防部在20世纪70年代末和80年代初提出的VHSIC(Very High Speed Integrated Circuit)计划的产物。1987年12月VHDL被IEEE协会接纳为国际标准。1993年被IEEE进一步修改，发布为新的标准：VHDL-93。VHDL语言具有以下基本特点：

(1) 可以在各个不同的设计阶段对系统进行描述。使用VHDL可以进行比较抽象的系统性能描述，也能进行比较具体的数据流描述和更加具体的逻辑结构描述。

(2) 支持层次化的设计方法。系统硬件设计经常采用的方法是自顶向下的层次化设计方法，从系统的性能要求出发，将设计任务逐渐分解、细化和实现。VHDL的模块化结构完全支持这种设计方法。

(3) 可以支持多种类型的数字电路和系统的设计。由于VHDL可以根据需要建立不同的单元库，所以不论是TTL电路，CMOS电路还是CPLD芯片或门阵列芯片，都可以用VHDL语言来描述和设计。

(4) 具有很好的时间性能描述机制。这使得VHDL不仅可以很好地描述系统和电路的逻辑功能，也可以真实地反映系统或电路的时间特性。

8.1.3 EDA开发工具

集成电路技术的发展对EDA技术不断提出新的要求，极大地推动了EDA技术的发展。总的来说，EDA系统的设计能力一直难以赶上集成电路技术的要求。与国外相比，我国EDA工具发展水平相对落后。目前国内流行的EDA工具软件多半是国外进口的。EDA工具大体可以分为物理工具和逻辑工具两类。物理工具主要用来完成设计中的实际物理问题，如芯片布局布线等。还可以提供一些设计的电气性能分析，如设计规则检查。逻辑工具是基于网表、布尔逻辑、电路时序等概念的。首先由原理图编辑器或硬件描述语言进行设计输入；然后利用EDA系统完成逻辑综合、仿真、优化等过程；最后生成物理工具可以接受的网表或硬件描述语言的结构化描述。

按照设计流程又可以将EDA工具分为综合工具、验证工具和版图设计工具等。其中综合工具包括软硬件协同设计、行为综合、硬件描述语言编辑、逻辑综合、电路图编辑等工具，验证工具包括形式验证、逻辑模拟和仿真、静态定时参数分析、功耗分析、模拟/数字混合仿真、电路模拟工具等，版图设计工具包括布图规划与编辑、版图验证、PCB特性分析等工具。此外，还有一些其他工具如故障模拟、自动测试图形生成、可测试性设计等工具。不同供应商的EDA软件具有不同的风格。有些是将上述全部或部分工具集成在同一个软件平台上，有些则是一个软件完成一项功能，几十个甚至几百个工具软件联合起来才能完成全部的EDA流程，后者一般是比较专业的大型EDA软件。

在集成电路领域最有名的EDA工具供应商有Cadence、Synopsys和Mentor Graphics公司，这些公司已经成为ASIC和SOC设计的主流EDA公司，其产品很好地实现了从RTL到GDSⅡ的全程设计流程。国产软件有熊猫(PANDA)系统及其他一些产品。目前，EDA工具的大部分市场份额仍然被Cadence、Synopsys和Mentor Graphics等少数几家大公司占领。

8.1.4 EDA设计方法

从20世纪90年代开始，电子系统的集成已经从电路板级系统集成发展成为包括ASIC、FPGA和嵌入式CPU核的多种模式。电子设计也从传统的设计方式向现代的设计方式转变，这使得人们不断地研究集成产品开发过程中的设计规律、设计的管理和设计效率，并促使电子设计方法发展成为一门科学。从目前的情况来说，典型的EDA设计方法包含以下几个方面：行为描述法、IP设计与复用技术、ASIC设计方法、SoC设计方法、软硬件协同设计方法等。

行为描述法是指利用硬件描述语言(VHDL、Verilog HDL、System C等)对硬件的行为进行描述，从而实现电路的最终功能。IP核(core)是现代EDA技术派生出来的一个崭新的概念，IP核的功能独立性和程序修改的方便性使得人们开始利用已经设计好的IP产品从事新的设计，减少了重复性的劳动，同时也实现了知识产权的有偿使用，完善了设计行业的市场分工机制。IP库的建立和IP复用技术的研究受到了学术界和工业界以及国家相关部门的高度重视。

专用集成电路(ASIC)是按照特定的使用目的而设计的集成电路。在PLD器件被广泛应用之前，ASIC设计一般是指具有一定规模和特定使用目的的定制IC，但是随着PLD器件被广泛采用，ASIC的范围被延伸，已经不再局限于定制的IC。常用的设计方法有：全定制设计方法、定制设计方法、半定制设计方法、硅编译方法、可编程逻辑器件方法。

系统芯片(SoC)就是将系统的全部功能模块集成到单一半导体芯片上。SOC把多芯片集成系统的各个功能集成到一块芯片上，从而显著地提高系统的性能和可靠性。SOC在单一芯片上可以集成数字和模拟电路，包括微处理器、存储器、DSP、A/D和D/A转换器，PLL甚至MEMS等众多单元，构成了一个完整的系统。为了实现这些功能模块的片上组合，对IC工艺和EDA技术提出了更高的要求。目前，SOC技术已经成为利用深亚微米技术的关键，EDA技术已经成为SOC设计的瓶颈。

软硬件协同设计是一种自顶向下、自底向上的设计技术，同时也是一门新的设计方法学,受到了业界的广泛关注。协同设计的目的就是找到一种最优化的软硬件比例结构以实现系统规范,同时满足系统速度、面积、功耗、灵活性等要求。这将极大地提高 SOC 设计效率,降低系统开发成本,缩短产品开发周期。

在传统的系统开发中过程中,软件开发总是在硬件原型和芯片完成以后才能开始。现在的软硬件协同设计是在完成技术样品之前先完成大部分的软件设计工作,减少了产品面市时间,提高了优化程度,减少了电路板和 IC 的原型数目。大大平衡了硬软件开发的时间差,为系统芯片的设计和实现提供了新的手段,可以为厂商快速占领市场提供技术上的有力支持。

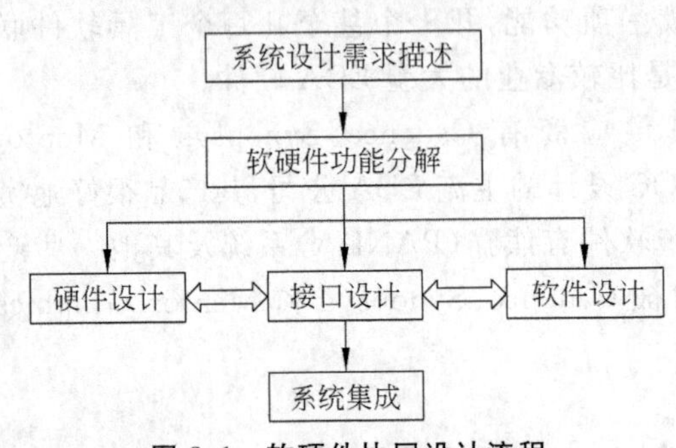

图 8.1　软硬件协同设计流程

协同设计指的是硬件和软件的合作设计,强调软硬件开发的并行性和相互反馈。图 8.1 描述了软硬件协同设计的流程。首先确定系统的需求规范,并不断优化和验证。然后进行软硬件功能的分解和资源的分配,这里需要反复优化和评估,使之成为最优的解决方案。最后是对软硬件模块分别进行设计和实现,这里需要不断细化和验证软硬件协同情况。

目前,国际知名著名的 EDA 厂商相继推出了一些系统级的软硬件协同设计工具,如 Synopsys 公司的 CoCentric、Cadence 公司的 Virtual Component Co-design 系统、Mentor 公司的 Seamless 等,在实际的设计工作中得到了广泛的应用。System C 是常用的系统级设计语言,它可以描述系统的各功能模块,与描述硬件的 HDL 语言时完全不同。System C 包含了扩展的 C++ 库和一个支持系统级、行为级、寄存器传输级硬件建模概念的语句。它的优越性在于系统设计时无须进行代码转换,只需通过局部细化设计来添加必要的硬件和时序约束。在系统级可以用 C/C++ 描述系统的功能和算法。系统的硬件实现部分可以在行为级到 RTL 级用 System C 的类来描述,系统的软件部分可以用 C/C++ 语言描述。系统的不同部分可以在不同的抽象层次描述,这些描述在系统仿真时可以协同工作,在设计过程的初始阶段进行有效的硬软件联合设计,大大缩短了开发产品的时间,促进了系统软硬件协同设计的发展。

8.2　逻辑模拟

逻辑模拟是数字电路设计必不可少的步骤,它是指通过给电路施加测试激励进行模拟,将得到的输出响应与预期的正确结果相比较,由此验证该电路的功能正确性。模拟或仿真是集成电路设计验证的传统方法,它需要大量的测试向量,称其为测试激励。对于大型复杂的集成电路设计,模拟需要大量的时间。目前,国际主流 EDA 厂商都推出了形式化或半形式化的设计验证工具,已成为模拟方法的重要补充。由于模拟方法处理能力强,使用方便,它仍然是工业界最常用的验证技术。

8.2.1 逻辑模拟的模型

逻辑模拟的关键是建立合适的电路模型，并对每种模型建立相应的模拟算法。模型是电路的计算机内部的表示形式，它应该尽可能反映电路和各组成部分之间的描述关系。模型模仿了电路的结构或真实过程。典型的电路模型有功能（或行为）、逻辑（门级）、开关、时序和电路等层次，也可能是功能、逻辑和开关层次模块的混合体。

在结构型的模型中，电路由一系列元件组成，元件和元件之间有线网连接。元件本身有自己的模型。每个元件有输出信号，每个信号有扇出元件，实现了整个电路的连接关系。

元件的模型随级别而不同。在门级电路中，元件是各种基本门和触发器。在功能块级中，元件也可以是一个组合电路模块，每种元件指定输入、输出信号端，指定计算函数，指定延迟时间。在高层次描述中，元件可以是任意一个子模块电路实体，VHDL 中称为 entity。每个实体本身可以是结构式描述，也可以是行为式描述。

不同的级别信号值的规定也不同。门级和功能块级电路中信号一般是 0 和 1。有的模拟系统增加一个值 X，表示不定态或跳变态。而高层次描述中信号可以是整数、实数、数组、记录和枚举等各种类型，可以无单位，也可以带有单位。用户描述时可以任意指定其类型，也可以自己定义新的类型（枚举和记录等）。在寄存器传输级中，则可以有寄存器、计数器、多路通道和组合电路模块等元件，其信号类型一般为数组，表示一个位串。

信号的延迟时间也有不同的模型。在门级和功能块级电路中，延迟时间一般指元件的延迟时间，即输出信号相对于输入信号的延迟时间。根据模拟精度可以有零延迟、单位延迟、标准延迟、上升/下降延迟和模糊延迟等。零延迟模型实际上不考虑延迟问题。如用布尔表达式表示逻辑电路功能，就不包含有延迟信息。单位延迟把所有的延迟都当成 1，它认为每个元件延迟时间相等，标准延迟模型对各种元件使用手册上给出的标准数据，通常上升与下降的时间取值相同。上升/下降延迟模型进一步区分上升、下降两种情况，分别取不同的标准值。模糊延迟模型实际是一种“最坏延迟”模型，用两个值（最小值、最大值）指出延迟的范围，也称双延迟或区间延迟，高层次描述中的延迟一般指信号赋值时的延迟，即当前输入信号值计算出来的值，要延迟一定时间后赋给语句左端的输出信号。

从信号延迟效果来看，还有固有延迟和传输延迟之分。传输延迟的始端的信号经过一定延迟时间在末端完全复现。固有延迟的特点是对于一些窄脉冲作为输入信号，将不能在输出端得到反应；即窄脉冲传播不大输出信号端。目前一般模拟器都能处理两种延迟模型。VHDL 中则把固有延迟当做一种基本延迟方式，而传输延迟则需要特别说明。

在高层次行为级描述中，一个电路的模型是一系列行为的集合。在 VHDL 语言中，行为是用进程表示的。一个电路的工作过程表现为若干并行的进程。通过进程的敏感信号和输出信号规定各进程的运行。每个进程既在敏感信号有变化时才被激活，进行一次计算，计算完后有恢复到挂起状态，等待下次敏感信号的事件发生，在进程中还可以设置挂起等待条件。当满足等待条件时才能激活该进程。

8.2.2 逻辑模拟的流程

在逻辑模拟的过程中，首先要建立两个被比较电路的模型。被验证的设计称为被测模型(model under test)，而把对应的功能正确的设计称为参考模型(reference model)，相同的测试激励同时送入这两个模型，如果两者结果不同，表明被测模型中有错。这里，参考模型的目的在于得出正确的结果，它可以是电路形式化可模拟的规范，也可以是另一种不同形式的设计，甚至可以是一个虚拟的模型，只简单给出测试期望的正确结果。图 8.2 描述了模拟验证过程。

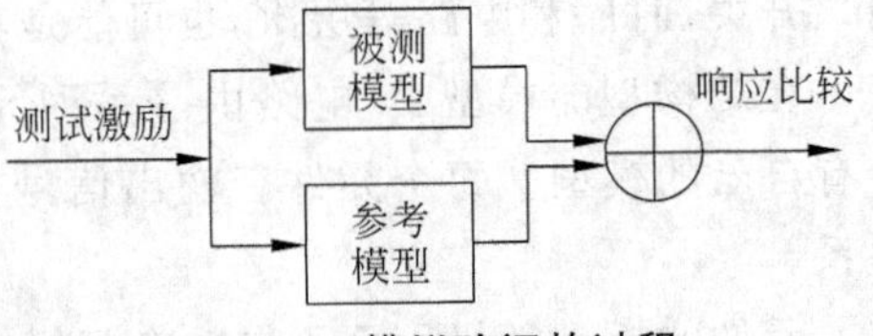

图 8.2 模拟验证的过程

下面以 ISCAS'85 门级电路 C17 为例来说明逻辑模拟的整个过程。如图 8.3 所示，参考模型为 C17 电路，我们将 C17 电路中的与非门 e 改变为或门 e′得到被测电路。为便于观察响应输出的比较，将两个电路相对应的输出$\{j,j'\}$以及$\{k,k'\}$分别连接到两个异或门 x 和 y。当施加激励$\{a=0, b=0, c=0, d=0, f=0\}$到两个电路时，经过各中间节点的逻辑值的计算，可以算出 x 和 y 的值分别是 1 和 0。这就说明对应输出$\{j, j'\}$的响应不同，而$\{k, k'\}$的响应则是相同的。由此证明被测电路存在功能错误。

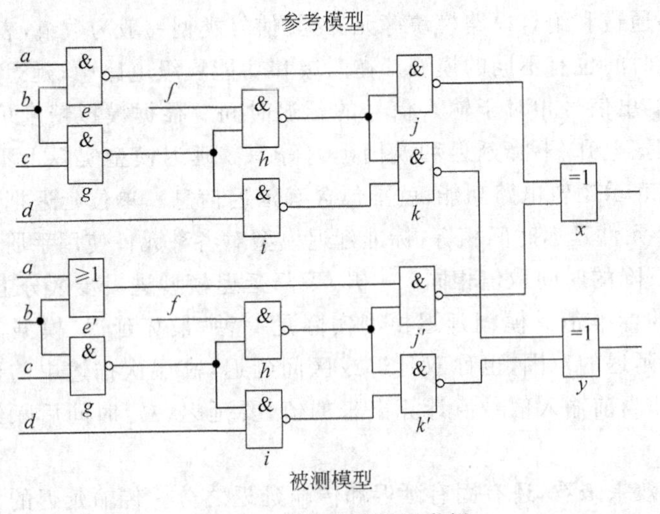

图 8.3 门级电路模拟举例

8.2.3 逻辑模拟的算法

电路的模拟实质上是将它的信号作为时间函数计算的过程。时间是一个连续的函数，因此可以作为处理模拟信号的方式。对于大多数数字电路，只有信号的某些离散值有意义。我们称信号从一个值变化到另一个值为一个事件。逻辑模拟就是计算在电路中发生的事件，即计算初始输入信号导致的结果。因此，数字逻辑模拟也称为离散事件模拟。

基于软件的模拟大体分为两种：事件驱动的模拟(event-driven simulation)和基于周期的模拟(cycle-based simulation)。以门级模拟为例，在事件驱动的模拟中，只要门的任何一个输入发生变化(称为一个事件)，那么就需要计算这个门的逻辑值。因此它有准确的时序信息，容易检测到设计中的信号干扰问题(glitch)，但模拟的速度会受到影响。在基于周期的模拟中，每个时钟周期内电路的所有逻辑只计算一次，因此它的速度比事件驱动的模拟方法要快，但它不能提供准确的时序信息。除了软件模拟之外，硬件仿真方法可以用来加速模拟，它通过把设计转换为基于FPGA的系统，来模拟硬件的行为。一般情况下，硬件仿真的速度比软件模拟方法要快几个数量级。本节简要介绍事件驱动的模拟算法。

事件驱动模拟的基本思想是，任何信号的改变必然有一个原因，此原因也是一个事件。因此，一个事件引发新的事件，新的事件可能再次引发更多的事件。同样以门级电路为例，假设一个输入向量被应用于原始输入(primary inputs)时，所有的信号处于稳定状态。某些输入的改变将激活这些输入信号上的事件。那些输入有事件的门称为活性门，被置入活性表中。模拟过程中，模拟时钟从0往后走，在每一时刻，从活性表中消除门，计算门的输入值，并确定门的输入是否有事件。一个变化的输出导致所有的扇出门是活性的，并加入到活性表中。当活性表为空或模拟时间终止时，计算过程停止。

8.3 逻辑综合

通常，集成电路设计中要经过不同层次的转换过程，例如系统级、算法级(或芯片级)、RTL级、门级、电路级和版图级等，在不同层次有不同形式的设计描述。我们把从最高层次的设计描述逐级转化到最终物理实现且可制造的某种描述的过程称之为设计周期。电路与系统的硬件设计从较高层次级别的描述形式自动转换到同级(或较低一层次)级别设计描述形式的过程称之为设计综合。例如发生在同一层次上的综合可以将其行为描述转换为结构描述，发生在不同层次的描述形式的转化有行为级综合、逻辑综合和版图综合等。本节主要介绍逻辑综合的概念、作用和基本的方法。

8.3.1 逻辑综合的内容

逻辑综合是指从寄存器传输级描述或从布尔方程、真值表、状态表等描述到逻辑级网表描述的综合过程。无论设计目标是最小化延迟时间，或是最小化面积，或是二者的折中，逻辑综合都能提供最优或近似最优的逻辑网表描述。逻辑综合通常用来处理纯组合逻辑，可以对从寄存器传输级描述语言中抽取出的逻辑进行综合。如果该描述包括有存储结构，通常将其划分成组合逻辑块和存储单元两类。对划分出的各个组合逻辑块分别进行逻辑综合，最后将综合结果重新连接，从而得到一个完整的设计结果。在逻辑综合过程中，还需要从组合逻辑块所处的环境中提取信号到达时间、请求时间、寄生参数和不顾项(don't care)等信息。逻辑综合的目标就是：根据上述信息及描述产生一个正确的实现方案，以满足时序和可测性的约束并使得面积最小。逻辑综合可以分成 3 个子任务：

(1) 逻辑优化。设计工程师根据对面积、速度、功耗等方面的约束条件，对设计进行整体优化。值得注意的是，不同厂家的综合工具得到的优化结果可能相差很大，因此综合工具的好坏对优化程度有决定性的影响。

(2) 可测性设计与验证。为了降低芯片的测试成本，需要在芯片的设计阶段考虑其测试的需求，而对设计本身作某些调整，在原始设计上加入可测试性设计逻辑，使其更容易测试，这种方法称为可测试性设计(Design For Testability，DFT)。目前，正在运用的绝大多数芯片的设计都或多或少地采用了可测试性设计技术。当然，可测试性设计必须在不改变原始设计功能的前提下进行。因此，必须验证加入可测试性设计逻辑的版本与在此之前的设计功能是相同。

(3) 工艺映射。综合阶段的一个重要任务是将生产厂家的工艺库映射到语言描述中。工艺库是厂家提供的全部标准器件模型，工艺映射是用工艺库提供的器件实现源代码描述的逻辑功能。如果确定了流片的厂家，就必须使用该厂家的工艺库进行综合。

8.3.2 逻辑综合的过程

8.3.1 节提到逻辑综合可以划分为 3 个子任务，即逻辑优化、可测性设计和验证、工艺映射。图 8.4 描述了逻辑综合的基本流程，主要包含 3 个步骤：

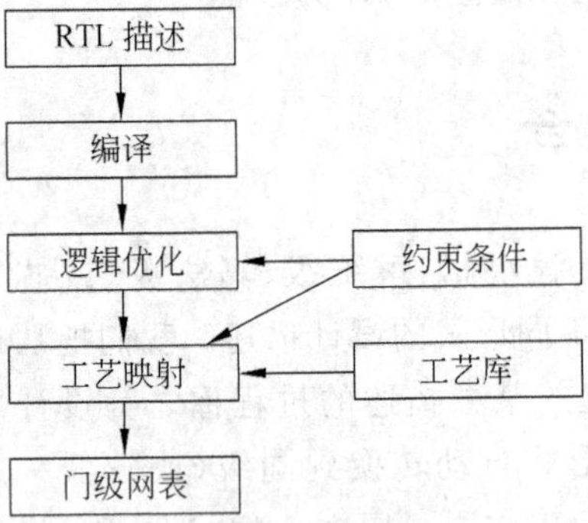

RTL 描述
编译
逻辑优化
约束条件
工艺映射
工艺库
门级网表

图 8.4 逻辑综合的基本流程

(1) 把寄存器传输级(RTL)描述编译成逻辑表达式。编译生成的逻辑表达式是多级的，也就是说编译的过程是"直译"。

(2) 逻辑优化。优化环节分两步完成：第一步是在多级的基础上完成逻辑式的化简工作，以减少逻辑门的数量。第二步是把多级逻辑式转化为两级逻辑式，即乘积和的标准形式。例如，$f(A,B,C)=ABC+\overline{A}BC+AB\overline{C}$。

(3) 工艺映射。参数映射使用工艺库中的 HDL 基本元素实现电路，生成的电路称为门级电路。门级电路也就是包含全部工艺参数的网表。

8.4 可测试性设计

设计验证是检验集成电路设计的功能或时序等方面是否满足特定规范要求的过程。当集成电路的设计完成后，需要交给厂家制造成芯片，接下来就要完成芯片的测试过程。对芯片的测试是为了检测该芯片有没有制造缺陷，防止有故障的芯片流入市场。随着数字系统规模的增大、复杂程度的提高，电路测试及可测试性设计变得越来越重要。系统设计者不但要精心设计出符合功能要求的电路，还必须花费大量的精力在电路的测试上，以便发现失效的产品，并确定电路失效的原因以及对错误或缺陷定位。本章首先介绍与数字系统测试有关的基本概念，然后介绍数字系统的自动测试图形生成。最后简要阐述数字系统可测试性设计的若干问题。

8.4.1 数字系统测试的基本概念

数字系统测试是为了剔除制造过程中的失效产品，而功能验证的目的在于证明所设计的电路满足特定规范的功能要求。集成电路的测试分成完全测试和功能测试两种类型。完全测试是指对芯片的所有状态和功能进行测试。功能测试则只是对设计规范所要求的运算或者逻辑功能进行测试，确定所设计的电路是否能正常工作，这样可能节省测试时间和成本。随着集成电路设计规模的日益增大，电路结构越来越复杂。为了改善电路内部节点的可控制性和可观察性，必须在逻辑设计的同时考虑测试问题，通过对电路分块或者增加逻辑等手段使测试生成更容易，这就是数字系统的可测试性设计。本节介绍有关集成电路测试的几个基本概念。

1. 故障与故障模型

故障指的是集成电路不能正常工作。使数字系统产生故障的原因有两类，一类是设计原因，另一类是物理原因。例如在设计中存在竞争冒险，在某些条件下，电路可以正常工作；而在另一些条件下电路则不能正常工作。物理的原因包括集成电路制造过程中局部缺陷造成元件开路、短路、节点浮空、器件延时过大等。如前所述，设计原因造成的故障应该在投片前解决。测试的主要目的是检测物理原因造成的故障。为了评估一种测试方法是否有效以及电路的好坏，必须把故障与电路模型联系起来。换句话说，就是要推导出一个故障模型。故障模型实质是被测电路的物理缺陷的逻辑等效。

最普遍使用的模型是固定型(stuck-at)故障模型，它容易使用，而且覆盖的故障空间相对较大。如果固定的逻辑值为0(或1)则称为固定为0(或1)故障，简记为sa0(或sa1)。然而，没有哪一种单独的故障模型能完全覆盖集成电路中所有可能发生的故障，在实际测试时，经常在固定型故障模型的基础上，再辅之以其他技术，如功能测试、IDDQ测试以及时延测试。

2. 测试码与测试矢量

为了确定电路中有无故障而对电路所施加的一组输入值称为输入激励。在一组或者多组输入激励的作用下，电路输出的逻辑状态称为电路对输入激励的输出响应。电路可以为单输出，也可以为多输出。

能够检测出电路中某个故障的输入激励，称作该故障的测试码。组合逻辑电路的测试码只是输入信号的一种赋值组合，时序逻辑电路的测试码是输入信号的若干种赋值组合的有序排列，有时称为测试序列或测试矢量。

在集成电路制造之后，必须进行测试，用以检测电路中是否存在制造缺陷。在集成电路测试时，器件被安装在测试工具上，在器件的输入端施加预先设计好的输入激励信号，同时在器件的输出端测量电路对输入激励的响应。加载到集成电路的输入信号称作测试矢量。测试矢量以及集成电路对这些输入信号的响应合在一起称为集成电路的测试图形。

3. 故障模拟与测试矢量压缩

故障模拟能够衡量测试程序的质量,确定它的故障覆盖率。故障覆盖率定义为由测试集检测到的故障数除以电路中的故障总数。对于单固定故障模型来说,电路中的故障总数就是电路节点数的两倍,因为每个节点都可以发生固定为1和固定为0故障。最简单的故障模拟算法是串行故障模拟。首先按真值方式进行电路模拟,所有矢量和原始输出的值保存在一个文件中。然后按故障表一个接一个模拟故障电路,模拟过程中,将故障电路的输出值与保存的正确响应动态比较,一旦比较结果表明故障被检测到,就停止模拟过程。串行模拟的效率较低。最常用的故障模拟方法是并行故障模拟技术,它把一个正确电路与许多故障电路同时模拟。并行故障模拟的思想是利用计算机中逻辑操作的位并行。例如,对于32位的机器字,一个整数由32位二进制矢量组成。两个字的逻辑 AND 或 OR 操作同时对所有的相应位进行。这就允许一次模拟相同连接的32个电路。对于大量的故障,并行故障模拟器能够一次处理 $w-1$ 个故障,w 是机器字长,因为1位要作为正常电路的标识值。如果不进行故障消除,并行故障模拟将比串行故障模拟器快大约 $w-1$ 倍。

故障模拟的另一个作用是测试矢量的压缩。前面已经介绍,给定某个故障,它的测试矢量可能会有多个,实际上只要找到其中一个就足够了。因此,为了得到极小化的测试集,需要对测试矢量集合进行压缩,减少测试时间,从而节点测试成本。通常,在测试矢量产生之后,要进行故障模拟,如果该测试矢量还能检测到其他的故障,就把这些被检测到的故障从故障表中消除。这是一种动态的压缩方法。测试矢量的压缩方法还有静态方法。关于故障模拟以及测试矢量压缩的具体算法,本书不再详细介绍。

8.4.2 数字系统的测试生成

集成电路的测试需要设计者提供即测试图形,设计测试图形的过程称为测试生成。对于规模较大的电路,测试生成是一个相当费时的困难过程。例如,一个包含50个原始输入的组合电路,共有 2^{50} 个输入组合。如果以每秒100万次的测试速度验证它的功能正确性,大约需要36年的时间。因此,必须研究减少测试矢量数目以缩短测试时间的方法。自动测试矢量生成(ATPG)是为测试电路而生成矢量的过程,其中电路是用逻辑级网表严格描述的。ATPG 算法一般采用逻辑网表的单固定型故障模型。即假定电路制造过程中的缺陷总是导致某个节点固定在某个逻辑电平,且不随输入发生变化。尽管单固定型故障模型与实际故障表现并不完全一致,但各种故障都在一定程度上表示出这种特性,因而它是目前用于测试生成的最常用故障模型。ATPG 算法通常用故障生成器程序进行操作,它将自动产生极小化的压缩测试集。

测试矢量生成方法有三类:一是由集成电路设计者或测试者手工写出测试图形。显然这种方法只适合于小规模的集成电路。二是伪随机测试生成,即测试矢量由伪随机方式产生。我们知道穷举测试生成算法能够检测到所有可测的故障,但其测试时间可能是无法接受的。伪随机测试生成意味着,通过一定的方法随机性地选择被测电路的所有可能输入激励中的一个子集。选择这一子集的原则是应当能得到合理的故障覆盖率。线性反馈移位寄存器常用来产生伪随机输入激励。第三类方法是自动测试生成(ATPG)，即由计算机使用某种算法，根据电路网表的功能自动推导出适合于给定故障的测试矢量。ATPG 工具应该能够接受电路网表、设置故障模型、产生测试图形。

测试矢量的自动生成由 3 个步骤完成。它们分别是故障建立(故障激活)、故障传播(路径敏化)和决策(测试码生成)。我们以图 8.5 所示的电路为例说明 ATPG 的过程。为了求出电路节点 U 处发生 sa0 故障的测试矢量，令 $A=B=1$，使得在无故障时，$U=1$。在有故障时，$U=0$。接下来，进行故障传播(路径敏化)。显然，故障信号只能从节点 Y 到达原始输出 Z。为此，需要令 $X=1,E=0$。由此，我们推断出节点 U 处发生 sa0 故障的测试矢量为 $A=B=C=D=1,E=0$。

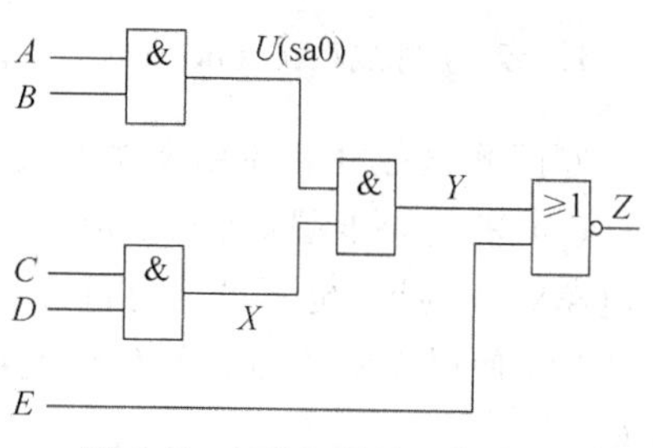

图 8.5　ATPG 算法示例电路

上例中的 ATPG 算法是基于电路结构的确定性算法，对于给定的故障，这类算法能够找到一个测试矢量或者最终证明该故障是不可测的。比较著名的算法有 D 算法，PODEM 算法和 FAN 算法。此外，还有一类 ATPG 算法属于代数方法，例如布尔差分方法、基于二叉判决图(BDD)的算法，这类方法可以求得检测故障的全部测试矢量，但运算量很大，而且造成测试矢量的冗余。事实上，对于给定的故障，我们仅需要找到一个测试矢量就足够。关于这些算法的具体细节，已经超出本书范围，不再详细介绍。

由于时序电路内部有存储元素，它的输出取决于当前的输入以及存储元素的状态，导致时序电路的测试生成远比组合电路困难。因为组合电路的测试生成理论和算法都比较成熟，所以时序电路测试生成的基本思想是：将时序电路先转换成组合电路，然后应用组合电路的测试生成理论与方法产生测试序列。本书不再详细讨论时序电路测试生成的理论和具体实现方法。

8.4.3　数字系统的可测试性设计

8.4.2 节提到了数字系统测试生成问题的复杂性，必须寻找减少测试矢量数目以缩短测试时间的方法。如果适当降低故障覆盖率，将会大大减少测试矢量的数目。例如，检测出最后百分之几的故障可能会增加太多新的测试矢量，测出它们的代价可能会超出最终替换掉它们的成本。为此，一般的测试过程并不要求 100%的故障覆盖率。通过消除冗余的测试矢量和适当降低故障覆盖率可以极小化组合电路的测试集。对于时序电路来说，因为测试有限状态机中的单个故障，需要一个测试序列，仍然会导致测试成本很高。解决这个问题的方法是在电路设计过程的早期就考虑测试问题，这称为可测试性设计(Design For Testability, DFT)。为了度量电路的可测试性，需要利用两个重要概念：可控制性和可观测性。

- **可控制性**是指设置特定的电路节点逻辑值为 0 或 1 的难易程度。显然，在可测试性设计中希望有高度的可控制性。
- **可观测性**是指在输出端观察一个电路节点的逻辑值或状态的难易程度。当电路的复杂性和输入输出数目一定时,一个可测电路应当具有较高的可观测性。

组合电路具有较高的可控制性和可观测性,因为它的任何节点都可以在单个周期中控制和观察到。时序电路(或模块)的可测试性设计分为3类:专门测试、扫描测试和内建自测试。

1. 专门测试(Ad hoc test)

专门测试往往和应用类型有关。常见的一些专门测试方法有:

(1) 避免异步逻辑反馈。组合逻辑中的反馈对特定的输入情况可以引起振荡,这使得电路难于验证,也不可能通过自动程序生成测试矢量。

(2) 使触发器可以初始化。这可以通过提供从原始输入可控制的 clear 或 reset 信号完成。

(3) 避免有很多扇入信号的门。扇入数太多使得门的输入难以观察并使门的输出难以控制。

(4) 其他有效的方法。例如分割大的状态机、增加额外的测试点和引入测试总线。采用这些方法虽然非常有效,但大多数都要根据具体应用和所面对的总体结构来使用,还需要有可测试性设计的专业知识。

2. 扫描测试

扫描测试的基本思想是获得对触发器的可控制性和可观测性,即把所有的触发器都变成可从外部装入和可读出的元件,这相当于把被测电路变成了一个组合电路。它的实现方法是通过对电路增加一个测试模式,使得电路处于此模式下时所有触发器在功能上构成一个或多个移位寄存器。这些移位寄存器的输入与输出可以变成原始输入与原始输出。这样利用这个测试模式,通过将逻辑状态移位到移位寄存器中的方法,可以把所有的触发器设置成任意需要的状态。类似地,可以通过将扫描寄存器的内容移位出来的方法观察触发器的状态。图8.6描述了一种串联扫描设计方法。测试过程如下:

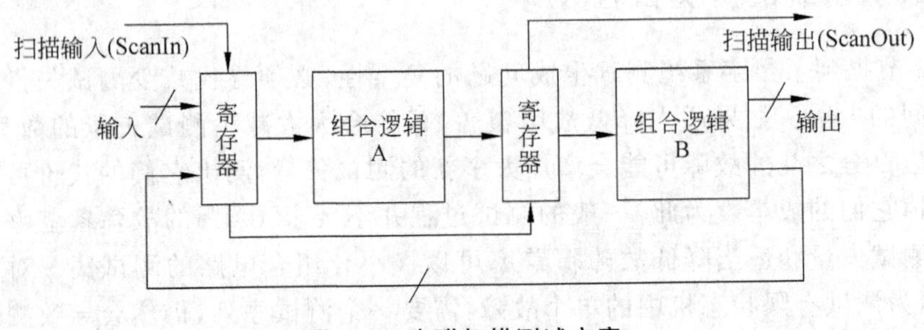

图8.6 串联扫描测试方案

(1) 在测试时钟的控制下通过引脚 ScanIn 将逻辑模块 A(和/或 B)的扫描数据(测试矢量)移入寄存器。

(2) 扫描数据被加到逻辑模块的输入并传播到它的输出。通过产生一个系统时钟事件把它的结果锁存到寄存器中。

(3) 寄存器中的结果通过引脚 ScanOut 送出电路并与期望值进行比较。此时一个新的测试矢量被同时输入。

3. 内建自测试(Build-in Self Test, BIST)

除了扫描测试方法外,还有一种常用的可测试性设计方法称为内建自测试。它是让电路自己生成测试激励而不是应用外部产生的测试集,它还可以自己判断所得到的测试结果是否正确。内建自测试可能会增加额外的电路来产生和分析测试图形,但这部分电路可能本身就是正常工作电路中的一部分,所以自测电路的开销并不大。图 8.7 描述了内建自测试设计的一般形式。它包括向被测电路提供测试图形的方法以及把电路的响应与已知正确的序列进行比较的方法。

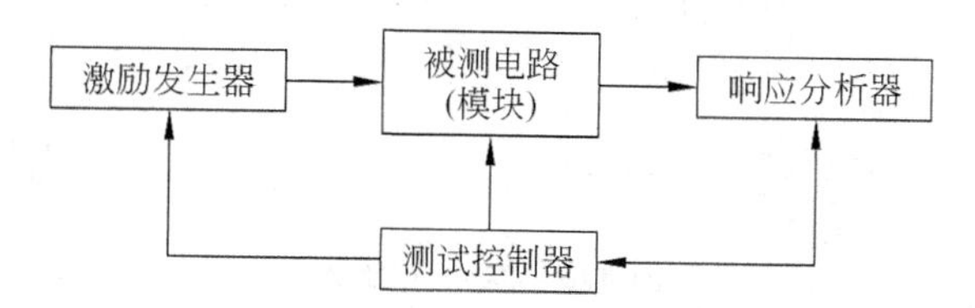

图 8.7 内建自测试结构的一般形式

用得最多的内建自测试激励产生方法是穷举法和随机法。如果 N 是电路的输入数,穷举法的测试长度是 2^N。对于 N 值较大的电路,穷尽整个输入空间的操作需要不可接受的时间。一种替代的方法是随机测试,它是随机地选择整个输入空间中的一个子集作为测试激励,但要求达到合理的故障覆盖率。线性反馈移位寄存器是最普遍使用的伪随机测试矢量生成器。

响应分析器是将所生成的响应与存放在片上存储器中的预期响应进行比较。由于测试响应数量庞大,必须在进行比较之前把这些响应进行压缩,使得存放正确电路的压缩响应只需要少量的存储器。因此,响应分析器由一个动态压缩被测电路输出的电路以及一个比较器构成。被压缩的输出称为电路的特征或签名(signature),而整个方法称为特征或签名分析。

内建自测试在测试规则结构(如存储器)时非常有用。此外,BIST 允许测试以实际的时钟速度进行,减少了测试时间,降低了测试成本。随着集成部件复杂性和嵌入式存储器的日益普遍,就用 BIST 技术必将变得更为重要。

本章小结

本章首先分析 EDA 的发展历程,然后介绍 EDA 的设计方法与流程、EDA 开发工具和硬件描述语言 VHDL,再阐述了逻辑模拟的基本概念和算法,以及逻辑综合的基础知识,最后简要介绍数字系统的可测试性技术,包括自动测试矢量生成的概念与方法、可测试性设计的基本原理和常用方法。

习　题

8.1　简要描述 SOC 的软硬件协同设计方法。

8.2　如何使用 4 输入或门的真值表来计算输入不同个数或门的值？

8.3　在图 8.8 所示的电路中，下列哪些测试能检测到故障 x_1 *s-a-0*？

(1) (0, 1, 1, 1)　　(2) (1, 1, 1, 1)

(3) (1, 1, 0, 1)　　(4) (1, 0, 1, 0)

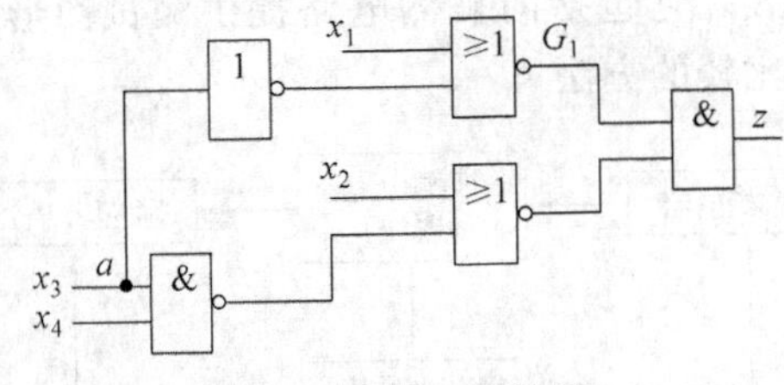

图 8.8　题 8.3 的图

8.4　对于图 8.8 所示的电路，为能检测到下列故障的所有测试的集合，请找出一个布尔表达式。

(1) x_3 *s-a-0*　　(2) x_2 *s-a-0*

(3) x_2 *s-a-1*

8.5　为什么要进行可测试性设计？简述可测试性设计的主要方法。

参考文献

[1]　中国集成电路大全编委会. 专用集成电路和集成系统自动化设计方法[M]. 北京：国防工业出版社，1997.

[2]　李东生. 电子设计自动化与 IC 设计[M]. 北京：高等教育出版社，2004.

[3]　王行，李衍. EDA 技术入门与提高[M]. 西安：西安电子科技大学出版社，2005.

[4]　潘松，黄继业. EDA 技术实用教程(第二版)[M]. 北京：科学出版社，2005.

[5]　徐惠民，安德宁. 数字逻辑设计与 VHDL 描述(第二版)[M]. 北京：机械工业出版社，2004.

[6]　[美]拉贝尔. 数字集成电路——电路、系统与设计(第二版)[M]. 周润德，等译. 北京：电子工业出版社，2005.

[7]　包明，赵明富，陈渝光. EDA 技术与数字系统设计[M]. 北京：北京航空航天大学出版社，2002.

[8]　杨宗凯，黄建，杜旭. 数字专用集成电路的设计与验证[M]. 北京：电子工业出版社，2004.

[9]　罗嵘，刘伟，罗洪，等. 现代逻辑设计(第二版，中译本)[M]. 北京：电子工业出版社，2006.

[10]　超大规模集成电路测试——数字、存储器和混合信号系统[M]. 蒋安平，冯建华，王新安，译. 北京：电子工业出版社，2005.

[11]　沈嗣昌. 数字设计引论[M]. 北京：高等教育出版社，2000.